Richard Mohr

Numerische Methoden in der Technik

Aus dem Programm ________
Mathematik

J. Herzberger
Übungsbuch zur Numerischen Mathematik

G. Opfer
Numerische Mathematik für Anfänger

H. Späth
Numerik

J. Werner
Numerische Mathematik 2 Bände

E. Heinrich, H.-D. Janetzko
Mathematica: Vom Problem zum Programm
Modellbildung für Ingenieure und Naturwissenschaftler

E. Heinrich, H.-D. Janetzko
Das Maple Arbeitsbuch

E. Heinrich, H.-D. Janetzko
Das Mathematica Arbeitsbuch

W. Strampp, V. Ganzha, V. E. Vorozhtsov
Höhere Mathematik mit Mathematica 4 Bände

Vieweg ________

Richard Mohr

Numerische Methoden in der Technik

Ein Lehrbuch mit MATLAB-Routinen

Die Deutsche Bibliothek – CIP-Einheitsaufnahme

Prof. Dr. Richard Mohr
Fachhochschule Esslingen – Hochschule für Technik
Fachbereich Grundlagen
Kanalstraße 33
73728 Esslingen

http://www.vieweg.de

Umschlaggestaltung: Ulrike Posselt, Wiesbaden

Gedruckt auf säurefreiem Papier

ISBN-13: 978-3-528-06988-9   e-ISBN-13: 978-3-322-87261-6
DOI: 10.1007978-3-322-87261-6

Vorwort

Dieses Buch entstand aus Lehrveranstaltungen, die ich im Laufe von zehn Jahren für Studierende verschiedenster Fachrichtungen an der FH Esslingen gehalten habe. Vor allem sind hier die Wahlfachvorlesungen zum Thema „Numerische Methoden" für Ingenieurstudenten der Fachrichtungen Elektrotechnik, Informatik und Maschinenbau zu nennen. Der zweite Ausgangspunkt für die vorliegende Darstellung sind Computer-Praktika für denselben Hörerkreis, bei denen die Studierenden in die Anwendung des Software-Pakets MATLAB eingeführt wurden. Besonders durch Diskussionen mit Studierenden des Aufbaustudiengangs – bei denen auch bereits mit der Praxis konfrontierte Ingenieure anwesend waren – wurde ich vom Nutzen einer einheitlichen Sicht dieser beiden Aspekte der Ingenieurausbildung überzeugt.

So entstand dieses etwas andere Lehrbuch. Es versucht, die Darstellung numerischer Verfahren mit einer Einführung in ein Software-Paket zu verbinden. Ausgehend von Grundkenntnissen in Analysis und Linearer Algebra werden die meisten der für den Anwender wichtigen Gebiete der numerischen Mathematik abgehandelt; eine Vollständigkeit wurde nicht angestrebt. Auf strenge mathematische Beweisführung wurde zugunsten von informativen Beispielen und Skizzen verzichtet. Bei naturwissenschaftlichen Beispielen habe ich stets versucht, auch den physikalischen Hintergrund mit in die Darstellung einzubeziehen. Parallel dazu werden die zugehörigen Routinen aus MATLAB besprochen und auf ergänzende Beispiele angewandt. Der Leser kann die entsprechenden numerischen Fragestellungen am Rechner nachvollziehen – die behandelte Mathematik wird dabei sofort greifbar, bekommt eine „spielerische" Komponente. Dabei sind Grundkenntnisse in MATLAB hilfreich, aber nicht unabdingbar. Eine kurze Einführung in MATLAB befindet sich im Anhang. Das Inhaltsverzeichnis ist bewusst so ausführlich gehalten, dass der Leser sofort gezielt die zu einer vorliegenden Thematik passenden MATLAB-Routinen nachschlagen kann.

Bei der Umsetzung der numerischen Verfahren auf den Rechner habe ich mich für das Software-Paket MATLAB entschieden. Die Gründe für diese Wahl sind weniger im mathematischen Bereich angesiedelt. MATLAB ist vor allem wegen seiner fast alle technische Anwendungsbereiche abdeckenden Toolboxen und dem zugehörigen Simulationsprogramm SIMULINK an vielen ingenieurwissenschaftlich orientierten Hochschulen und in namhaften Industriebetrieben zum Standard geworden. Benutzt wurde die MATLAB-Version 4.2b. Für die wenigen Probleme aus dem Bereich der Computer-Algebra wird die Symbolic-Toolbox benötigt. Die im vorliegenden Buch angesprochenen MATLAB-Routinen stehen auf dem ftp-Server der FH Esslingen unter der Adresse: ftp.fht-esslingen.de/pub/local/fachbereiche/grundlagen/mohr für Interessenten zur Verfügung.

Großes Gewicht liegt auf der Aufgabensammlung. Neben verständnisfördernden Problemstellungen zu den entsprechenden Stoffgebieten sind auch viele „Rechenaufgaben" in der Sammlung enthalten. Sie sollen in der Regel mit MATLAB-Routinen gerechnet werden, aber es ist auch der Einsatz eines anderen Mathematikprogramms denkbar. Die Numerik erhält auf diese Weise einen experimentellen Charakter. Nicht der strenge Konvergenzbeweis steht bei diesen Beispielen im Vordergrund, sondern der konstruktive Entwurf von Rechenprozeduren. Ganz bewusst wurden auch einige schwierigere und umfangreichere Beispiele in die Darstellung aufgenommen. Alle Aufgaben sind mit einer ausführlichen Lösung versehen und sollen den Leser zu vertiefendem Nacharbeiten anregen.

Viele graphische Darstellungen in diesem Buch wurden mit MATLAB erstellt. Sie sind äußerlich durch einen Rahmen sofort erkennbar. Die anderen Abbildungen sind mit einem von Herrn Dr. Bernhard Götz (Mathematisches Institut A der Universität Stuttgart) entwickelten Graphik-Paket gerechnet und gestaltet worden. Ihm sei an dieser Stelle herzlich gedankt.

Besonders danken möchte ich auch meinem Kollegen Herrn Prof. Dr. Harro Kümmerer für die Durchsicht des Manuskripts und die vielen anregenden Diskussionen während der Entstehung.

Für Ergänzungen und Hinweise auf Fehler bin ich dankbar. Bitte schicken Sie mir eine E-Mail an richard.mohr@fht-esslingen.de .

Esslingen, im Juli 1998   Richard Mohr

Inhaltsverzeichnis

1   Einführung

Der Weg vom konkreten technisch-naturwissenschaftlichen Problem zur numerischen Lösung führt häufig – schematisch aufgelistet – über folgende Schritte zum Ziel.

1) **Modellbildung:** Zunächst muss mittels Funktionen, Gleichungssystemen, Differentialgleichungen etc. aus physikalischen Grundgesetzen ein mathematisches Modell gebildet werden.

2) Häufig sind diese Beziehungen zu komplex, um geschlossen gelöst zu werden oder in endlicher Zeit numerisch behandelt zu werden. Man bemüht sich dann um ein mathematisches Ersatzproblem, das einerseits das Naturphänomen noch genügend genau beschreibt und andererseits mit vernünftigem Rechenaufwand noch gelöst werden kann.

3) Auswahl eines Algorithmus, der das gewonnene mathematische Ersatzproblem möglichst effektiv löst.

4) Implementierung des ausgewählten Algorithmus in einer Programmiersprache oder – immer wichtiger – unter Zuhilfenahme eines Software-Pakets (z.B. MATLAB, etc.). Eventuell graphische Darstellung des Resultats.

Diese Schritte seien an einem Beispiel aus der Mechanik erläutert. Wir betrachten zwei Körper, die auf einer Unterlage übereinander gestapelt sind. Auf den oberen Körper wirke eine Kraft $\vec{f}(t)$ parallel zur Unterlage. Die Reibungskräfte zwischen den beiden Körpern seien größer als die zwischen dem unteren Körper und der glatten Unterlage.

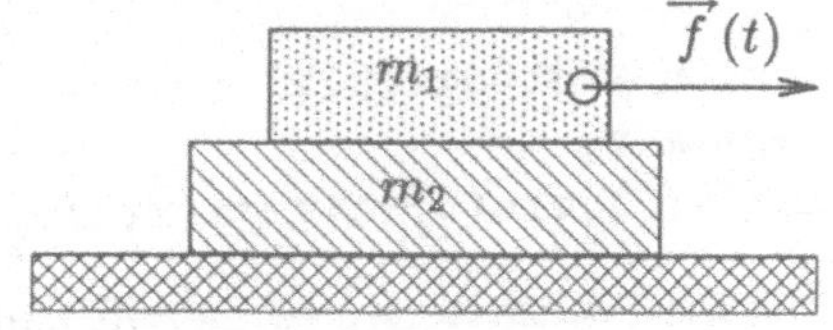

$x_1(t)$ und $x_2(t)$ seien die Auslenkungen der beiden Massen aus der Ruhelage. Dann führt das Newtonsche Bewegungsgesetz auf das folgende Differentialgleichungssystem:

$$m_1\ddot{x}_1(t) \;=\; f(t) \;-\; k_1(\dot{x}_1(t),\dot{x}_2(t))$$

$$m_2\ddot{x}_2(t) \;=\; k_1(\dot{x}_1(t),\dot{x}_2(t)) - k_2(\dot{x}_2(t)) \quad .$$

Hierbei beschreibt die Funktion $k_1(\dot{x}_1,\dot{x}_2)$ die Reibung zwischen m_1 und m_2, $k_2(\dot{x}_2)$ die Reibung zwischen m_2 und der Unterlage.

Die Funktionen k_i geben die von der Relativgeschwindigkeit abhängige Reibung wieder. Wenn man die molekulare Struktur der Materialien berücksichtigt, sind Reibungsvorgänge exakt sehr schwer zu erfassen. Wir wählen das Modell der Coloumb-Reibung. Dabei wird angenommen, dass die Reibung nur von der Gewichtskraft und nicht vom Betrag der Geschwindigkeit abhängt.

Vernachlässigen wir die übrigen Reibungskräfte
(Luftreibung, innere Reibung), so ergibt sich der
nebenstehend skizzierte Zusammenhang zwischen
$k_i(v_r)$ und der Relativgeschwindigkeit v_r.

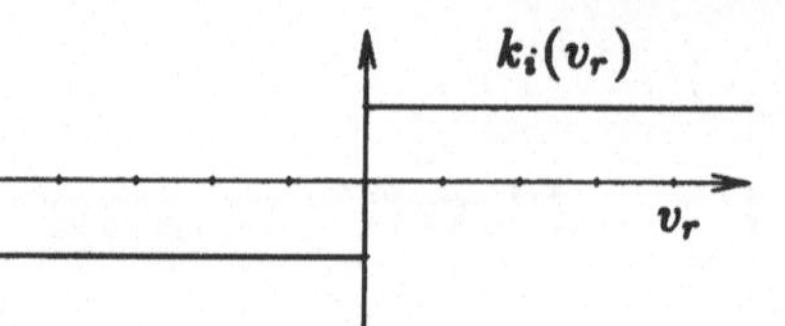

Wir setzen $m_1 = m_2 = 1$ und nehmen eine harmonische Anregung $f(t) = \sin t$ an. Mit
Hilfe der Signum-Funktion stellt sich dann das vereinfachte mathematische Modell wie
folgt dar:

$$\ddot{x}_1(t) = \sin(t) - a_1 \cdot sign(\dot{x}_1(t) - \dot{x}_2(t))$$

$$\ddot{x}_2(t) = a_1 \cdot sign(\dot{x}_1(t) - \dot{x}_2(t)) - a_2 \cdot sign(\dot{x}_2(t)) \quad .$$

Dieses vereinfachte Modell soll nun mit einem numerischen Verfahren aus einem Software-
Paket gelöst werden. Dazu müssen wir die Differentialgleichungen 2. Ordnung als ein
Differentialgleichungssystem darstellen. Führen wir für $x_1(t)$, $\dot{x}_1(t)$, $x_2(t)$, $\dot{x}_2(t)$, die Zustandsvariablen $z_1(t)$, ... $z_4(t)$ ein, so ergibt sich das äquivalente Differentialgleichungssystem:

$$\dot{z}_1(t) = z_2(t)$$

$$\dot{z}_2(t) = \sin(t) - a_1 \cdot sign(z_2(t) - z_4(t))$$

$$\dot{z}_3(t) = z_4(t)$$

$$\dot{z}_4(t) = a_1 \cdot sign(z_2(t) - z_4(t)) - a_2 \cdot sign(z_4(t)) \quad .$$

Zur Realisierung mit MATLAB ist der folgende m-File zu erstellen:

```
function xdot=dgr(t,x);
global a k;
xdot=[x(2);sin(t)-a*sign(x(2)-x(4));x(4);a*sign(x(2)-x(4))-k*sign(x(4))];
```

Für die Parameterwerte $a_1 = 0.1$ und $a_2 = 0.01$ ergibt sich mit der Prozedur „ode23"
die in den beiden folgenden Schaubildern skizzierte Lösung.

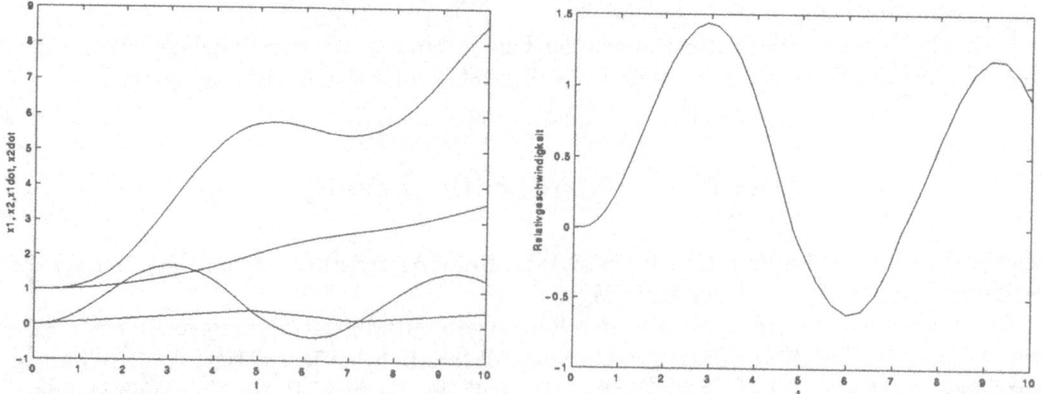

Wenn wir den Reibungskoeffizienten zwischen den beiden Massen auf $a_1 = 0.4$ erhöhen,
so ergibt sich:

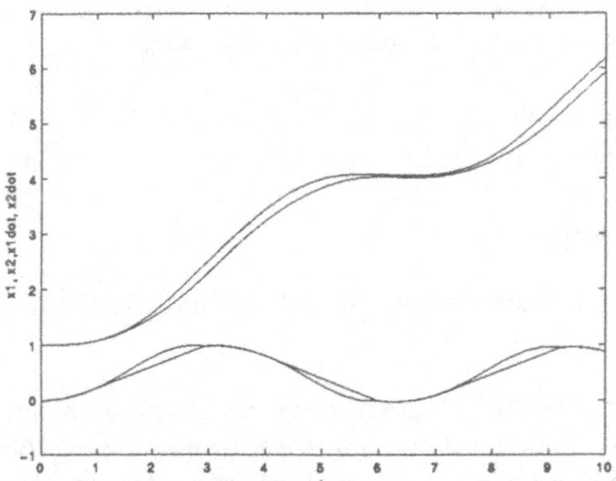 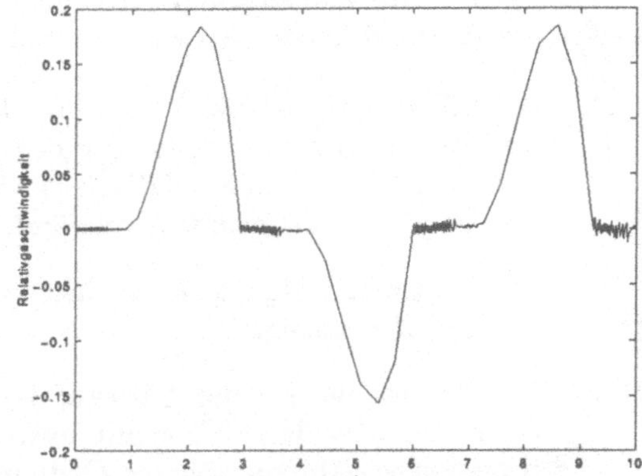

Das Schaubild der Relativgeschwindigkeit zeigt in weiten Bereichen eine Oszillation um den Nullpunkt. Eine Erhöhung der Genauigkeit sowie der Einsatz einer anderen Integrationsprozedur bringt keine Verbesserung. In der Realität ist eine solche Oszillation nicht zu beobachten. Bei großem Reibungskoeffizienten kann $f(t)$ bei Relativgeschwindigkeiten um Null die Haftreibung nicht überwinden und die beiden Körper bewegen sich gemeinsam. In diesem Fall lauten die Bewegungsgleichungen:

$$(m_1 + m_2) \cdot \ddot{x}_1 = f(t)$$
$$(m_1 + m_2) \cdot \ddot{x}_2 = f(t) \quad .$$

Der modifizierte m-File stellt sich dann wie folgt dar:

```
function xdot=dgr1(t,x);
global a k;
if (abs(sin(t))<2*a)&(abs(x(2)-x(4))<1*1e-4),
xdot=[x(2);0.5*sin(t);x(4);0.5*sin(t)];
else
xdot=[x(2);sin(t)-a*sign(x(2)-x(4));x(4);a*sign(x(2)-x(4))-k*sign(x(4))];
end;
```

Für die oben genannten Parameterwerte $a_1 = 0.4$ und $a_2 = 0.01$ erhalten wir dann das nebenstehende Bild der Relativgeschwindigkeit. Gerechnet wurde mit dem Verfahren „ode45" und einer Toleranz von 10^{-9}.

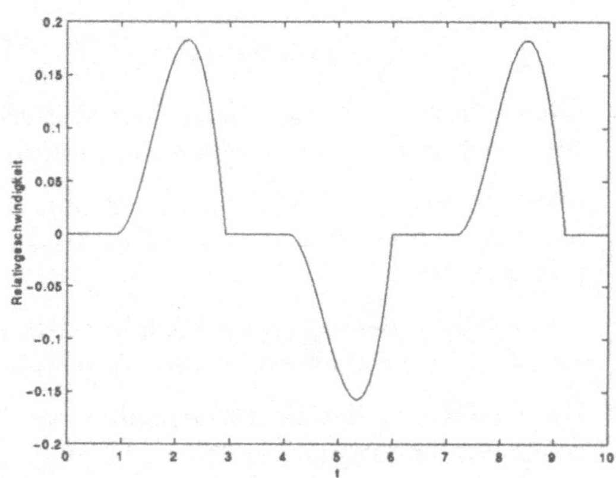

Wir wollen uns nun mit den verschiedenen Fehlerarten beschäftigen, die sich bei den oben erwähnten Schritten bis zur konkreten numerischen Lösung einschleichen können.

1) Modellierungsfehler beim Übergang auf das mathematische Ersatzproblem. So gilt die oben benutzte Modellierung der Reibung durch die Signumfunktion nur näherungsweise. Für kleine Relativgeschwindigkeiten und extreme Parameterwerte musste das Modell grundsätzlich verändert werden.

2) Fehler in den Eingangsdaten; diese werden durch Mess- und Rundungsfehler bei der Eingabe erzeugt.

3) Verfahrensfehler bei der Auswahl des „passenden" Algorithmus. So ergibt sich bei einer Differentialgleichung mit unstetiger Störfunktion bei Anwendung eines Integrationsverfahrens höherer Ordnung häufig ein „Zahlensalat" ohne Bezug zur tatsächlichen Lösung.

4) Diskretisierungsfehler: so wird z.B. bei der Behandlung eines Randwertproblems der Differentialquotient durch den Differenzenquotient ersetzt.

5) Abbruchfehler: Viele Algorithmen sind iterativ angelegt. Die Theorie besagt, dass sie bei beliebiger Erhöhung der Schrittzahl gegen die exakte Lösung streben. Dies ist natürlich auch mit dem modernsten Rechner nicht möglich – man bricht nach endlich vielen Schritten ab.

6) Interne Fehler des Computers: Mit reellen Zahlen kann der Computer nicht rechnen. Als Ersatz dient die endliche Teilmenge der Gleitpunktzahlen zu einer Basis β. Dies sind Zahlen der Form

$$d = \pm \underbrace{d_1\,,\,d_2 d_3 d_4 \ldots d_t}_{\text{Mantisse}} \cdot \beta^e \qquad 0 \leq d_i < \beta,\, d_1 \neq 0 \quad,$$

wobei $e \in \mathbb{N}$ ein Exponent mit $-m \leq e \leq M$. t nennt man die Mantissenlänge. Eine solche Zahl hat vereinbarungsgemäß den Wert

$$d = d_1 \cdot \beta^e + d_2 \cdot \beta^{e-1} + \ldots + d_t \cdot \beta^{e+1-t} \quad.$$

Für die größte bzw. kleinste Maschinenzahl ergibt sich

$$Z_{max} = \left(\beta - \beta^{1-t}\right) \cdot \beta^M \qquad Z_{min} = \beta^{-m} \quad.$$

Das Intervall $[-Z_{max}\,,\,Z_{max}]$ ist der Rechenbereich des Computers. Wird bei einer Rechenoperation eine größere Zahl erzeugt, so entsteht ein sogenannter Overflow.

Das Intervall $[-Z_{min}\,,\,Z_{min}]$ enthält als einzige Zahl die Null. Entsteht bei einer Rechenoperation eine Zahl in diesem Intervall, so wird sie zu Null gemacht. (Underflow)

Im täglichen Leben ist die Basis $\beta = 10$. Bei Computern sind $\beta = 2$ (Dualzahlen) und $\beta = 16$ (Hexadezimalzahlen) gebräuchlich.

Die Anordnung der Maschinenzahlen sei für einen einfachen Fall zur Veranschaulichung explizit angegeben: Für $\beta = 10$, $t = 2$, $m = 3$, $M = 4$ erhalten wir:

$1.0 \cdot 10^{-3} \quad 1.1 \cdot 10^{-3} \ldots 9.9 \cdot 10^{-3} \quad 1.0 \cdot 10^{-2} \ldots 9.9 \cdot 10^{-1} \quad 1.0 \ldots 1.0 \cdot 10^{4} \ldots 9.9 \cdot 10^{4}$

Wir erkennen, dass Maschinenzahlen im Rechenbereich des Computers $[-Z_{max}, Z_{max}]$ nicht gleichmäßig verteilt sind, sondern sich in der Nähe des Nullpunkts häufen.

Bedingt durch diese Zahlenstruktur, treten folgende Fehlerquellen auf:

- Konvertierungsfehler: sie entstehen beim Übergang von einem Zahlensystem (Dezimalsystem) in ein anderes (Dualsystem). So erhält man bei der Konversion von 0,1 ins Dualsystem eine unendliche, periodische Darstellung. Da der Rechner nur endlich viele Stellen verarbeiten kann, entsteht ein Konvertierungsfehler.

$$\frac{1}{10} = (.1)_{10} = (.0001100110011 \ldots)_2$$

bzw.

$$1 \cdot \frac{1}{10} = 0 \cdot \frac{1}{2} + 0 \cdot \frac{1}{4} + 0 \cdot \frac{1}{8} + 1 \cdot \frac{1}{16} + 1 \cdot \frac{1}{32} + 0 \cdot \frac{1}{64} + \cdots$$

- Rundungsfehler entstehen dadurch, dass Zwischen- und Endergebnisse nur mit einer begrenzten Stellenzahl dargestellt werden.

Bei jedem Problem müssen wir uns die Frage stellen, wie sich die oben beschriebenen Fehlerarten auf das Endergebnis auswirken. Wir fassen diese Einflüsse zusammen, indem wir annehmen, dass die Eingangsdaten leicht verändert werden. Von einem „guten" Algorithmus wird man verlangen, dass kleine Veränderungen der Eingangsdaten auch nur geringe Auswirkungen auf das Endergebnis haben. Ein solches Verfahren nennt man numerisch stabil oder gut konditioniert.

Manchmal gelingt es, das Verhältnis zwischen relativem Ein- und Ausgangsfehler durch eine Zahl abzuschätzen. Eine solche Zahl nennt man Konditionszahl. Dies sei an folgenden Beispielen erläutert.

1) Multiplikation zweier Zahlen $z = x \cdot y$. Sind δx und δy die Störungen der Eingangsgrößen, so errechnet sich der absolute Fehler von z durch:

$$\delta z = (x + \delta x) \cdot (y + \delta y) - x \cdot y = y \cdot \delta x + x \cdot \delta y + \delta x \cdot \delta y \approx y \cdot \delta x + x \cdot \delta y.$$

Für die relativen Fehler erhält man:

$$\frac{\delta z}{z} \approx \frac{\delta x}{x} + \frac{\delta y}{y} \ .$$

Die relativen Fehler der beiden Faktoren addieren sich in erster Näherung, d.h. die relativen Konditionszahlen sind 1.

2) Addition und Subtraktion zweier Zahlen $z = x \pm y$.

$$\delta z = [(x + \delta x) \pm (y + \delta y)] - [x \pm y] = \delta x \pm \delta y$$

bzw.

$$\frac{\delta z}{z} = \frac{x}{x \pm y} \cdot \frac{\delta x}{x} \pm \frac{y}{x \pm y} \cdot \frac{\delta y}{y} \ .$$

Die relativen Konditionszahlen

$$\frac{x}{x \pm y} \quad \text{bzw} \quad \frac{y}{x \pm y} \ ,$$

die den Zusammenhang zwischen dem relativen Fehler der Eingangsgrößen und dem relativen Fehler des Resultats darstellen, können, wenn der Nenner $x \pm y$ klein wird, beliebig groß werden. Dies sei noch an einem Zahlenbeispiel demonstriert:

Subtrahieren wir zwei ungefähr gleich große Zahlen, so tritt bei Gleitpunktarithmetik sogenannte Auslöschung ein.

$$1.23456789 - 1.23456788 = 1 \cdot 10^{-8}$$

Alle Stellen hinter dem Dezimalpunkt sind ausgelöscht.

Manchmal gelingt es, solche Auslöscheffekte mit einem Trick zu umgehen. Die Berechnung des Ausdrucks

$$\sqrt{a+h} - \sqrt{a}$$

zeigt für $|h| \ll a$ diesen Auslöscheffekt. Wenn wir aber geschickt erweitern

$$\frac{\left[\sqrt{a+h} - \sqrt{a}\right] \cdot \left[\sqrt{a+h} + \sqrt{a}\right]}{\sqrt{a+h} + \sqrt{a}} = \frac{h}{\sqrt{a+h} + \sqrt{a}} ,$$

so erhalten wir einen numerisch stabilen Algorithmus. Man beachte, dass die beiden Ausdrücke algebraisch identisch sind, aber trotzdem ein vollständig unterschiedliches numerisches Verhalten zeigen!

3) Die Funktion f soll im Punkt x berechnet werden. Wenn wir nun an Stelle von x die Eingangsgröße $x + \delta x$ benutzen, so verändert sich auch der Funktionswert. Für den absoluten Fehler ergibt sich nach dem Zwischenwertsatz der Differentialrechnung

$$\delta z = f(x + \delta x) - f(x) = f'(\eta) \cdot \delta x \approx f'(x) \cdot \delta x \quad \text{mit} \quad x \leq \eta \leq x + \delta x .$$

Für den relativen Fehler erhält man

$$\frac{\delta z}{z} = \frac{f(x + \delta x) - f(x)}{f(x)} \approx \frac{f'(x) \cdot \delta x}{f(x)} = \left[\frac{x \cdot f'(x)}{f(x)}\right] \cdot \frac{\delta x}{x} .$$

$$\text{D.h. die Größe} \quad \frac{x \cdot f'(x)}{f(x)}$$

stellt den „Verstärkungsfaktor" – Konditionszahl – dar, mit dem der Fehler der Eingangsgröße multipliziert wird.[1]

---

[1] In den Wirtschaftswissenschaften nennt man diese Größe Elastizität.

2 Iterationsverfahren zur Lösung nichtlinearer Gleichungen

In diesem Abschnitt sollen numerische Verfahren zur Lösung „unlösbarer", d.h. nicht geschlossen lösbarer Gleichungen bzw. Gleichungssysteme diskutiert werden. Bringen wir die Gleichung auf die Form

$$f(x) = 0$$

so können wir mit der Intervallhalbierungsmethode sofort eine Lösungsstrategie zur Berechnung der Nullstelle der Funktion $f(x)$ entwickeln.

Hat die stetige Funktion in a und b verschiedenes Vorzeichen, d.h. gilt

$$f(a) \cdot f(b) < 0 \,,$$

so bestimmen wir das Vorzeichen von $f(\frac{a+b}{2})$. Je nachdem ob

$$f(a) \cdot f(\tfrac{a+b}{2}) \quad \text{oder} \quad f(b) \cdot f(\tfrac{a+b}{2})$$

kleiner Null ist, liegt die gesuchte Nullstelle in

$$\left[a, \frac{a+b}{2}\right] \quad \text{oder} \quad \left[\frac{a+b}{2}, b\right] \ .$$

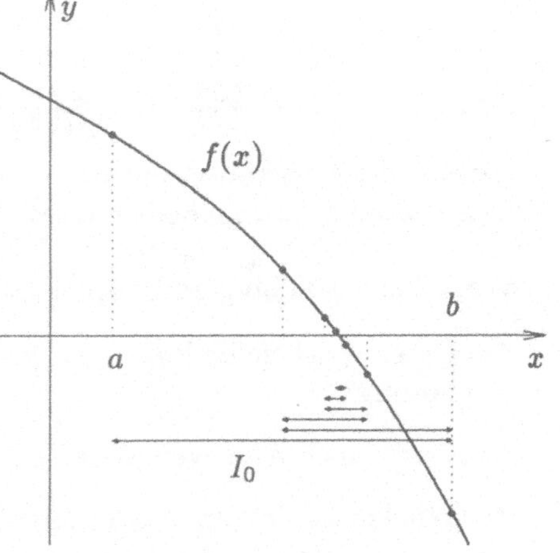

Dieses Verfahren lässt sich bis zur gewünschten Genauigkeit fortsetzen. Effektivere Verfahren[1] zur Bestimmung von Lösungen nichtlinearer Gleichungen werden in den folgenden Abschnitten beschrieben.

2.1 Fixpunktsatz

Ein einfaches – noch geschlossen lösbares – Beispiel soll den Grundgedanken erläutern. Gesucht ist die positive Nullstelle des Polynoms $f(x) = x^2 - 2$. Mittels der Quadratwurzelfunktion [2] kann sofort die Lösung explizit angegeben werden

$$x^* = \sqrt[2]{2} \ .$$

Wir wollen nun die Ausgangsgleichung so umformen, dass wir durch Einsetzen in eine einfache Rechenvorschrift sukzessiv immer bessere Näherungen für die Lösung $x^* = \sqrt{2}$ erhalten.

---

[1] In diesem Buch soll nur die allgemeine Vorgehensweise erläutert werden. Auf die speziellen Verhältnisse bei der Nullstellenberechnung von Polynomen – komplexe Nullstellen – wollen wir nicht eingehen.

[2] Die Berechnung von $\sqrt{2}$ läßt sich nicht auf eine endliche Anzahl von Grundrechenoperationen zurückführen!!

$$x^2 - 2 = 0$$
$$\frac{x^2}{2} = 1$$
$$x^2 = \frac{x^2}{2} + 1$$
$$x = \frac{x}{2} + \frac{1}{x} \; .$$

Ausgehend vom Startwert $x_0 = 1$ setzen wir in die rechte Seite der Gleichung ein

$$\boxed{x_{k+1} = \frac{x_k}{2} + \frac{1}{x_k} = \frac{1}{2} \cdot \left[x_k + \frac{2}{x_k} \right]}$$

und erhalten so eine Näherungsfolge für $\sqrt{2}$.[3]

$$x_1 = \frac{1}{2} + 1 = \frac{3}{2} = 1.50000000000$$
$$x_2 = \frac{3}{4} + \frac{2}{3} = \frac{17}{12} = 1.41666666666$$
$$x_3 = \frac{17}{24} + \frac{12}{17} = \frac{577}{408} = = 1.41421568627$$
$$x_4 = \frac{577}{816} + \frac{408}{577} = \frac{665857}{470832} = 1.41421356237 \; .$$

Bereits die 4. Iteration unterscheidet sich in der Ziffernfolge nicht mehr von dem vom Taschenrechner ausgegebenen Wert für $\sqrt{2}$.

Ausgehend von obigem Beispiel stellen sich nun folgende prinzipielle Fragen:

- Unter welchen Bedingungen konvergiert ein solches Verfahren gegen die gesuchte Lösung?

- Lassen sich Aussagen über den Fehler machen?

- Wie konstruiert man eine solche Iterationsvorschrift systematisch?

Hintergrund ist ein zentrales Hilfsmittel der numerischen Mathematik, der Banachsche Fixpunktsatz.

Gesucht ist eine Lösung x^* der Gleichung $\quad x = F(x)$

<u>Problem:</u> Wann strebt die rekursiv definierte Folge

$$x_{n+1} = F(x_n)$$

gegen einen Grenzwert x^* mit

$$x^* = F(x^*) \quad ?$$

Wenn sich die Folge auf x^* „zusammenziehen" soll, so muss gelten:[4]

$$| \underbrace{x_{n+1} - x^*}_{=F(x_n)-F(x^*)} | < |x_n - x^*|$$

---

[3] Diese Iterationsvorschrift lässt sich auch wie folgt plausibel machen:
Ist $x_k > \sqrt{2}$, so ist $\frac{2}{x_k}$ kleiner als $\sqrt{2}$ und umgekehrt. Das arithmetische Mittel zwischen diesen beiden Ausdrücken bewirkt, dass sich die Folge bei $\sqrt{2}$ „einpendelt".
[4] Eine solche Abbildung nennt man kontrahierend.

d.h. die folgende Iteration liegt näher bei der Lösung x^*.

Diese Eigenschaft ist erfüllt, wenn für alle x_1, x_2 in einem Intervall, das die exakte Lösung enthält, gilt:

$$|F(x_1) - F(x_2)| < |x_1 - x_2|$$

oder in Worten: Der Abstand der Funktionswerte muss kleiner als der Abstand der Argumente sein.

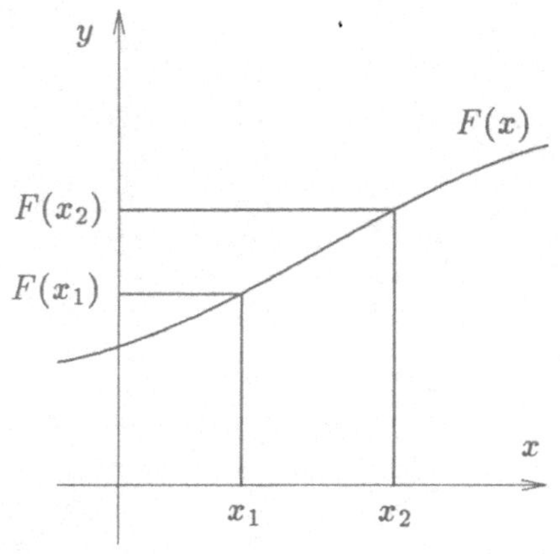

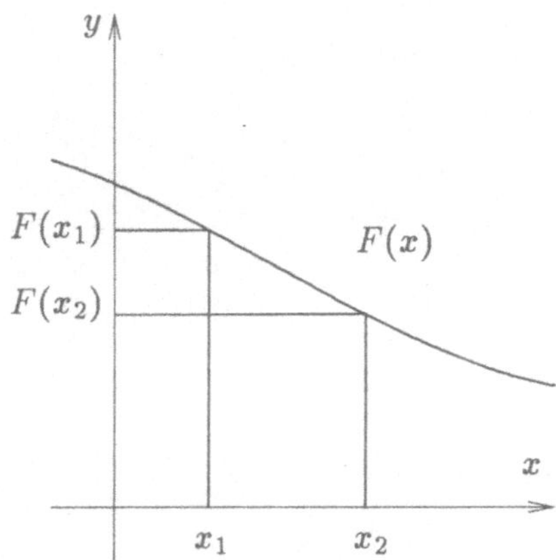

Nun gilt offensichtlich:

$$|F(x_1) - F(x_2)| < |x_1 - x_2| \quad \text{wenn} \quad |F'(x)| < 1 \quad \text{für} \quad x_1 \leq x \leq x_2 \quad .$$

Eine rekursiv definierte Folge

$$x_{n+1} = F(x_n) \,; \quad x_0 = a$$

konvergiert gegen die Lösung der Gleichung

$$x^* = F(x^*) \quad ,$$

wenn für die Ableitung der Iterationsvorschrift $F'(x)$ im betrachteten Bereich gilt:

$$|F'(x)| \leq L < 1 \quad .$$

Der Inhalt des Satzes soll noch an folgenden Bildern veranschaulicht werden. Zu je zwei Startwerten a und $\tilde{a}$, die links und rechts der Lösung x^* gewählt werden, verfolgen wir die Iterationsvorschrift.

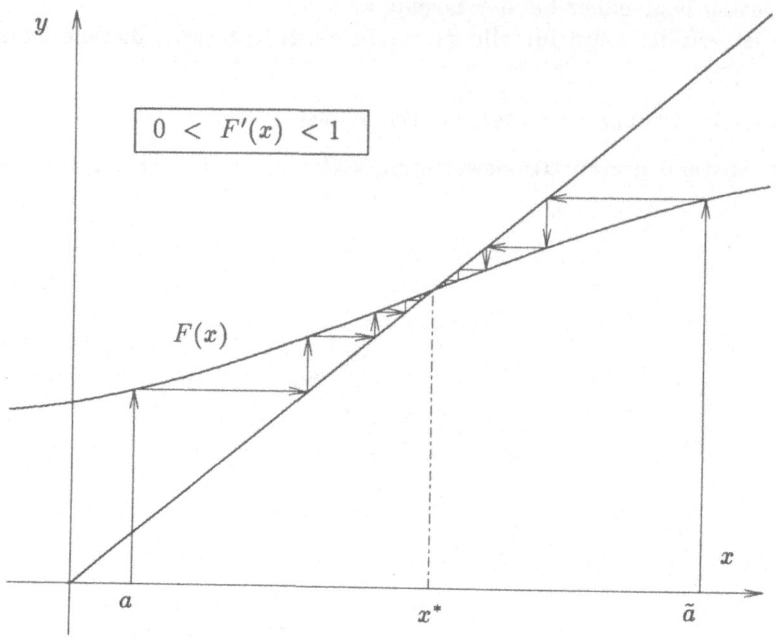

y
$0 < F'(x) < 1$
F(x)
a
x^*
$\tilde{a}$
x

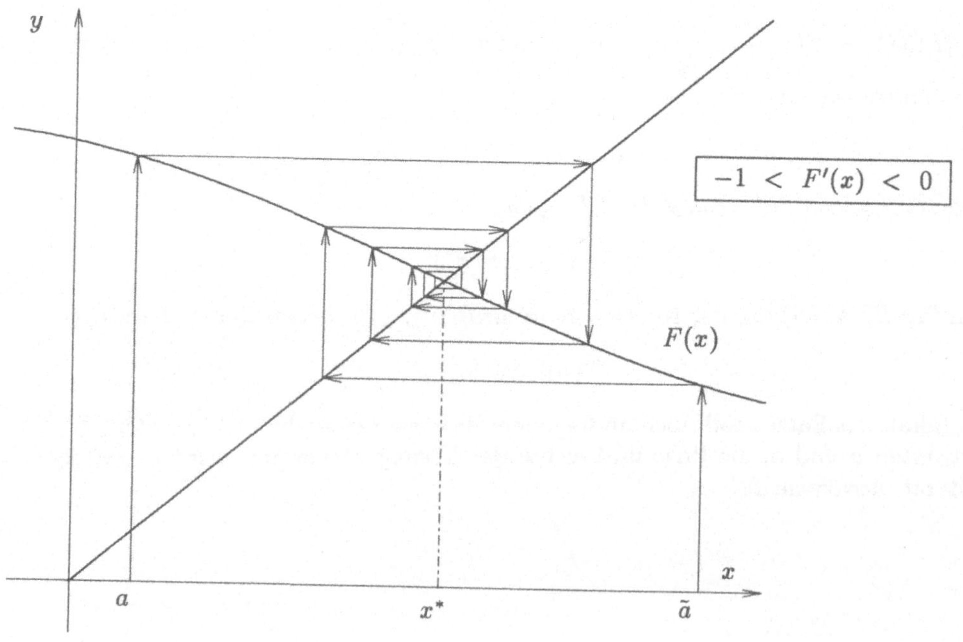

y
$-1 < F'(x) < 0$
F(x)
a
x^*
$\tilde{a}$
x

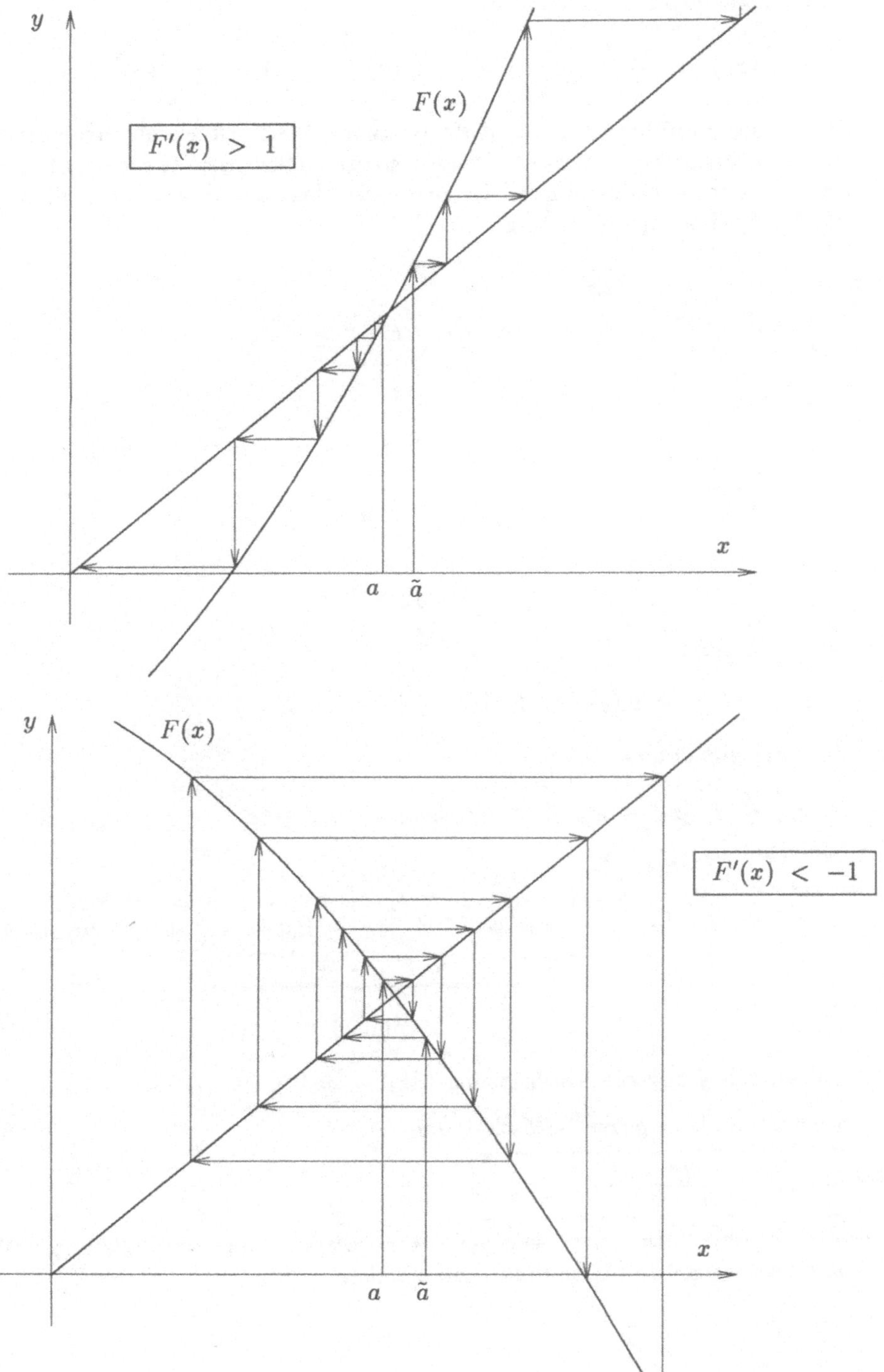
y
F(x)
F'(x) > 1
x
a   ã
y
F(x)
F'(x) < -1
x
a   ã

Bei unserem Eingangsbeispiel bedeutet dies:

$$x_{k+1} = F(x_k) = \frac{x_k}{2} + \frac{1}{x_k} \quad \rightsquigarrow \quad |F'(x)| = \left| \frac{1}{2} - \frac{1}{x^2} \right| \overset{!}{<} 1 \ .$$

Für $x \geq 1$ ist dies stets erfüllt; von $\frac{1}{2}$ wird ein positiver Ausdruck kleiner 1 abgezogen. Zum „wasserdichten" Nachweis müssen wir noch sicher stellen, dass die Iterationsfolge den Bereich $x \geq 1$ nicht verlässt; d.h. es ist zu zeigen, dass aus $x \geq 1$ auch $F(x) \geq 1$ folgt. Nun gilt die Äquivalenzumformung:

$$\begin{array}{rcll}
\frac{x}{2} + \frac{1}{x} & \geq & 1 & \quad \cdot 2x \\
x^2 + 2 & \geq & 2x & \\
x^2 - 2x + 1 & \geq & -1 & \\
(x-1)^2 & \geq & -1 &
\end{array} \qquad \Longleftrightarrow \qquad F(x) \geq 1 \ .$$

2.2 Fehlerschranken

Es sei

$$x_{k+1} = F(x_k)$$

ein konvergenter Algorithmus mit

$$|F(x) - F(y)| \leq L \cdot |x - y| \qquad 0 \leq L < 1 \ .$$

Für diese Folge $\{x_i\}$ gilt dann

1) $\quad |x_{k+1} - x_k| \leq L \cdot |x_k - x_{k-1}| \leq L^2 \cdot |x_{k-1} - x_{k-2}| \leq \ldots \leq L^k \cdot |x_1 - x_0| \ .$

Für $j > k$ erhalten wir

$$\begin{array}{rcl}
|x_j - x_k| & \leq & |x_j - x_{j-1}| + |x_{j-1} - x_{j-2}| + \ldots + |x_{k+1} - x_k| \\
& \leq & L^{j-1} \cdot |x_1 - x_0| + L^{j-2} \cdot |x_1 - x_0| + \ldots + L^k \cdot |x_1 - x_0| \\
& \leq & L^k \cdot |x_1 - x_0| \cdot \underbrace{\left\{ 1 + L + \ldots + L^{j-k-1} \right\}}_{< \frac{1}{1-L}} \quad ;
\end{array}$$

damit gilt für alle $j > k$ die Abschätzung $\quad |x_j - x_k| < \dfrac{L^k}{1-L} \cdot |x_1 - x_0|$

und wir erhalten die „a-priori"-Abschätzung

$$\boxed{ \ |x^* - x_k| < \frac{L^k}{1-L} \cdot |x_1 - x_0| \ } \quad .$$

Sie ermöglicht eine Vorhersage, wie viele Iterationen schlimmstenfalls notwendig sind, um eine vorgegebene Genauigkeit zu erzielen.

2) Soll während der Iteration eine Aussage über den momentanen Fehler gemacht werden, so ist die obige Überlegung leicht zu modifizieren.

$$\begin{aligned}
|x_j - x_k| &\leq |x_j - x_{j-1}| + |x_{j-1} - x_{j-2}| + \ldots + |x_{k+1} - x_k| \\
&\leq L^{j-k} \cdot |x_k - x_{k-1}| + L^{j-k-1} \cdot |x_k - x_{k-1}| + \ldots \\
&\quad + L \cdot |x_k - x_{k-1}| \\
&\leq L \cdot |x_k - x_{k-1}| \cdot \underbrace{\left\{ 1 + L + \ldots + L^{j-k-1} \right\}}_{< \frac{1}{1-L}}
\end{aligned}$$

Damit gilt für alle $j > k$ die Abschätzung $\quad |x_j - x_k| < \frac{L}{1-L} \cdot |x_k - x_{k-1}|$

und wir erhalten die „a-posteriori"-Abschätzung

$$\boxed{\; |x^* - x_k| < \frac{L}{1-L} \cdot |x_k - x_{k-1}| \;} \quad .$$

Damit kann mit der Differenz zweier aufeinanderfolgender Iterationen auf den Abstand zur exakten Lösung geschlossen werden.

Für das praktische Rechnen mit Computern haben die oben erwähnten Fehlerabschätzungen nur noch geringe Bedeutung. Man geht meistens so vor, dass man die Iteration abbricht, wenn zwei aufeinanderfolgende Iterationen genügend nahe beieinander liegen, d.h. wenn

$$|x_n - x_{n-1}| < \epsilon \quad .$$

Beim Rechnen auf zehn Kommastellen wird man $\epsilon = 5 \cdot 10^{-11}$ setzen. Dies garantiert allerdings nicht in allen Fällen, dass der Fehler in dieser Größenordnung liegt. Wir werden später noch einige pathologischen Fälle kennenlernen.

Im nächsten Abschnitt werden wir einen konstruktiven Zugang zu einem Iterationsverfahren kennenlernen.

2.3 Newtonverfahren

Wir gehen von einer anderen Formulierung[5] unserer Problemstellung aus und fragen nach Nullstellen einer Funktion $f(x)$. Der Gedanke, eine Funktion zu linearisieren, kann dazu benutzt werden, eine nichtlineare Gleichung der Form

$$f(x) = 0$$

näherungsweise iterativ zu lösen.

Die nachfolgend beschriebene Vorgehensweise geht auf Isaac Newton zurück.

---

[5] Auch der im vorangegangenen Abschnitt behandelte Gleichungstyp kann auf diese Form gebracht werden:
$$x = F(x) \quad \Longleftrightarrow \quad F(x) - x = 0$$

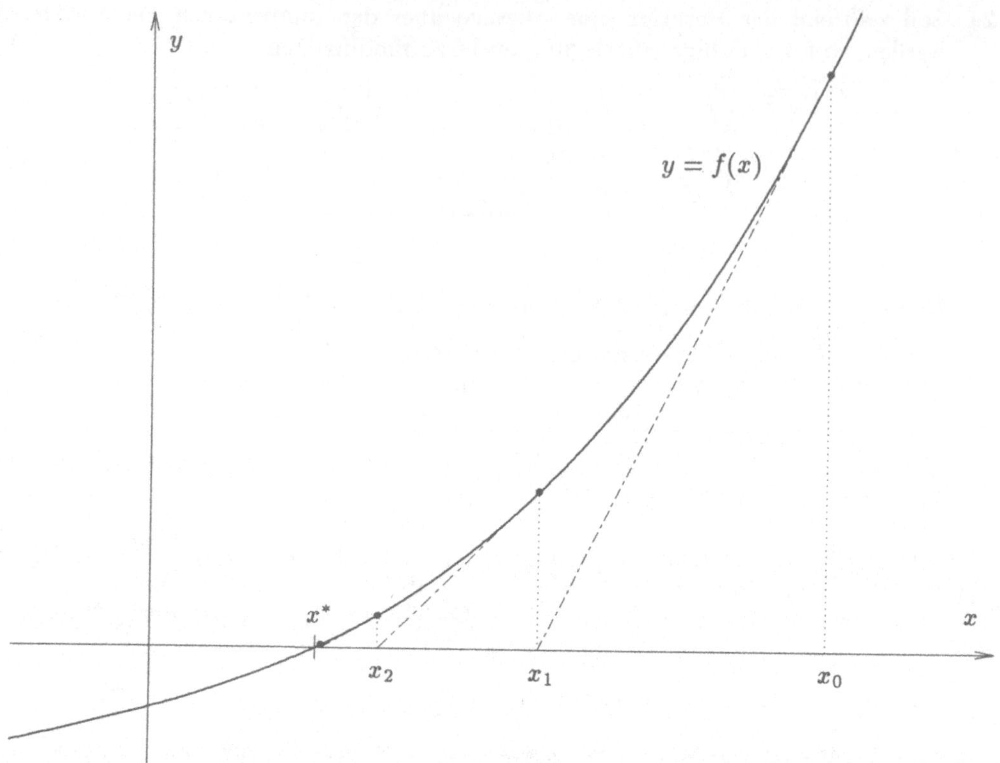

Ausgehend von einem Punkt x_0 in der Umgebung der gesuchten Lösung x^* bestimmen wir im Kurvenpunkt $(x_0|f(x_0))$ die Gleichung der Tangente

$$\frac{y - f(x_0)}{x - x_0} = f'(x_0) \quad .$$

Wir schneiden diese Tangente mit der x-Achse ($y = 0$!) und erhalten mit

$$\frac{-f(x_0)}{x_1 - x_0} = f'(x_0) \quad \rightsquigarrow \quad x_1 = x_0 - \frac{f(x_0)}{f'(x_0)}$$

eine verbesserte Näherung x_1.

Dieser Prozess lässt sich beliebig oft wiederholen. Wir erhalten mit der Rekursionsbeziehung

$$x_{n+1} = x_n - \frac{f(x_n)}{f'(x_n)}$$

eine Zahlenfolge, die i.a. gegen die gesuchte Lösung x^* konvergiert. Die Konvergenz des Verfahrens ist gesichert, wenn $f''(x)$ in der Umgebung von x^* nicht das Vorzeichen wechselt. Ist $f'(x^*) = 0$, so konvergiert die Folge sehr langsam.

Beispiel: $e^x = 2 - x$

$\leadsto \quad f(x) = e^x + x - 2$

$\leadsto \quad f'(x) = e^x + 1$

$$x_{n+1} = x_n - \frac{e^{x_n} + x_n - 2}{e^{x_n} + 1}$$

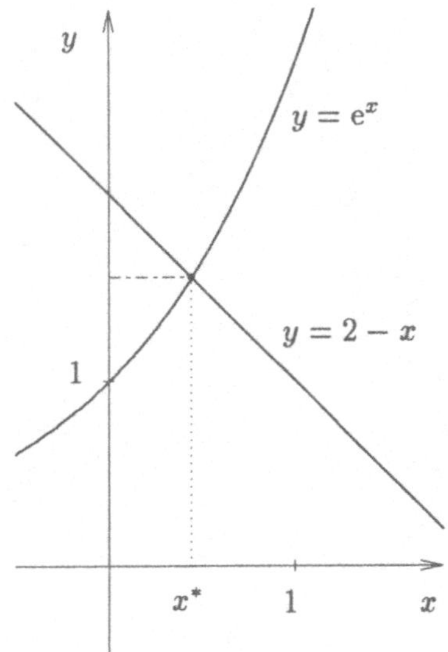

k	x_k
0	1.00000000000000
1	0.53788284273999
2	0.44561674852655
3	0.44285672464511
4	0.44285440100403
5	0.44285440100239
6	0.44285440100239

Wir wollen noch die Konvergenzbedingung für das Newtonverfahren überprüfen.

$$x_{n+1} = F(x_n) = x_n - \frac{f(x_n)}{f'(x_n)}$$

$$F(x) = x - \frac{f(x)}{f'(x)}$$

$$F'(x) = 1 - \frac{\left(f'(x)\right)^2 - f(x) \cdot f''(x)}{\left(f'(x)\right)^2} = \frac{f(x) \cdot f''(x)}{\left(f'(x)\right)^2} \ .$$

Wenn $f'(x)$ in der Umgebung der Nullstelle sich wie $|f'(x)| \geq K > 0$ verhält, so ist die Konvergenz immer gewährleistet, da $f(x) \to 0$ bei Annäherung an die Nullstelle. Bei mehrfachen Nullstellen – d.h. wenn $f'(x^*) = 0$ – strebt der Nenner des Newtonverfahrens gegen Null und es sind Schwierigkeiten bei der Konvergenz zu erwarten. Bei bekannter Vielfachheit der Nullstelle kann der Algorithmus modifiziert werden, um die Effizienz des Verfahrens zu erhöhen.[6]

2.4 Regula falsi

Eine analoge geometrische Überlegung führt zu einer zweigliedrigen Iterationsvorschrift, die die Berechnung der ersten Ableitung vermeidet. Dazu ersetzt man die Kurve zwischen zwei Kurvenpunkten durch die Sekante und schneidet diese mit der x-Achse. Als Startwerte wählt man zweckmäßigerweise zwei Punkte mit unterschiedlichem Vorzeichen $f(x_0) \cdot f(x_1) < 0$.

---

[6] Ist x^* eine p-fache Nullstelle (wenn bekannt!!), so konvergiert das modifizierte Verfahren

$$x_{n+1} = \hat{F}(x_n) = x_n - p \cdot \frac{f(x_n)}{f'(x_n)}$$

besser gegen die gesuchte Nullstelle.

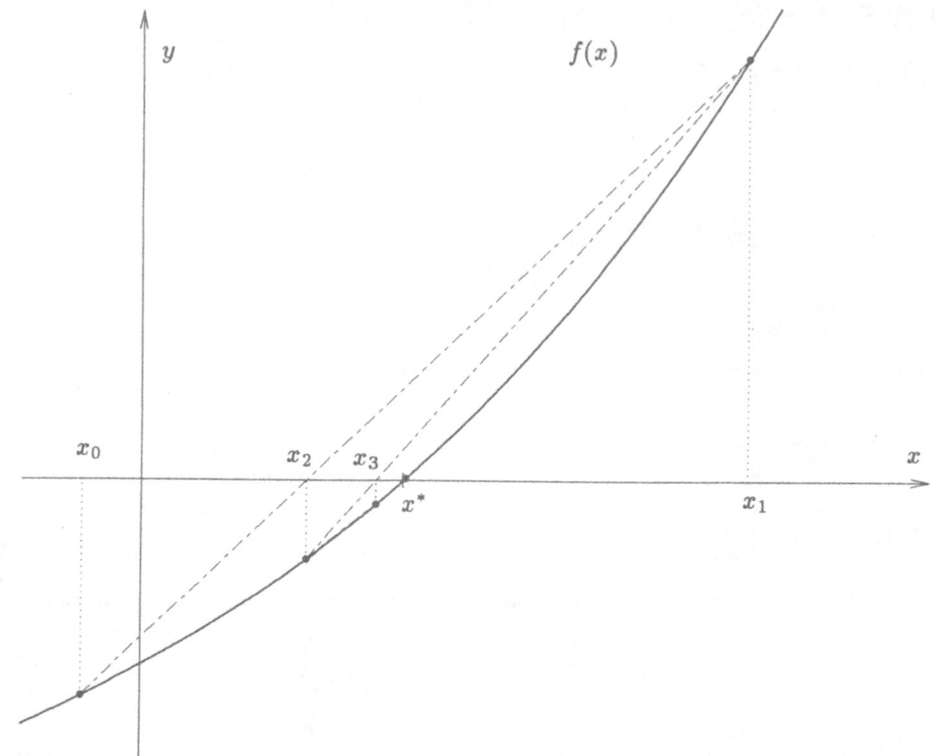

Mittels der Zwei-Punkte-Form ermitteln wir die Geradengleichung durch die beiden Punkte $(x_n | f(x_n))$ und $(x_{n+1} | f(x_{n+1}))$.

$$\frac{y - f(x_n)}{x - x_n} = \frac{f(x_{n+1}) - f(x_n)}{x_{n+1} - x_n}$$

Der Schnittpunkt dieser Geraden mit der x-Achse ($y = 0$!) ergibt den neuen Näherungswert x_{n+2}.

$$\frac{-f(x_n)}{x_{n+2} - x_n} = \frac{f(x_{n+1}) - f(x_n)}{x_{n+1} - x_n} \quad \leadsto \quad x_{n+2} = \frac{x_n \cdot f(x_{n+1}) - x_{n+1} \cdot f(x_n)}{f(x_{n+1}) - f(x_n)}$$

Unter den beiden Näherungswerten x_n, x_{n+1} wird derjenige ausgewählt, dessen Funktionswert $f(x_n)$ bzw. $f(x_{n+1})$ das jeweils andere Vorzeichen von $f(x_{n+2})$ hat.[7] Dies ist eine zweigliedrige Iterationsvorschrift, bei der im wesentlichen der Differentialquotient durch den Differenzenquotienten ersetzt wird. Ebenso sind die Schwierigkeiten bei mehrfachen Nullstellen mit denen beim Newtonverfahren vergleichbar.

2.5 Konvergenzordnung

In diesem Abschnitt beschäftigen wir uns mit der Frage, um welche Größenordnung sich die Näherung bei einem Iterationsschritt verbessert. Theoretischer Hintergrund ist die Taylor-Reihenentwicklung für entsprechend oft differenzierbare Funktionen.

---

[7] Verzichtet man auf diese Vorzeichenabfrage, spricht man vom Sekantenverfahren.

Wir entwickeln die rechte Seite der Iterationsvorschrift $x_{n+1} = F(x_n)$ um die Nullstelle x^*.

$$F(x) = F(x^*) + F'(x^*)\cdot(x-x^*) + \frac{F''(x^*)}{2}\cdot(x-x^*)^2 + \cdots$$
$$+ \frac{F^{(n)}(x^*)}{n!}\cdot(x-x^*)^n + \frac{F^{(n+1)}(\hat{x})}{(n+1)!}\cdot(x-x^*)^{n+1} \qquad x^* \leq \hat{x} \leq x$$

Wir setzen $x = x_n$ und können die Differenz der neuen Näherung $x_{n+1} = F(x_n)$ zur exakten Lösung $x^* = F(x^*)$ abschätzen:

$$x_{n+1} - x^* = F(x_n) - F(x^*)$$
$$= F'(x^*)\cdot(x_n-x^*) + \frac{F''(x^*)}{2}\cdot(x_n-x^*)^2 + \cdots \qquad .$$

Damit ist es uns gelungen den „neuen" Fehler $|x_{n+1} - x^*|$ mit dem vorangegangenen Fehler $|x_n - x^*|$ in Beziehung zu setzen. Der Hauptbeitrag des Fehlers entsteht vom Summanden mit dem kleinsten Exponenten l bei $(x_n - x^*)^l$.

Für das Newtonverfahren wollen wir die ersten Ableitungen bestimmen:

$$F(x) = x - \frac{f(x)}{f'(x)}$$
$$F'(x) = 1 - \frac{(f'(x))^2 - f(x)\cdot f''(x)}{(f'(x))^2} = \frac{f(x)\cdot f''(x)}{(f'(x))^2} \qquad\qquad F'(x^*) = 0\ ^{[8]}$$
$$F''(x) = \frac{f''(x)}{f'(x)} + f(x)\cdot\frac{f'(x)\cdot f'''(x) - 2(f''(x))^2}{(f'(x))^3} \qquad\qquad F''(x^*) = \frac{f''(x^*)}{f'(x^*)} \cdot$$

Damit erhalten wir für das Newtonverfahren folgenden Zusammenhang zwischen altem (Δx_n) und neuem Fehler (Δx_{n+1}):

$$\underbrace{x_{n+1} - x^*}_{\Delta x_{n+1}} = \underbrace{\frac{F''(\hat{x})}{2}}_{\approx \frac{f''(x^*)}{2f'(x^*)}} \cdot \underbrace{(x_n - x^*)^2}_{(\Delta x_n)^2}$$

Besteht ein solcher Zusammenhang, dann redet man von quadratischer Konvergenz – der neue Fehler ist proportional zum Quadrat des alten Fehlers. Entsprechend spricht man von der Konvergenzordnung p, wenn gilt:

$$\Delta x_{n+1} \approx c\cdot(\Delta x_n)^p \qquad .$$

Durch eine Modifikation des Newtonverfahrens kann man erreichen, dass auch die zweite Ableitung $F''(x)$ in x^* zu Null wird. Wir addieren zu $F(x)$ einen geeigneten Summanden, von dem von vornherein sicher ist, dass er die Eigenschaft $F'(x^*) = 0$ nicht zerstört. Dies ist bei einem Summanden gewährleistet, der $f(x)^2$ enthält.

---

[8] Für den Entwicklungspunkt x^* gilt: $[\,f(x^*) = 0\ !!\,]$

$$F(x) \;=\; x \;-\; \frac{f(x)}{f'(x)} \;-\; h(x) \cdot (f(x))^2$$

$$F'(x) \;=\; \frac{f(x) \cdot f''(x)}{(f'(x))^2} \;-\; h'(x) \cdot (f(x))^2 \;-\; 2h(x) \cdot f(x) \cdot f'(x)$$

$$F''(x) \;=\; \frac{f''(x)}{f'(x)} \;+\; f(x) \cdot \frac{f'(x) \cdot f'''(x) - 2\,(f''(x))^2}{(f'(x))^3}$$
$$-\; f(x) \cdot [h''(x) \cdot f(x) + 4h'(x) \cdot f'(x) + 2h(x) \cdot f''(x)] - 2h(x) \cdot (f'(x))^2$$

an der Nullstelle x^* erhält man

$$F''(x^*) \;=\; \frac{f''(x^*)}{f'(x^*)} \;-\; 2h(x^*) \cdot (f'(x^*))^2 \qquad .$$

Wenn wir $h(x)$ so bestimmen, dass wir in der letzten Beziehung $F''(x^*) = 0$ erhalten, so ergibt sich ein Verfahren dritter Ordnung.

$$x_{n+1} \;=\; \hat{F}(x_n) \;=\; x_n \;-\; \frac{f(x_n)}{f'(x_n)} \;-\; \frac{f''(x_n) \cdot (f(x_n))^2}{2\,(f'(x_n))^3}$$

Vergleich der Verfahren: Das soeben hergeleitete modifizierte Newtonverfahren konvergiert am besten, die Regula falsi ist theoretisch das „schlechteste" Verfahren. Trotzdem wird die Iterationsvorschrift Regula falsi bzw. das Sekandenverfahren sehr häufig benutzt, denn diese Algorithmen kommen ohne Ableitungen aus. Dass zur Erzielung einer vorgegebenen Genauigkeit in der Regel mehr Iterationsschritte nötig sind, ist in Anbetracht der Leistungsfähigkeit moderner Rechner zu vernachlässigen. Die Endgenauigkeit, d.h. die Differenz von Näherungslösung und exakter Lösung, ist bei allen erwähnten Verfahren vergleichbar.

2.6 Übertragung auf mehrdimensionale Probleme

Das Newtonsche Verfahren lässt sich auch auf mehrdimensionale Probleme übertragen. Wir müssen dabei allerdings auf die Anschauung verzichten, da ja bereits für eine zweidimensionale Vektorfunktion von zwei Veränderlichen ein 4-dimensionaler Raum notwendig wäre.

Der Grundgedanke des Newtonverfahrens lässt sich auch so formulieren: Wir linearisieren die Funktion im Punkt $(x_n | f(x_n))$

$$f(x) \;=\; f(x_n) \;+\; f'(x_n) \cdot (x - x_n) \;+\; \ldots$$

Die Nullstelle der linearisierten Funktion ist die nächste Näherung x_{n+1}.

$$0 \;=\; f(x_n) \;+\; f'(x_n) \cdot (x_{n+1} - x_n) \quad \rightsquigarrow \quad x_{n+1} \;=\; x_n \;-\; \frac{f(x_n)}{f'(x_n)} \;.$$

Herleitung für die Dimension $n = 2$:

$$\underline{f}(x,y) \;=\; \begin{pmatrix} f_1(x,y) \\ f_2(x,y) \end{pmatrix} \;\overset{!}{=}\; \underline{0} \qquad .$$

Wir betrachten die Taylorentwicklungen für die Komponenten f_i :

$$f_i(x,y) \;=\; f_i(x_n,y_n) + \partial_1 f_i(x_n,y_n) \cdot (x - x_n) \;+\; \partial_2 f_i(x_n,y_n) \cdot (y - y_n) \;+\; \dots \qquad i = 1,2$$

Wenn wir die beiden Linearisierungen der Komponenten f_i zu Null setzen, erhalten wir die beiden linearen Gleichungen für die nächste Näherung $(x_{n+1}|y_{n+1})$. [9]

$$0 \;=\; f_1(x_n,y_n) \;+\; \partial_1 f_1(x_n,y_n) \cdot (x_{n+1} - x_n) \;+\; \partial_2 f_1(x_n,y_n) \cdot (y_{n+1} - y_n)$$

$$0 \;=\; f_2(x_n,y_n) \;+\; \partial_1 f_2(x_n,y_n) \cdot (x_{n+1} - x_n) \;+\; \partial_2 f_2(x_n,y_n) \cdot (y_{n+1} - y_n)$$

oder vektoriell geschrieben :

$$\begin{pmatrix} 0 \\ 0 \end{pmatrix} \;=\; \begin{pmatrix} f_1(x_n,y_n) \\ f_2(x_n,y_n) \end{pmatrix} \;+\; \underbrace{\begin{pmatrix} \partial_1 f_1(x_n,y_n) & \partial_2 f_1(x_n,y_n) \\ \partial_1 f_2(x_n,y_n) & \partial_2 f_2(x_n,y_n) \end{pmatrix}}_{=\, \underline{A}} \cdot \begin{pmatrix} x_{n+1} - x_n \\ y_{n+1} - y_n \end{pmatrix}$$

Man nennt $\underline{A}$ die Funktionalmatrix der Abbildung $\underline{f}$. [10] Ist $\underline{A}^{-1}$ die zugehörige inverse Matrix, so erhalten wir

$$\underline{O} \;=\; \underline{A}^{-1} \cdot \begin{pmatrix} f_1(x_n,y_n) \\ f_2(x_n,y_n) \end{pmatrix} \;+\; \begin{pmatrix} x_{n+1} \\ y_{n+1} \end{pmatrix} \;-\; \begin{pmatrix} x_n \\ y_n \end{pmatrix} \quad \rightsquigarrow$$

bzw.

$$\begin{pmatrix} x_{n+1} \\ y_{n+1} \end{pmatrix} \;=\; \begin{pmatrix} x_n \\ y_n \end{pmatrix} \;-\; \underline{A}^{-1} \cdot \begin{pmatrix} f_1(x_n,y_n) \\ f_2(x_n,y_n) \end{pmatrix} \quad \text{mit} \quad \underline{A} = \begin{pmatrix} \partial_1 f_1(x_n,y_n) & \partial_2 f_1(x_n,y_n) \\ \partial_1 f_2(x_n,y_n) & \partial_2 f_2(x_n,y_n) \end{pmatrix} .$$

Für $n = 2$ lässt sich das Lösen eines nichtlinearen Gleichungssystems auch anschaulich interpretieren. Die zu den Funktionen $z = f_1(x,y)$ und $z = f_2(x,y)$ gehörenden Flächen schneiden sich in einer Raumkurve. Die Durchstoßpunkte dieser Raumkurve durch die (x,y)-Ebene sind die Lösungen des Gleichungssystems. In der nachfolgenden Graphik ist die Schnittkurve der beiden Flächen

$$z \;=\; f_1(x,y) \;=\; x^2 + 2y^2 - 8$$

$$z \;=\; f_2(x,y) \;=\; x^3 - 4y$$

dargestellt.

---

[9] Die beiden Gleichungen lassen sich auch wie folgt plausibel machen:
Wir betrachten $z = f_i(x,y)$ als reelle Funktion zweier Veränderlicher, die wir im Anschauungsraum darstellen können. Die Tangentialebenen in $(x_n|y_n)$ werden beschrieben durch die Gleichungen

$$z = f_i(x_n,y_n) \;+\; \partial_1 f_i(x_n,y_n) \cdot (x - x_n) \;+\; \partial_2 f_i(x_n,y_n) \cdot (y - y_n) \qquad i = 1,2 \quad .$$

Der Schnitt dieser Tangentialebenen mit der Koordinatenebene $z = 0$ ergibt den nächsten Iterationspunkt $(x_{n+1}|y_{n+1})$.

[10] Die Matrix $\underline{A}$ trägt die Bezeichnung Jacobi-Matrix. Sie lässt sich als Ableitung der vektorwertigen Funktion

$$\begin{pmatrix} x \\ y \end{pmatrix} \;\longrightarrow\; \underline{f}(x,y) = \begin{pmatrix} f_1(x,y) \\ f_2(x,y) \end{pmatrix}$$

interpretieren.

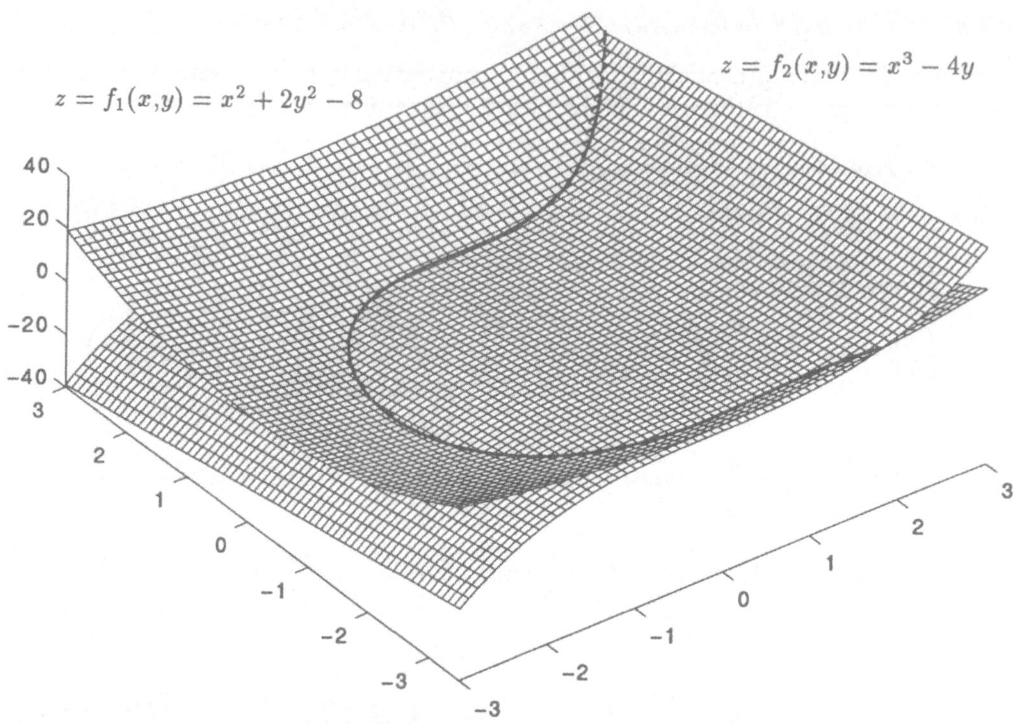

Ebenso lassen sich die Lösungspunkte als Schnitt der Höhenlinien von $f_1(x,y)$ und $f_2(x,y)$ zum Niveau $z = 0$ deuten.

Die beiden Lösungen zu dem Beispiel

$$f_1(x,y) \;=\; x^2 + 2y^2 - 8$$

$$f_2(x,y) \;=\; x^3 - 4y$$

ergeben sich zu:

$$\vec{x}_1^{\,*} \;=\; \begin{pmatrix} 1.82770057556632 \\ 1.52635359698769) \end{pmatrix} \cdot$$

$$\vec{x}_2^{\,*} \;=\; -\vec{x}_1^{\,*}$$

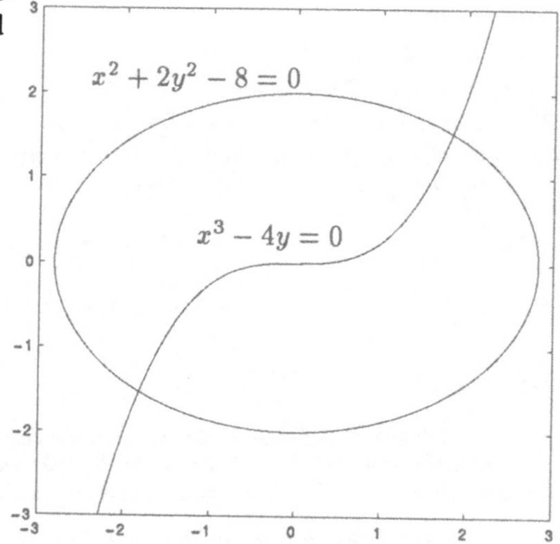

Beispiel:

$$f_1(x,y) \;=\; x - \sin x - \cos y \;=\; 0$$

$$f_2(x,y) \;=\; y - \sin x + \cos y \;=\; 0$$

$$\rightsquigarrow \quad \underline{\underline{A}} = \begin{pmatrix} 1 - \cos x & \sin y \\ -\cos x & 1 - \sin y \end{pmatrix}$$

$$\rightsquigarrow \quad \underline{\underline{A}}^{-1} = \frac{1}{1 - \cos x - \sin y + 2\cos x \cdot \sin y} \cdot \begin{pmatrix} 1 - \sin y & -\sin y \\ \cos x & 1 - \cos x \end{pmatrix}$$

Starten wir die Iteration mit $x_0 = 2$ und $y_0 = 0$, so ergibt sich:

k	$\underline{A}^{-1}(x_{k-1},y_{k-1})$	$\underline{f}(x_{k-1},y_{k-1})$	(x_k,y_k)
1	$\begin{pmatrix} 0.70614146371870 & 0 \\ -0.29385853628130 & 1.00000000000000 \end{pmatrix}$	$\begin{pmatrix} 0.090702 \\ 0.090702 \end{pmatrix}$	$\begin{pmatrix} 1.93595115221563 \\ -0.06404884778437 \end{pmatrix}$
2	$\begin{pmatrix} 0.74871988457245 & 0.04503913293874 \\ -0.25128011542755 & 0.95496086706126 \end{pmatrix}$	$\begin{pmatrix} 0.003933 \\ -0.000167 \end{pmatrix}$	$\begin{pmatrix} 1.93301392268874 \\ -0.06290033605741 \end{pmatrix}$
3	$\begin{pmatrix} 0.74996691526424 & 0.04435402686890 \\ -0.25003308473576 & 0.95564597313110 \end{pmatrix}$	$10^{-3} \cdot \begin{pmatrix} -0.121824 \\ 0.008768 \end{pmatrix}$	$\begin{pmatrix} 1.93310489810176 \\ -0.06293917604938 \end{pmatrix}$
4	$\begin{pmatrix} 0.74992873911464 & 0.04437750098156 \\ -0.25007126088536 & 0.95562249901844 \end{pmatrix}$	$10^{-5} \cdot \begin{pmatrix} 0.383400 \\ -0.027251 \end{pmatrix}$	$\begin{pmatrix} 1.93310203496547 \\ -0.06293795685181 \end{pmatrix}$
5	$\begin{pmatrix} 0.74992994100763 & 0.04437676440141 \\ -0.25007005899237 & 0.95562323559859 \end{pmatrix}$	$10^{-6} \cdot \begin{pmatrix} -0.120604 \\ 0.008575 \end{pmatrix}$	$\begin{pmatrix} 1.93310212502996 \\ -0.06293799520673 \end{pmatrix}$
6	$\begin{pmatrix} 0.74992990320061 & 0.04437678757387 \\ -0.25007009679939 & 0.95562321242613 \end{pmatrix}$	$10^{-8} \cdot \begin{pmatrix} 0.379386 \\ -0.026976 \end{pmatrix}$	$\begin{pmatrix} 1.93310212219680 \\ -0.06293799400020 \end{pmatrix}$
7	$\begin{pmatrix} 0.74992990438991 & 0.04437678684493 \\ -0.25007009561009 & 0.95562321315507 \end{pmatrix}$	$10^{-9} \cdot \begin{pmatrix} -0.119343 \\ 0.008486 \end{pmatrix}$	$\begin{pmatrix} 1.93310212228592 \\ -0.06293799403815 \end{pmatrix}$
8	$\begin{pmatrix} 0.74992990435250 & 0.04437678686786 \\ -0.25007009564750 & 0.95562321313214 \end{pmatrix}$	$10^{-11} \cdot \begin{pmatrix} 0.375433 \\ -0.026700 \end{pmatrix}$	$\begin{pmatrix} 1.93310212228312 \\ -0.06293799403696 \end{pmatrix}$
9	$\begin{pmatrix} 0.74992990435367 & 0.04437678686714 \\ -0.25007009564633 & 0.95562321313286 \end{pmatrix}$	$10^{-12} \cdot \begin{pmatrix} -0.118016 \\ 0.008548 \end{pmatrix}$	$\begin{pmatrix} 1.93310212228321 \\ -0.06293799403700 \end{pmatrix}$
10	$\begin{pmatrix} 0.74992990435364 & 0.04437678686716 \\ -0.25007009564636 & 0.95562321313284 \end{pmatrix}$	$10^{-14} \cdot \begin{pmatrix} 0.388578 \\ -0.022204 \end{pmatrix}$	$\begin{pmatrix} 1.93310212228320 \\ -0.06293799403700 \end{pmatrix}$

Der Hauptrechenaufwand besteht im Erstellen der inversen Matrix $\underline{A}^{-1}$. An obigem Beispiel sehen wir, dass sich diese beim jeweiligen Iterationsschritt nur wenig ändert. Viele Rechenprogramme lassen aus diesem Grund die inverse Matrix für zwei bis drei Schritte fest und bestimmen die inverse Matrix nur bei jedem zweiten bzw. dritten Schritt neu. Dadurch wird das Programm etwas schneller. Problem: Hat dies auf die Endgenauigkeit Einfluss? Nein, denn „ungenaue" Zwischenschritte, Rundungsfehler etc. erhöhen eventuell die Zahl der Iterationschritte bis zur gewünschten Genauigkeit (dies wird aber dann durch die Schnelligkeit des Einzelschritts mehr als ausgeglichen), verändern aber nicht die erzielbare Endgenauigkeit – das Verfahren zieht in die Nullstelle „hinein".

Die für die Dimension $n = 2$ erzielte Verallgemeinerung des Newtonverfahrens lässt sich wörtlich auf höhere Dimensionen übertragen. Allerdings steigt dann der Rechenaufwand beträchtlich an.

2.7   Realisierung mit MATLAB

Das Software-Paket MATLAB stellt für obigen Fragenkreis die folgenden Prozeduren zur Verfügung:

1) „fzero" liefert, ausgehend von einem Startwert, die Nullstellen einer Funktion einer reellen Veränderlichen. Implementiert ist ein Newton-Verfahren, wobei an Stelle des Differentialquotienten ein Differenzenquotient benutzt wird.

    Syntax:

```
z=fzero('function',x0,tol)
```

function	x0	tol
Funktion	Startwert	Genauigkeit

Beispiel: Die Gleichung $e^x = 2 - x$ soll gelöst werden.

Function-File:

```
function y=bsp1(x);
y=2-x-exp(x);
```

Eingabe:

```
z=fzero('bsp1',1,1e-10)

z =
   0.44285440100239
```

2) „roots" liefert die Nullstellen eines Polynoms – auch komplexe Nullstellen. Die Prozedur „fzero" würde nur die reelle Nullstellen liefern. Die Eingabe eines Startwertes ist nicht erforderlich. Auf die dahinter liegende Theorie kann hier nicht eingegangen werden.

    Syntax:

```
z=roots(p)
```

p : Koeffizienten des Polynoms in absteigender Reihenfolge

Beispiel: $p(x) = x^3 - 2x - 5$

```
z=roots([1 0 -2 -5])

z =
   2.09455148154233
  -1.04727574077116 + 1.135939889088893i
  -1.04727574077116 - 1.135939889088893i
```

3) „fsolve" ergibt Nullstellen bei mehrdimensionalen Problemen. Die Prozedur benutzt eine Kombination verschiedener mathematischer Methoden (Intervallschachtelung, Newton-Verfahren, etc). Ebenso kann die Funktionalmatrix optional eingegeben werden – ansonsten werden die Ableitungen durch Differenzenquotienten approximiert.

Syntax:

```
fsolve('function',x0,options,'grad')
```

function	x0	options	grad
Vektorfunktion	Startvektor	Optionen	Funktionalmatrix

Dabei steuert „options(2)" die Genauigkeit in x, d.h. das Abbruchkriterium bezieht sich auf die Differenz aufeinanderfolgender Näherung x_k.

Mit „options(3)" wird die Differenz des Funktionswerts $f(x_k)$ zum Nullvektor als Abbruchkriterium bestimmt. Das Verfahren bricht ab, wenn beide Kriterien erfüllt sind.

Die beiden letzten Parameter sind optional.

Beispiel: Das bereits oben betrachtete Gleichungssystem soll gelöst werden.

$$0 = x - \sin x - \cos y$$

$$0 = y - \sin x + \cos y$$

Function-File:

```
function y=num1(x);
y(1)=x(1)-sin(x(1))-cos(x(2));
y(2)=x(2)-sin(x(1))+cos(x(2));


function p=num1g(x);
% Funktionalmatrix zu num1.m
p(1,1)=1-cos(x(1));
p(1,2)=sin(x(2));
p(2,1)=-cos(x(1));
p(2,2)=1-sin(x(2));
```

Eingabe:

```
options(2)=1e-12;
z=fsolve('num1',[2;0],options,'num1g')


z =
    1.93310212228320
   -0.06293799403700
```

4) „solve" ermöglicht geschlossene Lösungen und algebraische Umformungen (Computeralgebra!).

Syntax:

```
solve('S','x')
```

S : Gleichung

x : Variable, nach der aufzulösen ist

Beispiel: Schnitt zweier Kreisgleichungen

$$x^2 \quad - \quad 2x \quad + \quad y^2 \qquad\qquad - \quad 24 \quad = \quad 0$$

$$x^2 \quad - \quad 16x \quad + \quad y^2 \quad + \quad 2y \quad + \quad 40 \quad = \quad 0$$

```
u=solve('x^2-2*x+y^2-24=0','x^2-16*x+y^2+2*y+40=0','x,y')

u =

x = 4, y = -4
x = 5, y = 3
```

oder mit Parametern

```
u=solve('x^2-2*x+y^2+a=0','x^2-16*x+y^2+2*y+b=0','x,y')

u =

x = RootOf(200*_Z^2+(-8+28*a-28*b)*_Z+4*a+a^2-2*a*b+b^2),
y = 7*RootOf(200*_Z^2+(-8+28*a-28*b)*_Z+4*a+a^2-2*a*b+b^2)...
    -1/2*b+1/2*a
```

Hierbei bedeutet RootOf(G) die symbolische Lösung der quadratischen Gleichung G. Die Lösung der quadratischen Gleichung ergibt sich aus:

```
W=solve('200*z^2+(-8+28*a-28*b)*z+4*a+a^2-2*a*b*b^2=0','z')

W =

[1/50-7/100*a+7/100*b+1/100*(4-228*a+28*b-a^2-98*a*b+49*b^2...
+100*a*b^3)^(1/2)]
[1/50-7/100*a+7/100*b-1/100*(4-228*a+28*b-a^2-98*a*b+49*b^2...
+100*a*b^3)^(1/2)]
```

3 Lineare Gleichungssysteme

Das Lösen von linearen Gleichungssystemen, die Inversion von Matrizen etc. ist der rechentechnische Kern fast aller numerischen Verfahren. Auch viele Software-Pakete sind aus solchen Bibliotheken zur linearen Algebra entstanden. Es sollen hier nun nicht alle, teilweise sehr kunstvolle Verfahren zur effizienten Lösung von Fragestellungen der linearen Algebra behandelt werden. Diese stehen i.a. dem Anwender als fertige Unterprozeduren zur Verfügung. Ziel dieses Abschnitts ist es, dem Leser ein Gespür für die dabei auftretenden numerischen Probleme zu geben. Darüber hinaus gehendes Interesse kann durch das Studium eines mehr allgemein gehaltenen Lehrbuchs der Numerik gestillt werden.

3.1 Gauß-Algorithmus

Beim Lösen von linearen Gleichungssystemen werden sukzessive Variable eliminiert. Man stellt eine gestaffelte Form her. Dazu sind folgende Äquivalenzumformungen erlaubt:

1) Vertauschung zweier Gleichungen.

2) Multiplikation einer Gleichung mit einer Konstanten $c \neq 0$.

3) Addition des Vielfachen einer Gleichung zu einer anderen.

4) Vertauschung von Unbekannten (Vertauschung von Spalten).

Beispiel :

$$
\begin{array}{rcrcrcrl}
x_1 & + & x_2 & + & x_3 & = & -2 & \quad | \cdot (-1) \; | \cdot (-2) \\
x_1 & + & 2x_2 & - & x_3 & = & 6 & \\
2x_1 & + & 3x_2 & + & x_3 & = & 5 &
\end{array}
$$

$$
\begin{array}{rcrcrcrl}
x_1 & + & x_2 & + & x_3 & = & -2 & \\
0 & + & x_2 & - & 2x_3 & = & 8 & \quad | \cdot (-1) \\
0 & + & x_2 & - & x_3 & = & 9 &
\end{array}
$$

$$
\begin{array}{rcrcrcr}
x_1 & + & x_2 & + & x_3 & = & -2 \\
0 & + & x_2 & - & x_3 & = & 8 \\
0 & + & 0 & + & x_3 & = & 1
\end{array}
\qquad \Rightarrow \qquad
\begin{array}{rcr}
x_1 & = & -12 \\
x_2 & = & 9 \\
x_3 & = & 1
\end{array}
$$

Die gestaffelte Form lässt sich bei jedem linearen Gleichungssystem durch zulässige Umformungen erreichen.

Auf den folgenden Seiten ist diese Vorgehensweise an einem System von m linearen Gleichungen für n Unbekannte systematisch dargestellt. ((n,m)-System)

<u>Gaußsches Eliminationsverfahren</u>: Man erzeugt die gestaffelte Form durch systematisches Vorgehen. Dabei verwendet man die auf der vorigen Seite angegebenen Umformungen:

$$
\begin{aligned}
a_{11}x_1 &+ a_{12}x_2 &+ a_{13}x_3 &+ \ldots &+ a_{1n}x_n &= b_1 \\
a_{21}x_1 &+ a_{22}x_2 &+ a_{23}x_3 &+ \ldots &+ a_{2n}x_n &= b_2 \\
&\vdots \\
a_{m1}x_1 &+ a_{m2}x_2 &+ a_{m3}x_3 &+ \ldots &+ a_{mn}x_n &= b_m
\end{aligned}
$$

b_i Störglieder
a_{ik} Koeffizienten[1]

Annahme: $a_{11} \neq 0$; sonst Zeilenvertauschung vornehmen.

$$
\begin{aligned}
a_{11}x_1 &+ a_{12}x_2 &+ a_{13}x_3 &+ \ldots &+ a_{1n}x_n &= b_1 \quad \left|\left(-\tfrac{a_{21}}{a_{11}}\right) \cdots \left|\left(-\tfrac{a_{m1}}{a_{11}}\right)\right.\right. \\
a_{21}x_1 &+ a_{22}x_2 &+ a_{23}x_3 &+ \ldots &+ a_{2n}x_n &= b_2 \\
&\vdots \\
a_{m1}x_1 &+ a_{m2}x_2 &+ a_{m3}x_3 &+ \ldots &+ a_{mn}x_n &= b_m
\end{aligned}
$$

$$
\begin{aligned}
a_{11}x_1 &+ a_{12}x_2 &+ a_{13}x_3 &+ \ldots &+ a_{1n}x_n &= b_1 \\
& c_{22}x_2 &+ c_{23}x_3 &+ \ldots &+ c_{2n}x_n &= d_2 \\
&\vdots \\
& c_{m2}x_2 &+ c_{m3}x_3 &+ \ldots &+ c_{mn}x_n &= d_m
\end{aligned}
$$

Annahme: $c_{22} \neq 0$, sonst Zeilenvertauschung (oder Spaltenvertauschung) vornehmen.

$$
\begin{aligned}
a_{11}x_1 &+ a_{12}x_2 &+ a_{13}x_3 &+ \ldots &+ a_{1n}x_n &= b_1 \\
& c_{22}x_2 &+ c_{23}x_3 &+ \ldots &+ c_{2n}x_n &= d_2 \quad \left|\left(-\tfrac{c_{32}}{c_{22}}\right) \cdots \left|\left(-\tfrac{c_{m2}}{c_{22}}\right)\right.\right. \\
& c_{32}x_2 &+ c_{33}x_3 &+ \ldots &+ c_{3n}x_n &= d_3 \\
&\vdots \\
& c_{m2}x_2 &+ c_{m3}x_3 &+ \ldots &+ c_{mn}x_n &= d_m
\end{aligned}
$$

Man setzt das Verfahren fort bis zu folgender Endgestalt:

$$
\begin{aligned}
p_{11}x_1 &+ p_{12}x_2 &+ p_{13}x_3 &+ \ldots & &+ p_{1n}x_n &= q_1 \\
& p_{22}x_2 &+ p_{23}x_3 &+ \ldots & &+ p_{2n}x_n &= q_2 \\
& & p_{33}x_3 &+ \ldots & &+ p_{3n}x_n &= q_3 \\
& & &\ddots & & &\vdots \\
& & & p_{rr}x_r &+ p_{r\,r+1}x_{r+1} + \ldots + p_{rn}x_n &= q_r \\
& & & 0 &+ \ldots + 0 &= q_{r+1} \\
& & &\vdots & &\vdots \\
& & & 0 &+ \ldots + 0 &= q_m
\end{aligned}
$$

Wobei gilt: $p_{11} \cdot p_{22} \cdot \ldots \cdot p_{rr} \neq 0$. Im Folgenden denken wir uns die Zeilen durch die Diagonalglieder dividiert.

---

[1] 1. Index: Zeilenindex, 2. Index: Spaltenindex

<u>Fallunterscheidungen:</u>

1) $r < n$ und $q_{r+1} = q_{r+2} = \ldots = q_m = 0$:

$$
\begin{aligned}
x_1 \;+\; \ldots &= q_1 \\
x_2 \;+\; &\ldots = q_2 \\
&\ddots \qquad\qquad \vdots \\
x_r + p_{r\,r+1}x_{r+1} + \ldots + p_{rn}x_n &= q_r \quad .
\end{aligned}
$$

Dann sind x_{r+1}, x_{r+2}, $\ldots$, x_n beliebig wählbar $\rightsquigarrow$ $n - r$ Parameter,
x_r, x_{r-1}, $\ldots$, x_1 sind dann von diesen Parametern abhängig.

In diesem Fall erhält man eine $\boxed{(n-r)\text{-parametrige Lösung}}$.

2) $r = n$ und $q_{r+1} = q_{r+2} = \ldots = q_m = 0$:

$$
\begin{aligned}
x_1 \;+\; \ldots &= q_1 \\
x_2 \;+\; \ldots &= q_2 \\
&\ddots \qquad \vdots \\
x_{n-1} + p_{n-1\,n}x_n &= q_{n-1} \\
x_n &= q_n
\end{aligned}
\qquad \Rightarrow \qquad
\begin{aligned}
x_n &= q_n \\
x_{n-1} &= q_{n-1} - p_{n-1\,n}x_n \\
x_{n-2} &= \ldots \\
&\vdots \\
x_1 &= \ldots \quad .
\end{aligned}
$$

In diesem Fall existiert eine $\boxed{\text{eindeutige Lösung}}$.

Man erhält sie durch „Rückwärtseinsetzen".

3) Nicht alle q_{r+1}, $q_{r+2}, \ldots, q_m$ sind Null. In diesen Fällen treten Widersprüche auf,
z.B. $0 \cdot x_n = q_{r+1} \neq 0$. $\boxed{\text{Keine Lösung}}$.

Für den Fall eines eindeutig lösbaren, quadratischen Gleichungssystems wollen wir uns
noch die Anzahl der zur Lösung notwendigen Rechenoperationen überlegen. Der k-te
Eliminationsschritt stellt sich wie folgt dar:

$$
a_{ij} \;\longmapsto\; a_{ij} - \frac{a_{kj} \cdot a_{ik}}{a_{kk}}
\qquad
\begin{aligned}
i &= k+1, \ldots, n \\
k &= k+1, \ldots, n
\end{aligned}
$$

$$
b_i \;\longmapsto\; b_i - \frac{b_k \cdot a_{ik}}{a_{kk}}
\qquad\qquad
i = k+1, \ldots, n \quad .
$$

Wir berechnen zunächst die Faktoren $\frac{a_{ik}}{a_{kk}}$. Dies ergibt $(n-k)$ Divisionen. Für die
Transformation der a_{ik} fallen dann noch $(n-k) \cdot (n-k)$ wesentliche Rechenoperationen
an; beim Überschreiben der b_i sind weitere $(n-k)$ Rechenoperationen notwendig.

Insgesamt ergibt sich die Anzahl der für den k-ten Eliminationschritt notwendigen
Rechenoperationen zu:

$$
(n-k)^2 + 2(n-k) = (n+1-k)^2 - 1 \quad .
$$

Für alle Eliminationsschritte $k = 1, 2, \ldots, n-1$ ergibt dies die Summe

$$
\sum_{k=1}^{n-1} [(n+1-k)^2 - 1] = \sum_{l=2}^{n} l^2 - (n-1) = \frac{n(n+1)(2n+1)}{6} - n \quad .
$$

D.h. die Zahl der wesentlichen Rechenoperationen steigt mit der dritten Potenz an!

Rundungsfehler

Im Nachfolgenden wollen wir uns nur mit dem Fall eindeutig lösbarer Gleichungssysteme beschäftigen. Hier existiert ein geschlossenes Lösungsverfahren, das auf eine endliche Zahl von Grundrechenoperationen hinausläuft. Die numerische Problematik besteht nun darin, dass sich Rundungsfehler einer Rechenoperation auf alle folgenden übertragen. Dies kann bei Gleitkommaarithmetik zu großen Abweichungen führen.

Das folgende Beispiel besitzt die exakte Lösung $\{\ x_1 = 0,\ x_2 = -1,\ x_3 = 1\ \}$.

$$
\begin{array}{rrrrl}
10x_1 & - & 7x_2 & & = & 7 & |\cdot(0.3)\ |\cdot(-0.5) \\
-3x_1 & + & 2.099x_2 & + & 6x_3 & = & 3.901 \\
5x_1 & - & x_2 & + & 5x_3 & = & 6
\end{array}
$$

$$
\begin{array}{rrrrl}
10x_1 & - & 7x_2 & & = & 7 \\
0 & - & 0.001x_2 & + & 6x_3 & = & 6.001 & |\cdot(2500) \\
0 & + & 2.5x_2 & + & 5x_3 & = & 2.5
\end{array}
$$

$$
\begin{array}{rrrrl}
10x_1 & - & 7x_2 & & = & 7 \\
0 & - & 0.001x_2 & + & 6x_3 & = & 6.001 \\
0 & + & 0 & + & 1.5005\cdot10^4 x_3 & = & \underbrace{1.50025\cdot10^4 + 2.5}_{=b_3}
\end{array}
$$

Nehmen wir an, dass wir einen Computer mit fünf Dezimalstellen benutzen, bei dem entweder abgeschnitten $(fl_c)^2$ oder gerundet $(fl_r)^2$ wird. In beiden Fällen bestimmen wir die Lösung.

Fall fl_c

$$
\begin{aligned}
b_3^{(c)} &= fl_c(fl_c(1.50025\cdot10^4) + 2.5) \\
&= fl_c(1.5002\cdot10^4 + 2.5) \\
&= fl_c(1.50045\cdot10^4) \\
&= 1.5004\cdot10^4
\end{aligned}
$$

Für x_3 erhält man damit

$$
\begin{aligned}
x_3^{(c)} &= fl_c\left(\tfrac{1.5004}{1.5005}\right) \\
&= fl_c(0.999933356) \\
&= .99993
\end{aligned}
$$

Aus der zweiten umgeformten Gleichung ist x_2 zu berechnen:

$$
-0.001x_2 + 6\cdot0.99993 = 6.001
$$

Wir erhalten

$$
fl_c(6\cdot0.99993) = fl_c(5.99958) = 5.9995 \qquad fl_c(6.001 - 5.9995) = .00150
$$

und somit

---

[2] Die Kürzel fl_c bzw. fl_r bedeuten „floating cut" bzw. „floating rounded".

$$x_2^{(c)} \;=\; fl_c\left(\frac{0.0015}{-0.001}\right) = -1.5000 \qquad .$$

Aus der ersten Gleichung erhält man x_1

$$10x_1 - 7 \cdot (-1.5000) \;=\; 7 \qquad \rightsquigarrow \qquad x_1^{(c)} = -.35000 \qquad .$$

Fall fl_r

$$
\begin{aligned}
b_3^{(r)} &= fl_r(fl_r(1.50025 \cdot 10^4) + 2.5) \\
&= fl_r(1.5003 \cdot 10^4 + 2.5) \\
&= fl_r(1.50055 \cdot 10^4) \\
&= 1.5006 \cdot 10^4
\end{aligned}
$$

Für x_3 erhält man damit

$$
\begin{aligned}
x_3^{(r)} &= fl_r\left(\tfrac{1.5006}{1.5005}\right) \\
&= fl_r(1.00006664) \\
&= 1.0001 \qquad .
\end{aligned}
$$

Aus der zweiten umgeformten Gleichung ist x_2 zu berechnen:

$$-0.001x_2 \;+\; 6 \cdot 1.0001 \;=\; 6.001$$

Wir erhalten

$$fl_r(6 \cdot 1.0001) = fl_r(6.0006) = 6.0006 \qquad fl_c(6.001 - 6.0006) = -.00040$$

und somit

$$x_2^{(r)} \;=\; fl_r\left(\frac{-0.0004}{-0.001}\right) = .40000 \qquad .$$

Aus der ersten Gleichung ergibt sich wieder x_1

$$10x_1 - 7 \cdot (.40000) \;=\; 7 \qquad \rightsquigarrow \qquad x_1^{(r)} = .98000 \qquad .$$

Wie die Zusammenstellung zeigt, liegen in beiden Fällen die numerischen Lösungswerte weit von den exakten entfernt. Dies hat seine Ursache beim zweiten Umformungsschritt (Multiplikation mit 2500).

	x_1	x_2	x_3
exakt	0	-1	1
(fl_c)	$-.35000$	-1.5000	.99993
(fl_r)	.98000	.40000	1.0001

3.2 Pivotelementsuche

Der verheerende Einfluss beim Abschneiden oder Runden kann dadurch verkleinert werden, dass man versucht, durch Umordnen des Gleichungssystems die Multiplikation mit großen Faktoren zu umgehen. Dies sei an obigem Beispiel exemplarisch dargestellt.

$$
\begin{array}{rcrcrclll}
10x_1 & - & 7x_2 & & & = & 7 & \quad |\cdot(0.3)\ |\cdot(-0.5) \\
-3x_1 & + & 2.099x_2 & + & 6x_3 & = & 3.901 & \\
5x_1 & - & x_2 & + & 5x_3 & = & 6 &
\end{array}
$$

$$
\begin{array}{rcrcrcl}
10x_1 & - & 7x_2 & & & = & 7 \\
0 & - & 0.001x_2 & + & 6x_3 & = & 6.001 \\
0 & + & 2.5x_2 & + & 5x_3 & = & 2.5
\end{array}
$$

$$
\begin{array}{rcrcrcll}
10x_1 & - & 7x_2 & & & = & 7 \\
0 & + & 2.5x_2 & + & 5x_3 & = & 2.5 & \quad |\cdot(.0004) \\
0 & - & 0.001x_2 & + & 6x_3 & = & 6.001 &
\end{array}
$$

$$
\begin{array}{rcrcrcl}
10x_1 & - & 7x_2 & & & = & 7 \\
0 & + & 2.5x_2 & + & 5x_3 & = & 2.5 \\
0 & + & 0 & + & 6.0020x_3 & = & \underbrace{6.001 + .001}_{=b_3}
\end{array}
$$

Bei (fl_c) und (fl_r) ergeben sich jetzt sogar bei Berücksichtigung von nur vier Stellen die exakten Lösungen

$$
\begin{aligned}
b_3^{(c)} &= fl_c(fl_c(6.001 + 0.001)) \\
&= fl_c(6.002) \\
&= 6.002 \quad .
\end{aligned}
$$

Für x_3 erhält man damit

$$
\begin{aligned}
x_3^{(c)} &= fl_c\left(\tfrac{6.002}{6.002}\right) \\
&= fl_c(1.000) \\
&= 1.000
\end{aligned}
$$

und weiter

$$
x_2^{(c)} = -1.000 \qquad x_1^{(c)} = .0000 \quad .
$$

Man wird deshalb vor jedem Eliminationsschritt Zeilen und Spalten so vertauschen, dass der betragsmäßig größte Koeffizient in der linken oberen Ecke des Restschemas steht. Dieses Vorgehen nennt man Pivotelementsuche. Es verkleinert den Einfluss von Rundungs- und Abschneidefehler.

Diese „totale" Pivotelementsuche erfordert hohen Rechenaufwand. Man beschränkt sich aus diesem Grund oft darauf, nur innerhalb der Spalte nach dem betragsmäßig größten Element zu suchen (Spaltenpivotstrategie).

3.3 Nachiteration

Trotz optimaler Auswahl des Pivotelements können beim Rechnen mit Gleitpunktarithmetik Rundungsfehler entstehen. Durch eine dem expliziten Lösungsverfahren angeschlossene Nachiteration lässt sich oftmals die Genauigkeit verbessern.

Gesucht ist eine Lösung des eindeutig lösbaren linearen Gleichungssystems

$$\underline{A} \cdot \underline{x} = \underline{d} \quad .$$

Nun sei $\underline{x}^{(0)}$ eine eventuell mit Rundungsfehlern behaftete Lösung. Deshalb gilt:

$$\underline{d} - \underline{A} \cdot \underline{x}^{(0)} = \underline{r}^{(1)} \neq \underline{O} \quad .$$

Ein Korrekturvektor $d\underline{x}^{(1)}$ soll so bestimmt werden, dass die lineare Gleichung „besser" erfüllt ist.

$$\underline{A} \cdot \left(\underline{x}^{(0)} + d\underline{x}^{(1)}\right) = \underline{d} \quad \leadsto \quad \underline{A} \cdot d\underline{x}^{(1)} = \underline{d} - \underline{A} \cdot \underline{x}^{(0)} = \underline{r}^{(1)} \quad .$$

Ist $d\underline{x}^{(1)}$ eine Lösung des linearen Gleichungssystems

$$\underline{A} \cdot d\underline{x}^{(1)} = \underline{r}^{(1)} \, ,$$

dann ist

$$\underline{x}^{(1)} = \underline{x}^{(0)} + d\underline{x}^{(1)}$$

eine „bessere" Lösung des Ausgangsproblems. Diesen Sachverhalt wollen wir uns an folgendem Beispiel mit Hilfe von **MATLAB** klar machen.

$$\begin{pmatrix} 1.5000 & 1.0000 & 1.2000 \\ 1.2800 & 1.2000 & 0.8000 \\ 1.2000 & 0.9000 & 0.8955 \end{pmatrix} \cdot \begin{pmatrix} x_1 \\ x_2 \\ x_3 \end{pmatrix} = \begin{pmatrix} 3.70 \\ 3.28 \\ 3.00 \end{pmatrix}$$

```
A =[1.5 1 1.2;1.28 1.2 0.8;1.2 0.9 0.8955];

d=[3.7 3.28 3]';

x0=A\d

 -46.99999999996229
  26.19999999998020
  39.99999999996938

r=d-A*x0

  1.0e-014 *

 -0.44408920985006
  0.17763568394003
 -0.08881784197001

dx=A\r
```

```
1.0e-010 *

 -0.11309471877506
  0.05946354519888
  0.09177843670227
```

```
x1=x0+dx

 -46.99999999997360
  26.19999999998614
  39.99999999997856
```

```
r2=d-A*x1

  0
  0
  0
```

Sollte r2 vom Nullvektor verschieden sein, so kann man dieselbe Überlegung für x1 nochmals anstellen.

3.4 Iterative Lösung von linearen Gleichungssystemen

Explizite Lösungsverfahren für große lineare Gleichungssysteme sind sehr rechenintensiv und trotz Nachiteration mit Rundungsfehlern behaftet. Für die in der Technik wichtige Gruppe von „diagonaldominanten" Gleichungssystemen ist auch ein direktes Iterationsverfahren möglich.

$$
\begin{aligned}
a_{11}x_1 + a_{12}x_2 + a_{13}x_3 + \ldots + a_{1n}x_n &= b_1 \\
a_{21}x_1 + a_{22}x_2 + a_{23}x_3 + \ldots + a_{2n}x_n &= b_2 \\
\vdots \quad\quad\quad\quad\quad\quad\quad\quad\quad & \\
a_{n1}x_1 + a_{n2}x_2 + a_{n3}x_3 + \ldots + a_{nn}x_n &= b_n \, .
\end{aligned}
$$

b_i Störglieder

a_{ik} Koeffizienten[3]

Wir stellen nun die erste Gleichung nach x_1 um, die zweite nach x_2 etc.

$$
x_1 = \frac{1}{a_{11}}[b_1 - a_{12}x_2 - a_{13}x_3 - a_{14}x_4 - \ldots - a_{1n}x_n]
$$

$$
x_2 = \frac{1}{a_{22}}[b_2 - a_{21}x_1 - a_{23}x_3 - a_{24}x_4 - \ldots - a_{2n}x_n]
$$

$$
\vdots
$$

$$
x_k = \frac{1}{a_{kk}}[b_k - a_{k1}x_1 - \ldots - a_{kk-1}x_{k-1} - a_{kk+1}x_{k+1} - \ldots - a_{kn}x_n]
$$

$$
\vdots
$$

$$
x_n = \frac{1}{a_{nn}}[b_n - a_{n1}x_1 - a_{n2}x_2 - a_{n3}x_3 - \ldots - a_{nn-1}x_{n-1}]
$$

oder in der Summenschreibweise

---

[3] 1. Index: Zeilenindex, 2. Index: Spaltenindex

$$x_k = \frac{1}{a_{kk}}\left[b_k - \sum_{i \neq k} a_{ki}x_i\right] \qquad k = 1,2,\ldots n$$

Wir können diese Beziehung als direkte Iterationsvorschrift interpretieren, wobei auf der rechten Seite eine Näherungslösung eingesetzt wird, um eine bessere Näherung auf der linken Seite zu erzielen. Voraussetzung für die Konvergenz – vgl. Abschnitt 2 – ist das sogenannte Zeilensummenkriterium[4] . Danach muss in jeder Zeile die Summe der Beträge der Nichtdiagonalglieder kleiner sein als der Betrag des Diagonalglieds.

$$|a_{kk}| > \sum_{i \neq k} |a_{ki}| \quad \text{für} \quad k = 1,2,\ldots ,n$$

Aus der Näherung $\{x_k^{(m)}\}$ soll durch Einsetzen eine neue Näherung $\{x_k^{(m+1)}\}$ bestimmt werden. Hierbei kann man auf der rechten Seite $\{x_k^{(m)}\}$ so lange einsetzen, bis $\{x_k^{(m+1)}\}$ komplett ist (Gesamtschrittverfahren), oder man verwendet die jeweils neuesten Schätzwerte der einzelnen Komponenten (Einzelschrittverfahren).

$$\boxed{x_k^{(m+1)} = \frac{1}{a_{kk}}\left[b_k - \sum_{i \neq k} a_{ki}x_i^{(m)}\right] \qquad k = 1,2,\ldots n \qquad \text{Gesamtschrittverfahren}}$$

bzw. als Einzelschrittverfahren

$$\boxed{x_k^{(m+1)} = \frac{1}{a_{kk}}\left[b_k - \sum_{i=1}^{k-1} a_{ki}x_i^{(m+1)} - \sum_{i=k+1}^{n} a_{ki}x_i^{(m)}\right] \qquad k = 1,2,\ldots n}$$

Das Konvergenzverhalten soll an folgendem einfachen Zahlenbeispiel demonstriert werden: Das lineare Gleichungssystem

$$\begin{pmatrix} 4 & 2 & 1 \\ 2 & 6 & -1 \\ 1 & 1 & 4 \end{pmatrix} \cdot \begin{pmatrix} x_1 \\ x_2 \\ x_3 \end{pmatrix} = \begin{pmatrix} 1 \\ 1 \\ 1 \end{pmatrix}$$

besitzt die exakte Lösung

$$\underline{x} = \frac{1}{39} \cdot \begin{pmatrix} 5 \\ 6 \\ 7 \end{pmatrix} \approx \begin{pmatrix} 0.12820512820513 \\ 0.15384615384615 \\ 0.17948717948718 \end{pmatrix} .$$

Mit dem Startvektor $\underline{x}^{(0)} = \begin{pmatrix} 0 \\ 0 \\ 0 \end{pmatrix}$ erhält man mit dem Einzelschrittverfahren:

---

[4] Die partiellen Ableitungen der Iterationsvorschrift egeben sich zu

$$\partial_{x_i} f_k = -\frac{a_{ki}}{a_{kk}} .$$

Die Konvergenz ist gesichert, wenn die Summe der Beträge der partiellen Ableitungen jeder Zeile kleiner 1 ist.

k	$x_1^{(k)}$	$x_2^{(k)}$	$x_3^{(k)}$
1	0.25000000000000	0.08333333333333	0.16666666666667
2	0.16666666666667	0.13888888888889	0.17361111111111
3	0.13715277777778	0.14988425925926	0.17824074074074
4	0.13049768518519	0.15287422839506	0.17915702160494
5	0.12877363040123	0.15360162680041	0.17940618569959
6	0.12834764017490	0.15378515089163	0.17946680223337
7	0.12824072399584	0.15383089237361	0.17948209590764
8	0.12821402983628	0.15384233937251	0.17948590769780
9	0.12820735338929	0.15384520015320	0.17948686161438
10	0.12820568451980	0.15384591542913	0.17948710001277
11	0.12820526728224	0.15384609424138	0.17948715961909
12	0.12820516297454	0.15384613894500	0.17948717452011
13	0.12820513689747	0.15384615012086	0.17948717824542
14	0.12820513037821	0.15384615291483	0.17948717917674
15	0.12820512874840	0.15384615361332	0.17948717940957
16	0.12820512834095	0.15384615378795	0.17948717946778
17	0.12820512823908	0.15384615383160	0.17948717948233
18	0.12820512821362	0.15384615384252	0.17948717948597
19	0.12820512820725	0.15384615384524	0.17948717948688
20	0.12820512820566	0.15384615384593	0.17948717948710
21	0.12820512820526	0.15384615384610	0.17948717948716
22	0.12820512820516	0.15384615384614	0.17948717948717
23	0.12820512820514	0.15384615384615	0.17948717948718
24	0.12820512820513	0.15384615384615	0.17948717948718
25	0.12820512820513	0.15384615384615	0.17948717948718

3.5 Überbestimmtes lineares Gleichungssystem

Im Umfeld numerischer Fragestellungen treten häufig Gleichungssysteme auf, bei denen mehr Bestimmungsgleichungen – häufig über Messungen oder ähnliches gewonnen – als Unbekannte auftreten. Bei solchen Gleichungssystemen sind Werte für x_i gesucht, die alle Gleichungen möglichst genau erfüllen – sogenannte ausgeglichene Lösungen.

Beispiel: Die Abstände von vier Punkten auf einer Geraden sollen bestimmt werden.

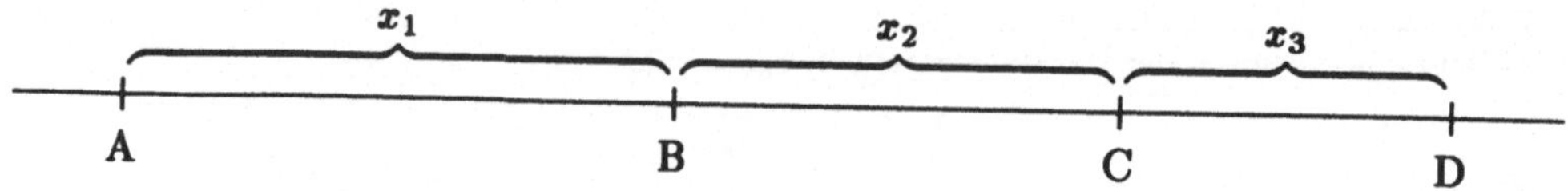

Zur Bestimmung dieser drei Abstände sind ei-
gentlich nur drei Messungen notwendig. Wenn
wir aber mit Messfehlern rechnen, ist es nahe-
liegend, nicht nur die Strecken $\overline{AB}$, $\overline{BC}$ und
$\overline{CD}$ zu messen, sondern auch noch zusätzlich als
Kontrollmessung die Abstände von $\overline{AC}$, $\overline{AD}$ und
$\overline{BD}$ zu bestimmen. Insgesamt erhalten wir das
nebenstehende lineare Gleichungssystem.

$$\begin{aligned}
x_1 & & & & & = 5.05 \\
x_1 & + & x_2 & & & = 8.95 \\
x_1 & + & x_2 & + & x_3 & = 12.12 \\
& & x_2 & & & = 3.91 \\
& & x_2 & + & x_3 & = 7.03 \\
& & & & x_3 & = 2.94
\end{aligned}$$

Dieses lineare Gleichungssystem $\quad \underline{A} \cdot \underline{x} = \underline{d}$
ist nicht exakt lösbar. Je nach Wahl von $\underline{x}$ entsteht ein Fehler $\underline{r}$.

$$\underline{r} = \underline{A} \cdot \underline{x} - \underline{d}$$

Wir wollen nun eine „Lösung" $\underline{x}$ bestimmen, so dass der Fehlervektor $\underline{r}$ möglichst
klein wird. Als Maß[5] für die Beurteilung des Fehlers benutzen wir:

$$|\underline{r}|^2 = r_1^2 + r_2^2 + \ldots + r_m^2 \overset{!}{=} \text{Min}$$

Für zwei Variable x_1, x_2 wollen wir die Beziehungen zur Bestimmung der ausgeglichenen Lösung explizit herleiten.

$$\underline{r} = \underline{A} \cdot \underline{x} - \underline{d} \qquad \text{bzw.} \qquad
\begin{pmatrix} r_1 \\ r_2 \\ \vdots \\ r_m \end{pmatrix} =
\begin{pmatrix} a_{11} & a_{12} \\ a_{21} & a_{22} \\ \vdots & \vdots \\ a_{m1} & a_{m2} \end{pmatrix} \cdot
\begin{pmatrix} x_1 \\ x_2 \end{pmatrix} -
\begin{pmatrix} d_1 \\ d_2 \\ \vdots \\ d_m \end{pmatrix}.$$

Das Fehlerquadrat für die $i$te Komponente ergibt sich zu

$$r_i = a_{i1} \cdot x_1 + a_{i2} \cdot x_2 - d_i \quad \leadsto \quad r_i^2 = (a_{i1} \cdot x_1 + a_{i2} \cdot x_2 - d_i)^2.$$

Die Summe der Fehlerquadrate ist eine Funktion der Variablen x_1, x_2.

$$f(x_1, x_2) = \sum_{i=1}^{m} r_i^2 = \sum_{i=1}^{m} (a_{i1} \cdot x_1 + a_{i2} \cdot x_2 - d_i)^2$$

Dies ist eine quadratische Funktion von x_1, x_2 und hat im $x_1 x_2 x_3$-Koordinatensystem
die Gestalt eines Paraboloids. Zur Bestimmung des Minimums müssen wir die ersten
partiellen Ableitungen Null setzen.

$$\begin{aligned}
\frac{\partial}{\partial x_1} f(x_1, x_2) &= \sum_{i=1}^{m} 2 (a_{i1} \cdot x_1 + a_{i2} \cdot x_2 - d_i) \cdot a_{i1} \\
&= 2 \sum_{i=1}^{m} a_{i1} \cdot a_{i1} \cdot x_1 + a_{i1} \cdot a_{i2} \cdot x_2 - a_{i1} \cdot d_i \\
&= 2 \left\{ \sum_{i=1}^{m} a_{i1} \cdot a_{i1} \cdot x_1 + \sum_{i=1}^{m} a_{i1} \cdot a_{i2} \cdot x_2 - \sum_{i=1}^{m} a_{i1} \cdot d_i \right\} \\
&= 2 \left\{ x_1 \cdot \sum_{i=1}^{m} a_{i1} \cdot a_{i1} + x_2 \cdot \sum_{i=1}^{m} a_{i1} \cdot a_{i2} - \sum_{i=1}^{m} a_{i1} \cdot d_i \right\}.
\end{aligned}$$

---

[5] Als Maß wäre genauso die Summe der Beträge

$$\| \underline{r} \| = |r_1| + |r_2| + \ldots + |r_m|$$

plausibel. Durch die Betragsfunktion gehen aber sämtliche Hilfsmittel der Differentialrechnung verloren und deshalb benutzt man in Fehlerrechnung und Statistik fast ausschließlich die Summe der
Abstandsquadrate als Abstandskriterium.

Analog erhalten wir für die zweite partielle Ableitung

$$\frac{\partial}{\partial x_2} f(x_1, x_2) \;=\; 2\left\{ x_1 \cdot \sum_{i=1}^{m} a_{i2} \cdot a_{i1} \;+\; x_2 \cdot \sum_{i=1}^{m} a_{i2} \cdot a_{i2} \;-\; \sum_{i=1}^{m} a_{i2} \cdot d_i \right\} .$$

Aus den Bedingungen

$$\frac{\partial}{\partial x_1} f(x_1, x_2) \;=\; 0$$

$$\frac{\partial}{\partial x_2} f(x_1, x_2) \;=\; 0$$

erhalten wir das lineare Gleichungssystem für x_1, x_2 :

$$x_1 \cdot \left\{ \sum_{i=1}^{m} a_{i1} \cdot a_{i1} \right\} \;+\; x_2 \cdot \left\{ \sum_{i=1}^{m} a_{i1} \cdot a_{i2} \right\} \;=\; \sum_{i=1}^{m} a_{i1} \cdot d_i$$

$$x_1 \cdot \left\{ \sum_{i=1}^{m} a_{i2} \cdot a_{i1} \right\} \;+\; x_2 \cdot \left\{ \sum_{i=1}^{m} a_{i2} \cdot a_{i2} \right\} \;=\; \sum_{i=1}^{m} a_{i2} \cdot d_i \qquad .$$

Mit Hilfsmitteln der Vektorrechnung lassen sich die Koeffizienten des obigen Gleichungssystems etwas übersichtlicher als Skalarprodukte darstellen. Sind $\underline{a}_1$, $\underline{a}_2$, $\underline{d}$ die entsprechenden Spaltenvektoren des Ausgangssystems

$$\begin{pmatrix} a_{11} & a_{12} \\ a_{21} & a_{22} \\ \vdots & \vdots \\ a_{m1} & a_{m2} \end{pmatrix} \cdot \begin{pmatrix} x_1 \\ x_2 \end{pmatrix} = \begin{pmatrix} d_1 \\ d_2 \\ \vdots \\ d_m \end{pmatrix}$$

$$\underbrace{\phantom{a_{11}}}_{\underline{a}_1} \quad \underbrace{\phantom{a_{12}}}_{\underline{a}_2} \qquad \underbrace{}_{\underline{d}}$$

so erhalten wir für unser Gleichungssystem, das die „ausgeglichene" Lösung erbringt,

$$\boxed{\begin{aligned} x_1 \cdot (\underline{a}_1 \cdot \underline{a}_1) \;+\; x_2 \cdot (\underline{a}_1 \cdot \underline{a}_2) \;&=\; \underline{a}_1 \cdot \underline{d} \\[2mm] x_1 \cdot (\underline{a}_2 \cdot \underline{a}_1) \;+\; x_2 \cdot (\underline{a}_2 \cdot \underline{a}_2) \;&=\; \underline{a}_2 \cdot \underline{d} \end{aligned}}$$

Die Verallgemeinerung für n Unbekannte ergibt sich zu

$$\begin{pmatrix} a_{11} & a_{12} & \cdots & a_{1n} \\ a_{21} & a_{22} & \cdots & a_{2n} \\ \vdots & \vdots & & \vdots \\ a_{m1} & a_{m2} & \cdots & a_{mn} \end{pmatrix} \cdot \begin{pmatrix} x_1 \\ x_2 \\ \vdots \\ x_n \end{pmatrix} = \begin{pmatrix} d_1 \\ d_2 \\ \vdots \\ d_m \end{pmatrix} \qquad \text{bzw.} \quad \underline{A} \cdot \underline{x} = \underline{d} \quad .$$

Bezeichnen wir bei einem Problem mit n Unbekannten wieder die Spaltenvektoren der Koeffizientenmatrix mit $\underline{a}_i$, so erhalten wir analog als Gleichungssystem zur Bestimmung der ausgeglichenen Lösung:

$$\begin{array}{ccccccc}
x_1 \cdot (\underline{a}_1 \cdot \underline{a}_1) & + & x_2 \cdot (\underline{a}_1 \cdot \underline{a}_2) & + & \dots & + & x_n \cdot (\underline{a}_1 \cdot \underline{a}_n) & = & \underline{a}_1 \cdot \underline{d} \\
x_1 \cdot (\underline{a}_2 \cdot \underline{a}_1) & + & x_2 \cdot (\underline{a}_2 \cdot \underline{a}_2) & + & \dots & + & x_n \cdot (\underline{a}_2 \cdot \underline{a}_n) & = & \underline{a}_2 \cdot \underline{d} \\
\vdots & & \vdots & & & & \vdots & & \vdots \\
x_1 \cdot (\underline{a}_n \cdot \underline{a}_1) & + & x_2 \cdot (\underline{a}_n \cdot \underline{a}_2) & + & \dots & + & x_n \cdot (\underline{a}_n \cdot \underline{a}_n) & = & \underline{a}_n \cdot \underline{d}
\end{array}$$

Eine solche Gleichung nennt man Normalengleichung $\underline{N} \cdot \underline{x} = \underline{c}$. Mit der Matrizenrechnung lassen sich obige Skalarprodukte noch übersichtlicher darstellen. Die Koeffizientenmatrix erhält man durch

$$\underline{N} = \underline{A}^T \cdot \underline{A}$$

und die rechte Seite durch

$$\underline{c} = \underline{A}^T \cdot \underline{d} \ .$$

Zum Abschluss wollen wir noch unser Eingangsbeispiel mit MATLAB lösen.

```
A=[1 0 0;1 1 0;1 1 1;0 1 0;0 1 1;0 0 1];

N=A'*A

        3        2        1
        2        4        2
        1        2        3

d=[5.05 8.95 12.12 3.99 7.03 2.94]';

c=A'*d

    26.1200
    32.0900
    22.0900

x=N\c

     5.0375
     3.9925
     3.0225

y=A\d

     5.0375
     3.9925
     3.0225
```

Wie die letzte Eingaberoutine zeigt, liefert MATLAB bei der Eingabe eines überbestimmten linearen Gleichungssystems sofort die ausgeglichene Lösung. Der zunächst beschrittene Weg über die Bestimmung der Normalengleichung muss bei Verwendung von MATLAB nicht mehr explizit durchgeführt werden.

3.6   Nichtlineare Ausgleichsprobleme

Beim Eingangsbeispiel des vorangegangenen Abschnitts führten „Kontrollmessungen" der Abstände zu einem überbestimmten linearen Gleichungssystem für die unbekannten $\{x_i\}$.

Es sind aber auch Situationen denkbar, in denen sinnvolle Kontrollmessungen zu einem nichtlinearen Gleichungssystem führen.

Beispiel: Bei einer regelmäßigen Pyramide mit quadratischem Grundriss sollen die Kantenlänge a des Quadrats und die räumliche Höhe H bestimmt werden. Als Kontrollmessungen bieten sich an:

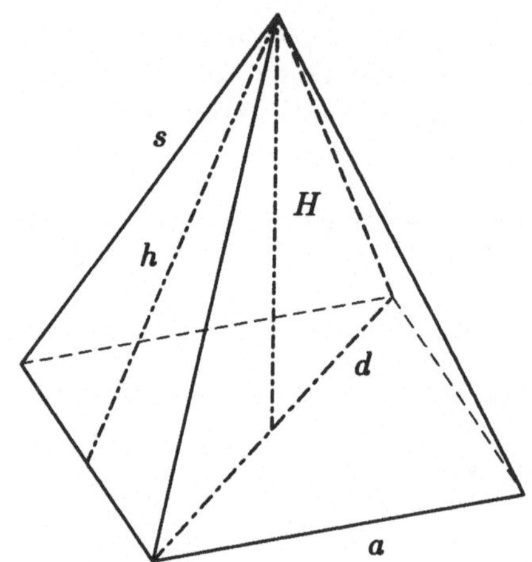

- Diagonale der Grundfläche d ,

- Länge der Pyramidenkante s ,

- Höhe einer Seitenlinie h .

Bezeichnen wir mit x_1 die Länge der Grundseite und mit x_2 die Höhe, so erhalten wir für die Messwerte $\{\, a, H, d, s, h\, \}$ das folgende Gleichungssystem:

$$\underline{f}(\underline{x}) = \underline{d} \;:\quad
\begin{aligned}
x_1 &= a &:&\quad f_1(x_1,x_2) &= x_1 \\
x_2 &= H &:&\quad f_2(x_1,x_2) &= x_2 \\
\sqrt{2}x_1 &= d &:&\quad f_3(x_1,x_2) &= \sqrt{2}x_1 \\
\sqrt{\tfrac{1}{2}x_1^2 + x_2^2} &= s &:&\quad f_4(x_1,x_2) &= \sqrt{\tfrac{1}{2}x_1^2 + x_2^2} \\
\sqrt{\tfrac{1}{4}x_1^2 + x_2^2} &= h &:&\quad f_5(x_1,x_2) &= \sqrt{\tfrac{1}{4}x_1^2 + x_2^2} \;.
\end{aligned}$$

Dies ist ein System von fünf nichtlinearen Gleichungen für die beiden zu bestimmenden Größen x_1, x_2. Dieses System ist in der Regel überbestimmt, d.h. es gibt keine Datenkombination (x_1^*,x_2^*), die alle fünf Gleichungen gleichzeitig erfüllt. Wir sind damit in einer ähnlichen Situation wie im vorangegangenen Abschnitt und wollen nun versuchen, einen Datensatz für (x_1,x_2) zu finden, so dass alle fünf Gleichungen mit minimalen Abweichungen in den Messwerten erfüllt sind.

Wir betrachten das überbestimmte System von N Gleichungen zur Bestimmung der n Unbekannten $x_1,x_2,\ldots,x_n$ aus den Messwerten $(d_1,d_2,\ldots,d_N)$:

$$f_i(x_1,x_2,\ldots,x_n) = d_i + r_i \qquad i = 1,2,\ldots N \quad N \geq n \;.$$

Als ausgeglichene Lösung dieser Problemstellung betrachten wir diejenige Kombination $(x_1^*,x_2^*,\ldots,x_n^*)$, für die die Summe der Fehlerquadrate $F(x_1,x_2,\ldots,x_n)$ minimal wird.

$$F(x_1,x_2,\ldots,x_n) = \sum_{i=1}^{N} r_i^2 = \sum_{i=1}^{N} \left[f_i(x_1,x_2,\ldots,x_n) - d_i \right]^2$$

$$\frac{\partial F(x_1,x_2,\ldots,x_n)}{\partial x_j} = 2\sum_{i=1}^{N} \left[f_i(x_1,x_2,\ldots,x_n) - d_i \right] \cdot \frac{\partial f_i(x_1,x_2,\ldots,x_n)}{\partial x_j} \overset{!}{=} 0$$

$$j = 1,\ldots,n$$

Dieses System von n nichtlinearen Gleichungen ist in der Regel recht mühsam zu lösen. Wenn wir nun die Fehlergleichungen am Messpunkt linearisieren, können wir die Methode des letzten Abschnitts zur Minimierung anwenden. Es ergibt sich daraus unter Umständen eine Verbesserung des Startwerts. Diese Strategie kann iteriert werden und liefert im Falle der Konvergenz die gesuchte ausgeglichene Lösung.

Bei der Taylorentwicklung der Funktionen f_i

$$f_i(x_1,x_2,\ldots,x_n) \;=\; f_i(x_1^0,x_2^0,\ldots,x_n^0) \;+\; \sum_{j=1}^{n} \frac{\partial f_i(x_1^0,x_2^0,\ldots,x_n^0)}{\partial x_j} \cdot \underbrace{(x_j - x_j^0)}_{dx_j} \;+\; \cdots$$

berücksichtigen wir nur die linearen Glieder und erhalten als neues System

$$f_i(x_1^0,x_2^0,\ldots,x_n^0) \;+\; \sum_{j=1}^{n} \frac{\partial f_i(x_1^0,x_2^0,\ldots,x_n^0)}{\partial x_j} \cdot dx_j \;=\; d_i + \tilde{r}_i \; .$$

Dies lässt sich als lineares Ausgleichsproblem für die dx_j interpretieren.

$$\sum_{j=1}^{n} \underbrace{\frac{\partial f_i(x_1^0,x_2^0,\ldots,x_n^0)}{\partial x_j}}_{c_{ij}^0} \cdot dx_j \;=\; d_i - f_i(x_1^0,x_2^0,\ldots,x_n^0) + \tilde{r}_i \; ,$$

bzw. vektoriell : $\qquad \underline{C}^{(0)} \cdot d\underline{x} \;=\; \underline{d} - \underline{f}(\underline{x}^{(0)}) + \underline{\tilde{r}} \; .$

Addieren wir die Lösung des linearisierten Ausgleichsproblems

$$d\underline{x} \;=\; \left(\underline{C}^T \cdot \underline{C}\right)^{-1} \cdot \underline{C}^T \cdot \left(\underline{d} - \underline{f}(\underline{x}^{(0)})\right)$$

zum Startvektor, so ergibt sich eine verbesserte Lösung $\quad \underline{x}^{(1)} \;=\; \underline{x}^{(0)} + d\underline{x} \; .$

Wir wollen dieses Iterationsverfahren (Gauß-Newton-Verfahren) auf unser Eingangsproblem anwenden.

$$\underline{f}(\underline{x}) \;=\; \begin{pmatrix} f_1(x_1,x_2) \\ f_2(x_1,x_2) \\ f_3(x_1,x_2) \\ f_4(x_1,x_2) \\ f_5(x_1,x_2) \end{pmatrix} \;=\; \begin{pmatrix} x_1 \\ x_2 \\ \sqrt{2}\,x_1 \\ \sqrt{\tfrac{1}{2}x_1^2 + x_2^2} \\ \sqrt{\tfrac{1}{4}x_1^2 + x_2^2} \end{pmatrix}$$

$$\underline{C}(\underline{x}) \;=\; (c_{ij}) \;=\; \begin{pmatrix} 1 & 0 \\ 0 & 1 \\ \sqrt{2} & 0 \\ \dfrac{x_1}{2\sqrt{\tfrac{1}{2}x_1^2 + x_2^2}} & \dfrac{x_2}{\sqrt{\tfrac{1}{2}x_1^2 + x_2^2}} \\ \dfrac{x_1}{4\sqrt{\tfrac{1}{4}x_1^2 + x_2^2}} & \dfrac{x_2}{\sqrt{\tfrac{1}{4}x_1^2 + x_2^2}} \end{pmatrix} \; .$$

Für die Messwerte nehmen wir an: $\quad \underline{d} = \begin{pmatrix} a \\ H \\ d \\ s \\ h \end{pmatrix} = \begin{pmatrix} 2.8 \\ 4.5 \\ 4.0 \\ 5.0 \\ 4.7 \end{pmatrix}$.

Als Startwerte für Seitenlänge und Höhe benutzen wir die dafür gemessenen Werte:

$$\underline{x}^{(0)} = \begin{pmatrix} x_1^{(0)} \\ x_2^{(0)} \end{pmatrix} = \begin{pmatrix} 2.8 \\ 4.5 \end{pmatrix} \quad .$$

Beim ersten Iterationsschritt erhalten wir:

$$\underline{C}^{(0)} = \begin{pmatrix} 1.000000000 & 0.000000000 \\ 0.000000000 & 1.000000000 \\ 1.414213562 & 0.000000000 \\ 0.284767033 & 0.915322606 \\ 0.148533276 & 0.954856776 \end{pmatrix} \qquad \underline{d} - \underline{f}(\underline{x}^{(0)}) = \begin{pmatrix} 0.000000000 \\ 0.000000000 \\ 0.040202025 \\ 0.083700578 \\ -0.012748667 \end{pmatrix}$$

und den Korrekturvektor

$$d\underline{x} = \begin{pmatrix} 0.022785037 \\ 0.020101099 \end{pmatrix} \quad .$$

Im weiteren Verlauf der Iteration ergibt sich:

k	$x_1^{(k)}$	$x_2^{(k)}$	Fehlerquadrat
0	2.80000000000000	4.50000000000000	$8.784518230100659 \cdot 10^{-3}$
1	2.82278503726894	4.52010109996749	$5.693493160018239 \cdot 10^{-3}$
2	2.82279690985320	4.52008932541702	$5.693492453146719 \cdot 10^{-3}$
3	2.82279693247424	4.52008930774969	$5.693492453144633 \cdot 10^{-3}$
4	2.82279693251384	4.52008930771878	$5.693492453144693 \cdot 10^{-3}$
5	2.82279693251391	4.52008930771873	$5.693492453144618 \cdot 10^{-3}$
6	2.82279693251391	4.52008930771873	$5.693492453144618 \cdot 10^{-3}$

Ab der dritten Iteration ändert sich das Fehlerquadrat praktisch nicht mehr. Die folgenden Iterationen sind nur zur Demonstration des Konvergenzverhaltens aufgeführt und haben keinerlei praktische Bedeutung.

Das folgende Schaubild zeigt die zu unserem Beispiel gehörende Fehlerquadratfunktion

$$F(\underline{x}) = \left(\underline{f}(\underline{x}) - \underline{d} \right)^T \cdot \left(\underline{f}(\underline{x}) - \underline{d} \right)$$

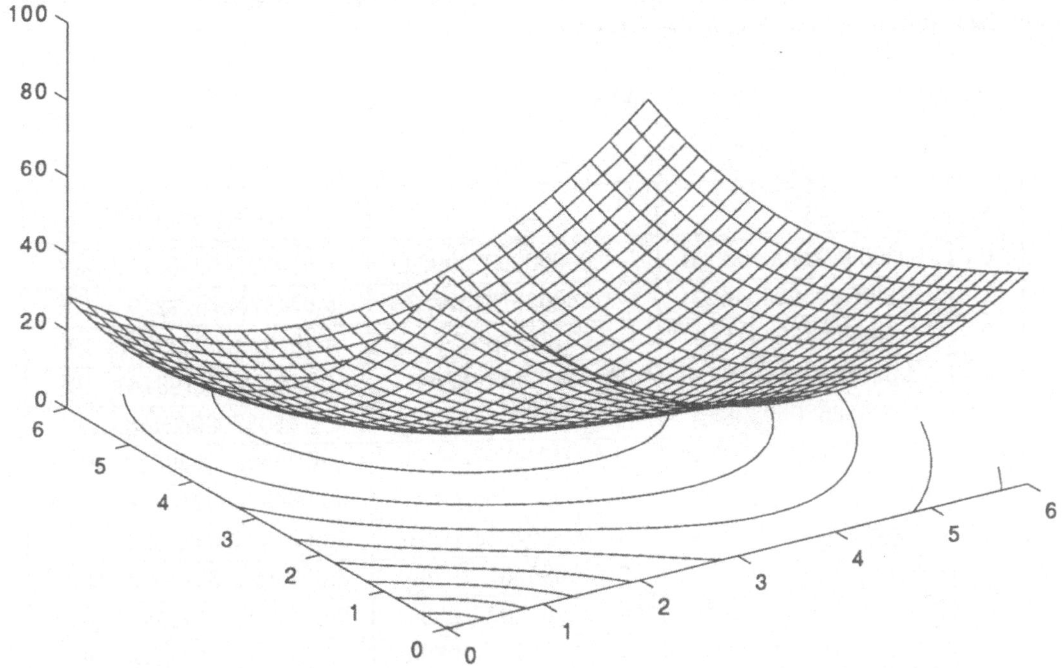
100
80
60
40
20
0
6
5
4
3
2
1
0
0
1
2
3
4
5
6

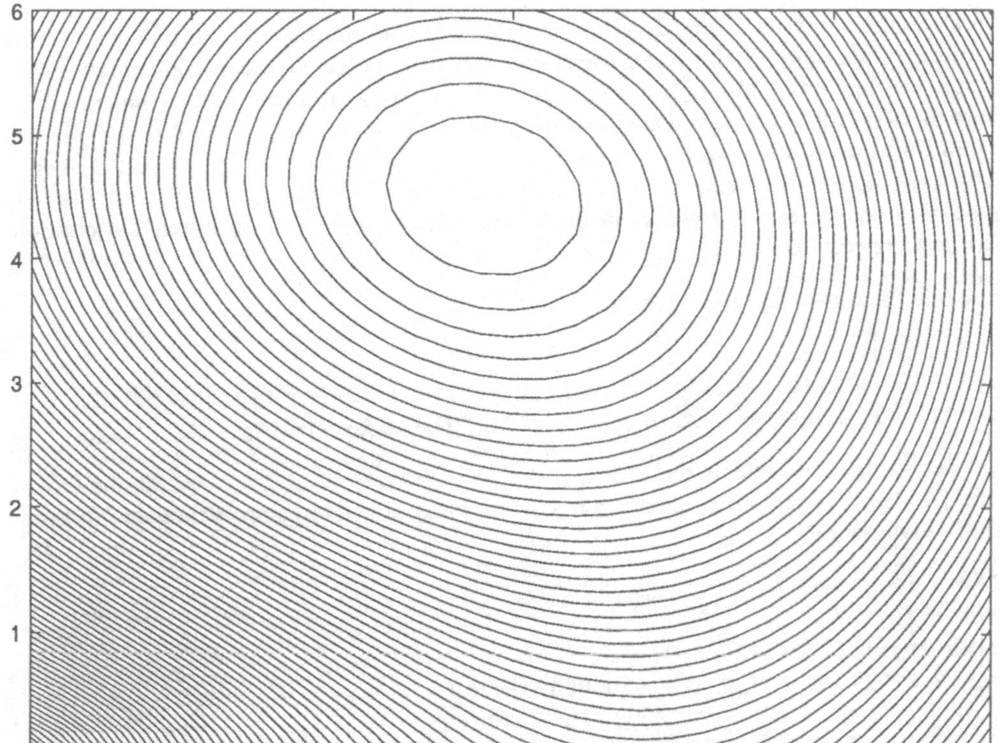
6
5
4
3
2
1
0
0
1
2
3
4
5
6

Wir erkennen ein gutartiges Minimierungsverhalten. Dies zeigt sich auch bei einer bewusst ungeschickten Wahl des Startvektors:

$$x^{(0)} = \begin{pmatrix} -1 \\ -1 \end{pmatrix} \quad .$$

k	$x_1^{(k)}$	$x_2^{(k)}$	Fehlerquadrat
0	-1.000000000000000	-1.000000000000000	$1.010867402908199 \cdot 10^2$
1	1.993749690504469	-1.966063731327278	$5.674175870122194 \cdot 10^1$
2	3.466656482331118	-0.771720768050128	$4.281029468637230 \cdot 10^1$
3	4.039048271622871	2.114793531427541	$1.540076451798181 \cdot 10^1$
4	2.920586805929859	4.878374054888960	$4.170563788942188 \cdot 10^{-1}$
5	2.822687204040376	4.520499459838193	$5.693955345530580 \cdot 10^{-3}$
6	2.822796502335632	4.520089646688412	$5.693492453915718 \cdot 10^{-3}$
7	2.822796931758668	4.520089308308301	$5.693492453144620 \cdot 10^{-3}$
8	2.822796932512591	4.520089307719760	$5.693492453144643 \cdot 10^{-3}$
9	2.822796932513910	4.520089307718730	$5.693492453144596 \cdot 10^{-3}$
10	2.822796932513912	4.520089307718728	$5.693492453144618 \cdot 10^{-3}$
11	2.822796932513912	4.520089307718728	$5.693492453144618 \cdot 10^{-3}$

Bei ungeeigneter Wahl des Startvektors braucht die mit der oben beschriebenen Methode gebildete Folge $x^{(k)}$ nicht zu konvergieren. Ebenso sind kritische Ausgleichsprobleme denkbar, bei denen das oben beschriebene Gauß-Newton-Verfahren nicht konvergiert. In solchen Situationen führen eventuell andere Minimierungsverfahren zum Ziel, auf die hier nicht eingegangen wird.

MATLAB besitzt für diesen Fragenkreis die Prozedur „fmins". Sie minimiert die Fehlerquadratfunktion. Die notwendigen partiellen Ableitungen werden durch Differenzenquotienten approximiert.

Der m-File für unser Beispiel lautet:

```
function y=pyr(x);
y=(x(1)-2.8).^2+(x(2)-4.5).^2+(sqrt(2)*x(1)-4).^2+(sqrt(0.5*x(1).^2...
+x(2).^2)-5).^2+(sqrt(0.25*x(1).^2+x(2).^2)-4.7).^2;
```

Neben der zu minimierenden Funktion ist der Startvektor und gegebenenfalls die Optionen für die Genauigkeit[6] einzugeben. Zur Lösung unseres Eingangsproblems sind folgende Befehle notwendig:

```
op(2)=1e-12;
op(3)=1e-12;
x=fmins('pyr',[2.8;4.5],op);
x' =    2.82279692983442    4.52008930974769
```

---

[6] Hierbei bestimmt „op(2)" die Genauigkeit im x-Bereich und „op(3)" die Genauigkeit der zu minimierenden Funktion.

4 Lineare Optimierung

Ein Programm zur linearen Optimierung ist fester Bestandteil jedes mathematischen Software-Pakets. Hier soll nur die grundsätzliche Vorgehensweise erläutert werden.

4.1 Austauschverfahren

In diesem Abschnitt wollen wir einen Algorithmus für die Lösung von linearen Gleichungssystemen entwickeln. Er entspricht inhaltlich dem bekannten Gauß-Algorithmus, ergibt aber formal eine andere Datenorganisation. Die grundlegenden Schritte seien beim Problem der Inversion einer 3×3-Matrix erläutert.

$$
\begin{aligned}
y_1 &= -3x_1 + 5x_2 - 4x_3 \qquad &(1)\\
y_2 &= 2x_1 - 6x_2 + 12x_3 \qquad &(2)\\
y_3 &= x_1 - 2x_2 + 2x_3 \qquad &(3)
\end{aligned}
$$

als Matrix:

	x_1	x_2	x_3
y_1	-3	5	-4
y_2	2	-6	12
y_3	1	-2	2

Wir wollen nun das aus der Schule bekannte „Einsetzverfahren" zum Lösen von linearen Gleichungssystemen nachvollziehen. Dazu lösen wir z.B. die dritte Gleichung nach x_1 auf

$$
y_3 = x_1 - 2x_2 + 2x_3 \quad \leadsto \quad x_1 = y_3 + 2x_2 - 2x_3 \qquad (3a)
$$

und setzen x_1 in die beiden anderen Gleichungen ein:

$$
\text{in (1)}: \quad
\begin{aligned}
y_1 &= -3(y_3 + 2x_2 - 2x_3) + 5x_2 - 4x_3\\
&= -3y_3 - x_2 + 2x_3
\end{aligned}
\qquad (1a)
$$

$$
\text{in (2)}: \quad
\begin{aligned}
y_2 &= 2(y_3 + 2x_2 - 2x_3) - 6x_2 + 12x_3\\
&= 2y_3 - 2x_2 + 8x_3
\end{aligned}
\qquad (2a)
$$

Wir stellen das veränderte System (1a), (2a), (3a) in Matrixform dar:

	y_3	x_2	x_3
y_1	-3	-1	2
y_2	2	-2	8
x_1	1	2	-2

Wir tauschen nun die unabhängige Variable x_2 gegen y_1 aus.

$$
y_1 = -3y_3 - x_2 + 2x_3 \quad \leadsto \quad x_2 = -3y_3 - y_1 + 2x_3 \qquad (1b)
$$

eingesetzt

$$
\text{in (2a)}: \quad
\begin{aligned}
y_2 &= 2y_3 - 2(-3y_3 - y_1 + 2x_3) + 8x_3\\
&= 8y_3 + 2y_1 + 4x_3
\end{aligned}
\qquad (2b)
$$

$$
\text{in (3a)}: \quad
\begin{aligned}
x_1 &= y_3 + 2(-3y_3 - y_1 + 2x_3) - 2x_3\\
&= -5y_3 - 2y_1 + 2x_3
\end{aligned}
\qquad (3b)
$$

in Matrixform:

$$
\begin{array}{c|ccc}
 & y_3 & y_1 & x_3 \\
\hline
x_2 & -3 & -1 & 2 \\
y_2 & 8 & 2 & 4 \\
x_1 & -5 & -2 & 2
\end{array}\quad.
$$

Jetzt muss noch x_3 gegen y_2 ausgetauscht werden:

$$
y_2 = 8y_3 + 2y_1 + 4x_3 \quad\rightsquigarrow\quad x_3 = -2y_3 - \frac{1}{2}y_1 + \frac{1}{4}y_2 \qquad (2c)
$$

eingesetzt:

in (1b) :
$$
\begin{aligned}
x_2 &= -3y_3 - y_1 + 2(-2y_3 - \tfrac{1}{2}y_1 + \tfrac{1}{4}y_2)\\
&= -7y_3 - 2y_1 + \tfrac{1}{2}y_2
\end{aligned} \qquad (1c)
$$

in (3b) :
$$
\begin{aligned}
x_1 &= -5y_3 - 2y_1 + 2(-2y_3 - \tfrac{1}{2}y_1 + \tfrac{1}{4}y_2)\\
&= -9y_3 - 3y_1 + \tfrac{1}{2}y_2
\end{aligned} \qquad (1c)
$$

in Matrixform:

$$
\begin{array}{c|ccc}
 & y_3 & y_1 & y_2 \\
\hline
x_2 & -7 & -2 & \frac{1}{2} \\
x_3 & -2 & -\frac{1}{2} & \frac{1}{4} \\
x_1 & -9 & -3 & \frac{1}{2}
\end{array}\quad.
$$

Wir formulieren nun die Rechenregeln so, dass wir die veränderte Matrix direkt aus der Ausgangsmatrix bestimmen können.

Den Koeffizienten im Schnittpunkt der auszutauschenden Variablen nennen wir Pivotelement (eingerahmt), die zugehörigen Zeilen und Spalten entsprechend Pivotzeile bzw. Pivotspalte (unterstrichen).

$$
\begin{array}{c|ccc}
 & x_1 & x_2 & x_3 \\
\hline
y_1 & \underline{-3} & 5 & -4 \\
y_2 & \underline{2} & -6 & 12 \\
y_3 & \boxed{1} & \underline{-2} & \underline{2} \\
\hline
 & & 2 & -2
\end{array}
\qquad
\begin{array}{c|ccc}
 & y_3 & x_2 & x_3 \\
\hline
y_1 & \underline{-3} & \boxed{-1} & 2 \\
y_2 & 2 & \underline{-2} & 8 \\
x_1 & 1 & \underline{2} & -2 \\
\hline
 & -3 & & 2
\end{array}
$$

$$
\begin{array}{c|ccc}
 & y_3 & y_1 & x_3 \\
\hline
x_2 & -3 & -1 & \underline{2} \\
y_2 & \underline{8} & \underline{2} & \boxed{4} \\
x_1 & -5 & -2 & \underline{2} \\
\hline
 & -2 & -\frac{1}{2} &
\end{array}
\qquad
\begin{array}{c|ccc}
 & y_3 & y_1 & y_2 \\
\hline
x_2 & -7 & -2 & \frac{1}{2} \\
x_3 & -2 & -\frac{1}{2} & \frac{1}{4} \\
x_1 & -9 & -3 & \frac{1}{2}
\end{array}
$$

Rechenregeln

1) Das Pivotelement geht in seinen reziproken Wert über.

2) Die übrigen Elemente der Pivotzeile sind durch das Pivotelement zu dividieren und mit dem umgekehrten Vorzeichen zu versehen.

3) Die übrigen Elemente der Pivotspalte sind durch das Pivotelement zu dividieren.

4) Die übrigen Elemente werden nach der sogenannten Rechteckregel transformiert: Ist a_{pq} das Pivotelement, so ergeben sich

$$a'_{ik} = \frac{1}{a_{pq}} \begin{vmatrix} a_{ik} & a_{iq} \\ a_{pk} & a_{pq} \end{vmatrix} = a_{ik} - \frac{a_{iq} \cdot a_{pk}}{a_{pq}} \qquad i \neq p \; k \neq q \; .$$

Der Ausdruck $-\dfrac{a_{iq} \cdot a_{pk}}{a_{pq}}$ lässt sich interpretieren als Produkt der k.ten Komponente der neuen Pivotzeile mit der i.ten Komponente der alten Pivotspalte. Schreiben wir diese neue Pivotzeile als sogenannte „Kellerzeile" unter die Ausgangsmatrix, so erhält man das folgende Schema:

	x_1			x_k			x_q	
y_1	a_{11}	$\cdots$	$\cdots$	a_{1k}	$\cdots$	$\cdots$	a_{1q}	$\cdots$
$\vdots$	$\vdots$			$\vdots$			$\vdots$	
y_i	a_{i1}	$\cdots$	$\cdots$	$\boxed{a_{ik}}$	$\cdots$	$\cdots$	$\boxed{a_{iq}}$	$\cdots$
$\vdots$	$\vdots$			$\vdots$			$\vdots$	
y_p	a_{p1}	$\cdots$	$\cdots$	a_{pk}	$\cdots$	$\cdots$	a_{pq}	$\cdots$
$\vdots$	$\vdots$			$\vdots$			$\vdots$	
	$-\dfrac{a_{p1}}{a_{pq}}$	$\cdots$	$\cdots$	$\boxed{-\dfrac{a_{pk}}{a_{pq}}}$	$\cdots$	$\cdots$		$\cdots$

Das Austauschverfahren lässt sich auch bei der Lösung von linearen Gleichungssystemen einsetzen:

$$\begin{aligned}
a_{11}x_1 + a_{12}x_2 + a_{13}x_3 + \ldots + a_{1n}x_n &= b_1 \\
a_{21}x_1 + a_{22}x_2 + a_{23}x_3 + \ldots + a_{2n}x_n &= b_2 \\
&\vdots \\
a_{m1}x_1 + a_{m2}x_2 + a_{m3}x_3 + \ldots + a_{mn}x_n &= b_m \; .
\end{aligned}$$

b_i Störglieder
a_{ik} Koeffizienten

Wir bringen das lineare Gleichungssystem auf die Form $\quad \underline{A} \cdot \underline{x} - \underline{b} = \underline{O}$

und stellen es in unserem Austauschschema dar:

	x_1	x_2			x_k			x_n	z
y_1	a_{11}	a_{12}	$\cdots$	$\cdots$	a_{1k}	$\cdots$	$\cdots$	a_{1n}	$-b_1$
y_2	a_{21}	a_{22}	$\cdots$	$\cdots$	a_{2k}	$\cdots$	$\cdots$	a_{2n}	$-b_2$
$\vdots$	$\vdots$	$\vdots$			$\vdots$			$\vdots$	
y_i	a_{i1}	a_{i1}	$\cdots$	$\cdots$	a_{ik}	$\cdots$	$\cdots$	a_{in}	$-b_i$
$\vdots$	$\vdots$		$\vdots$			$\vdots$			
y_m	a_{m1}	a_{m2}	$\cdots$	$\cdots$	a_{mk}	$\cdots$	$\cdots$	a_{mn}	$-b_m$.

Dabei haben wir die künstliche Variable z eingeführt, der am Ende der Wert 1 erteilt wird. Wir verabreden ferner, dass z nicht ausgetauscht werden darf. Offensichtlich erhält man eine Lösung des Gleichungssystems, wenn man die x-Variablen so wählt, dass alle y-Variablen zu Null werden. Ob es derartige x-Werte gibt, kann mit Hilfe des Austauschverfahrens entschieden werden. Sind alle y-Variable gegen x-Variable austauschbar, so existiert eine Lösung: man setzt im transformierten Tableau einfach $y_1 = y_2 = \ldots = y_m = 0$; $z = 1$ und kann dann die passenden x-Werte ablesen. Es kann aber auch sein, dass nicht alle y-Variablen gegen x-Variable austauschbar sind. Dies ist dann der Fall, wenn kein von Null verschiedenes Pivotelement möglich ist. Die (eventuell umgeordnete) Matrix hat dann die Gestalt

	y_1	y_2			y_r	x_{r+1}			x_n	z
x_1	a_{11}	a_{12}	$\cdots$	$\cdots$	a_{1r}	$a_{1,r+1}$	$\cdots$	$\cdots$	a_{1n}	$-b_1$
x_2	a_{21}	a_{22}	$\cdots$	$\cdots$	a_{2r}	$a_{2,r+1}$	$\cdots$	$\cdots$	a_{2n}	$-b_2$
$\vdots$	$\vdots$	$\vdots$			$\vdots$	$\vdots$			$\vdots$	$\vdots$
x_r	a_{r1}	a_{r2}	$\cdots$	$\cdots$	a_{rr}	$a_{r,r+1}$	$\cdots$	$\cdots$	a_{rn}	$-b_r$
y_{r+1}	$a_{r+1,1}$	$a_{r+1,2}$	$\cdots$	$\cdots$	$a_{r+1,r}$	0	$\cdots$	$\cdots$	0	$-b_{r+1}$
$\vdots$	$\vdots$	$\vdots$			$\vdots$	$\vdots$			$\vdots$	$\vdots$
y_m	a_{m1}	a_{m2}	$\cdots$	$\cdots$	a_{mr}	0	$\cdots$	$\cdots$	0	$-b_m$

Die Lösungen des Systems erhält man durch $y_1 = y_2 = \ldots = y_m = 0$; $z = 1$. Deshalb ist das System nur dann lösbar, wenn

$$b_{r+1} = b_{r+2} = \ldots = b_m = 0 \quad .$$

In diesem Fall sind die $x_{r+1}, x_{r+2}; \ldots ,x_n$ frei wählbar und wir erhalten eine Lösung mit $(n - r)$ frei wählbaren Parametern.

Zahlenbeispiel:

$$\begin{aligned}
3x_1 &+ 5x_2 &+ x_3 &+ 2x_4 &= -4 \\
2x_1 &- 4x_2 &+ 3x_3 &+ 7x_4 &= -3 \\
4x_1 &+ 14x_2 &- x_3 &- 3x_4 &= -5
\end{aligned}$$

	x_1	x_2	x_3	x_4	z
y_1	3	5	1	2	4
y_2	2	−4	3	7	3
y_3	4	14	−1	−3	5
	−3	−5		−2	−4

$\rightsquigarrow$

	x_1	x_2	y_1	x_4	z
x_3	−3	−5	1	−2	−4
y_2	−7	−19	3	1	−9
y_3	7	19	−1	−1	9
	7	19	−3		9

$\rightsquigarrow$

	x_1	x_2	y_1	y_2	z
x_3	−17	−43	7	−2	−22
x_4	7	19	−3	1	9
y_3	0	0	2	−1	0

bzw.

	y_1	y_2	x_1	x_2	z
x_3	7	−2	−17	−43	−22
x_4	−3	1	7	19	9
y_3	2	−1	0	0	0

Aus dem letzten Tableau lässt sich auch die lineare Abhängigkeit der drei Gleichungen ablesen: $y_3 = 2y_1 - y_2$ d.h die dritte Gleichung ergibt sich, indem man vom Doppelten der ersten Gleichung die zweite Gleichung abzieht.

Die Lösung erhält man, indem man $y_1 = y_2 = 0$; $z = 1$ setzt und für die frei wählbaren Variablen x_1, x_2 Parameter setzt.

$$
\begin{aligned}
x_1 &= t \\
x_2 &= s \\
x_3 &= -22 - 17t - 43s \\
x_4 &= 9 + 7t + 19s
\end{aligned}
$$

4.2   Graphische Lösung des linearen Optimierungsproblems

Zunächst machen wir uns die Problematik an einem einfachen Beispiel klar:

Eine Schuhfabrik stellt Damen- und Herrenschuhe her. Der beim Verkauf erzielte Gewinn betrage bei Herrenschuhen 32 DM, bei Damenschuhen nur 16 DM. Die Herstellung der Schuhe unterliegt bestimmten (stark vereinfachten) Nebenbedingungen, welche die monatlich zur Verfügung stehende Zahl der Arbeitsstunden und Maschinenlaufzeiten sowie die in diesem Zeitraum verfügbare Ledermenge betreffen. Diese Annahmen sind in der folgenden Tabelle zusammengefasst:

	Damenschuh	Herrenschuh	verfügbar
Herstellungszeit [h]	20	10	800
Maschinenbearbeitung [h]	4	5	200
Lederbedarf [dm^2]	6	15	450
Gewinn [DM]	16	32	

Wir führen als Variable ein:

$$
\begin{aligned}
x_1 &= \text{Zahl der produzierten Damenschuhe} \\
x_2 &= \text{Zahl der produzierten Herrenschuhe} \quad .
\end{aligned}
$$

Damit können wir unsere Optimierungsaufgabe wie folgt formulieren:

$$
\begin{aligned}
20x_1 &+ 10x_2 &\leq\ & 800 \\
4x_1 &+ 5x_2 &\leq\ & 200 \\
6x_1 &+ 15x_2 &\leq\ & 450 \\
x_1 & &\geq\ & 0 \\
&\ x_2 &\geq\ & 0 \\
16x_1 &+ 32x_2 &=\ & \text{Max!} \quad .
\end{aligned}
$$

Die ersten drei Ungleichungen berücksichtigen die zu beachtenden Nebenbedingungen, die beiden weiteren Ungleichungen den Tatbestand, dass die Zahl der produzierten Schuhe nicht negativ sein kann. Die letzte Zeile gibt die zu maximierende Zielfunktion an.

Die systematische rechnerische Lösung erforderte eine einheitliche Formulierung aller Nebenbedingungen. Gleichzeitig führen wir für die ersten drei linearen Funktionen die abhängigen Variablen y_1, y_2, y_3 ein.

$$
\begin{array}{rrrrrcl}
y_1 &=& -20x_1 &-& 10x_2 &+& 800 &\geq& 0 \\
y_2 &=& -4x_1 &-& 5x_2 &+& 200 &\geq& 0 \\
y_3 &=& -6x_1 &-& 15x_2 &+& 450 &\geq& 0 \\
    & & x_1 & & & & &\geq& 0 \\
    & & & & x_2 & & &\geq& 0 \\
z &=& 16x_1 &+& 32x_2 & & &=& \text{Max!}
\end{array}
$$

Eine solche Fragestellung nennt man ein „lineares Programm".

Da unser lineares Programm nur zwei Variable enthält, kann es graphisch in der (x_1,x_2)-Ebene gelöst werden. Die Menge der Punkte (x_1,x_2), die eine der linearen Ungleichungen

$$
y_i = a_{i1}x_1 + a_{i2}x_2 + c_i \geq 0
$$

erfüllt, besteht aus einer Halbebene, d.h. aus allen Punkten oberhalb oder unter der Grenzgerade (je nach Vorzeichen der a_{i1}, a_{i2})

$$
y_i = a_{i1}x_1 + a_{i2}x_2 + c_i = 0 \quad .
$$

Die fünf Ungleichungen unseres Beispiels definieren auf diese Weise fünf Halbebenen. Ein zulässiger Punkt muss demnach im Durchschnitt dieser fünf Halbebenen liegen.

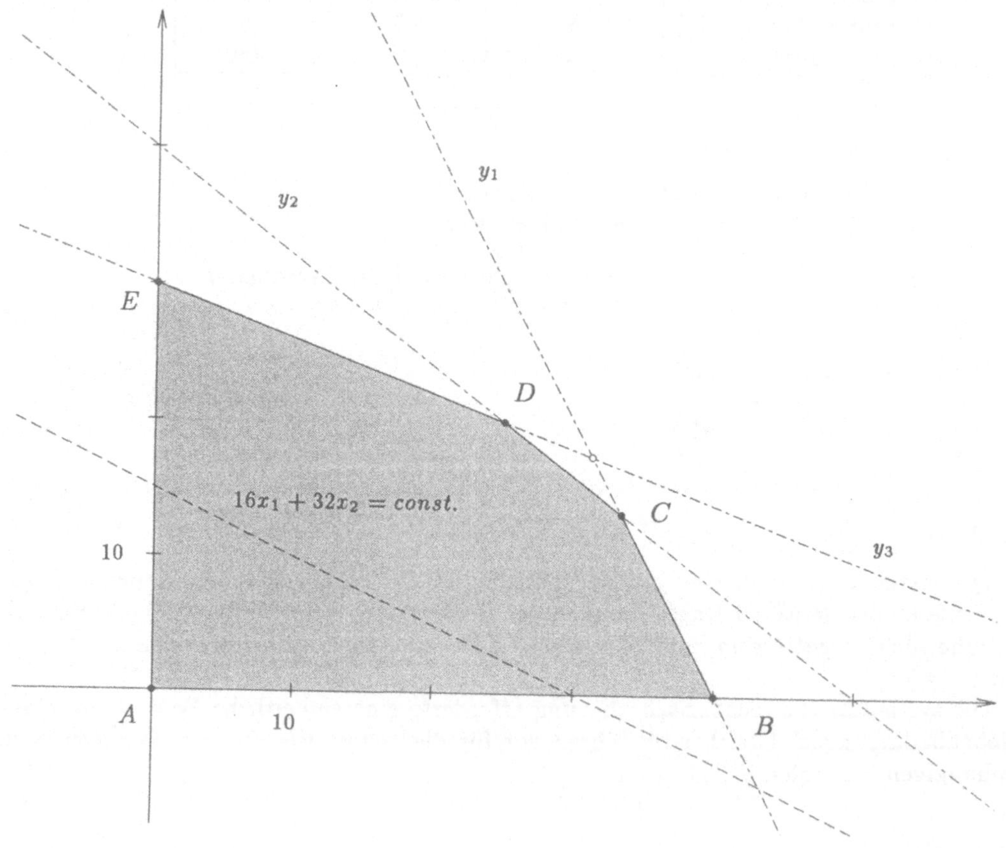

Die Zielfunktion $z = 16x_1 + 32x_2$ ist zu maximieren.

Die Gerade $16x_1 + 32x_2 = c$ enthält alle Punkte mit konstantem Gewinn c.

Damit c maximal wird, verschieben wir diese Gerade möglichst weit parallel nach oben, so dass noch mindestens ein zulässiger Punkt darauf liegt. Man erkennt unschwer, dass der Punkt $D(25|20)$ zu optimalem Gewinn führt:

$$z = 16 \cdot 25 + 32 \cdot 20 = 1040 \quad .$$

Aus der graphischen Lösung entnehmen wir noch eine zusätzliche Information. Der Lösungspunkt liegt auf den beiden Geraden y_2, y_3, d.h. dort gilt $y_2 = y_3 = 0$ während $y_1 > 0$ ist. Dies bedeutet, dass die verfügbare Maschinenzeit und die Ledermenge aufgebraucht sind, während bei den Arbeitsstunden noch freie Kapazität vorhanden ist.

Dieses Verfahren lässt sich auf beliebig viele Ungleichungen anwenden.

m **Lineare Ungleichungen in zwei Variablen**

$$
\begin{array}{ccccccc}
a_{11} \cdot x_1 & + & a_{12} \cdot x_2 & + & c_1 & \geq & 0 \\
a_{21} \cdot x_1 & + & a_{22} \cdot x_2 & + & c_2 & \geq & 0 \\
\vdots & & \vdots & & \vdots & & \vdots \\
a_{m1} \cdot x_1 & + & a_{m2} \cdot x_2 & + & c_m & \geq & 0
\end{array}
$$

Lösungsmenge jeder Ungleichung ist eine Halbebene – je nach Vorzeichen von a_{i2} der Bereich „unter" oder „über" der Grenzgerade

$$a_{i1} \cdot x_1 + a_{i2} \cdot x_2 + c_i = 0 \quad .$$

Die Festlegung „unter" oder „über" geschieht am besten durch eine Punktprobe. So kann man zum Beispiel durch Einsetzen des Koordinatenursprungs in die Ungleichung überprüfen, ob dieser Punkt zur gesuchten Halbebene gehört.

Bemerkung: Auch Ungleichungen der Form[1]

$$a_{k1} \cdot x_1 + a_{k2} \cdot x_2 + c_k \leq 0$$

lassen sich durch Multiplikation mit dem Faktor (-1) in die Form

$$-a_{k1} \cdot x_1 - a_{k2} \cdot x_2 - c_k \geq 0$$

bringen.

---

[1] Die Darstellungsform des Ungleichungssystems ist leider nicht einheitlich geregelt. So verlangt z.B. MATLAB eine etwas andere Eingabe.

Als Lösungsmenge eines solchen linearen Ungleichungssystems ergibt sich ein durch Geradenstücke begrenztes Gebiet (zulässiger Bereich) in der (x,y)-Ebene. Die Eckpunkte ergeben sich als Schnitt von zwei Geraden, d.h. als Lösung eines linearen Gleichungssystems in zwei Variablen.

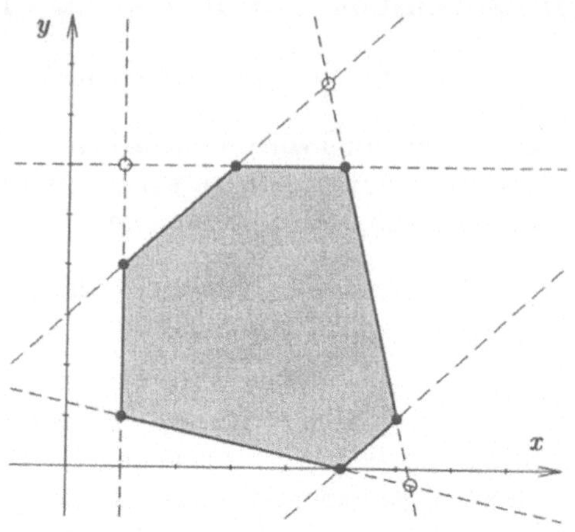

$$a_i \cdot x \; + \; b_i \cdot y \; = \; c_i$$
$$a_j \cdot x \; + \; b_j \cdot y \; = \; c_j$$

Um Eckpunkt des Gebiets zu sein, müssen auch alle übrigen Ungleichungen erfüllt sein.

<u>Optimierung der Zielfunktion</u> $g(x_1,x_2) \; = \; b_1 \cdot x_1 \; + \; b_2 \cdot x_2 \; + \; d \; \overset{!}{=} \; \text{Max}$

Die Zielfunktion ist eine lineare Funktion der Variablen x_1 und x_2. Ihre Niveaulinien $g(x_1,x_2) = \text{constant}$ bestehen aus einer Schar paralleler Geraden.

Die optimale Lage der Geraden

$$b_1 \cdot x_1 \; + \; b_2 \cdot x_2 \; = \; \gamma$$

ergibt sich durch Parallelverschiebung.

Ist die Lösungsmenge des Ungleichungssystems beschränkt, so liegt die optimale Lösung in einem Eckpunkt. Sind zwei benachbarte Eckpunkte Lösung des „linear progamming", so auch die gesamte Verbindungsstrecke.

Rechenstrategie: Man berechnet die Zielfunktion an allen Eckpunkten, vergleicht deren Werte und bestimmt so den optimalen Punkt $(x_1^*|x_2^*)$.

<u>Beispiel eines Optimierungsproblems in drei Variablen</u>

Für den Fall von drei Variablen kann das Optimierungsproblem noch im Anschauungsraum $\mathbb{R}^3$ gedeutet werden.

$$\text{Ungleichungssystem:} \quad \begin{cases} -x_1 & - & x_2 & + & 3x_3 & + & 1 & \geq & 0 & (1) \\ x_1 & - & 3x_2 & + & x_3 & + & 3 & \geq & 0 & (2) \\ -3x_1 & + & x_2 & + & x_3 & + & 3 & \geq & 0 & (3) \\ -3x_1 & + & 5x_2 & - & 3x_3 & + & 3 & \geq & 0 & (4) \\ 5x_1 & - & 3x_2 & - & 3x_3 & + & 3 & \geq & 0 & (5) \\ x_1 & & & & & & & \geq & 0 & (6) \\ & & x_2 & & & & & \geq & 0 & (7) \\ & & & & x_3 & & & \geq & 0 & (8) \end{cases}$$

Zielfunktion: $z \; = \; g(x_1,x_2,x_3) \; = \; 4x_1 + 5x_2 + 9x_3 \; \overset{!}{=} \; \text{Max}$

Das zulässige Gebiet wird durch Ebenen begrenzt. Die Eckpunkte des Gebiets ergeben sich als Schnitt von jeweils drei Ebenen unter Beachtung der übrigen Ungleichungen. Dabei sind bei acht Ungleichungen im $\mathbb{R}^3$ 3 aus 8, d.h. $\binom{8}{3} = 56$ Möglichkeiten zu untersuchen. Bei unserem Beispiel ergeben sich die folgenden Eckpunkte:

$A(0|0|0)$, $B(1|0|0)$, $C(0|1|0)$, $D(0|0|1)$, $E(2|2|1)$, $F(3|3|3)$

Exemplarisch sei hier die Berechnung der Koordinaten des Eckpunkts E mit dem Austauschverfahren erläutert. Sie ergeben sich als Schnitt der drei folgenden Ebenengleichungen:

$$\begin{aligned}
-x_1 & - & x_2 & + & 3x_3 & + & 1 & = & 0 \quad (1) \\
x_1 & - & 3x_2 & + & x_3 & + & 3 & = & 0 \quad (2) \\
-3x_1 & + & x_2 & + & x_3 & + & 3 & = & 0 \quad (3)
\end{aligned}$$

	x_1	x_2	x_3	1
y_1	-1	-1	3	1
y_2	1	-3	1	3
y_3	-3	1	1	3
		-1	3	1

$\leadsto$

	y_1	x_2	x_3	1
x_1	-1	-1	3	1
y_2	-1	-4	4	4
x_3	3	4	-8	0
	$\frac{1}{4}$	1		-1

$\leadsto$

	y_1	x_2	y_2	z
x_1	$-\frac{1}{4}$	2	$-\frac{3}{4}$	-2
x_3	$\frac{1}{4}$	1	$\frac{1}{4}$	-1
y_3	1	-4	-2	8
	$\frac{1}{4}$		$-\frac{1}{2}$	2

$\leadsto$

	y_1	y_3	y_2	z
x_1	$\frac{1}{4}$	$-\frac{1}{2}$	$-\frac{1}{4}$	2
x_3	$\frac{1}{2}$	$-\frac{1}{4}$	$-\frac{1}{4}$	1
x_2	$\frac{1}{4}$	$-\frac{1}{4}$	$-\frac{1}{2}$	2

$\leadsto \quad \begin{aligned} x_1 & = 2 \\ x_2 & = 2 \\ x_3 & = 1 \end{aligned}$

Die Werte der Zielfunktion an den Eckpunkten des Gebiets sind der folgenden Tabelle zu entnehmen:

	$A(0|0|0)$	$B(1|0|0)$	$C(0|1|0)$	$D(0|0|1)$	$E(2|2|1)$	$F(3|3|3)$
$z = f(x_1,x_2,x_3)$	0	4	5	9	27	54

$$\boxed{\implies \quad \text{optimal ist der Punkt } F(3|3|3)}$$

In der folgenden Skizze sind zwei Schnitte $\hat{E}$, $\tilde{E}$ der Ebenenschar

$$E_c : \quad 4x_1 + 5x_2 + 9x_3 = c \qquad \text{(Zielfunktion)}$$

mit dem zulässigen Gebiet gepünkelt eingezeichnet.

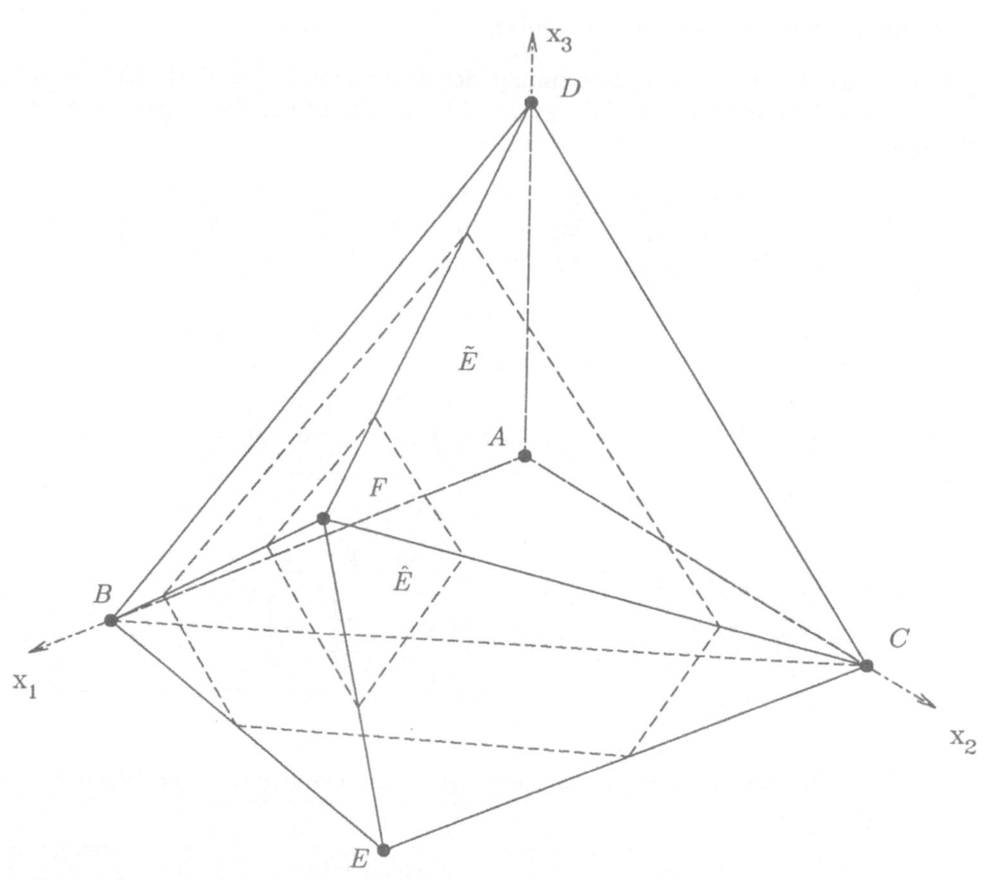

Verallgemeinerung auf mehr als zwei Variable

Bei n Variablen werden die zulässigen Bereiche durch „Hyperebenen" im $\mathbb{R}^n$ begrenzt. Die Eckpunkte sind Lösungen von jeweils n Gleichungen.

Die Zielfunktion in allen möglichen Eckpunkten zu berechnen, ist wenig effizient, da die Anzahl der Eckpunkte rasch mit der Anzahl der Variablen und der Nebenbedingungen wächst ($\binom{n}{k}$!). Ein sinnvolles Verfahren sollte nur wenige Eckpunkte überprüfen und gezielt den optimalen Punkt suchen. Ein solches Verfahren sollte

- nie von einer Ecke zu einer anderen mit geringerem Zielfunktionswert übergehen;

- ein Abbruchkriterium besitzen, welches es gestattet zu entscheiden, ob der gegenwärtig überprüfte Eckpunkt optimal ist oder weiter gesucht werden soll, oder ob das Problem unlösbar ist.

Das bekannteste Verfahren, das obige Kriterien erfüllt, ist das Simplexverfahren, das im folgenden Abschnitt erläutert wird.

4.3 Simplex-Verfahren

Wir orientieren uns am Eingangsbeispiel des vorangegangenen Abschnitts.

$$
\begin{aligned}
y_1 &= -20x_1 &- 10x_2 &+ 800 &\geq&\ 0 \\
y_2 &= -4x_1 &- 5x_2 &+ 200 &\geq&\ 0 \\
y_3 &= -6x_1 &- 15x_2 &+ 450 &\geq&\ 0 \\
    &\ x_1 & & &\geq&\ 0 \\
    & &x_2 & &\geq&\ 0 \\
z &= 16x_1 &+ 32x_2 & &=&\ \text{Max!}
\end{aligned}
$$

Um die Begrenzungspunkte des zulässigen Gebiets zu bestimmen, setzen wir zwei der
Ungleichungen Null. Zusätzlich müssen die übrigen Ungleichungen erfüllt sein! Formal
lässt sich so eine Ecke des begrenzenden Polygonzugs dadurch charakterisieren, dass zwei
der Variablen x_1, x_2, y_1, ,y_2, y_3 Null sind und die anderen positive Werte annehmen:

A	B	C	D	E
$x_1 = 0$	$x_1 > 0$	$x_1 > 0$	$x_1 > 0$	$x_1 = 0$
$x_2 = 0$	$x_2 = 0$	$x_2 > 0$	$x_2 > 0$	$x_2 > 0$
$y_1 > 0$	$y_1 = 0$	$y_1 = 0$	$y_1 > 0$	$y_1 > 0$
$y_2 > 0$	$y_2 > 0$	$y_2 = 0$	$y_2 = 0$	$y_2 > 0$
$y_3 > 0$	$y_3 > 0$	$y_3 > 0$	$y_3 = 0$	$y_3 = 0$

Beim Übergang vom Startpunkt A zu Punkt B hat x_2 den Wert Null beibehalten, x_1 ist
positiv geworden, während andererseits der positive Wert von y_1 auf Null abgenommen
hat. Alle übrigen Variablen sind positv geblieben. Formal haben x_1 und y_1 ihre Rollen
vertauscht. Dieser Übergang kann durch einen geeigneten Austauschschritt nachvollzogen
werden. Dabei ergänzen wir unser System durch die Zielvariable z, die nicht ausgetauscht
werden darf. In die rechte untere Ecke kommt der Wert der Zielfunktion am Startpunkt.
(Auf die Angabe der Kellerzeile verzichten wir hier.)

	x_1	x_2	1
y_1	-20	-10	800
y_2	-4	-5	200
y_3	-6	-15	450
z	16	32	0

$\rightsquigarrow$

	y_1	x_2	1
x_1	$-\frac{1}{20}$	$-\frac{1}{2}$	40
y_2	$\frac{1}{5}$	-3	40
y_3	$\frac{3}{10}$	-12	210
z	$-\frac{4}{5}$	24	640

Der Wert der Zielfunktion hat bei diesem Austauschschritt zugenommen.

Wenn wir – wie bei mehrdimensionalen Problemen der Fall – ohne Anschauung aus-
kommen wollen, müssen wir der Frage nachgehen, warum wir nicht x_1 mit y_2 austauschen
dürfen. Der zugehörige Austauschschritt führt zu dem Ergebnis:

	x_1	x_2	1
y_1	-20	-10	800
y_2	-4	-5	200
y_3	-6	-15	450
z	16	32	0

$\rightsquigarrow$

	y_2	x_2	1
y_1	5	15	-200
x_1	$-\frac{1}{4}$	$-\frac{5}{4}$	50
y_3	$\frac{2}{3}$	$-\frac{15}{2}$	150
z	-4	12	800

Bei diesem Schritt hat die Zielfunktion einen noch größeren Wert angenommen. Setzen wir jedoch x_2, y_2 zu Null, so ist die Bedingung $y_1 > 0$ verletzt, d.h. wir erhalten keinen zulässigen Punkt. Wir müssen bei unseren Austauschschritten also darauf achten, dass die letzte Spalte der Absolutglieder positiv bleibt.

Indem wir x_2 mit y_2 austauschen, ergibt sich der Übergang von Punkt B nach C.

<table>
<tr><td></td><td>y_1</td><td>x_2</td><td>1</td></tr>
<tr><td>x_1</td><td>$-\frac{1}{20}$</td><td>$-\frac{1}{2}$</td><td>40</td></tr>
<tr><td>y_2</td><td>$\frac{1}{5}$</td><td>$\boxed{-3}$</td><td>$\underline{40}$</td></tr>
<tr><td>y_3</td><td>$\frac{3}{10}$</td><td>$\underline{-12}$</td><td>210</td></tr>
<tr><td>z</td><td>$-\frac{4}{5}$</td><td>$\underline{24}$</td><td>640</td></tr>
</table>

$\rightsquigarrow$

<table>
<tr><td></td><td>y_1</td><td>y_2</td><td>1</td></tr>
<tr><td>x_1</td><td>$-\frac{1}{12}$</td><td>$\frac{1}{6}$</td><td>$\frac{100}{3}$</td></tr>
<tr><td>x_2</td><td>$\frac{1}{15}$</td><td>$-\frac{1}{3}$</td><td>$\frac{40}{3}$</td></tr>
<tr><td>y_3</td><td>$-\frac{1}{2}$</td><td>4</td><td>50</td></tr>
<tr><td>z</td><td>$\frac{4}{5}$</td><td>-8</td><td>960</td></tr>
</table>

Der Wert der Zielfunktion hat weiter zugenommen. Woran erkennen wir am Schema, ob sich noch ein weiterer Austauschschritt lohnt? Es ist offensichtlich, dass das in Frage kommende Pivotelement negativ sein muss – andernfalls würde ja das in der Pivotzeile stehende Absolutglied negativ. Haben wir in der Zeile der Gewinnfunktion noch ein positives Element b_i, so ergibt sich für ein negatives Pivotelement a_{ki} mit der Rechteckregel

$$d' = d - \frac{b_i \cdot c_k}{a_{ki}}$$

noch ein Zuwachs der Gewinnfunktion.

Wir führen noch den Übergang C nach D mittels Austausch y_1 gegen y_3 durch:

<table>
<tr><td></td><td>y_1</td><td>y_2</td><td>1</td></tr>
<tr><td>x_1</td><td>$-\frac{1}{12}$</td><td>$\frac{1}{6}$</td><td>$\frac{100}{3}$</td></tr>
<tr><td>x_2</td><td>$\frac{1}{15}$</td><td>$-\frac{1}{3}$</td><td>$\frac{40}{3}$</td></tr>
<tr><td>y_3</td><td>$\boxed{-\frac{1}{2}}$</td><td>$\underline{4}$</td><td>$\underline{50}$</td></tr>
<tr><td>z</td><td>$\frac{4}{5}$</td><td>-8</td><td>960</td></tr>
</table>

$\rightsquigarrow$

<table>
<tr><td></td><td>y_3</td><td>y_2</td><td>1</td></tr>
<tr><td>x_1</td><td>$\frac{1}{6}$</td><td>$-\frac{1}{2}$</td><td>25</td></tr>
<tr><td>x_2</td><td>$-\frac{1}{6}$</td><td>$\frac{1}{5}$</td><td>20</td></tr>
<tr><td>y_1</td><td>-2</td><td>8</td><td>100</td></tr>
<tr><td>z</td><td>$-\frac{8}{5}$</td><td>$-\frac{8}{5}$</td><td>1040</td></tr>
</table>

Nun sind sämtliche Koeffizienten der Zielfunktion negativ geworden, d.h. ein zulässiger Austauschschritt würde unweigerlich zu einer Abnahme der Gewinnfunktion führen.

Wir versuchen nun, aus unserem Eingangsbeispiel eine allgemeine Strategie zu entwickeln. Dabei beschränken wir uns auf den einfachsten Fall:

$$
\begin{aligned}
y_i &= \sum_{k=1}^{n} a_{ik} x_k + c_i \geq 0 , & i &= 1,2,\ldots,m \\
x_k &\geq 0 , & k &= 1,2,\ldots,n \\
z &= \sum_{k=1}^{n} b_k x_k + d = \text{Max!}
\end{aligned}
$$

Der Nullpunkt mit $x_1 = x_2 = \ldots = x_n = 0$ stellt genau dann eine zulässige Ecke dar, falls die Bedingungen

$$c_i \geq 0 , \qquad i = 1,2,\ldots,m$$

erfüllt sind.[2]

---

[2] Durch eine Koordinatentransformation kann häufig dieser Standardfall erzwungen werden.

Die m linearen Ungleichungen und die Zielfunktion schreiben wir wieder in einem Austauschschema auf.

	x_1	x_2	$\cdots$	x_q	$\cdots$	x_n	1
y_1	a_{11}	a_{12}	$\cdots$	a_{1q}	$\cdots$	a_{1n}	c_1
y_2	a_{21}	a_{22}	$\cdots$	a_{2q}	$\cdots$	a_{2n}	c_2
$\vdots$	$\vdots$	$\vdots$		$\vdots$		$\vdots$	$\vdots$
y_i	a_{i1}	a_{i2}	$\cdots$	a_{iq}	$\cdots$	a_{in}	c_i
$\vdots$	$\vdots$	$\vdots$		$\vdots$		$\vdots$	$\vdots$
y_p	a_{p1}	a_{p2}	$\cdots$	a_{pq}	$\cdots$	a_{pn}	c_p
$\vdots$	$\vdots$	$\vdots$		$\vdots$		$\vdots$	$\vdots$
y_m	a_{m1}	a_{m2}	$\cdots$	a_{mq}	$\cdots$	a_{mn}	c_m
z	b_1	b_2	$\cdots$	b_q	$\cdots$	b_n	d

Die im Schema oben stehenden Variablen nennen wir Basisvariable, die links stehenden, abhängigen Variablen Nichtbasisvariable. Der Wert der Zielfunktion d erscheint in der unteren, rechten Ecke.

Die Basisvariable x_q soll gegen die Nichtbasisvariable y_p ausgetauscht werden. Das Pivotelement sei a_{pq}. Unter welchen Bedingungen führt ein solcher Austauschschritt zu

- einer zulässigen Ecke?

- einer Vergrößerung des Werts der Zielfunktion?

Da alle Elemente c_i der Absolutspalte größer als Null sein müssen, folgt aus der Regel

$$c_p' = -\frac{c_p}{a_{pq}} \geq 0 \; ,$$

dass das Pivotelement negativ sein muss. Wenden wir die Rechteckregel auf die übrigen Elemente der Absolutspalte an, so erhalten wir daraus die Bedingung

$$c_i' = c_i - \frac{a_{ip}c_p}{a_{pq}} \geq 0 , \quad i \neq p \; .$$

Ist $a_{ip} \geq 0$, so gilt wegen $a_{pq} < 0$ stets

$$c_i' \geq c_i \geq 0 \quad .$$

Für negative Elemente der Pivotspalte erhalten wir aus

$$c_i \geq \frac{a_{ip}c_p}{a_{pq}}$$

die Bedingung

$$\frac{c_i}{a_{ip}} \leq \frac{c_p}{a_{pq}} \quad \text{bzw.} \quad \left|\frac{c_i}{a_{ip}}\right| \geq \left|\frac{c_p}{a_{pq}}\right| \quad .$$

Aus der Transformationsregel für den Wert d der Zielfunktion

$$d' = d - \frac{b_q \cdot c_p}{a_{pq}}$$

und der Forderung nach Zuwachs der Zielfunktion ergibt sich wegen $c_p \geq 0$, $a_{pq} < 0$ für b_q die Bedingung

$$b_q \geq 0 \quad .$$

Damit lassen sich die folgenden Regeln zur Bestimmung des Pivotelements formulieren:

- Die Pivotspalte ist so festzulegen, dass ihr Element b_q in der Zeile der Zielfunktion nicht negativ ist.
- In der gewählten Pivotspalte muss das Pivotelement a_{pq} negativ sein. Die Pivotzeile wird weiter bestimmt durch den größten, d.h. absolut kleinsten Quotienten $Q_i = \frac{c_i}{a_{iq}}$, welcher mit den negativen Elementen a_{iq} der Pivotspalte gebildet wird.

Diese Regeln gestatten die systematische Bestimmung von Ecken des zulässigen, konvexen Bereichs im $\mathbb{R}^n$, welcher auch als Simplex bezeichnet wird. Der Wert der Zielfunktion nimmt dabei bei jedem Schritt zu. Die Auswahl des Pivotelements ist durch obige Regeln allein nicht eindeutig bestimmt. In einem Rechenprogramm sind zusätzliche Auswahlregeln zu formulieren. Bei geeigneten zusätzlichen Auswahlregeln bricht der Algorithmus nach endlich vielen Schritten ab. Wegen Einzelheiten sei auf spezielle Literatur verwiesen.

Zum Abschluss wollen wir noch das Beispiel im $\mathbb{R}^3$ des vorangegangenen Abschnitts mit dem Simplex-Verfahren lösen.

$$\text{Ungleichungssystem:} \quad \left\{ \begin{array}{rcrcrcrclr} -x_1 & - & x_2 & + & 3x_3 & + & 1 & \geq & 0 & (1) \\ x_1 & - & 3x_2 & + & x_3 & + & 3 & \geq & 0 & (2) \\ -3x_1 & + & x_2 & + & x_3 & + & 3 & \geq & 0 & (3) \\ -3x_1 & + & 5x_2 & - & 3x_3 & + & 3 & \geq & 0 & (4) \\ 5x_1 & - & 3x_2 & - & 3x_3 & + & 3 & \geq & 0 & (5) \\ x_1 & & & & & & & \geq & 0 & (6) \\ & & x_2 & & & & & \geq & 0 & (7) \\ & & & & x_3 & & & \geq & 0 & (8) \end{array} \right.$$

$$\text{Zielfunktion:} \quad z = g(x_1,x_2,x_3) = 4x_1 + 5x_2 + 9x_3 \stackrel{!}{=} \text{Max}$$

	x_1	x_2	x_3	1	Q_i
y_1	-1	-1	3	1	-1
y_2	1	-3	1	3	3
y_3	-3	1	1	3	-1
y_4	-3	5	-3	3	-1
y_5	5	-3	-3	3	$\frac{3}{5}$
z	4	5	9	0	

Dieser Zustand entspricht dem Punkt $A(0|0|0)$ als Schnitt der Gleichungen (6), (7) und (8).

	y_1	x_2	x_3	1	Q_i
x_1	-1	-1	3	1	$\frac{1}{3}$
y_2	-1	-4	4	4	1
y_3	3	4	-8	0	0
y_4	3	8	-12	0	0
y_5	-5	-8	12	8	$\frac{2}{3}$
z	-4	1	21	4	

Dieser Zustand entspricht dem Punkt $B(1|0|0)$ als Schnitt der Gleichungen (1), (7) und (8).

	y_1	x_2	y_3	1	Q_i
x_1	$\frac{1}{8}$	$\frac{1}{2}$	$-\frac{3}{8}$	1	2
y_2	$\frac{1}{2}$	-2	$-\frac{1}{2}$	4	-2
x_3	$\frac{3}{8}$	$\frac{1}{2}$	$-\frac{1}{8}$	0	0
y_4	$-\frac{3}{2}$	2	$\frac{3}{2}$	0	0
y_5	$-\frac{1}{2}$	-2	$-\frac{3}{2}$	8	-4
z	$\frac{31}{8}$	$\frac{23}{2}$	$-\frac{21}{8}$	4	

Dieser Zustand entspricht dem Punkt $B(1|0|0)$ als Schnitt der Gleichungen (1), (7) und (3).

	y_1	y_2	y_3	1	Q_i
x_1	$\frac{1}{4}$	$-\frac{1}{4}$	$-\frac{1}{2}$	2	8
x_2	$\frac{1}{4}$	$-\frac{1}{2}$	$-\frac{1}{4}$	2	8
x_3	$\frac{1}{2}$	$-\frac{1}{4}$	$-\frac{1}{4}$	1	2
y_4	$\boxed{-1}$	-1	1	4	-4
y_5	-1	1	-1	4	-4
z	$\frac{27}{4}$	$-\frac{23}{4}$	$-\frac{11}{2}$	27	

Dieser Zustand entspricht dem Punkt $E(2|2|1)$ als Schnitt der Gleichungen (1), (2) und (3).

	y_4	y_2	y_3	1	Q_i
x_1	$-\frac{1}{4}$	$-\frac{1}{2}$	$-\frac{1}{4}$	3	-12
x_2	$-\frac{1}{4}$	$-\frac{3}{4}$	0	3	$--$
x_3	$-\frac{1}{2}$	$-\frac{3}{4}$	$\frac{1}{4}$	3	12
y_1	-1	-1	1	4	4
y_5	1	2	$\boxed{-2}$	0	0
z	$-\frac{27}{4}$	$-\frac{25}{2}$	$\frac{5}{4}$	54	

Dieser Zustand entspricht dem Punkt $F(3|3|3)$ als Schnitt der Gleichungen (4), (2) und (3).

	y_4	y_2	y_5	1	Q_i
x_1	$-\frac{3}{8}$	$-\frac{3}{4}$	$\frac{1}{8}$	3	$--$
x_2	$-\frac{1}{4}$	$-\frac{3}{4}$	0	3	$--$
x_3	$-\frac{3}{8}$	$-\frac{1}{2}$	$-\frac{1}{8}$	3	$--$
y_1	$-\frac{1}{2}$	0	$-\frac{1}{2}$	4	$--$
y_3	$\frac{1}{2}$	1	$-\frac{1}{2}$	0	$--$
z	$-\frac{49}{8}$	$-\frac{45}{4}$	$-\frac{5}{8}$	54	

Dieser Zustand entspricht dem Punkt $F(3|3|3)$ als Schnitt der Gleichungen (4), (2) und (5).

Der Algorithmus bricht ab, da alle b_i negativ!

An Hand der Skizze auf Seite 52 lässt sich der Gang des Simplex-Algorithmus verfolgen. Dabei stellt sich z.B. die Frage, warum der Algorithmus von B nicht sofort zu F geht. Dieser Zustand wird durch die Gleichungen (1), (3) und (7) beschrieben. Die durch diese Gleichungen beschriebene „Kantenvektoren" lauten:[3]

$$\vec{n}_1 \times \vec{n}_3 = \begin{pmatrix} -4 \\ -8 \\ -4 \end{pmatrix} \qquad \vec{n}_1 \times \vec{n}_7 = \begin{pmatrix} -3 \\ 0 \\ -1 \end{pmatrix} \qquad \vec{n}_3 \times \vec{n}_7 = \begin{pmatrix} 1 \\ 0 \\ 3 \end{pmatrix} \; .$$

Dabei ist $\vec{n}_i$ der zur Ebene E_i bzw. Gleichung (i) gehörende Normalenvektor.

Wird eine der Gleichungen ausgetauscht, so bleibt einer der Kantenvektoren erhalten. Die Kantenvektoren $\vec{n}_1 \times \vec{n}_7$ und $\vec{n}_3 \times \vec{n}_7$ führen zu unzulässigen Ecken, so dass der Algorithmus notwendigerweise zu E führt. Sind mehrere Kantenvektoren möglich, so entscheidet sich der Algorithmus für denjenigen mit dem stärksten Zuwachs der Zielfunktion.

---

[3] So erhält man als Schnitt der Ebenen

$$\begin{aligned} E_1 &: \quad -x_1 \;-\; x_2 \;+\; 3x_3 \;+\; 1 \;=\; 0 \\ E_3 &: \quad -3x_1 \;+\; x_2 \;+\; x_3 \;+\; 3 \;=\; 0 \end{aligned} \qquad \vec{x} = \begin{pmatrix} 1 \\ 0 \\ 0 \end{pmatrix} + t \cdot \begin{pmatrix} 1 \\ 2 \\ 1 \end{pmatrix} \parallel \vec{n}_1 \times \vec{n}_3$$

MATLAB besitzt im Rahmen der Toolbox „Optimization" ein lineares Programm „lp". Es liefert das Minimum des Ausdrucks

$$\underline{f}^T \cdot \underline{x}$$

unter der Nebenbedingung

$$\underline{A} \cdot \underline{x} \leq \underline{b} \ .$$

Obere bzw. untere Schranken $\underline{x}_L$, $\underline{x}_U$ für $\underline{x}$ sind separat einzugeben.

Beispiel: Das Maximum der Funktion

$$z = 4 \cdot x_1 + 5 \cdot x_2 + 6 \cdot x_3$$

ist unter den Nebenbedingungen

$$
\begin{array}{rrrrr}
-x_1 & + & x_2 & + & x_3 & \leq & 20 \\
2x_1 & + & 3x_2 & + & 4x_3 & \leq & 42 \\
2x_1 & + & 3x_2 & & & \leq & 30
\end{array}
$$

und den Einschränkungen

$$x_1 \geq 0, \quad x_2 \geq 0, \quad x_3 \geq 0 \qquad x_1 \leq 10, \quad x_2 \leq 20, \quad x_3 \leq 2$$

zu bestimmen.

```
A=[-1 1 1;2 3 4;2 3 0];

b=[20 42 30]';

f=[-4 -5 -6]';

xl=[0 0 0]';

xu=[10 20 2]';

[x,lambda]=lp(f,A,b,xl,xu);

x' =

  10.0000    3.3333    2.0000

lambda' =

  0    0    1.6667    0    0    0    0.6667    0    6.0000
```

Der Parameter λ gibt darüber Auskunft, welche der Nebenbedingungen, unteren und oberen Schranken beim Extremalpunkt aktiv ist. Dabei bedeutet ein von Null verschiedener Eintrag, dass die entsprechende Bedingung aktiv ist.

5 Interpolation und Approximation

Ein wichtiges Problem in der numerischen Mathematik ist, eine Funktion oder eine Folge von Messpunkten durch eine Näherungsfunktion zu approximieren. Dabei sind folgende Überlegungen anzustellen:

- Auswahl einer Grundmenge von Näherungsfunktionen. Gebräuchlich sind folgende Funktionenklassen:

  1) Polynome

  2) Splines

  3) Trigonometrische Polynome – für periodische Vorgänge

- Festlegung eines messbaren Kriteriums für die Auswahl der „am besten" geeigneten Funktion aus einer vorgegebenen Grundmenge.

Meist bildet man die Approximationsfunktion $\varphi(x)$ als Linearkombination von charakteristischen Vertretern der Grundmenge $\{g_i(x)\}$

$$\varphi(x) = \sum_{i=1}^{n} c_i \cdot g_i(x)$$

und versucht dann, die Koeffizienten c_i so zu bestimmen, dass die Differenz zur zu approximierenden Funktion $f(x)$ in irgend einem Sinne – meist wird als Maß die Summe der Abstandquadrate benutzt – minimal wird.

$$\| f - \varphi \| \stackrel{!}{=} \text{Min}$$

Im Falle von Messpunkten ist es auch möglich, aus einer Grundmenge eine Funktion auszuwählen, die durch alle Punkte geht – in diesem Fall spricht man von Interpolation. Interpolationsfunktionen werden benötigt, um

- an einer beliebigen Stelle einen y-Wert bestimmen zu können.

- um „Steigungen" (Ableitungen) und „Flächen" (Integrale) für solche nur durch diskrete Punkte bekannten Zusammenhänge zu bestimmen.

In der folgenden Graphik sind die y-Werte der mit Punkten gekennzeichneten Stützstellen identisch mit den Funktionswerten von $f(x) = e^{-x^2}$. Als Ausblick und Motivation für die folgenden Abschnitte sind einige Möglichkeiten der Approximation eingezeichnet:

- Interpolationspolynom durch alle sieben Stützstellen

- Spline-Interpolation durch alle sieben Stützstellen

- Ausgleichspolynom vom Grad 4

- Taylorentwicklung um den Nullpunkt bis zur Ordnung x^4

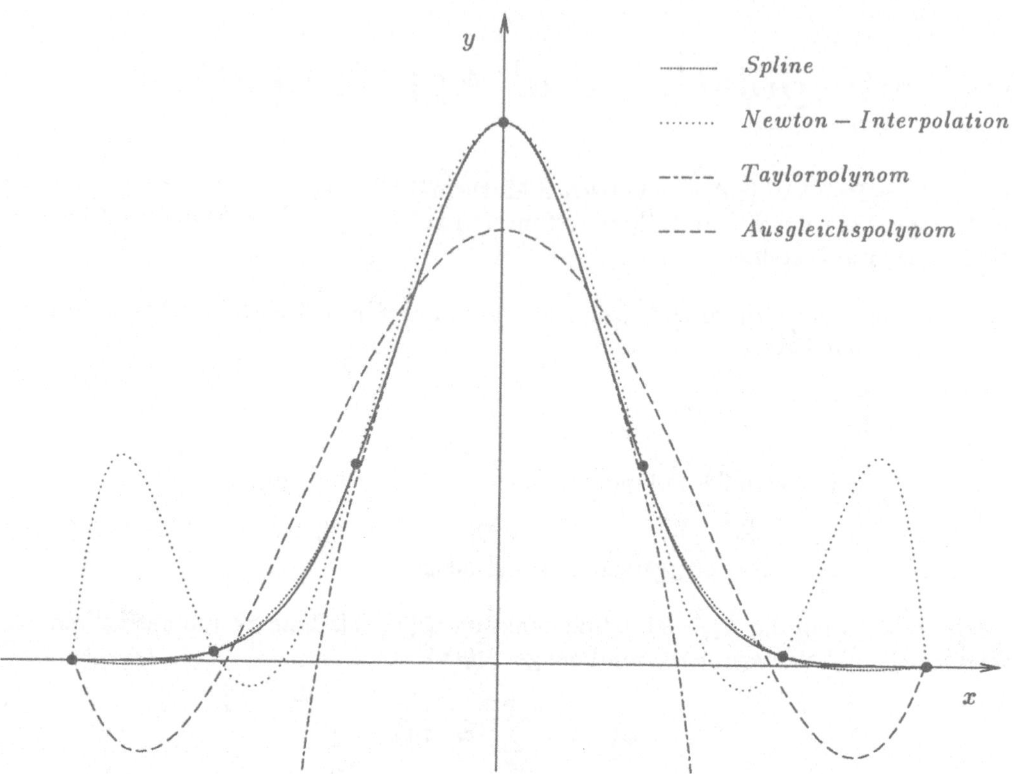

5.1   Polynominterpolation

Die Aufgabe der Polynominterpolation besteht darin, zu $n+1$ verschiedenen Stützstellen $(x_k|y_k)$ ein Polynom $p_n(x)$ vom Höchstgrad n zu finden, das durch alle Punkte geht. [1]

x	x_0	x_1	x_2	$\ldots$	x_n
y	y_0	y_1	y_2	$\ldots$	y_n

$$y_i = p_n(x_i) = \sum_{k=0}^{n} a_k x_i^k \quad i = 0,1,2,\ldots,n$$

Die Punktprobe ergibt ein lineares Gleichungssystem für die $(n+1)$ Koeffizienten des Polynoms.

$$
\begin{aligned}
a_0 + a_1 \cdot x_0 + a_2 \cdot x_0^2 + \ldots + a_n \cdot x_0^n &= y_0 \\
a_0 + a_1 \cdot x_1 + a_2 \cdot x_1^2 + \ldots + a_n \cdot x_1^n &= y_1 \\
\vdots \qquad\qquad \vdots \qquad\qquad \vdots \qquad\qquad\quad \vdots \qquad\quad \vdots \\
a_0 + a_1 \cdot x_n + a_2 \cdot x_n^2 + \ldots + a_n \cdot x_n^n &= y_n
\end{aligned}
$$

In Matrizenform

---

[1] Dabei setzen wir eine streng monotone Anordnung der x_k voraus:

$$\begin{pmatrix} 1 & x_0 & x_0^2 & \cdots & x_0^n \\ 1 & x_1 & x_1^2 & \cdots & x_1^n \\ \vdots & \vdots & \vdots & & \vdots \\ 1 & x_n & x_n^2 & \cdots & x_n^n \end{pmatrix} \cdot \begin{pmatrix} a_0 \\ a_1 \\ \vdots \\ a_n \end{pmatrix} = \begin{pmatrix} y_0 \\ y_1 \\ \vdots \\ y_n \end{pmatrix}$$

Sind die x-Werte der Stützstellen paarweise verschieden, so ist obiges Gleichungssystem[2] eindeutig lösbar und damit besitzt unser Interpolationsproblem eine eindeutige Lösung.

Die Bestimmung der Koeffizienten ist i.a. etwas mühsam. Der Ansatz von Newton für das Interpolationspolynom vermeidet geschickt die Lösung eines linearen Gleichungssystems. Der Grundgedanke besteht darin, zu einem Interpolationspolynom für l Punkte noch einen Summanden hinzuzufügen, der bei den ersten l x-Werten verschwindet. Die Anpassung des Koeffizienten des neuen Summanden ermöglicht dann die Interpolation eines weiteren Punktes.

$p_0(x) = c_0 = y_0$ interpoliert den Punkt $(x_0|y_0)$.

Für den zweiten Punkt machen wir den Ansatz

$$p_1(x) = c_0 + c_1 \cdot (x - x_0) \quad .$$

Dafür gilt automatisch

$$p_1(x0) = c_0 + c_1 \cdot 0 = y_0 \quad .$$

Wir bestimmen nun c_1 so, dass der zweite Punkt interpoliert wird.

$$p_1(x_1) = c_0 + c_1(x_1 - x_0) = y_1 \quad \leadsto \quad c_1 = \frac{y_1 - y_0}{x_1 - x_0}$$

Für den dritten Punkt gehen wir aus von

$$p_2(x) = c_0 + c_1 \cdot (x - x_0) + c_2 \cdot (x - x_1) \cdot (x - x_0) \quad .$$

Es gilt

$$p_2(x_0) = c_0 + c_1 \cdot 0 + c_2 \cdot 0 = y_0$$
$$p_2(x_1) = c_0 + c_1(x_1 - x_0) + c_2 \cdot 0 = y_0 + \frac{y_1 - y_0}{x_1 - x_0} \cdot (x_1 - x_0) = y_1 \quad .$$

Die Punktprobe für den dritten Punkt ergibt die Bestimmungsgleichung für c_2:

$$p_2(x_2) = c_0 + c_1 \cdot (x_2 - x_0) + c_2 \cdot (x_2 - x_0) \cdot (x_2 - x_1) = y_2 \quad \leadsto$$

$$c_2 \cdot (x_2 - x_1) \cdot (x_2 - x_0) = y_2 - y_0 - \frac{y_1 - y_0}{x_1 - x_0} \cdot (x_2 - x_0)$$

$$c_2 \cdot (x_2 - x_0) = \frac{y_2 - y_1}{x_2 - x_1} + \frac{y_1 - y_0}{x_2 - x_1} - \frac{y_1 - y_0}{x_1 - x_0} \cdot \frac{x_2 - x_1 + x_1 - x_0}{x_2 - x_1}$$

$$c_2 \cdot (x_2 - x_0) = \frac{y_2 - y_1}{x_2 - x_1} - \frac{y_1 - y_0}{x_1 - x_0}$$

$$c_2 = \frac{\dfrac{y_2 - y_1}{x_2 - x_1} - \dfrac{y_1 - y_0}{x_1 - x_0}}{x_2 - x_0} \quad .$$

---

[2] Die Determinante der Koeffizientenmatrix heißt „Vandermondsche Determinante".

Dieses Verfahren lässt sich induktiv fortsetzen. Ist $p_{l-1}(x)$ ein Polynom, das die ersten l Punkte $(x_0|y_0)$, $(x_1|y_1)$, $\ldots$ $(x_{l-1}|y_{l-1})$ interpoliert, so machen wir für den nächsten Punkt den Ansatz:

$$p_l(x) = p_{l-1}(x) + c_l \cdot (x - x_0) \cdot (x - x_1) \cdot \ldots \cdot (x - x_{l-1}) \quad .$$

Durch diesen additiven Ansatz bleibt die Interpolationseigenschaft für die ersten l Punkte erhalten. Den Koeffizienten c_l bestimmen wir wieder aus der Punktprobe für $(x_l|y_l)$:

$$p_l(x_l) = p_{l-1}(x_l) + c_l \cdot (x_l - x_0) \cdot (x_l - x_1) \cdot \ldots \cdot (x_l - x_{l-1}) \quad .$$

Eine detaillierte Rechnung würde zeigen, dass sich die Koeffizienten c_i über folgendes Differenzenschema berechnen lassen:

x	y					
x_0	y_0					
		$[x_0; x_1]$				
x_1	y_1		$[x_0; x_1; x_2]$			
		$[x_1; x_2]$		$[x_0; x_1; x_2; x_3]$		
x_2	y_2		$[x_1; x_2; x_3]$		$[x_0; x_1; x_2; x_3; x_4]$	
		$[x_2; x_3]$		$[x_1; x_2; x_3; x_4]$		$[x_0; x_1; x_2; x_3; x_4; x_5]$
x_3	y_3		$[x_2; x_3; x_4]$		$[x_1; x_2; x_3; x_4; x_5]$	
		$[x_3; x_4]$		$[x_2; x_3; x_4; x_5]$		$[x_1; x_2; x_3; x_4; x_5; x_6]$
x_4	y_4		$\vdots$		$\vdots$	
$\vdots$	$\vdots$					
		$[x_{n-1}; x_n]$				
x_n	y_n					

Eingetragen werden in der ersten Spalte die sogenannten dividierten Differenzen

$$[x_0; x_1] = \frac{y_1 - y_0}{x_0 - x_1} \quad [x_1; x_2] = \frac{y_2 - y_1}{x_2 - x_1} \quad \ldots \quad [x_n; x_{n-1}] = \frac{y_n - y_{n-1}}{x_n - x_{n-1}} \quad .$$

Die nächste Spalte bestimmt sich daraus zu:

$$[x_0; x_1; x_2] = \frac{[x_1; x_2] - [x_0; x_1]}{x_2 - x_0} \quad [x_1; x_2; x_3] = \frac{[x_2; x_3] - [x_1; x_2]}{x_3 - x_1} \quad \ldots \quad .$$

Die folgende Spalte beginnt mit:

$$[x_0; x_1; x_2; x_3] = \frac{[x_1; x_2; x_3] - [x_0; x_1; x_2]}{x_3 - x_0} \quad \ldots \quad .$$

Dieses Verfahren wird fortgesetzt, bis im Nenner $x_n - x_0$ erreicht ist.

Zahlenbeispiel:

x	-3	-1	0	1	7
y	$\frac{1}{10}$	$\frac{1}{2}$	1	$\frac{1}{2}$	$\frac{1}{50}$

Differenzenschema:

x	y
-3	$\frac{1}{10}$
-1	$\frac{1}{2}$
0	1
1	$\frac{1}{2}$
7	$\frac{1}{50}$

$$\frac{\frac{1}{2}-\frac{1}{10}}{2} = \frac{1}{5}$$

$$\frac{\frac{1}{2}-\frac{1}{5}}{3} = \frac{1}{10}$$

$$\frac{1-\frac{1}{2}}{1} = \frac{1}{2}$$

$$\frac{-\frac{1}{2}-\frac{1}{10}}{4} = -\frac{15}{100}$$

$$\frac{-\frac{1}{2}-\frac{1}{2}}{2} = -\frac{1}{2}$$

$$\frac{7}{100}+\frac{15}{100} \Big/ 10 = \frac{22}{1000}$$

$$\frac{\frac{1}{2}-1}{1} = -\frac{1}{2}$$

$$\frac{\frac{3}{50}+\frac{1}{2}}{8} = \frac{7}{100}$$

$$\frac{\frac{1}{2}-\frac{2}{25}}{7} = \frac{3}{50}$$

$$\frac{\frac{1}{50}-\frac{1}{2}}{6} = -\frac{2}{25}$$

Die Koeffizienten des Newtonschen Interpolationspolynoms ergeben sich aus der oberen Diagonalen des Dreiecksschemas:

$$p_4(x) = \frac{1}{10} + \frac{1}{5} \cdot (x+3) + \frac{1}{10} \cdot (x+3) \cdot (x-1) - \frac{15}{100} \cdot (x+3) \cdot (x+1) \cdot x$$
$$+ \frac{22}{1000} \cdot (x+3) \cdot (x+1) \cdot x \cdot (x-1) \quad .$$

Ausmultipliziert und nach Potenzen von x geordnet erhalten wir in Dezimaldarstellung:

$$p_4(x) = 1 + 0.084 \cdot x - 0.522 \cdot x^2 - 0.084 \cdot x^3 + 0.022 \cdot x^4 \quad .$$

Die fünf Interpolationspunkte liegen alle auf dem Graphen der Funktion

$$y = f(x) = \frac{1}{1+x^2} \quad .$$

In der folgenden Graphik ist das Interpolationspolynom zusammen mit $f(x)$ eingezeichnet.

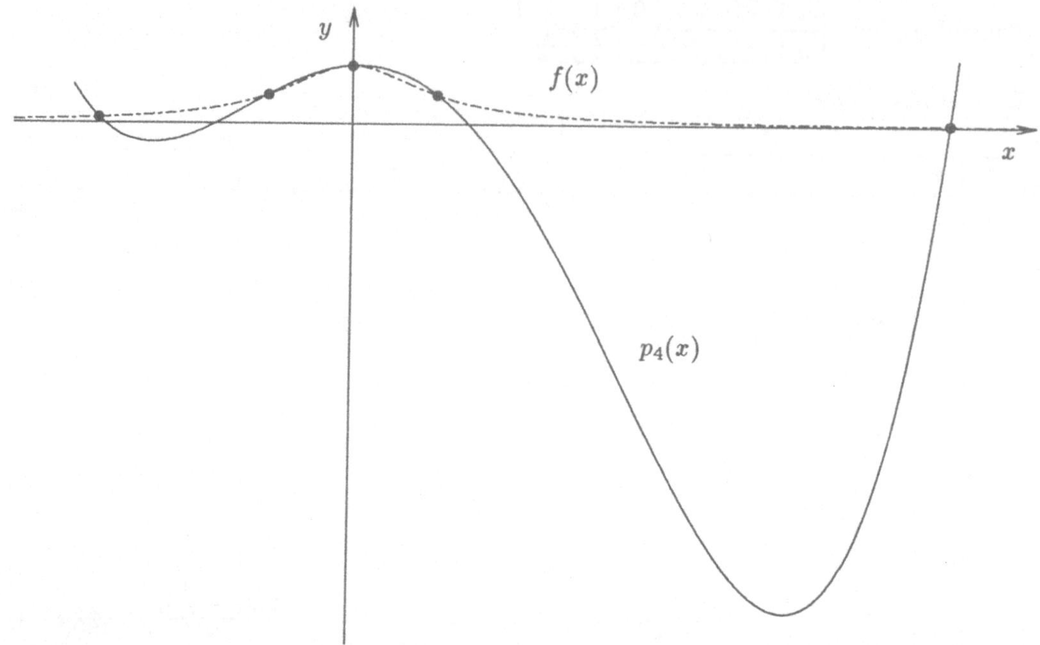

Die Graphik zeigt deutlich die Schwäche der Interpolation mit Polynomen. Im Bereich zwischen 1 und 7 hat die Interpolationskurve $p_4(x)$ nichts mehr mit der Funktion $f(x)$ gemein. Polynome ab der Ordnung 4, 5 werden stark „wellig" und eignen sich daher nicht mehr zur globalen Interpolation. Im Abschnitt über Splines werden wir ein effizienteres Interpolationsverfahren kennenlernen.

5.2   Ausgleichspolynome

Bei Versuchsreihen ist oft ein einfacher funktionaler Zusammenhang zwischen den gemessenen x- und y-Werten bekannt bzw. wird vermutet. So ist bei konstanter Beschleunigung der Zusammenhang zwischen Weg und Zeit quadratisch:

$$s(t) = s_0 + v_0 \cdot t + \frac{a}{2} \cdot t^2$$

s_0 : Startpunkt

v_0 : Anfangsgeschwindigkeit

a : Beschleunigung

Zur Bestimmung der drei Koeffizienten wären nur drei Messungen notwendig. Man wird nun wegen eventueller Messfehler mehr Messungen durchführen und dann nach einem quadratischen Polynom suchen, das möglichst gut zu den Messpunkten passt.

Ausgleichsproblem: An $(n+1)$ Punkten soll ein Polynom

$$p_m(x) = a_0 + a_1 \cdot x + a_2 \cdot x^2 + \ldots + a_m \cdot x^m$$

vorgegebener Ordnung m mit $m < n$ möglichst gut angepasst werden. Machen wir die Punktprobe, so ergibt sich analog zum vorangegangenen Abschnitt das folgende überbestimmte lineare Gleichungsystem:

$$a_0 + a_1 \cdot x_0 + a_2 \cdot x_0^2 + \ldots + a_m \cdot x_0^m = y_0$$
$$a_0 + a_1 \cdot x_1 + a_2 \cdot x_1^2 + \ldots + a_m \cdot x_1^m = y_1$$
$$\vdots \qquad \vdots \qquad \vdots \qquad \qquad \vdots \qquad \vdots$$
$$a_0 + a_1 \cdot x_n + a_2 \cdot x_n^2 + \ldots + a_m \cdot x_n^m = y_n$$

In Matrizenform :
$$\begin{pmatrix} 1 & x_0 & x_0^2 & \ldots & x_0^m \\ 1 & x_1 & x_1^2 & \ldots & x_1^m \\ \vdots & \vdots & \vdots & & \vdots \\ 1 & x_n & x_n^2 & \ldots & x_n^m \end{pmatrix} \cdot \begin{pmatrix} a_0 \\ a_1 \\ \vdots \\ a_m \end{pmatrix} = \begin{pmatrix} y_0 \\ y_1 \\ \vdots \\ y_n \end{pmatrix}$$

Als ausgeglichene Lösung dieses linearen Gleichungssystems ergeben sich dann die Koeffizienten des gesuchten Polynoms.

Zahlenbeispiel: Messungen ergeben für eine Bewegung mit konstanter Beschleunigung den folgenden Zusammenhang zwischen Weg und Zeit. Gesucht ist die Beschleunigung.

t	1	2	3	4	5
s	4	10	15	25	35

Zur Bestimmung der Koeffizienten des Ausgleichspolynoms ist folgendes überbestimmtes Gleichungssystem zu lösen:

$$\begin{pmatrix} 1 & 1 & 1 \\ 1 & 2 & 4 \\ 1 & 3 & 9 \\ 1 & 4 & 16 \\ 1 & 5 & 25 \end{pmatrix} \cdot \begin{pmatrix} c_0 \\ c_1 \\ c_2 \end{pmatrix} = \begin{pmatrix} 4 \\ 10 \\ 15 \\ 25 \\ 35 \end{pmatrix} \rightsquigarrow \begin{pmatrix} 5 & 15 & 55 \\ 15 & 55 & 225 \\ 55 & 225 & 979 \end{pmatrix} \cdot \begin{pmatrix} c_0 \\ c_1 \\ c_2 \end{pmatrix} = \begin{pmatrix} 89 \\ 344 \\ 1454 \end{pmatrix}$$

Aus der Lösung $\underline{c} = \begin{pmatrix} \frac{6}{5} \\ \frac{149}{70} \\ \frac{13}{14} \end{pmatrix}$ ergibt sich die Beschleunigung zu $a = 2 \cdot c_2 = \frac{13}{7}$

MATLAB stellt für diesen Problemkreis die Prozedur „polyfit" zur Verfügung. Diese kann auch zur Bestimmung des Newtonschen Interpolationspolynoms benutzt werden – Der Grad des zu bestimmenden Polynoms muss dann um 1 kleiner sein als die Zahl der Punkte.

Beispiel: Ausgleichspolynome der Ordnung 1 und 2 sollen zu folgender Messreihe bestimmt werden.

x	-1	0	1	3	5	8	10
y	-3	-1	0	1	3	6	7

```
x=[-1 0 1 3 5 8 10];
y=[-3 -1 0 1 3 6 7];
p1=polyfit(x,y,1)

    0.8771    -1.4006

p2=polyfit(x,y,2)

   -0.0162    1.0212    -1.4735

t=[-1.5:0.05:10.5];
y1=polyval(p1,t);
y2=polyval(p2,t);
plot(x,y,'o',t,y1,t,y2);
title('Ausgleichspolynome der Ordnung 1 und 2');
```

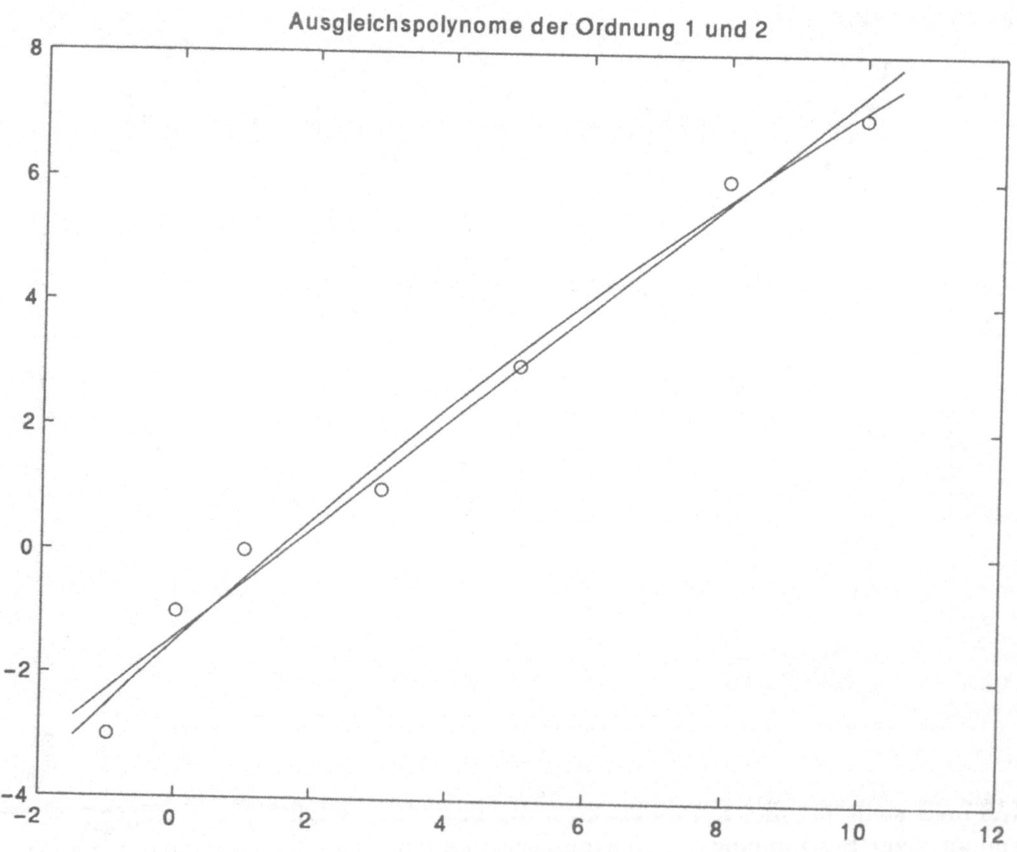

5.3 Kubische Splines

Zu $(n+1)$ Punkten soll eine Interpolationsfunktion gefunden werden.

x	x_0	x_1	x_2	x_3	$\dots$	x_n
y	y_0	y_1	y_2	y_3	$\dots$	y_n

Bei der Interpolation mit Polynomen höherer Ordnung sind häufig die Resultate deprimierend. Polynome werden an nicht vorhersehbaren Abschnitten „wellig" und haben dann in der Regel nichts mehr mit dem zu interpolierenden funktionalen Zusammenhang zu tun.

Die Grundidee der Spline-Interpolation besteht nun darin, möglichst niedriggradige Polynome (oder auch andere einfache Funktionen), die in verschiedenen Teilintervallen des Interpolationsbereichs verschiedene Koeffizienten besitzen, an den Stützstellen möglichst „glatt" – oft differenzierbar – „aneinanderzuheften" und dabei den Interpolationsbedingungen zu genügen. In diesem Abschnitt wollen wir die einfachste Möglichkeit mittels Polynomen dritter Ordnung kennenlernen. Pro Segment kann man dann grob gesprochen vier Bedingungen erfüllen. Neben der Interpolationseigenschaft wollen wir die Stetigkeit der Funktion bis zur zweiten Ableitung fordern. Dies entspricht physikalisch der Biegung eines ideal elastischen Balkens[3] um die Stützstellen.

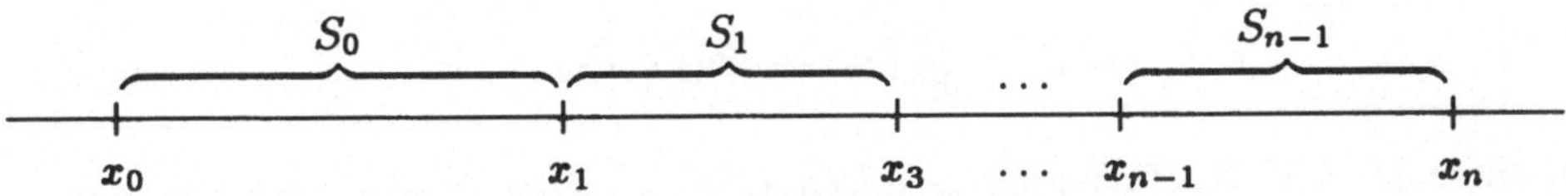

In jedem Teilintervall $[x_k, x_{k+1}]$ definieren wir ein Polynom $S_k(x)$ der Ordnung 3 geordnet nach Potenzen von $(x - x_k)^l$. Damit erhält man

$$
\begin{aligned}
S_k(x) &= a_k + b_k(x - x_k) + c_k(x - x_k)^2 + d_k(x - x_k)^3 \\
S_k'(x) &= b_k + 2c_k(x - x_k) + 3d_k(x - x_k)^2 \\
S_k''(x) &= 2c_k + 6d_k(x - x_k) \quad .
\end{aligned}
$$

An den Stützstellen $\{x_1, x_2, \dots x_{n-1}\}$ werden die Splines zweimal stetig differenzierbar aneinander geheftet. Dies führt zu linearen Gleichungen zwischen den Koeffizienten. Bei der folgenden Herleitung nehmen wir äquidistante Stützstellen an, d.h. es gelte $h = x_k - x_{k-1}$.

Bedingung 1: **Interpolation am linken Rand**

$$
S_k(x_k) = a_k = y_k
$$

Bedingung 2: **Stetigkeit der 2. Ableitung**

$$
\begin{aligned}
S_k''(x_k) &= S_{k-1}''(x_k) \\
2c_k &= 2c_{k-1} + 6d_{k-1}(x_k - x_{k-1}) \\
c_k &= c_{k-1} + 3d_{k-1} \cdot h \\
\leadsto \quad d_{k-1} &= \frac{1}{3h} \cdot (c_k - c_{k-1})
\end{aligned}
$$

---

[3] Dabei wird die linearisierte Theorie zugrunde gelegt.

Bedingung 3: Stetigkeit der Funktion

$$
\begin{aligned}
S_k(x_k) &= S_{k-1}(x_k) \\
a_k &= a_{k-1} + b_{k-1}(x_k - x_{k-1}) + c_{k-1}(x_k - x_{k-1})^2 + d_{k-1}(x_k - x_{k-1})^3 \\
a_k &= a_{k-1} + b_{k-1} \cdot h + c_{k-1} \cdot h^2 + d_{k-1} \cdot h^3 \quad \rightsquigarrow \\
b_{k-1} \cdot h &= a_k - a_{k-1} - c_{k-1} \cdot h^2 - d_{k-1} \cdot h^3 \\
&= a_k - a_{k-1} - c_{k-1} \cdot h^2 - \frac{h^2}{3} \cdot (c_k - c_{k-1}) \quad \rightsquigarrow \\
b_{k-1} &= \frac{1}{h}(a_k - a_{k-1}) - \frac{h}{3}(c_k + 2c_{k-1}) \qquad (*)
\end{aligned}
$$

Bedingung 4: Stetigkeit der 1. Ableitung

$$
\begin{aligned}
S'_k(x_k) &= S'_{k-1}(x_k) \\
b_k &= b_{k-1} + 2\,c_{k-1}(x_k - x_{k-1}) + 3d_{k-1}(x_k - x_{k-1})^2 \\
b_k &= b_{k-1} + 2c_{k-1} \cdot h + 3d_{k-1} \cdot h^2 \\
\rightsquigarrow \quad b_k &= b_{k-1} + 2c_{k-1} \cdot h + h \cdot (c_k - c_{k-1}) \\
b_k &= b_{k-1} + h \cdot (c_k + c_{k-1}) \qquad (**)
\end{aligned}
$$

Setzen wir die Gleichungen $(*)$ in $(**)$ ein, so ergeben sich Beziehungen zwischen den y-Werten der Stützstellen und den Koeffizienten der quadratischen Terme.

$$
\frac{1}{h}(a_{k+1} - a_k) - \frac{h}{3}(c_{k+1} + 2c_k) = \frac{1}{h}(a_k - a_{k-1}) - \frac{h}{3}(c_k + 2c_{k-1}) + h(c_k + c_{k-1})
$$

$$
\rightsquigarrow \quad \boxed{\; c_{k-1} + 4c_k + c_{k+1} = \frac{3}{h^2}(a_{k-1} - 2a_k + a_{k+1}) \quad k = 1,2,\ldots,n-1 \;}
$$

Für diese $(n + 1)$ Koeffizienten c_i erhalten wir aus den Übergangsbedingungen nur $(n - 1)$ lineare Gleichungen. Wir können deshalb noch zwei zusätzliche Forderungen stellen. Fordern wir am Anfang und Ende Krümmung Null, so erhalten wir die beiden zusätzlichen Gleichungen[4]

$$
c_0 = c_n = 0 \quad .
$$

In Matrizenschreibweise ergibt sich das folgende lineare Gleichungssystem[5] für die Koeffizienten c_i :

$$
\begin{pmatrix}
1 & 0 & 0 & 0 & 0 & \ldots & 0 & 0 & 0 \\
1 & 4 & 1 & 0 & 0 & \ldots & 0 & 0 & 0 \\
0 & 1 & 4 & 1 & 0 & \ldots & 0 & 0 & 0 \\
0 & 0 & 1 & 4 & 1 & \ldots & 0 & 0 & 0 \\
\vdots & \vdots & \vdots & \vdots & \vdots & & \vdots & \vdots & \vdots \\
0 & 0 & 0 & 0 & 0 & \ldots & 1 & 4 & 1 \\
0 & 0 & 0 & 0 & 0 & \ldots & 0 & 0 & 1
\end{pmatrix}
\cdot
\begin{pmatrix}
c_0 \\ c_1 \\ c_2 \\ c_3 \\ \vdots \\ c_{n-1} \\ c_n
\end{pmatrix}
= \frac{3}{h^2} \cdot
\begin{pmatrix}
0 \\
y_0 - 2y_1 + y_2 \\
y_1 - 2y_2 + y_3 \\
y_2 - 2y_3 + y_4 \\
\vdots \\
y_{n-2} - 2y_{n-1} + y_n \\
0
\end{pmatrix}
$$

Aus den c_i lassen sich dann die übrigen Koeffizienten berechnen:

---

[4] Formal benutzen wir noch eine Splinefunktion $S_n(x)$. Von den Koeffizienten sind durch die Forderungen nach Stetigkeit von Funktion, erster und zweiter Ableitung drei Koeffizienten festgelegt. Den verbleibenden Freiheitsgrad nutzen wir für die Erfüllung der Forderung nach dem Verschwinden der zweiten Ableitung bei x_n. In den folgenden Rechnungen taucht nur der Koeffizient c_n auf.

[5] Das sich ergebende System hat Bandstruktur und lässt sich deshalb besonders einfach numerisch lösen. Ebenso ist das Zeilensummenkriterium erfüllt, so dass auch iterativ vorgegangen werden kann.

$$d_k \;=\; \tfrac{1}{3h} \cdot (c_{k+1} - c_k)$$

$$b_k \;=\; \tfrac{1}{h} \cdot (y_{k+1} - y_k) \;-\; \tfrac{h}{3} \cdot (c_{k+1} + 2c_k) \quad .$$

Es ergibt sich dann in jedem Teilintervall eine Splinefunktion

$$S_k(x) \;=\; y_k + b_k(x - x_k) + c_k(x - x_k)^2 + d_k(x - x_k)^3 \qquad \text{für } x_k \leq x \leq x_{k+1} \quad .$$

Einfaches Zahlenbeispiel[6] :

x	-1	1	3
y	8	16	8

Das lineare Gleichungssystem für c_i:

$$\begin{pmatrix} 1 & 0 & 0 \\ 1 & 4 & 1 \\ 0 & 0 & 1 \end{pmatrix} \cdot \begin{pmatrix} c_0 \\ c_1 \\ c_2 \end{pmatrix} \;=\; \tfrac{3}{2^2} \cdot \begin{pmatrix} 0 \\ 8 - 32 + 8 \\ 0 \end{pmatrix}$$

ergibt die Lösungen:

$$c_0 = c_2 = 0 \;; \quad c_1 = -3 \quad .$$

Für die übrigen Koeffizienten erhält man:

$$b_0 \;=\; \tfrac{1}{h} \cdot (y_1 - y_0) \;-\; \tfrac{h}{3} \cdot (c_1 + 2c_0)$$

$$b_0 \;=\; \tfrac{1}{2} \cdot (16 - 8) \;-\; \tfrac{2}{3} \cdot (-3 + 0) \;=\; 6$$

$$b_1 \;=\; \tfrac{1}{h} \cdot (y_2 - y_1) \;-\; \tfrac{h}{3} \cdot (c_2 + 2c_1)$$

$$b_1 \;=\; \tfrac{1}{2} \cdot (8 - 16) \;-\; \tfrac{2}{3} \cdot (0 - 6) \;=\; 0$$

$$d_0 \;=\; \tfrac{1}{3h} \cdot (c_1 - c_0)$$

$$d_0 \;=\; \tfrac{1}{2 \cdot 3} \cdot (-3 - 0) \;=\; -\tfrac{1}{2}$$

$$d_1 \;=\; \tfrac{1}{3h} \cdot (c_2 - c_1)$$

$$d_1 \;=\; \tfrac{1}{2 \cdot 3} \cdot (0 + 3) \;=\; \tfrac{1}{2} \quad .$$

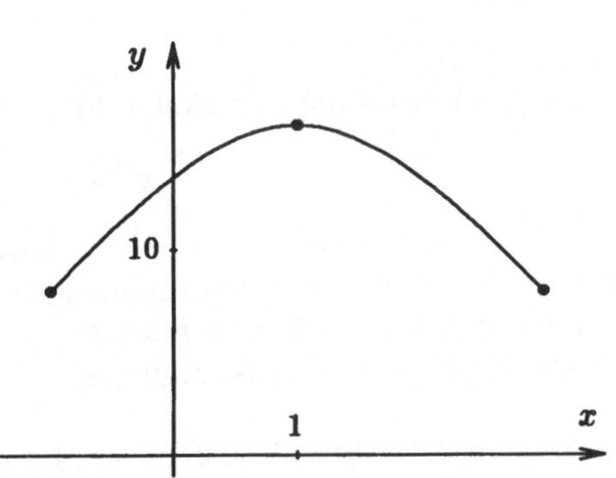

Damit erhalten wir die beiden Splinefunktionen:

$$S_0(x) \;=\; 8 + 6 \cdot (x+1) + 0 \cdot (x+1)^2 - \tfrac{1}{2} \cdot (x+1)^3 \qquad \text{für} \quad -1 \leq x < 1$$

$$S_1(x) \;=\; 16 + 0 \cdot (x-1) - 3 \cdot (x-1)^2 + \tfrac{1}{2} \cdot (x-1)^3 \qquad \text{für} \quad 1 \leq x < 3$$

---

[6] Für drei Punkte macht die Konstruktion von Splines wenig Sinn. Hier wäre die Interpolation mit einem quadratischen Polynom genauso sinnvoll. Dieses „Trivialbeispiel" soll nur dazu dienen, den Lösungsmechanismus einfach darzulegen.

Die folgende Graphik einer Spline-Interpolation von neun Punkten zeigt die kubischen Polynome auch außerhalb ihres eigentlichen Definitionsbereichs. Man erkennt, dass nur die „passenden" Stücke für die eigentliche Interpolation genutzt werden.

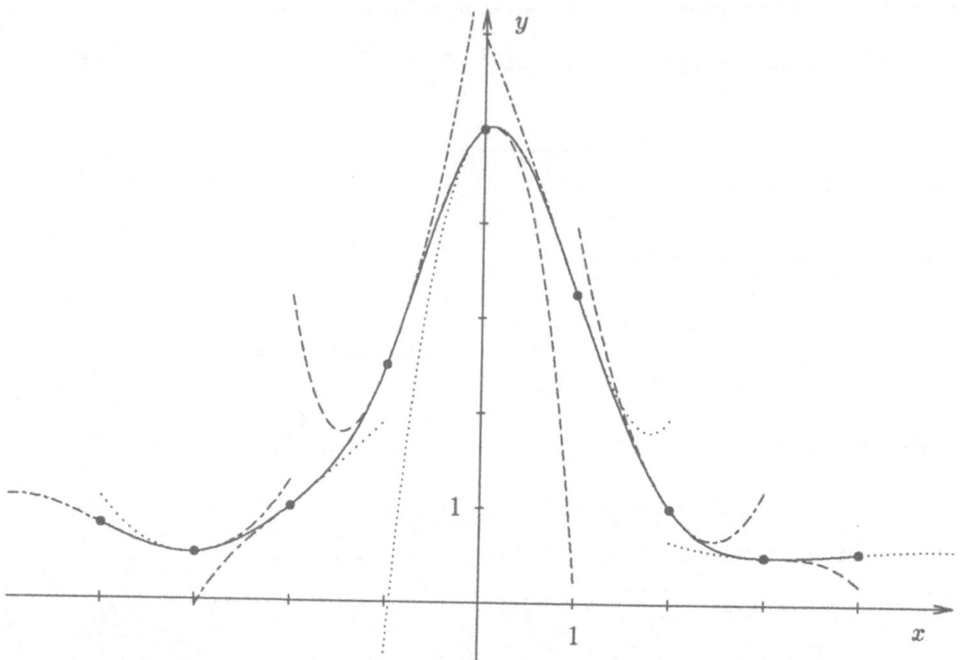

Die obige Herleitung der „freien kubischen Splines" beruht auf den Randbedingungen

$$y''(x_0) \;=\; y''(x_n) \;=\; 0 \quad .$$

Das Konzept der kubischen Splines kann auch auf andere Randbedingungen übertragen werden. So können die Krümmungen an den Randbedingungen vorgegeben werden. Ebenso lässt sich die Forderung nach Periodizität bzgl. des Intervalls $[x_0,\ x_n]$ als Bedingung für die Koeffizienten c_i formulieren.

MATLAB besitzt für die Interpolation die Prozedur „spline". Daneben gibt es noch eine spezielle Toolbox, in der neben den hier erwähnten kubischen Splines auch noch andere Interpolationsfunktionen zur Verfügung gestellt werden.

Beispiel: Die Funktion $y = f(x) = \sqrt[3]{x}$ soll an den x-Werten $\;0,\ 1,\ 2,\ 3,\ 4,\ 7,\ 10,\ 15$ interpoliert werden.

```
x=[0:4];
x=[x 7 10 15];
y=x.^(1/3);
t=[0:0.025:15];
y2=spline(x,y,t);
y3=t.^(1/3);
plot(x,y,'o',t,y2,t,y3,':');
title('Spline-Interpolation von y=x^(1/3)');
axis([-0.5 15.5,-0.25 2.75]);
```

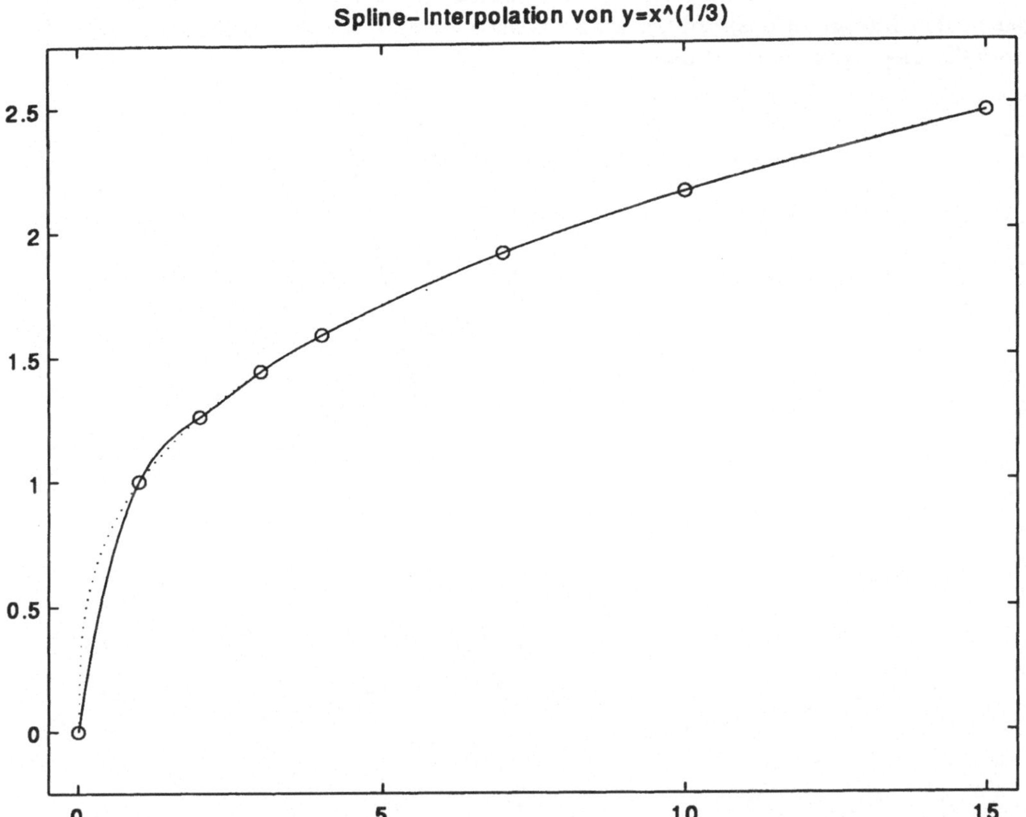

Zur Beurteilung der „Qualität" der Interpolation ist die Wurzelfunktion gestrichelt eingezeichnet. Im Bereich der ersten Stützstellen zeigt auch die Spline-Interpolation gewisse „Schwächen". Dies hängt mit der fehlenden Differenzierbarkeit der zu interpolierenden Funktion im Nullpunkt zusammen. Dort strebt die Ableitung gegen ∞.

Das Konzept der Spline-Interpolation lässt sich auch auf Punktmengen übertragen, bei denen die Gestalt der Interpolationskurve keine eindeutige Projektion auf eine Koordinatenachse ermöglicht. Dann sind parametrische Splines zu verwenden. Dabei werden die Koordinaten x und y der Stützstellen als Funktion eines Parameters t betrachtet:

$$x = x(t) ; \quad y = y(t) .$$

Als Parameter wird i.a. die Länge der Sehne von einer Stützstelle zur nächsten verwendet.

5.4 Bezier Splines

Das Splinekonzept ist auch der Hintergrund aller CAD-Anwendungen. Bei der Darstellung beliebiger geometrischer Formen sind neben der Interpolationseigenschaft auch noch zusätzliche Modellierungseigenschaften erforderlich. Als Kern dieser „Freiformgeometrie" entpuppt sich die folgende Problemstellung:

Eine Interpolationskurve zwischen zwei Punkten mit vorgegebenen Tangentenrichtungen in den Interpolationspunkten ist zu konstruieren. Zusätzlich soll noch eine weitere Modellierungseigenschaft vorhanden sein.

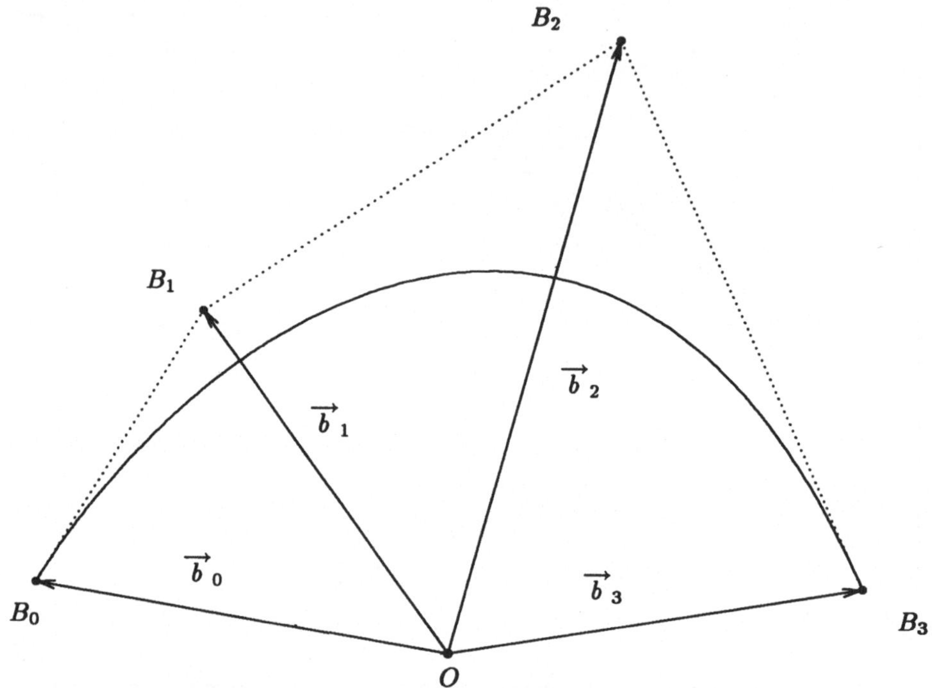

Wir geben uns zusätzlich zu den Interpolationspunkten B_0 und B_3 noch zwei „Richtungspunkte" B_1 und B_2 vor. Sind $\vec{b}_0$, $\vec{b}_1$, $\vec{b}_2$, $\vec{b}_3$ die zugehörigen Ortsvektoren, so hat der Interpolationsansatz

$$\vec{x}(t) \;=\; \vec{b}_0 \cdot (1-t)^3 \;+\; 3 \cdot \vec{b}_1 \cdot (1-t)^2 \cdot t \;+\; 3 \cdot \vec{b}_2 \cdot (1-t) \cdot t^2 \;+\; \vec{b}_3 \cdot t^3$$

die folgenden Eigenschaften:

1) $\vec{x}(0) = \vec{b}_0 \qquad \vec{x}(1) = \vec{b}_3$ d.h. die Kurve geht durch die beiden Punkte B_0, B_3.

2) $\dot{\vec{x}}(t) \;=\; -3\vec{b}_0 \cdot (1-t)^2 + 3\vec{b}_1 \cdot (1-t)^2 - 6\vec{b}_1 \cdot (1-t) \cdot t +$

$$6\vec{b}_2 \cdot (1-t) \cdot t - 3\vec{b}_2 \cdot t^2 + 3\vec{b}_3 \cdot t^2$$

$\rightsquigarrow \quad \dot{\vec{x}}(0) = 3(\vec{b}_1 - \vec{b}_0)$ d.h der Tangentenvektor in B_0 ist gleich dem dreifachen Verbindungsvektor $\overrightarrow{B_0 B_1}$. Analog ergibt sich für

$$\dot{\vec{x}}(1) = 3(\vec{b}_3 - \vec{b}_2) \quad .$$

Die bei der Interpolation verwendeten Polynome

$$B_k^n(t) \;=\; \binom{n}{k} \cdot (1-t)^{n-k} \cdot t^k$$

heißen Bernsteinpolynome. Sie besitzen die wichtige Eigenschaft:[7]

$$\sum_{k=0}^{n} B_k^n(t) \;=\; 1 \quad .$$

Aus dieser Eigenschaft kann gefolgert werden, dass die Interpolationskurve stets in dem von den Punkten B_0, B_1, B_2 ,B_3 begrenzten Bereich verläuft (konvexe Hülle!!).[8] Durch Veränderung der Richtungspunkte B_1, B_2 kann die Kurve zwischen B_0 und B_3 modelliert werden. Je weiter wir zum Beispiel den Punkt B_1 „nach oben" ziehen, desto steiler geht die Interpolationskurve in den Punkt B_0. Man nennt dies auch die „Gummihauteigenschaft".

Eine solche Interpolationskurve, „Beziersegment" genannt, wird durch die Koordinaten der vier Bezierpunkte eindeutig bestimmt.

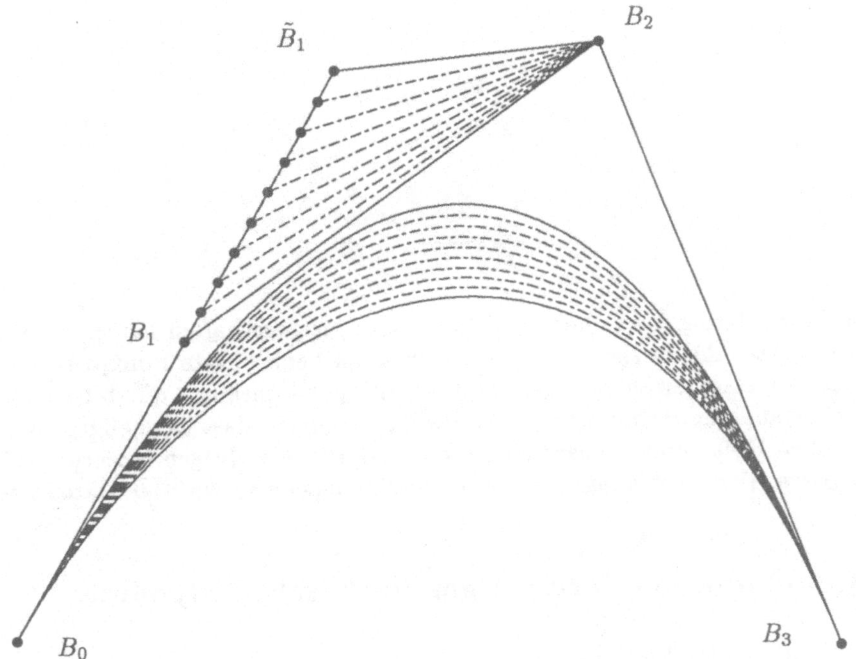

---

[7] Die Bernsteinpolynome können als Summanden bei der Anwendung des Binomischen Lehrsatzes auf „1" gedeutet werden:

$$1 \;=\; [t + (1-t)]^n \;=\; \sum_{k=0}^{n} \binom{n}{k} \cdot (1-t)^{n-k} \cdot t^k \;=\; \sum_{k=0}^{n} B_k^n(t)$$

[8] Eine rein geometrische Konstruktion des Beziersegments ermöglicht der Algorithmus von de Castejau. Dabei wird die Eigenschaft der Konvexität aus der Konstruktion deutlich.

Man kann nun mehrere Beziersegmente aneinanderstückeln mit der Maßgabe, dass der Endpunkt des l-ten Segments auch der Anfangspunkt des $(l+1)$-ten Segments ist. Soll die Kurve differenzierbar werden, so ist darauf zu achten, dass der Interpolationspunkt und die beiden dazugehörigen „Richtungspunkte" auf einer Geraden liegen.

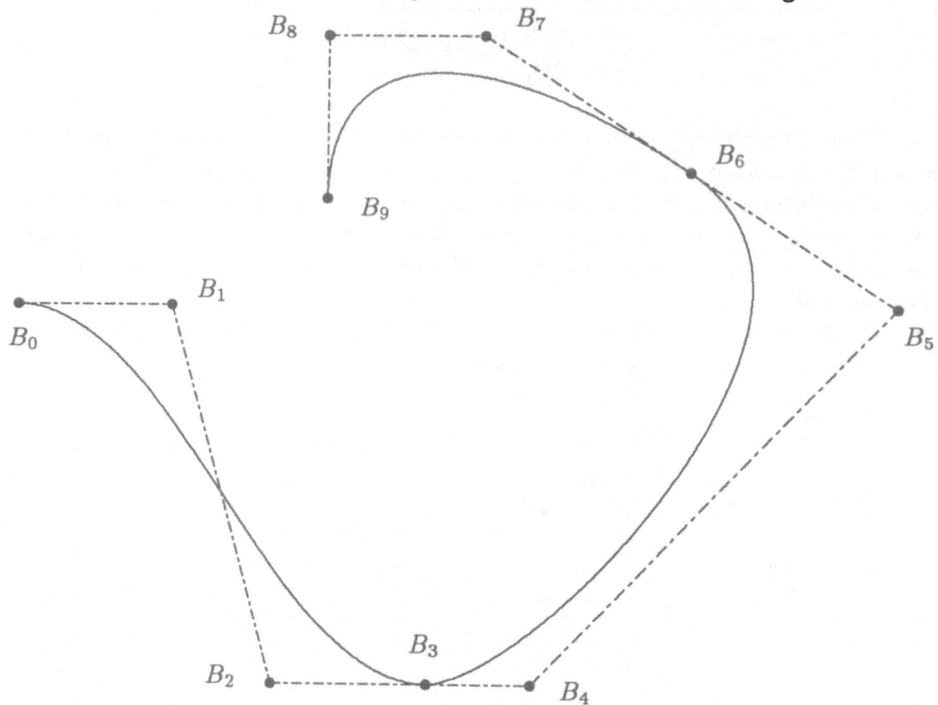

Soll die Interpolationskurve höhere Differentiationseigenschaften haben, so dürfen die „Richtungspunkte" der Beziersegmente – auch wenn benachbarte Punkte kollinear sind – nicht mehr beliebig gewählt werden. Soll die Interpolationskurve durch $(n+1)$ Punkte zweimal stetig differenzierbar werden, so lässt sich zeigen, dass es genügt, für „innere" Segmente einen Hilfspunkt abzuspeichern, aus dem sich die übrigen Bezierpunkte rekonstruieren lassen. Dies ermöglicht für CAD-Anwendungen eine wichtige Datenreduktion.

5.5 Approximation durch trigonometrische Polynome

Eine 2π-periodische Funktion kann in eine Fourierreihe entwickelt werden[9].

$$f(x) = \frac{a_0}{2} + \sum_{k=1}^{\infty} a_k \cos kx + b_k \sin kx$$

mit

$$a_k = \frac{1}{\pi} \int_{-\pi}^{\pi} f(x) \cdot \cos kx \, dx \qquad\qquad b_k = \frac{1}{\pi} \int_{-\pi}^{\pi} f(x) \cdot \sin kx \, dx \qquad .$$

---

[9] Auf die Bedingungen für $f(x)$, die eine Konvergenz der Reihe sichern, soll hier nicht eingegangen werden.

Eine Summe aus endlich vielen harmonischen Schwingungen nennt man ein trigonometrisches Polynom

$$Q_n(x) \;=\; \frac{\alpha_0}{2} \;+\; \sum_{k=1}^{n} \alpha_k \cos kx \;+\; \beta_k \sin kx \quad .$$

Die Formeln für die Fourierkoeffizienten lassen sich aus folgendem Prinzip ableiten: Gesucht sind die Koeffizienten α_0, α_1, ... α_n; β_1, ..., β_n, so dass der mittlere quadratische Fehler

$$R(\alpha_0, \; \ldots \; ,\alpha_n, \beta_1, \; \ldots \; ,\beta_n) \;=\; \frac{1}{2\pi} \cdot \int_{-\pi}^{\pi} \left[Q_n(x) - f(x) \right]^2 dx$$

minimal wird. Elementare Rechnung zeigt, dass das Minimum durch die Fourierkoeffizienten $\alpha_0 = a_0$, $\alpha_1 = a_1$, ... ,$\alpha_n = a_n$; $\beta_1 = b_1$, ... $\beta_n = b_n$ erreicht wird.

Wir wollen nun dieses Approximationsprinzip auf den Fall übertragen, dass das periodische Signal $f(x)$ im Intervall $[0, 2\pi)$ nur an $2N$ Stellen abgetastet wird.
Für die x-Koordinaten der Stützstellen gilt dann:

$$x_k \;=\; k \cdot h; \qquad 0 \le k \le (2N-1) \quad \text{mit} \quad h \;=\; \frac{2\pi}{2N} = \frac{\pi}{N} \quad .$$

(Die Stelle $x_{2N} = 2\pi$ ist wegen $f(2\pi) = f(0)$ nicht relevant.)
Diese abgetasteten Signalwerte sollen durch ein trigonometrisches Polynom

$$Q_n(x) \;=\; \frac{\alpha_0}{2} \;+\; \sum_{k=1}^{n} \alpha_k \cos kx \;+\; \beta_k \sin kx$$

approximiert werden. Dabei wollen wir nur den Fall $N \ge n$ weiter verfolgen.[10] Dann führt die Punktprobe für die $2N$ Punkte $(x_i | f(x_i))$ zu einem linearen Gleichungssystem für die Koeffizienten α_i und β_i. Für $N > n$ ist dieses LGS überbestimmt.

$$\alpha_0 \;+\; \alpha_1 \cos x_0 \;+\; \beta_1 \sin x_0 \;+\; \alpha_2 \cos 2x_0 \;+\; \ldots \;+\; \beta_n \sin nx_0 \;=\; f(x_0)$$
$$\alpha_0 \;+\; \alpha_1 \cos x_1 \;+\; \beta_1 \sin x_1 \;+\; \alpha_2 \cos 2x_1 \;+\; \ldots \;+\; \beta_n \sin nx_1 \;=\; f(x_1)$$
$$\vdots \qquad\qquad \vdots \qquad\qquad \vdots \qquad\qquad \vdots \qquad\qquad\qquad \vdots \qquad\qquad \vdots$$

In Matrizenform erhält man

$$\begin{pmatrix}
1 & \cos x_0 & \sin x_0 & \cos 2x_0 & \ldots & \cos nx_0 & \sin nx_0 & f(x_0) \\
1 & \cos x_1 & \sin x_1 & \cos 2x_1 & \ldots & \cos nx_1 & \sin nx_1 & f(x_1) \\
\vdots & \vdots & \vdots & \vdots & & \vdots & \vdots & \vdots \\
1 & \cos x_{2N-1} & \sin x_{2N-1} & \cos 2x_{2N-1} & \ldots & \cos nx_{2N-1} & \sin nx_{2N-1} & f(x_{2N-1})
\end{pmatrix}$$

Die Normalengleichung ergibt sich aus den Skalarprodukten der Spaltenvektoren. Dabei erhalten wir folgende Ausdrücke:

$$\sum_{i=0}^{2N-1} \cos l x_i \cdot \cos k x_i \qquad\qquad \sum_{i=0}^{2N-1} \sin l x_i \cdot \sin k x_i \qquad\qquad \sum_{i=0}^{2N-1} \cos l x_i \cdot \sin k x_i$$

---

[10] Der Fall, dass der Grad des trigonometrischen Polynoms größer als die halbe Anzahl der Abtastpunkte ist, ist ohne praktische Relevanz.

Das stetige Analogon bei der Herleitung der Fourierkoeffizienten sind die sogenannten Orthogonalitätsbeziehungen der trigonometrischen Funktionen:

$$\frac{1}{2\pi} \int_0^{2\pi} \cos lx \cdot \cos kx \, dx = \begin{cases} 0 & \text{für } l \neq k \\ \frac{1}{2} & \text{für } l = k \end{cases}$$

$$\frac{1}{2\pi} \int_0^{2\pi} \sin lx \cdot \sin kx \, dx = \begin{cases} 0 & \text{für } l \neq k \\ \frac{1}{2} & \text{für } l = k \end{cases}$$

$$\frac{1}{2\pi} \int_0^{2\pi} \cos lx \cdot \sin kx \, dx = 0 \quad \text{für alle } l, k$$

Entsprechend lässt sich zeigen:[11]

$$\frac{1}{2N} \sum_{i=0}^{2N-1} \cos lx_i \cdot \cos kx_i = \begin{cases} 0 & \text{für } l \neq k \\ \frac{1}{2} & \text{für } l = k \neq N \\ 1 & \text{für } l = k = N \end{cases}$$

$$\frac{1}{2N} \sum_{i=0}^{2N-1} \sin lx_i \cdot \sin kx_i = \begin{cases} 0 & \text{für } l \neq k \\ \frac{1}{2} & \text{für } l = k \neq N \\ 0 & \text{für } l = k = N \end{cases}$$

$$\frac{1}{2N} \sum_{i=0}^{2N-1} \cos lx_i \cdot \sin kx_i = 0 \quad \text{für alle } l, k$$

Damit hat die Normalengleichung für das überbestimmte lineare Gleichungssystem (d.h. für $N > n$) bereits Diagonalgestalt

$$\left(\begin{array}{cccccccc|c} 2N & 0 & 0 & 0 & 0 & \cdots & 0 & 0 & \sum\limits_{i=0}^{2N-1} f(x_i) \\[2ex] 0 & N & 0 & 0 & 0 & \cdots & 0 & 0 & \sum\limits_{i=0}^{2N-1} f(x_i) \cdot \cos x_i \\[2ex] 0 & 0 & N & 0 & 0 & \cdots & 0 & 0 & \sum\limits_{i=0}^{2N-1} f(x_i) \cdot \sin x_i \\[2ex] 0 & 0 & 0 & N & 0 & \cdots & 0 & 0 & \sum\limits_{i=0}^{2N-1} f(x_i) \cdot \cos 2x_i \\[2ex] 0 & 0 & 0 & 0 & N & \cdots & 0 & 0 & \sum\limits_{i=0}^{2N-1} f(x_i) \cdot \sin 2x_i \\[2ex] \vdots & \vdots & \vdots & \vdots & \vdots & & \vdots & \vdots & \vdots \\[2ex] 0 & 0 & 0 & 0 & 0 & \cdots & N & 0 & \sum\limits_{i=0}^{2N-1} f(x_i) \cdot \cos nx_i \\[2ex] 0 & 0 & 0 & 0 & 0 & \cdots & 0 & N & \sum\limits_{i=0}^{2N-1} f(x_i) \cdot \sin nx_i \end{array} \right)$$

und man erhält als Lösung des Approximationsproblems das Analogon zu den Fourierkoeffizienten:

---

[11] Der Nachweis der Orthogonalitätsbeziehungen befindet sich im Anhang.

$$Q_n(x) \; = \; \tfrac{\alpha_0}{2} + \sum_{k=1}^{n} \alpha_k \cos kx \; + \; \beta_k \sin kx \qquad \text{für} \quad n < N$$

$$\alpha_k \; = \; \tfrac{1}{N} \cdot \sum_{i=0}^{2N-1} f(x_i) \cdot \cos kx_i$$

$$\beta_k \; = \; \tfrac{1}{N} \cdot \sum_{i=0}^{2N-1} f(x_i) \cdot \sin kx_i$$

$$x_i = i \cdot h, \quad h = \tfrac{\pi}{N}$$

Ist $n = N$, so erhalten wir ein trigonometrisches Interpolationspolynom. Das zugehörige lineare Gleichungssystem lässt sich in die Form bringen:

$$\left(
\begin{array}{ccccccccc|c}
2N & 0 & 0 & 0 & 0 & \ldots & 0 & 0 & 0 & 0 \\
0 & N & 0 & 0 & 0 & \ldots & 0 & 0 & 0 & 0 \\
0 & 0 & N & 0 & 0 & \ldots & 0 & 0 & 0 & 0 \\
0 & 0 & 0 & N & 0 & \ldots & 0 & 0 & 0 & 0 \\
0 & 0 & 0 & 0 & N & \ldots & 0 & 0 & 0 & 0 \\
\vdots & \vdots & \vdots & \vdots & \vdots & & \vdots & \vdots & \vdots & \vdots \\
0 & 0 & 0 & 0 & 0 & \ldots & N & 0 & 0 & 0 \\
0 & 0 & 0 & 0 & 0 & \ldots & 0 & N & 0 & 0 \\
0 & 0 & 0 & 0 & 0 & \ldots & 0 & 0 & 2N & 0 \\
0 & 0 & 0 & 0 & 0 & \ldots & 0 & 0 & 0 & 0
\end{array}
\begin{array}{c}
\sum_{i=0}^{2N-1} f(x_i) \\[2mm]
\sum_{i=0}^{2N-1} f(x_i) \cdot \cos x_i \\[2mm]
\sum_{i=0}^{2N-1} f(x_i) \cdot \sin x_i \\[2mm]
\sum_{i=0}^{2N-1} f(x_i) \cdot \cos 2x_i \\[2mm]
\sum_{i=0}^{2N-1} f(x_i) \cdot \sin 2x_i \\[2mm]
\vdots \\[2mm]
\sum_{i=0}^{2N-1} f(x_i) \cdot \cos(N-1)x_i \\[2mm]
\sum_{i=0}^{2N-1} f(x_i) \cdot \sin(N-1)x_i \\[2mm]
\sum_{i=0}^{2N-1} f(x_i) \cdot \underbrace{\cos Nx_i}_{=(-1)^i} \\[2mm]
\sum_{i=0}^{2N-1} f(x_i) \cdot \underbrace{\sin Nx_i}_{=0}
\end{array}
\right)$$

Wir setzen $\beta_N = 0$ und erhalten:

$$T_N(x) \; = \; \tfrac{\alpha_0}{2} + \sum_{k=1}^{N-1} \alpha_k \cos kx \; + \; \beta_k \sin kx \; + \; \tfrac{\alpha_N}{2} \cos Nx$$

$$\alpha_k \; = \; \tfrac{1}{N} \cdot \sum_{i=0}^{2N-1} f(x_i) \cdot \cos kx_i \quad k = 0, 1, \ldots, N$$

$$\beta_k \; = \; \tfrac{1}{N} \cdot \sum_{i=0}^{2N-1} f(x_i) \cdot \sin kx_i \quad k = 1, 2, \ldots, N-1$$

$$T_N(x_i) \; = \; f(x_i)$$

$$\text{mit} \qquad x_i = i \cdot \tfrac{\pi}{N}$$

Im folgenden Beispiel wird die Funktion (in der Graphik gestrichelt!)

$$f(x) \; = \; \tfrac{x + |x|}{2} \quad -\pi \le x < \pi \qquad f(x + 2\pi) \; = \; f(x)$$

in jedem Intervall an zehn Stellen abgetastet (in der Graphik durch Kreise markiert!). Das trigonometrische Polynom 3. Grades wird als durchgezogenen Linie eingezeichnet. Als Vergleich dienen die entsprechenden Glieder der kontinuierlichen Fourierreihe (gezeichnet mit Strich - Punkt).

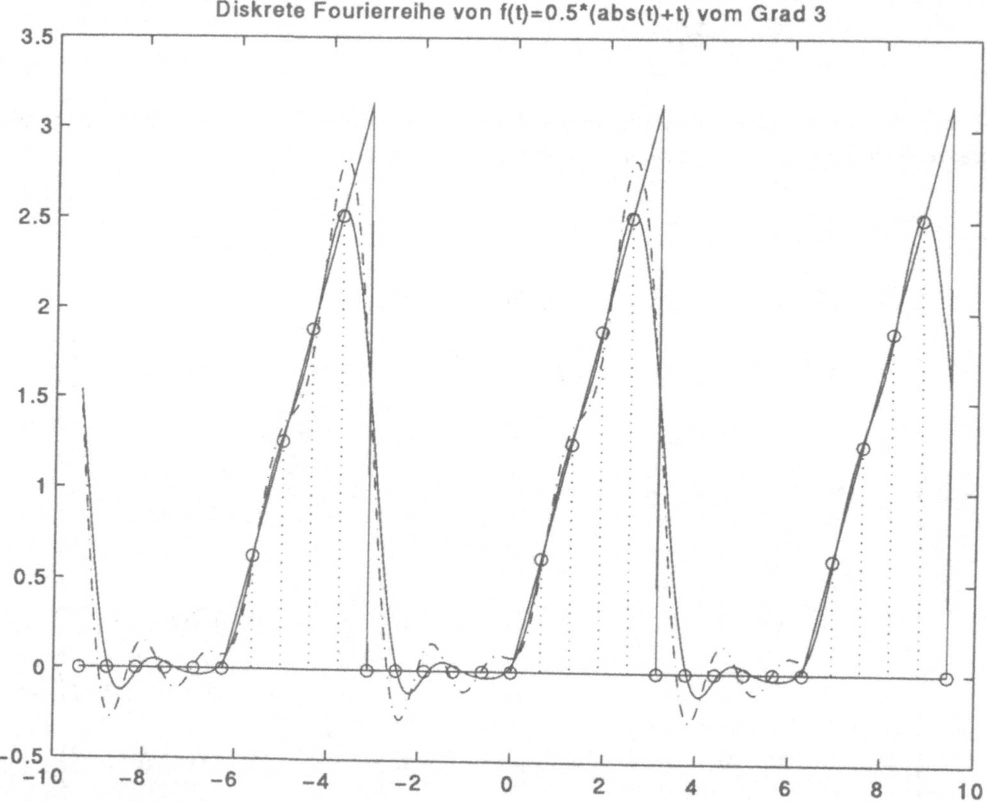

MATLAB bietet für diesen Themenkreis eine umfangreiche Toolbox. Der MATLAB-Kern ermöglicht ebenfalls durch wenige Befehle die Berechnung der Koeffizienten.

```
global a0 a b f;      % Resultate global verfuegbar
fr='(abs(t)+t)*0.5';  % Funktion
N=40;  % N=5          % 2*N Abtastpunkte
n=20;  % n=4          % Grad des trig. Polynoms
t=[-pi:pi/N:pi];eval(['z=' fr ';']);
zzz=z(1:2*N);zzz=[zzz zzz zzz zzz(1)];
t=t(1:2*N);ttt=[-3*pi:pi/N:3*pi];
z(1)=(z(1)+z(2*N+1))/2;z=z(1:2*N); %Mittelwert am Intervallende
a0=sum(z)/(2*N);
A=[1:n]'*t;
Ac=cos(A)/(N);
As=sin(A)/(N);
a=Ac*z';
b=As*z';
ti=[-3*pi:pi/200:3*pi];
Ai=[1:n]'*ti;
```

```
Aci=cos(Ai);
Asi=sin(Ai);
zi=a'*Aci+b'*Asi+ones(size(ti))*a0;
t=[-pi:pi/200:pi];
eval(['zii=' fr ';']);
zii=zii(1:(length(zii)-1));
zii=[zii zii zii zii(1)];
tg=[ttt;ttt];zg=[zzz;zeros(size(zzz))];
plot(ti,zi,ti,zii,ttt,zzz,'o',tg,zg,':',[-3*pi 3*pi],[0 0]);
title(['Diskrete Fourierreihe von f(t)= ' fr ' vom Grad ' num2str(n)]);
pause;
f=[a0 sqrt(a.^2+b.^2)'];
x=[[0:n];[0:n]];
ff=[f;zeros(1,n+1)];
plot(x,ff,[-1 (n+1)],[0 0]);
title(['Spektrum von f(t)= ' fr ' bei ' num2str(2*N) ' Abtastpunkten']);
axis([-1 (n+1) -0.1*max(f) 1.1*max(f)]);
```

Das Abklingverhalten des Spektrums zeigt die folgende Graphik.

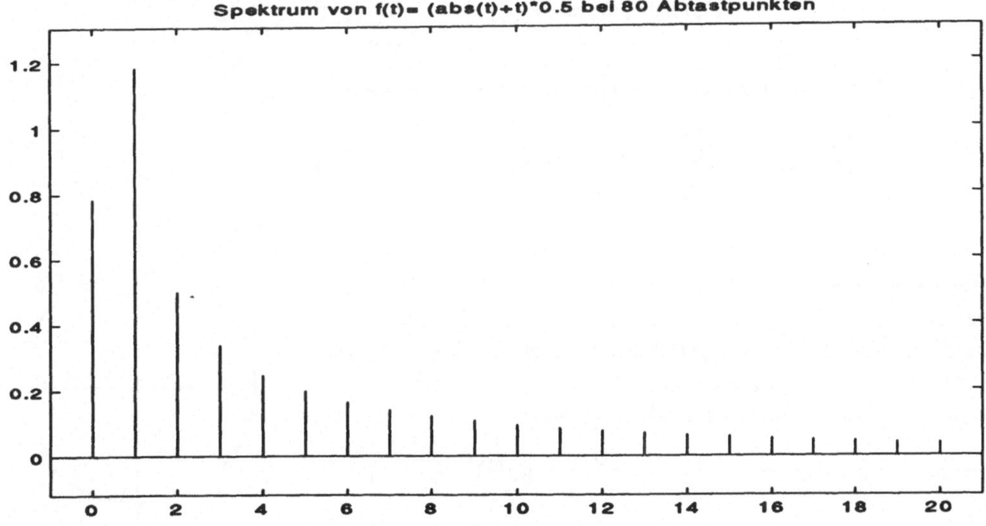

5.6 Fast Fourier Transformation

Werden die diskreten Fourierkoeffizienten berechnet, so sind für jeden Koeffizienten $2N$ Funktionsauswertungen und $2N$ Multiplikationen notwendig, insgesamt als $(2N)^2$ Multiplikationen und $(2N)^2$ Funktionsauswertungen. Der FFT-Algorithmus ermöglicht eine effektivere Auswertung der Bestimmungsgleichungen für die $\{\alpha_k\}$ und $\{\beta_k\}$.

Dazu bringen wir das Interpolationspolynom [12]

$$T_N(x) \;=\; \frac{a_0}{2} \;+\; \sum_{k=0}^{N} a_k \cos kx + b_k \sin kx$$

durch die Festlegung

$$\tilde{c}_k \;=\; \frac{1}{2}\,(a_k - jb_k) \qquad \tilde{c}_{-k} \;=\; \frac{1}{2}\,(a_k + jb_k) \quad k = 0,1,\ldots,N$$

auf komplexe Gestalt $\qquad T_N(x) \;=\; \displaystyle\sum_{k=-N}^{N} \tilde{c}_k e^{jkx}$.

Wir setzen $z = e^{jx}$ und erhalten

$$T_N(x) \;=\; \sum_{k=-N}^{N} \tilde{c}_k z^k \;=\; z^{-N} \sum_{k=0}^{2N} \underbrace{\tilde{c}_{k-N}}_{=\,\hat{c}_k}\cdot z^k \;\;.$$

Man kann nun das trigonometrische Interpolationsproblem in eine Polynominterpolation uminterpretieren:

$$T_N(x)\cdot z^N \;=\; P_{2N}(z) \;=\; \sum_{k=0}^{2N} \hat{c}_k z^k \;\;.$$

Mit $z_i = e^{jx_i}$ lauten dann die Interpolationsbedingungen:

$$P_{2N}(z_i) \;=\; \sum_{k=0}^{2N} \hat{c}_k z_i^k \;=\; f(x_i)\cdot z_i^N \qquad i = 0,1,\ldots,N-1 \;\;.$$

Dabei liegen die Interpolationsstellen z_i auf dem Einheitskreis. Sie sind die verschiedenen komplexen Wurzeln aus 1 der Ordnung $2N$. Die „erste" Einheitswurzel bezeichnen wir mit $\omega = e^{j\frac{\pi}{N}}$. Für sie gilt $\omega^N = -1$ und $\omega^{2N} = 1$. Für die Interpolationsstellen erhalten wir

$$z_i \;=\; \omega^i \quad \text{und damit} \quad z_i^N \;=\; \omega^{iN} \;=\; \left(\omega^N\right)^i \;=\; (-1)^i \;.$$

Damit ergibt sich das Interpolationsproblem

$$\sum_{k=0}^{2N} \hat{c}_k \left(\omega^i\right)^k \;=\; (-1)^i \cdot f(x_i) \;=\; y_i \qquad i = 0,1,\ldots,N-1 \qquad .$$

In dieser Darstellung ist der Grad des Interpolationspolynoms um 1 zu groß. Nun gilt noch zusätzlich

$$\hat{c}_{2N} \;=\; \tilde{c}_N \;=\; \frac{1}{2}\,(a_N - j0) \qquad\qquad \hat{c}_0 \;=\; \tilde{c}_{-N} \;=\; \frac{1}{2}\,(a_N + j0)$$

---

[12] Wir benutzen dabei die Beziehungen: $a_k = \alpha_k$, $\quad k = 0,1,\ldots,N-1 \quad a_N = \frac{\alpha_N}{2}$ und $b_0 = b_N = 0$.

d.h. es ist $\hat{c}_0 = \hat{c}_{2N}$. Da auch $\left(\omega^i\right)^{2N} = 1$ können wir durch die Festsetzung $c_i = \hat{c}_i$, $i = 1,2,\ldots,2N - 1$ und $c_0 = 2\hat{c}_0$ ein Interpolationsproblem der Ordnung $2N - 1$ als Ausgangspunkt für weitere Überlegungen formulieren:

$$\sum_{k=0}^{2N-1} c_k \left(\omega^i\right)^k = (-1)^i \cdot f(x_i) = y_i \qquad i = 0,1,\ldots,N-1 \quad .$$

Das zugehörige lineare Gleichungssystem stellt sich in Matrixform wie folgt dar:

$$\left(\begin{array}{ccccc}
1 & 1 & 1 & \ldots & 1 \\
1 & \omega & \omega^2 & \ldots & \omega^{2N-1} \\
1 & \omega^2 & \omega^4 & \ldots & \omega^{4N-2} \\
\vdots & \vdots & \vdots & & \vdots \\
1 & \omega^{2N-1} & \omega^{4N-2} & \ldots & \omega^{(2N-1)(2N-1)}
\end{array}\right.\left|\begin{array}{c}
y_0 \\
y_1 \\
y_2 \\
\vdots \\
y_2
\end{array}\right) \quad .$$

Diese Matrix

$$\underline{V} = \left[\omega^{kl}\right] \quad \text{mit} \quad \begin{array}{ccccc} 0 & \leq & k & \leq & 2N-1 \\ 0 & \leq & l & \leq & 2N-1 \end{array}$$

lässt sich elementar invertieren, denn es gilt[13]

$$\underline{V}^{-1} = \frac{1}{2N}\left[\omega^{-kl}\right] \quad \text{mit} \quad \begin{array}{ccccc} 0 & \leq & k & \leq & 2N-1 \\ 0 & \leq & l & \leq & 2N-1 \end{array} \quad ,$$

wie sich leicht zeigen lässt:[14]

$$\left[\underline{V}^{-1} \cdot \underline{V}\right]_{kl} = \frac{1}{2N}\sum_{i=0}^{2N-1} \underbrace{\omega^{-li} \cdot \omega^{ki}}_{\omega^{i(k-l)}} = \left\{\begin{array}{llll} 1 & \text{für} & k & = & l \\ 0 & \text{für} & k & \neq & l \end{array}\right. .$$

Für die gesuchten Koeffizienten c_k , erhält man somit:

$$c_k = \frac{1}{2N}\sum_{l=0}^{2N-1} y_l \left(\omega^k\right)^l \quad .$$

Mit ω ist auch $\overline{\omega} = \frac{1}{\omega}$ eine Einheitswurzel der Ordnung $2N$. Damit läuft die Fourierinterpolation der $2N$ normierten Funktionswerte[15] darauf hinaus, aus den $\{y_k\}$ die Koeffizienten $\{c_k\}$ zu berechnen.
Für die geraden Koeffizienten gilt:

---

[13] Wenn wir für komplexe Vektoren das Skalarprodukt

$$\underline{a} \cdot \underline{b} = a_1 \cdot \overline{b}_1 + a_2 \cdot \overline{b}_2 + \ldots + a_n \cdot \overline{b}_n$$

einführen, so ist die Matrix $\underline{V}$ bezüglich dieses Skalarprodukts orthogonal. Solche Matrizen lassen sich durch Normieren und Transponieren invertieren. Hierbei bedeutet $\overline{z}$ die zu z konjugiert komplexe Zahl.

[14] Im Anhang wird bewiesen: Ist z eine Einheitswurzel der Ordnung m, so gilt:

$$\sum_{i=0}^{m-1} z^{pi} = \left\{\begin{array}{llll} m & \text{für } p & = & 0, m, 2m, 3m, \ldots \\ 0 & \text{für } p & \neq & 0, m, 2m, 3m, \ldots \end{array}\right.$$

[15] Im Folgenden sei $y_k := \frac{y_k}{2N}$.

$$
\begin{aligned}
c_{2k} &= \sum_{l=0}^{2N-1} y_l\,\overline{\omega}^{2lk} = \sum_{l=0}^{N-1} y_l\,\overline{\omega}^{2lk} + y_{l+N}\,\overline{\omega}^{2(l+N)k} \\
&= \sum_{l=0}^{N-1} (y_l + y_{l+N})\,\overline{\omega}^{2lk} \qquad (\,\overline{\omega}^{2Nk} = 1 \,!\,) \\
&= \sum_{l=0}^{N-1} (y_l + y_{l+N})\,(\overline{\omega}^2)^{lk} \quad .
\end{aligned}
$$

Diese Summe lässt sich interpretieren als Fourierinterpolation der N Funktionswerte $\hat{y}_l = y_l + y_{l+N}$, da $(\overline{\omega})^2$ die N-te Einheitwurzel von 1 ist.

Für die ungeraden Summanden erhalten wir:

$$
\begin{aligned}
c_{2k+1} &= \sum_{l=0}^{2N-1} y_l\,\overline{\omega}^{l(2k+1)} = \sum_{l=0}^{N-1} y_l\,\overline{\omega}^{l(2k+1)} + y_{l+N}\,\overline{\omega}^{(l+N)(2k+1)} \\
&= \sum_{l=0}^{N-1} \left(y_l + y_{l+N} \cdot \overline{\omega}^{N(2k+1)}\right) \overline{\omega}^{l(2k+1)} \qquad (\,\overline{\omega}^{N(2k+1)} = -1 \,!\,) \\
&= \sum_{l=0}^{N-1} (y_l - y_{l+N}) \cdot \overline{\omega}^{l} \cdot (\overline{\omega}^2)^{lk} \quad .
\end{aligned}
$$

Diese Summe lässt sich interpretieren als Fourierinterpolation der N Funktionswerte $\hat{y}_l = (y_l - y_{l+N}) \cdot \overline{\omega}^{l}$.

Insgesamt ist es damit gelungen, mittels N Multiplikationen bei der Bestimmung der $\hat{y}_l = (y_l - y_{l+N}) \cdot \overline{\omega}^{l}$ eine Fourierinterpolation mit $2N$ Punkten auf zwei Fourierinterpolationen mit jeweils N Punkten zurückzuspielen. Ist nun N eine Zweierpotenz, so lässt sich dieser Reduktionsprozess wiederholen. Gilt $N = 2^\gamma$, so erhalten wir nach γ Schritten eine Interpolationsaufgabe für zwei Punkte. Insgesamt sind für diesen Prozess $N \cdot \gamma = N \cdot \log_2 N$ komplexe Multiplikationen notwendig.

Die folgende Tabelle zeigt die Realisierung für acht Punkte. Dabei ist $\omega = e^{j\frac{\pi}{4}} = \cos\frac{\pi}{4} + j\sin\frac{\pi}{4}$.

	1. Stufe		2. Stufe		3. Stufe	
y_0	$y_0 := y_0 + y_4$	(c_0)	$y_0 := y_0 + y_2$	(c_0)	$y_0 := y_0 + y_1$	(c_0)
y_1	$y_1 := y_1 + y_5$	(c_2)	$y_1 := y_1 + y_3$	(c_4)	$y_1 := y_0 - y_1$	(c_4)
y_2	$y_2 := y_2 + y_6$	(c_4)	$y_2 := (y_0 - y_2)\overline{\omega}^0$	(c_2)	$y_2 := y_2 + y_3$	(c_2)
y_3	$y_3 := y_3 + y_7$	(c_6)	$y_3 := (y_1 - y_3)\overline{\omega}^2$	(c_6)	$y_3 := y_2 - y_3$	(c_6)
y_4	$y_4 := (y_0 - y_4)\overline{\omega}^0$	(c_1)	$y_4 := y_4 + y_6$	(c_1)	$y_4 := y_4 + y_5$	(c_1)
y_5	$y_5 := (y_1 - y_5)\overline{\omega}^1$	(c_3)	$y_5 := y_5 + y_7$	(c_5)	$y_5 := y_4 - y_5$	(c_5)
y_6	$y_6 := (y_2 - y_6)\overline{\omega}^2$	(c_5)	$y_6 := (y_4 - y_6)\overline{\omega}^0$	(c_3)	$y_6 := y_6 + y_7$	(c_3)
y_7	$y_7 := (y_3 - y_7)\overline{\omega}^3$	(c_7)	$y_7 := (y_5 - y_7)\overline{\omega}^2$	(c_7)	$y_7 := y_6 - y_7$	(c_7)

In Klammern steht dabei jeweils die ursprüngliche Bedeutung des Fourierkoeffizienten. Ein kleines rechentechnisches Problem besteht noch darin, die ursprüngliche Zuordnung wiederherzustellen. Diese entsteht dadurch, dass man den Index des Koeffizienten im Binärcode darstellt und dann invertiert. Für drei Stellen bedeutet dies explizit:

$$
k = 4 \cdot n_2 + 2 \cdot n_1 + 1 \cdot n_0 \quad \longrightarrow \quad (n_2, n_1, n_0) \quad n_i \in 0,1 \quad .
$$

Unter der Inversion versteht man eine Umkehr der Ziffernfolge:

$$
(n_2, n_1, n_0)^\star = (n_0, n_1, n_2) \quad .
$$

Am Beispiel:

c_0	: 0	$\longrightarrow$	(0,0,0)	(0,0,0)* = (0,0,0)	$\longrightarrow$ 0	: c_0
c_1	: 1	$\longrightarrow$	(1,0,0)	(1,0,0)* = (0,0,1)	$\longrightarrow$ 4	: c_4
c_2	: 2	$\longrightarrow$	(0,1,0)	(0,1,0)* = (0,1,0)	$\longrightarrow$ 2	: c_2
c_3	: 3	$\longrightarrow$	(1,1,0)	(1,1,0)* = (0,1,1)	$\longrightarrow$ 6	: c_6
c_4	: 4	$\longrightarrow$	(0,0,1)	(0,0,1)* = (1,0,0)	$\longrightarrow$ 1	: c_1
c_5	: 5	$\longrightarrow$	(1,0,1)	(1,0,1)* = (1,0,1)	$\longrightarrow$ 5	: c_5
c_6	: 6	$\longrightarrow$	(0,1,1)	(0,1,1)* = (1,1,0)	$\longrightarrow$ 3	: c_3
c_7	: 7	$\longrightarrow$	(1,1,1)	(1,1,1)* = (1,1,1)	$\longrightarrow$ 7	: c_7

Aus den invertierten c_i lassen sich die reellen Fourier-Koeffizienten zurückgewinnen:

$$\begin{aligned} \alpha_0 &= 2c_N & \alpha_l &= c_{N+l} + c_{N-l} \\ \alpha_N &= 2c_0 & \beta_l &= j\,[c_{N+l} - c_{N-l}] \end{aligned} \right\} \quad l = 1, 2, \ldots, (N-1) \quad .$$

Dieser Algorithmus, genannt Fast Fourier Transformation (FFT), erweist sich auch bei vielen Abtastpunkten als sehr effizient. [16] Die Anzahl der Multiplikationen als Maß für den Rechenaufwand steigt bei $2N$ Punkten proportional $N \cdot \ln N$ an. Die FFT wird vor allem dazu benutzt, die Frequenzanteile eines Zeitsignals zu analysieren.

Im folgenden Beispiel wird die harmonische Funktion

$$x(t) = \sin(2\pi \cdot 5t) + \sin(2\pi \cdot 12t)$$

durch eine mit einem Zufallszahlengenerator erzeugten Störung, deren Mittelwert Null ist, überlagert. Bei Betrachtung des Zeitsignals fällt es schwer, die harmonischen Komponenten zu identifizieren.

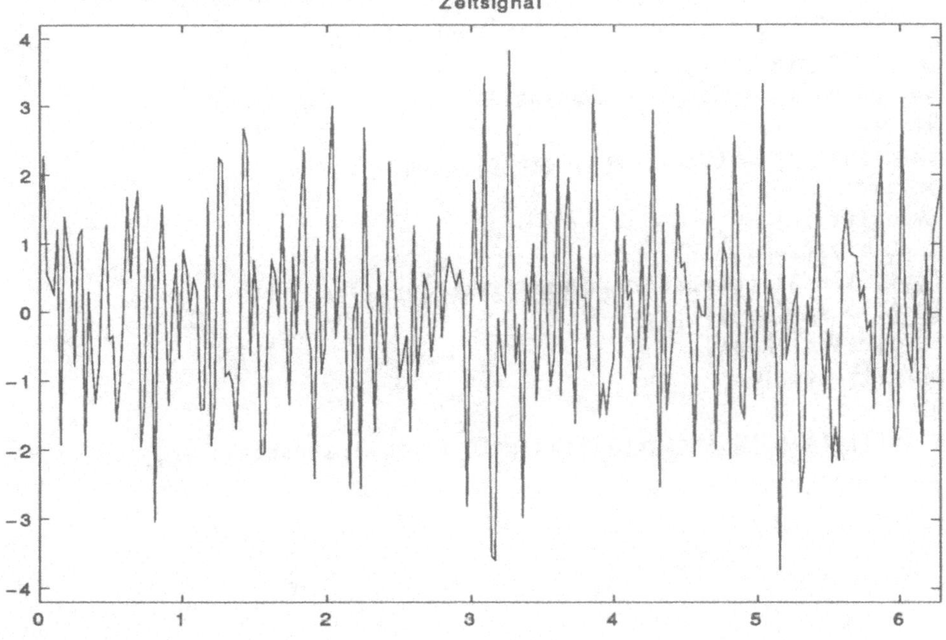

---

[16] Ein algebraisch motivierter Zugang zu diesem Algorithmus befindet sich im Anhang.

Führt man eine FFT mit 256 Punkten durch, so ergibt sich die folgende instruktive Frequenzdarstellung des Signals.

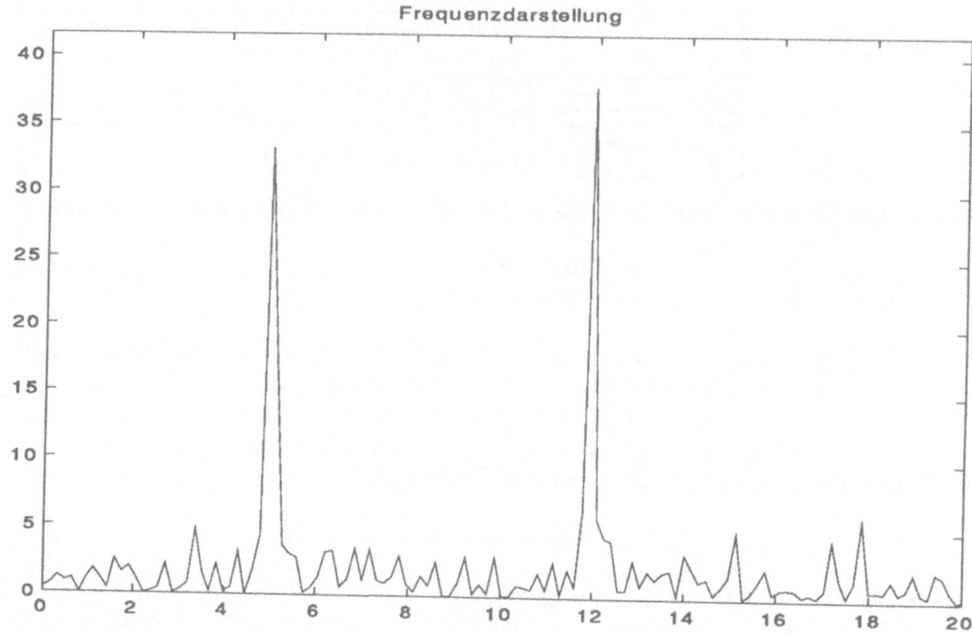

Die obigen Darstellungen wurden mit folgendem MATLAB-Programm erstellt:

```
function y=ffft(w1,w2,n);
% FFT eines verrrauschten Sinussignals
t=[0:2*pi/n:2*pi];
x=sin(2*pi*w1*t)+sin(2*pi*w2*t)+randn(size(t));
Y=fft(x,n);
pyy=Y.*conj(Y)/n;
f=(0:(n/2-1))/(2*pi);
plot(f,pyy(1:n/2));title('Frequenzdarstellung');
axis([0 20 0 max(pyy)*1.1]);
x1=[0:2*pi/(4*n):2*pi];
y1=interp1(t,x,x1);
figure;
plot(x1,y1);title('Zeitsignal');axis([0 2*pi -1.1*max(y1) 1.1*max(y1)]);
y=0;
```

6 Numerische Integration

In diesem Abschnitt sollen bestimmte Integrale, deren Stammfunktion sich nicht mittels elementarer Funktionen darstellen lassen, näherungsweise bestimmt werden. Dieselbe Prozedur kann auch auf Funktionen, die nur punktweise bekannt sind, angewandt werden.

Grundgedanke dieser numerischen Verfahren ist es, die zu integrierende Funktion durch einfachere Funktionen – meist Polynome oder Splines – zu approximieren.

6.1 Trapezformel

Man ersetzt die Funktionskurve durch die Verbindungsgerade zwischen den Punkten $(a|f(a))$ und $(b|f(b))$. Die Fläche des entstehenden Trapezes ist die Näherung für das gesuchte Integral.

$$\int_a^b f(x)\, dx \approx \underbrace{(b-a)}_{=h} \cdot \frac{f(a)+f(b)}{2}$$

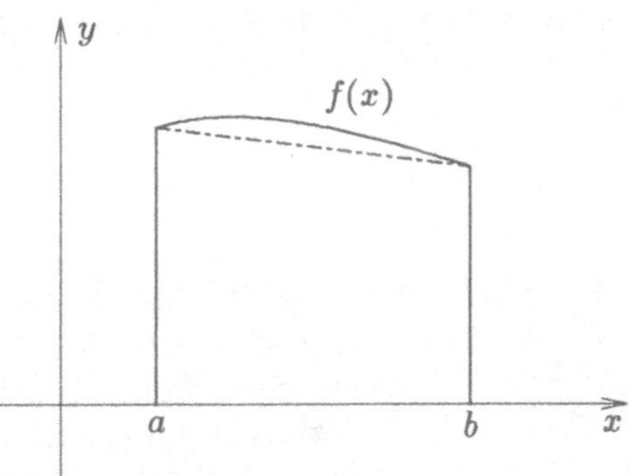

Für bessere Näherungen unterteilen wir das Grundintervall $[a,b]$ in n gleich lange Teilintervalle $[x_{k-1},x_k]$ $k = 1,2,\ldots n$. (äquidistante Unterteilung) In jedem Teilintervall wird die Funktion durch ihre Sehne approximiert. Die Fläche unterhalb der Trapeze ergibt näherungsweise das gesuchte Integral. Ist $h = x_k - x_{k-1}$ die Breite der Teilintervalle, so ergibt sich für die Summe der Trapezflächen

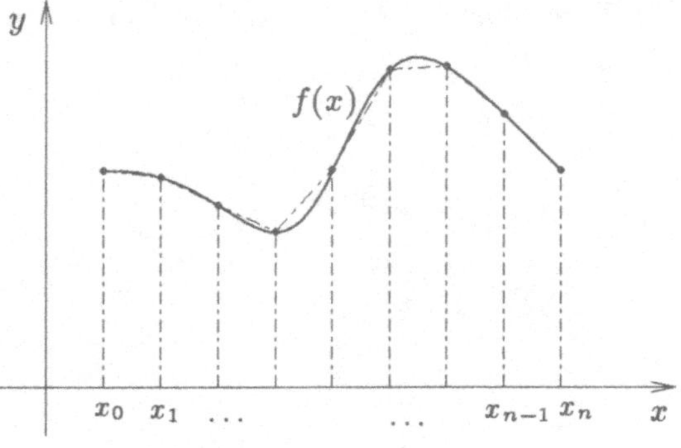

$$T_n = h \cdot \left\{ \frac{f(x_0)+f(x_1)}{2} + \frac{f(x_1)+f(x_2)}{2} + \ldots + \frac{f(x_{n-1})+f(x_n)}{2} \right\}$$

$$= \frac{h}{2} \cdot \{f(x_0) + 2f(x_1) + 2f(x_2) + \ldots + 2f(x_{n-2}) + 2f(x_{n-1}) + f(x_n)\}$$

Dieser Ausdruck kann auch als gewichtetes Mittel der Funktionswerte an den Stützstellen, multipliziert mit der Intervall-Länge interpretiert werden.

$$T_n = \frac{b-a}{n} \cdot \left\{ \frac{f(x_0)+f(x_1)}{2} + \frac{f(x_1)+f(x_2)}{2} + \ldots + \frac{f(x_{n-1})+f(x_n)}{2} \right\}$$

$$= (b-a) \cdot \frac{f(x_0) + 2f(x_1) + f(x_2) + \ldots + 2f(x_{n-2}) + 2f(x_{n-1}) + f(x_n)}{2n}$$

Dabei erhalten die beiden Randpunkte das halbe Gewicht der inneren Punkte.

6.2 Simpsonformel

Zur Verbesserung der Genauigkeit kann die Schrittweite der Trapezformel verkleinert werden. Bei der Auswertung der Funktion an den Stützstellen entstehen aber Rundungsfehler, so dass die Anzahl der Teilpunkte nicht beliebig vergrößert werden kann.

Eine genauere Integrationsformel ergibt sich, wenn man die zu integrierende Funktion $f(x)$ in einem Doppelintervall mit einem Parabelbogen approximiert. Dazu könnte man das Newtonsche Interpolationspolynom der Ordnung 2 bestimmen und dieses dann integrieren. Wir wollen einen etwas allgemeineren Gedanken zur Herleitung dieser Integrationsformel benutzen.

Die Berechnung des bestimmten Integrals ist eine lineare Rechenoperation bezüglich des Integranden $f(x)$. Deshalb muss jede Näherungsformel ebenfalls linear sein. Sind x_0, x_1, x_2 die Stützstellen und h der Abstand der Teilpunkte, so hat die gesuchte Formel zwingend die folgende Gestalt:

$$\int_{x_0}^{x_2} f(x)\ dx \approx S(h) = h \cdot \{\alpha f(x_0) + \beta f(x_1) + \gamma f(x_2)\} \quad .$$

Der einzige Freiheitsgrad in der Ausgestaltung dieser Näherungsformel besteht im Festlegen der Gewichte α, β, γ. Da wir die Funktionswerte durch ein quadratisches Polynom interpolieren wollen, muss diese Näherungsformel dann für Polynome bis zur Ordnung 2 exakt sein. Diese Tatsache kann man zur Bestimmung der Gewichte ausnützen. Damit die Rechnung etwas übersichtlicher wird, wollen wir das Geschehen symmetrisch zum Nullpunkt legen. ($x_0 = -h$, $x_1 = 0$, $x_2 = h$)

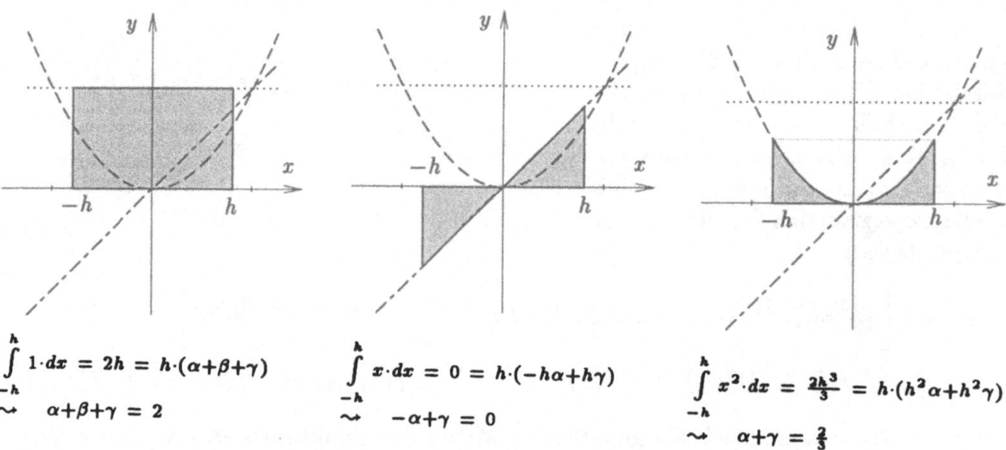

$$\int_{-h}^{h} 1 \cdot dx = 2h = h \cdot (\alpha + \beta + \gamma)$$
$$\rightsquigarrow \quad \alpha + \beta + \gamma = 2$$

$$\int_{-h}^{h} x \cdot dx = 0 = h \cdot (-h\alpha + h\gamma)$$
$$\rightsquigarrow \quad -\alpha + \gamma = 0$$

$$\int_{-h}^{h} x^2 \cdot dx = \frac{2h^3}{3} = h \cdot (h^2\alpha + h^2\gamma)$$
$$\rightsquigarrow \quad \alpha + \gamma = \frac{2}{3}$$

Die Lösung dieses linearen Gleichungssystems ergibt die Gewichte der Integrationsformel.

$$\begin{array}{ccccccc}
\alpha & + & \beta & + & \gamma & = & 2 \\
\alpha & & & - & \gamma & = & 0 \\
\alpha & & & + & \gamma & = & \frac{2}{3}
\end{array} \qquad \rightsquigarrow \qquad \begin{array}{c}
\alpha = \gamma = \frac{1}{3} \\[4pt]
\beta = \frac{4}{3}
\end{array}$$

Damit ergibt sich die sogenannte „Keplersche Faßregel" als Näherungsausdruck für das gesuchte Integral.

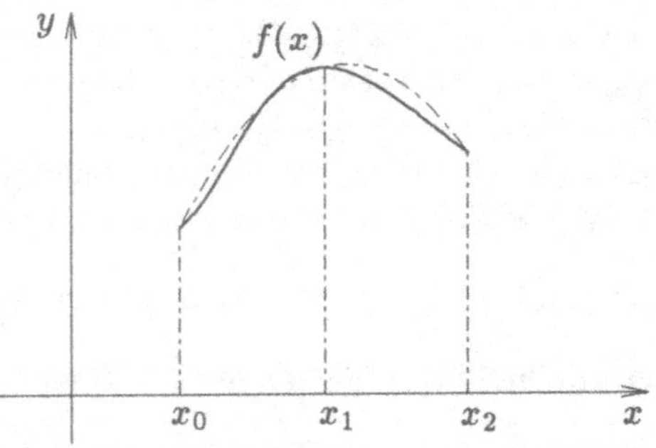

$$\int_a^b f(x)dx \approx \frac{h}{3} \cdot \{f(a) + 4f(a+h) + f(b)\}$$

$$\text{mit} \quad h = \frac{b-a}{2}$$

Bei dieser Näherungsformel wird der innere Punkt im Unterschied zur doppelten Trapezregel mit dem 4-fachen Gewicht berücksichtigt.

Benutzen wir zur Berechnung eines Integrals eine gerade Anzahl von Teilintervallen, so können wir auf jedes Doppelintervall die obige Beziehung anwenden und erhalten die Simpsonformel.

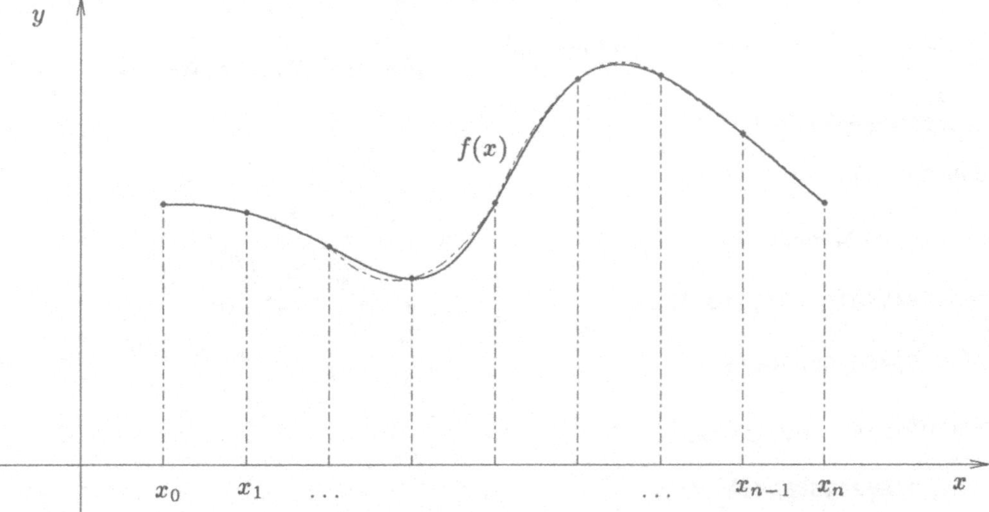

$$\int_a^b f(x)dx \approx S_n(h) = \frac{h}{3} \cdot \{f(x_0) + 4f(x_1) + 2f(x_2) + \ldots + 4f(x_{n-1}) + f(x_n)\}$$

Dabei werden die inneren Punkte abwechselnd mit 4 und 2 gewichtet, während die beiden Randpunkte das Gewicht 1 erhalten.

Ausblick: Man kann nun versuchen, durch mehr äquidistante Stützstellen Polynome oder Splines zu legen, um so die Genauigkeit zu erhöhen. Die mittels Interpolationspolynomen gewonnenen Algorithmen nennt man Newton-Cotes-Formeln. Weiter können bei der Auswahl der Stützstellen unterschiedliche Intervallbreiten zugelassen werden. Auch dadurch ergibt sich eine Verbesserung der Fehlerordnung. Im Zeitalter des Rechners sind diese Beziehungen aber ungeschickt. Man wird nämlich nicht zunächst eine theoretische Schrittweite für die gewünschte Genauigkeit bestimmen, um dann mit einem Rechenschritt das gewünschte Resultat zu erzielen. Besser lässt man den Rechner mit einer Grundschrittweite das Integral z.B. mit der Simpsonformel berechnen und halbiert anschließend die Schrittweite. Dabei kann man die zuvor errechneten Funktionswerte an den

Stützstellen weiter verwerten und muss nur an den Halbierungspunkten neu rechnen. Um die Zahl der Teilintervalle um 1 zu erhöhen, ist derselbe Aufwand nötig wie bei der Verdoppelung der Anzahl der Teilintervalle. Dies greift natürlich nur bei einem Verfahren mit äquidistanten Stützstellen, deshalb sind diese von Gauß stammenden Quadraturformeln mit nicht äquidistanten Teilintervallen für uns nicht mehr interessant.

MATLAB bietet zur numerischen Integration zwei Prozeduren mit identischer Syntax

1) „quad" entspricht der Simpson-Formel (drei Stützstellen)

2) „quad8" ist eine genauere Newton-Cotes Integrationsformel mit neun Stützstellen

Syntax: `I=quad('function',a,b,tol)`

function	a	b	tol
Funktion	Anfangspunkt	Endpunkt	Genauigkeit[1]

Beispiel: $\displaystyle\int_0^1 \frac{e^{-x^2}}{1+x^2}dx$ Function-File
```
function y=intt(x);
y=exp(-x.^2)./(1+x.^2);
```

Command-Window

```
I=quad('intt',0,1,1e-8)

I = 0.61882196330798

I=quad8('intt',0,1,1e-8)

I = 0.61882196330813

I=quad8('intt',0,1,1e-10)

I = 0.61882196330814
```


6.3   Rombergverfahren

Häufig wird man durch ständige Halbierung der Intervallbreite eine Näherungsfolge für ein bestimmtes Integral erhalten. Aus der Tendenz dieser Werte lassen sich präzisere Aussagen über den exakten Wert machen. Dieses allgemeine Prinzip der numerischen Mathematik (Extrapolationsverfahren) soll am Beispiel der Trapezformel erläutert werden.

Die Anwendung der Trapezformel auf das Integral $\displaystyle\int_1^2 \frac{1}{x}dx$ ergibt die Näherungsfolge $\{T(1) = 0.75000,\ T(\tfrac{1}{2}) = 0.70833,\ T(\tfrac{1}{4}) = 0.69702,\ \dots\}$, wobei der nächste Näherungswert jeweils durch Halbierung der alten Schrittweite gewonnen wurde. Aus der Tendenz wird man vermuten, dass der exakte Wert kleiner als die „beste" Näherung ist.

---

[1] Fehlergrenze für Abbruch bei zwei aufeinanderfolgenden Näherungen

Grundidee: Wir legen durch $T(1)$, $T(\frac{1}{2})$ eine symmetrische Parabel und extrapolieren $h \to 0$. Der Ansatz

$$p_2(h) = a_0 + a_2 h^2$$

ergibt[2]

$$T(1) = a_0 + a_2 \cdot 1$$
$$T(\tfrac{1}{2}) = a_0 + a_2 \cdot \tfrac{1}{4} \quad \leadsto$$

$$a_0 = \frac{4T(\frac{1}{2})-T(1)}{3} = R_1(1) \ .$$

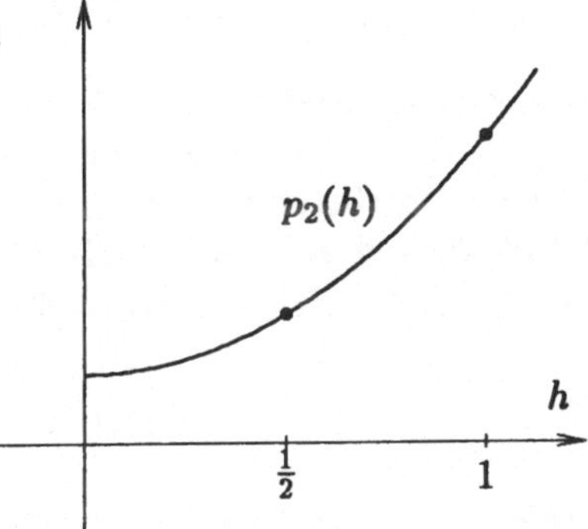

Für unser Beispiel ergibt sich

$$T(1) = 0.750000$$
$$T(\tfrac{1}{2}) = 0.708333$$

$$R_1(1) = \frac{4 \cdot 0.750000 - 0.708333}{3} = 0.694444 \ .$$

Zum Vergleich der exakte Wert $\ln 2 = 0.693147$. Der aus der Datenmenge extrapolierte Wert liegt näher am Resultat als das Trapezergebnis für $h = \frac{1}{4}$.

Es soll nun diese heuristische Überlegung auf eine etwas solidere Basis gestellt werden. Das betrachtete Näherungsverfahren für die numerische Integration sei die Trapezregel mit der Schrittweite h. Dann gilt:

$$T(h) = \int\limits_a^b f(x) \, dx + \epsilon(h) \ .$$

Ist $f(x)$ entsprechend oft differenzierbar, dann lässt sich der Fehler $\epsilon(h)$ in eine Potenzreihe entwickeln, bei der nur gerade Exponenten auftreten.

$$\epsilon(h) = c_1 \cdot h^2 + c_2 \cdot h^4 + c_3 \cdot h^6 + \ldots$$

Das Absolutglied muss Null sein, denn für $h \to 0$ strebt auch der Fehler $\epsilon(h)$ gegen Null. Der Hauptbeitrag für den Fehler kommt vom Summanden mit dem niedrigsten Exponenten ($h = 0.01 \leadsto h^2 = 0.0001$!!).

Wir betrachten die Reihendarstellungen für $T(h)$ und $T(\frac{h}{2})$. Die Reihe der Differenz $4T(\frac{h}{2}) - T(h)$ beginnt dann mit einem h^4-Glied.

$$T(h) = I + c_1 \cdot h^2 + c_2 \cdot h^4 + c_3 \cdot h^6 \ldots$$

$$T(\tfrac{h}{2}) = I + c_1 \cdot \left(\tfrac{h}{2}\right)^2 + c_2 \cdot \left(\tfrac{h}{2}\right)^4 + c_3 \cdot \left(\tfrac{h}{2}\right)^6 \ldots$$

$$4 \cdot T(\tfrac{h}{2}) - T(h) = 3 \cdot I + c_2 \cdot h^4 \cdot \left(\tfrac{1}{4} - 1\right) + c_3 \cdot h^6 \cdot \left(\tfrac{1}{16} - 1\right) \ldots$$

Die Beziehung

---

[2] Setzt man die beiden Trapezformeln

$$T(1) = \tfrac{1}{2}[f(1) + f(2)]$$
$$T(\tfrac{1}{2}) = \tfrac{1}{4}[f(1) + 2f(1,5) + f(2)]$$

in die Extrapolationsbeziehung ein,

$$\frac{4T(\frac{1}{2})-T(1)}{3} = \frac{4 \cdot \frac{1}{4}[f(1)+2f(1,5)+f(2)] - \frac{1}{2}[f(1)+f(2)]}{3} = \tfrac{1}{2 \cdot 3}[f(1) + 4f(1,5) + f(2)]$$

so erhält man wieder die Simpsonformel.

$$R_1(h) = \frac{4 \cdot T(\frac{h}{2}) - T(h)}{3} = I - \frac{c_2}{4} \cdot h^4 - \frac{5c_3}{16} \cdot h^6 + \cdots$$

ist somit ein Verfahren 4. Ordnung zur Bestimmung des bestimmten Integrals. Es verbessert die Fehlerordnung um zwei Potenzen.

Diese Überlegungen lassen sich fortsetzen. Multipliziert man die obige Beziehung für $\frac{h}{2}$ mit 16 und subtrahiert $R_1(h)$, so beginnt die Reihenentwicklung mit h^6. Allgemein ergibt sich die Rekursionsbeziehung:

$$R_n(h) = \frac{4^n \cdot R_{n-1}(\frac{h}{2}) - R_{n-1}(h)}{4^n - 1} \ .$$

Insgesamt erhält man das folgende Romberg-Tableau:

$$T(h) = R_0(h)$$

$$R_1(h) = \frac{4 \cdot R_0(\frac{h}{2}) - R_0(h)}{3}$$

$$T(\tfrac{h}{2}) = R_0(\tfrac{h}{2}) \qquad\qquad R_2(h) = \frac{16 \cdot R_1(\frac{h}{2}) - R_1(h)}{15}$$

$$R_1(\tfrac{h}{2}) = \frac{4 \cdot R_0(\frac{h}{4}) - R_0(\frac{h}{2})}{3} \qquad\qquad R_3(h) = \frac{64 \cdot R_2(\frac{h}{2}) - R_2(h)}{63}$$

$$T(\tfrac{h}{4}) = R_0(\tfrac{h}{4}) \qquad\qquad R_2(\tfrac{h}{2}) = \frac{16 \cdot R_1(\frac{h}{4}) - R_1(\frac{h}{2})}{15} \qquad\qquad \vdots$$

$$R_1(\tfrac{h}{4}) = \frac{4 \cdot R_0(\frac{h}{8}) - R_0(\frac{h}{4})}{3}$$

$$T(\tfrac{h}{8}) = R_0(\tfrac{h}{8}) \qquad\qquad \vdots$$

$$\vdots$$

In der Praxis wird obiges Tableau nicht spaltenweise von links nach rechts berechnet, sondern man geht diagonal vor. Zuerst bestimmt man $R_0(h)$, $R_0(\frac{h}{2})$ und errechnet daraus $R_1(h)$. Nun berechnet man die „neue" Trapezsumme $R_0(\frac{h}{4})$ (Die Hälfte der Funktionsauswertungen sind in $R_0(\frac{h}{2})$ gespeichert!!). Sodann bestimmen wir $R_1(\frac{h}{2})$ und $R_2(h)$. Für die Berechnung der nächsten Schrägzeile $R_0(\frac{h}{8})$, $R_1(\frac{h}{4})$, $R_2(\frac{h}{2})$, $R_3(h)$ werden nur Werte der darüber liegenden Schrägzeile $R_0(\frac{h}{4})$, $R_1(\frac{h}{2})$, $R_2(h)$ benötigt. Dies bedeutet für die Datenorganisation, dass man nur ein eindimensionales Feld neu überschreiben muss. Abgebrochen wird, wenn sich die Resultate zweier aufeinanderfolgender Rombergschritte um weniger als die vorgegebene Fehlerschranke unterscheiden.

Dem Romberg-Verfahren liegt ein allgemeines Prinzip der numerischen Mathematik zugrunde. Wir betrachten die Trapezformel $T(x)$ als Funktion der Schrittweite x – jede Wahl von x ergibt als Funktionswert die Näherung $T(x)$ für das bestimmte Integral I. Für $x \to 0$ strebt $T(x)$ gegen den exakten Wert I. Die Reihenentwicklung von $T(x)$ umfasst nur gerade Potenzen. Deshalb macht ein Interpolationspolynom mit geraden Potenzen Sinn. Wenn wir zwei Stützstellen benutzen, so erhalten wir, wie eingangs dargelegt, den ersten Romberg-Schritt:

$$p_2(x) = a_0 + a_2 x^2 \qquad \rightsquigarrow \qquad a_0 = \frac{4T(\frac{h}{2}) - T(h)}{3} = R_1(h) \ .$$

Die weiteren Rombergschritte lassen sich als Extrapolation des Interpolationspolynoms durch die Stützstellen $(h|T(h))$, $(\frac{h}{2}|T(\frac{h}{2}))$, $(\frac{h}{4}|T(\frac{h}{4}))$, $\ldots$ deuten.

So ergibt sich bei Interpolation der Stützstellen $(1|T(1))$, $(\frac{1}{2}|T(\frac{1}{2}))$, $(\frac{1}{4}|T(\frac{1}{4}))$ durch ein gerades Polynom der Ordnung 4:

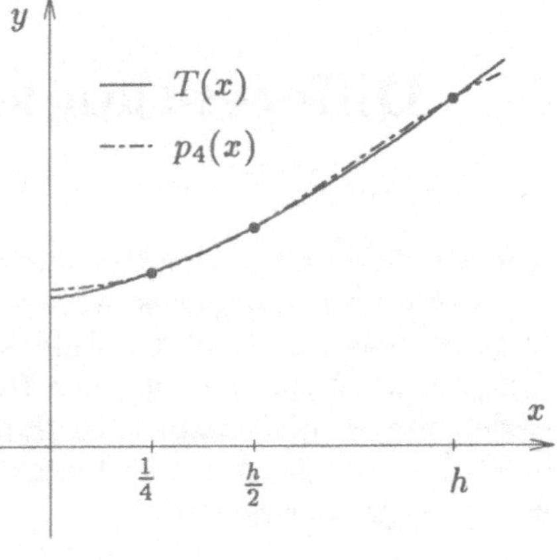

$$p_4(h) = a_0 + a_2 h^2 + a_4 h^4$$

$$T(1) = a_0 + a_2 + a_4 \qquad (1)$$

$$T(\tfrac{1}{2}) = a_0 + a_2\tfrac{1}{4} + a_4\tfrac{1}{16} \qquad (2)$$

$$T(\tfrac{1}{4}) = a_0 + a_2\tfrac{1}{16} + a_4\tfrac{1}{256} \qquad (3) \ .$$

Aus (1) und (2) bzw. (2) und (3) eliminieren wir jeweils a_2:

$$3a_0 + \left(\tfrac{1}{4} - 1\right)a_4 = 4T(\tfrac{1}{2}) - T(1) = \frac{4T(\tfrac{1}{2}) - T(1)}{3} \cdot 3 = 3R_1(1)$$

$$12a_0 + \left(\tfrac{1}{16} - \tfrac{1}{4}\right)a_4 = 16T(\tfrac{1}{4}) - 4T(\tfrac{1}{2}) = \frac{4T(\tfrac{1}{4}) - T(\tfrac{1}{2})}{3} \cdot 12 = 12R_1(\tfrac{1}{2}) \ .$$

Aus den beiden letzten Gleichungen lässt sich dann der Extrapolationswert gewinnen.

$$a_0 - \tfrac{1}{4}a_4 = R_1(1)$$

$$a_0 - \tfrac{1}{64}a_4 = R_1(\tfrac{1}{2})$$

$$15a_0 = 16R_1(\tfrac{1}{2}) - R_1(1)$$

$$\rightsquigarrow \quad a_0 = \frac{16R_1(\tfrac{1}{2}) - R_1(1)}{15} = R_2(1) \ .$$

<u>Bemerkung:</u> Die Verbesserung der Fehlerordnung hängt an der Differenzierbarkeitseigenschaft des Integranden $f(x)$. Existiert die k-te Ableitung nicht im gesamten Integrationsbereich, so erbringt das Rombergverfahren ab der k-ten Stufe keine Verbesserung mehr.

Beispiel: $\displaystyle\int_0^1 x\cdot\sqrt{x}\,dx = \tfrac{2}{5}x^{\frac{5}{2}}\Big|_0^1 = 0.4$ Mit $h_0 = 1$ ergibt sich das Rombergtableau:

h	$R_0(h)$	$R_1(h)$	$R_2(h)$	$R_3(h)$	$R_4(h)$	$R_5(h)$
1	0.500000000					
$\frac{1}{2}$	0.426776695	0.402368927				
$\frac{1}{4}$	0.407018110	0.400431916	0.400302781			
$\frac{1}{8}$	0.401812464	0.400077249	0.400053605	0.400049649		
$\frac{1}{16}$	0.400463401	0.400013713	0.400009477	0.400008777	0.400008617	
$\frac{1}{32}$	0.400117671	0.400002427	0.400001675	0.400001551	0.400001523	0.400001516

Man erkennt, dass nur der erste Extrapolationsschritt eine Verbesserung erbringt. Der Grund dafür liegt in der Tatsache, dass in der Fehlerdarstellung zusätzlich noch ein Summand der Bauart $k \cdot h^{\frac{5}{2}}$ auftritt. (vgl. auch Aufgabe 1 aus Abschnitt 8.6)

7 Differentialgleichungen

In diesem Abschnitt sollen Verfahren zur numerischen Lösung von Differentialgleichungen vorgestellt werden. Zunächst werden Anfangswertprobleme diskutiert. Das grundsätzliche Vorgehen wird an Hand des Eulerverfahrens dargestellt. Der Mechanismus effizienterer Verfahren wird anschaulich ohne Beweis beschrieben. Die Grenzen expliziter Verfahren werden wieder am Beispiel des Eulerverfahrens diskutiert. Zum Abschluss wird noch die Problematik bei Randwertaufgaben angesprochen. Auf Eigenwertprobleme kann hier nicht eingegangen werden.

7.1 Eulerverfahren

Wir suchen numerische Verfahren zur Lösung des Anfangswertproblems einer Differentialgleichung erster Ordnung.

$$y' \ = \ f(x,y) \ , \qquad y(x_0) = y_0$$

Die rechte Seite der Differentialgleichung [1] weist jedem Punkt des Definitionsbereichs eine Steigung zu.

Der Grundgedanke fast aller numerischer Verfahren ist, die sich kontinuierlich ändernde Steigung durch die Steigung(en) an einem oder mehreren diskreten Punkt(en) zu ersetzen.

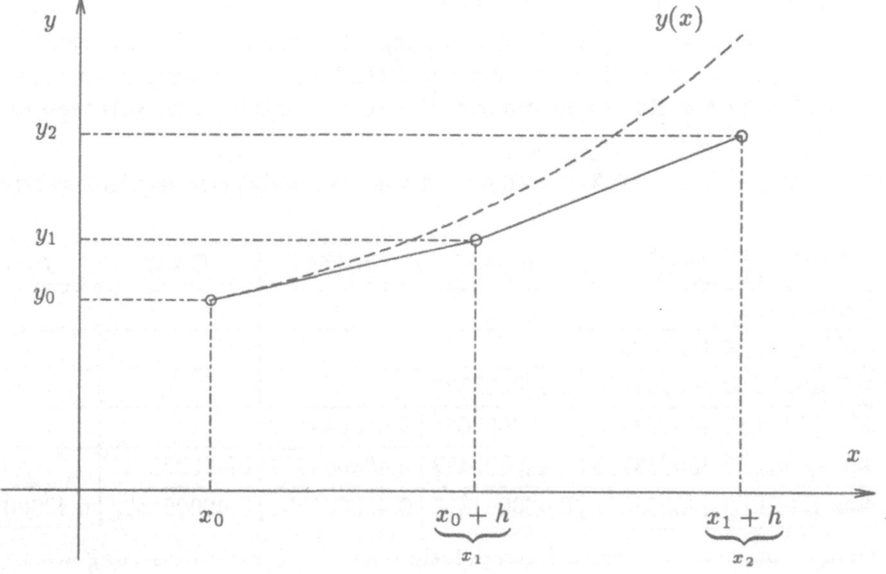

---

[1] Auf die Voraussetzungen an $f(x,y)$ zur Existenz und Eindeutigkeit der Lösung wird hier nicht eingegangen.

Wir betrachten:

y_1 als Näherung für $y(x_1)$

y_2 als Näherung für $y(x_2)$

  ...   .

Beim Eulerverfahren wird die Steigung nur am Ausgangspunkt der jeweiligen Teilintervalle abgegriffen; man erhält die Vorschrift:

$$y_1 = y_0 + h \cdot f(x_0, y_0)$$
$$y_2 = y_1 + h \cdot f(x_1, y_1)$$
$$... \quad ... \quad ...$$

Als Algorithmus formuliert ergibt sich:

$$\boxed{\begin{aligned} y_{n+1} &= y_n + h \cdot f(x_n, y_n) \\ x_{n+1} &= x_n + h \end{aligned}}$$

Der Grundgedanke des Eulerverfahrens lässt sich auf vektorwertige Funktionen übertragen. Die Größen y und $f(x,y)$ sind durch Vektoren zu ersetzen.

$$\underline{y}(x) = \begin{pmatrix} y_1(x) \\ \cdot \\ \cdot \\ \cdot \\ y_n(x) \end{pmatrix} , \quad \underline{y}'(x) = \begin{pmatrix} y_1'(x) \\ \cdot \\ \cdot \\ \cdot \\ y_n'(x) \end{pmatrix} , \quad \underline{f}(x,\underline{y}) = \begin{pmatrix} f_1(x,\underline{y}) \\ \cdot \\ \cdot \\ \cdot \\ f_n(x,\underline{y}) \end{pmatrix}$$

Damit lässt sich ein Differentialgleichungssystem wie folgt darstellen:

$$\underline{y}' = \underline{f}(x,\underline{y}) , \qquad \underline{y}(x_0) = \underline{y}_0$$

Für solche Systeme gilt ein analoger Algorithmus.

Differentialgleichungen n-ter Ordnung lassen sich stets in ein Differentialgleichungssystem n-ter Ordnung überführen. Dies soll an einem einfachen Beispiel deutlich gemacht werden.

Die Differentialgleichung des mathematischen Pendels mit Anregung $f(t)$ und Dämpfung proportional zur Geschwindigkeit lautet:

$$\ddot{x}(t) + k \cdot \dot{x}(t) + \sin(x(t)) = f(t)$$

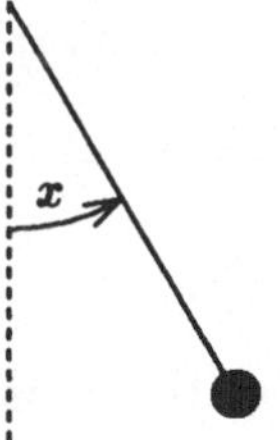

Mit der Substitution $y_1(t) = x(t)$ und $y_2(t) = \dot{x}(t)$ erhält man aus der Differentialgleichung 2. Ordnung ein äquivalentes System von zwei Differentialgleichungen 1. Ordnung:

$$\boxed{\begin{aligned} \dot{y}_1 &= \dot{x} = y_2 \\ \dot{y}_2 &= \ddot{x} = f(t) - k \cdot y_2 - \sin(y_1) \end{aligned}} \quad \text{bzw.} \quad \begin{pmatrix} \dot{y}_1 \\ \dot{y}_2 \end{pmatrix} = \begin{pmatrix} y_2 \\ f(t) - k \cdot y_2 - \sin(y_1) \end{pmatrix}$$

7.2 Weitere Einschrittverfahren

Das Eulerverfahren ist relativ ungenau, der Polygonzug entfernt sich schnell von der exakten Lösung (vgl. Abbildung auf Seite 92). Für immer kleinere Schrittweite geht der Fehler theoretisch gegen Null. Die mit Rundungsfehlern behaftete Stützstelle $(x_k|y_k)$ ist Ausgangspunkt für den nächsten Schritt, so dass sich die Rundungsfehler akkumulieren. Die Schrittweite lässt sich deshalb nicht beliebig verkleinern, es müssen effizientere Verfahren gefunden werden. Bei den sogenannten Einschrittverfahren versucht man in der „Nähe" der vermuteten exakten Lösung weitere Steigungen (= rechte Seite der Differentialgleichung) zu ermitteln und daraus eine „mittlere Steigung" für das Intervall zu errechnen.

7.2.1 Theoretischer Hintergrund – Grundprinzip

Bezeichnet man mit $\tilde{f}$ eine „mittlere Steigung" im n-ten Intervall, dann lautet der Algorithmus:

$$y_{n+1} \;=\; y_n \;+\; h \cdot \tilde{f}(x_n,y_n)$$

für $\tilde{f}(x_n,y_n)$ macht man den Ansatz

$$\tilde{f}(x_n,y_n) \;=\; \frac{\alpha_1 \cdot f(x_n,y_n) + \alpha_2 \cdot f(x_n+?,y_n+?) \;+\; \ldots \;+\; \alpha_k \cdot f(x_n+??,y_n+??)}{\alpha_1 \;+\; \alpha_2 \;+\; \ldots \;+\; \alpha_k} \quad .$$

Dabei stellt sich die Frage, nach welchem Prinzip die Punkte $(x_n+?|y_n+?)$ und die Gewichte α_i ausgewählt werden.

Dazu vergleicht man die Taylorentwicklung der Lösung

$$y(x_0 + h) \;=\; \underbrace{y(x_0)}_{=y_0} + y'(x_0) \cdot h \;+\; \frac{y''(x_0)}{2} \cdot h^2 \;+\; \frac{y'''(x_0)}{6} \cdot h^3 \;+\; \ldots$$

mit der Reihenentwicklung des Näherungsalgorithmus und fordert Übereinstimmung bis zu einer beliebigen Ordnung in h. Die Ableitungen der (unbekannten) Funktion $y(x)$ lassen sich aus der rechten Seite der Differentialgleichung bestimmen.

$$y'(x) \;=\; f(y,y(x)) \quad \rightsquigarrow \quad y'(x_0) \;=\; f(x_0,y(x_0)) \;=\; f(x_0,y_0)$$

$$y''(x) \;=\; f_x(x,y(x)) \;+\; f_y(x,y(x)) \cdot y'(x)$$

$$\rightsquigarrow \quad y''(x_0) \;=\; f_x(x_0,y_0) \;+\; f_y(x_0,y_0) \cdot f(x_0,y_0)$$

Fordert man Übereinstimmung bis zur 1. Ordnung in h, so erhält man das Eulerverfahren:

$$y(x + h) \;\approx\; y_1^E \;=\; y_0 \;+\; h \cdot f(x_0,y_0) \quad .$$

Um eine zusätzliche Übereinstimmung mit dem h^2-Glied zu erreichen, macht man den folgenden Ansatz:

$$y(x+h) \approx y_1 = y_0 + \gamma_1 \cdot h \cdot f(x_0,y_0) + \gamma_2 h \cdot f(\underbrace{x_0+\alpha h}_{x_s}, \underbrace{y_0+\beta h f(x_0,y_0)}_{y_s})$$

$$\text{mit} \quad \gamma_1 + \gamma_2 = 1; \quad 0 \le \alpha \le 1; \; 0 \le \beta \le 1$$

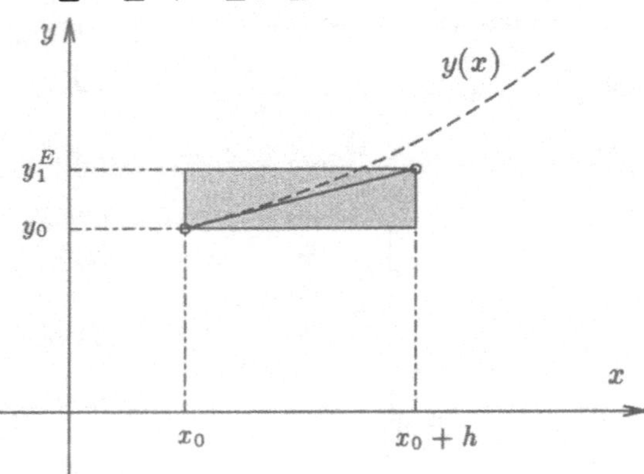

Dabei liegt der Punkt $(x_s|y_s)$, in dem die zusätzliche Steigung abgegriffen wird, im Bereich der „Eulergeraden". Ist y_1^E der Endpunkt der „Eulergeraden", so gilt konkret:

$$x_0 \le x_s \le x_0 + h; \quad y_0 \le y_s \le y_1^E$$

(schraffiert in nebenstehender Skizze!)

Wir bestimmen nun die Taylorentwicklung von $f(x_0 + \alpha h, y_0 + \beta h f(x_0,y_0))$ nach Potenzen von h.

$$f(x_0 + \alpha h, y_0 + \beta h f(x_0,y_0)) = f(x_0,y_0) + h \cdot [f_x(x_0,y_0) \cdot \alpha + f_y(x_0,y_0) \cdot \beta f(x_0,y_0))]$$

$$+ h^2 \cdot \{ \dots \} + \dots$$

Damit ergibt sich insgesamt:

$$\begin{aligned}
y_1 &= y_0 + \gamma_1 \cdot h \cdot f(x_0,y_0) + \gamma_2 \cdot h \cdot f(x_0 + \alpha h, y_0 + \beta h f(x_0,y_0)) \\[1ex]
&= y_0 + \gamma_1 \cdot h \cdot f(x_0,y_0) \\[1ex]
&\quad + \gamma_2 \cdot h \cdot [f(x_0,y_0) + h \cdot [f_x(x_0,y_0) \cdot \alpha + f_y(x_0,y_0) \cdot \beta f(x_0,y_0))] \\[1ex]
&\quad + h^2 \cdot \{ \dots \} + \dots] \\[1ex]
&= y_0 + h \cdot (\gamma_1 + \gamma_2) \cdot f(x_0,y_0) + h^2 \cdot \gamma_2 \cdot [f_x(x_0,y_0) \cdot \alpha + \beta \cdot f_y(x_0,y_0) \cdot f(x_0,y_0)] \\[1ex]
&\quad + h^3 \cdot \{ \dots \} + \dots
\end{aligned}$$

Die Übereinstimmung mit der Taylorentwicklung von $y(x_0 + h)$ bis zur Ordnung h^2 ergibt die Gleichungen für die gesuchten Parameter.

$$\gamma_1 + \gamma_2 = 1 \qquad \gamma_2 \cdot \alpha = \frac{1}{2} \qquad \gamma_2 \cdot \beta = \frac{1}{2}$$

Für die vier Parameter ergeben sich durch diesen Koeffizientenvergleich nur drei Bestimmungsgleichungen. Damit bleibt noch ein „gestalterischer" Freiheitsgrad.

Durch zusätzliche „Zwischenpunkte" an denen die Steigung abgegriffen wird, lässt sich auch eine Übereinstimmung mit höheren Potenzen von h in der Taylorentwicklung von $y(x_0 + h)$ erreichen. Besitzt die rechte Seite $f(x,y)$ entsprechende Differenzierbarkeitseigenschaften, so lassen sich alle für die Reihenentwicklung notwendigen Ableitungen von $y(x)$ aus der rechten Seite der Differentialgleichung bestimmen.

7.2.2 Heun-Verfahren

Für einen Algorithmus mit zwei Funktionsauswertungen hat man nach obiger Überlegung noch einen Freiheitsgrad in der Wahl der „Gewichtungsparameter" α, β, γ_1, γ_2.

Gebräuchlich sind die folgenden beiden Möglichkeiten:

Fall 1: $\gamma_1 = \gamma_2 = \frac{1}{2}, \quad \alpha = \beta = 1$

Dieses sogenannte Heun-Verfahren stellt sich dann so dar:

$$
\begin{aligned}
k_1 &= h \cdot f(x_n, y_n) \qquad \text{„Eulerschritt"} \\
k_2 &= h \cdot f(x_n + h, y_n + k_1) \\
y_{n+1} &= y_n + \frac{k_1 + k_2}{2} \\
x_{n+1} &= x_n + h
\end{aligned}
$$

In der folgenden Skizze sind die Punkte, in denen die zusätzlichen Steigungen abgegriffen werden, markiert. Die „mittlere Steigung" ergibt sich aus dem arithmetischen Mittelwert der Steigungen in den Punkten P_0 und P_1.

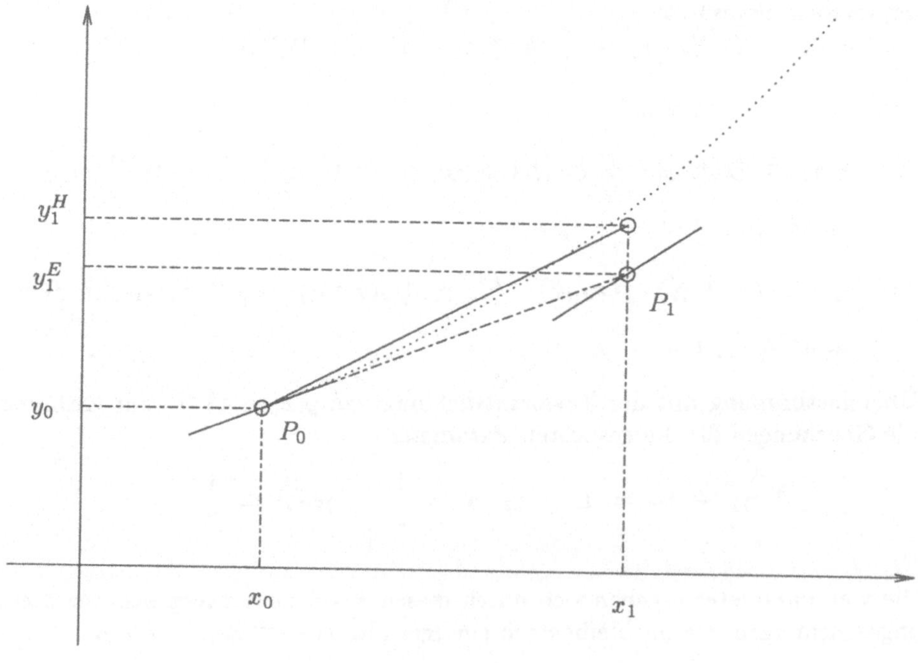

Fall 2: $\quad \gamma_1 = 0 \quad \gamma_2 = 1, \quad \alpha = \beta = \frac{1}{2}$

Man nennt dieses Verfahren auch die verbesserte Polygonzugmethode. Für diese Parameterwahl ergibt sich der folgende Algorithmus:

$$
\begin{aligned}
k_1 &= h \cdot f(x_n, y_n) && \text{„Eulerschritt"} \\
k_2 &= h \cdot f(x_n + \tfrac{1}{2}h, y_n + \tfrac{1}{2}k_1) \\
y_{n+1} &= y_n + k_2 \\
x_{n+1} &= x_n + h
\end{aligned}
$$

Die Steigung wird hier in dem in der Mitte der „Eulergeraden" gelegenen Punkt P abgegriffen.

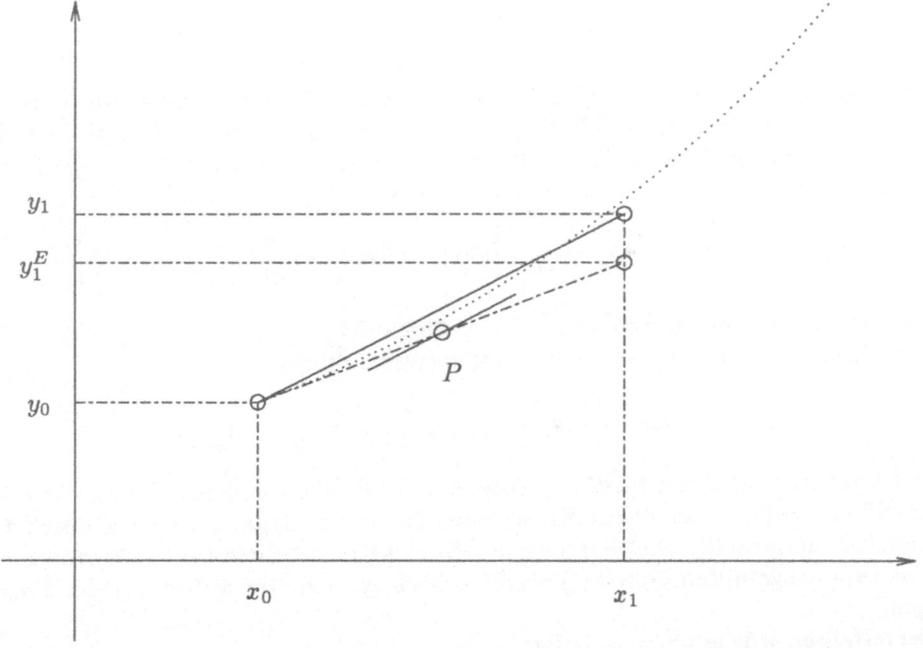

Da die oben beschriebenen Algorithmen bis zur Ordnung h^2 mit der Taylorentwicklung von $y(x_0 + h)$ übereinstimmen, beginnt der Fehler mit einem Summanden proportinal h^3. Ist der lokale Fehler im Wesentlichen proportional h^3, so erhält man für den globalen Fehler eine Abschätzung proportional h^2. Man spricht dann von einem Verfahren 2. Ordnung.

7.2.3 Runge-Kutta-Verfahren

Sehr gebräuchlich ist der folgende klassische[2] Runge-Kutta-Algorithmus, der an vier Stellen Steigungen abgreift und für den Gesamtschritt geeignet mittelt.[3] Pro Schritt sind dabei vier Funktionsauswertungen nötig.

$$
\begin{aligned}
k_1 &= h \cdot f(x_n, y_n) \qquad \text{„Eulerschritt"} \\[1ex]
k_2 &= h \cdot f(x_n + \tfrac{1}{2}h, y_n + \tfrac{1}{2}k_1) \\[1ex]
k_3 &= h \cdot f(x_n + \tfrac{1}{2}h, y_n + \tfrac{1}{2}k_2) \\[1ex]
k_4 &= h \cdot f(x_n + h, y_n + k_3) \\[1ex]
y_{n+1} &= y_n + \frac{1}{6}\left[k_1 + 2k_2 + 2k_3 + k_4\right] \\[1ex]
x_{n+1} &= x_n + h
\end{aligned}
$$

Bemerkung: Algorithmen zur Lösung von Differentialgleichungen können auch als Verallgemeinerungen von Integrationsformeln gedeutet werden. Hängt die rechte Seite der Differentialgleichung nur von x ab, so ergibt sich z.B. aus den obigen Runge-Kutta-Formeln

$$
\tfrac{1}{6} \cdot [k_1 + 2k_2 + 2k_3 + k_4] = \frac{h}{6} \cdot \left[f(x_i) + 4f(x_i + \frac{h}{2}) + f(x_i + h) \right] \quad .
$$

Dies entspricht genau der Simpsonformel[4] aus Abschnitt 6.2 .

In dem folgenden Schaubild ist für das Anfangswertproblem

$$
y' = 2 \cdot (x - \frac{1}{5}) \cdot (y + \frac{1}{2}) \qquad y(\frac{1}{5}) = \frac{1}{2} \qquad (*)
$$

der erste Runge-Kutta-Schritt für $h = 1$ skizziert. Die Punkte, in denen die vier Steigungen abgegriffen werden, sind durch Kreise markiert, die Steigungen werden durch Geradenstückchen dargestellt. Die Steigung des Runge-Kutta-Schritts (Geradenstück von $(x_0|y_0)$ bis zum ausgefüllten Quadrat) ergibt sich als gewichteter Mittelwert der Einzelsteigungen.

Das Eulerverfahren würde $y_1^E = y_0$ liefern!

---

[2] Neben den klassischen „Steigungspunkten" und Gewichtungsparametern sind auch noch andere Kombinationen gebräuchlich. Der klassische Runge-Kutta-Algorithmus ist von bestechender Einfachheit und hat die Eigenschaft, dass die sukzessive Bestimmung der Steigungen k_i nur den unmittelbar vorangegangenen Wert benötigt.

[3] Bei diesem Verfahren ist eine Übereinstimmung mit der Reihenentwicklung von $y(x_0 + h)$ bis zur Ordnung 4 gegeben. Man erhält dadurch ein Integrationsverfahren der Ordnung 4.

[4] In Abschnitt 6.2 hat h die Bedeutung: Länge des halben Integrationsbereichs.

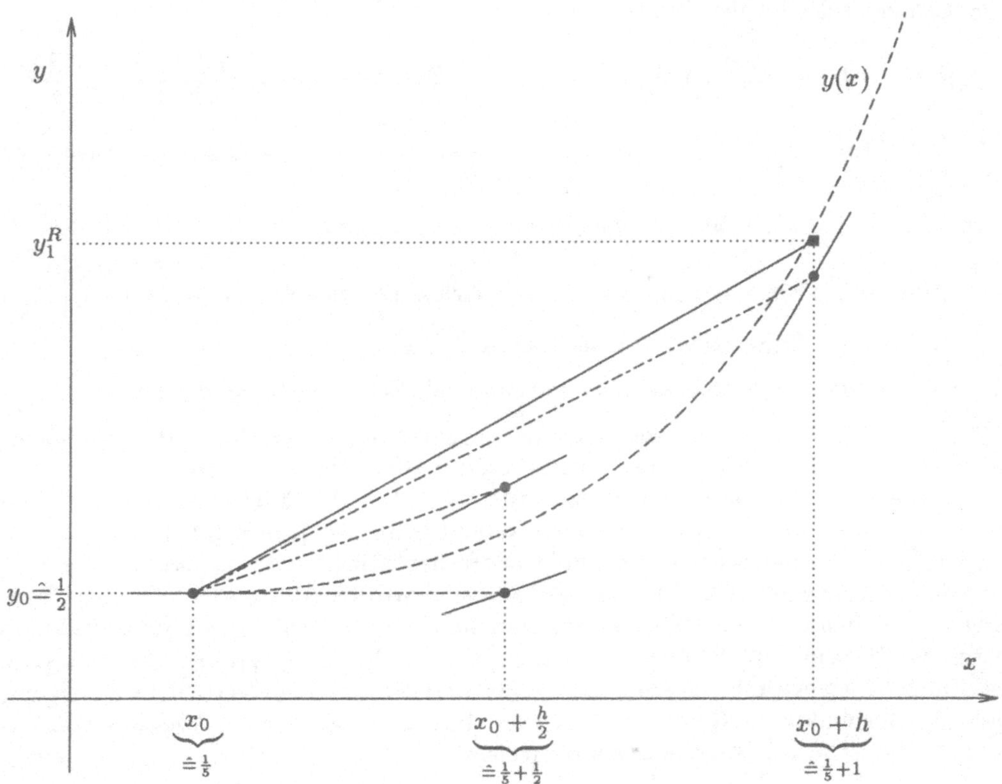

7.2.4 Schrittweitensteuerung und Genauigkeit

Ein Näherungsverfahren hat die Ordnung p, wenn die Taylorentwicklung des Verfahrens nach h bis zur Potenz h^p mit der Reihenentwicklung von $y(x_0 + h)$ übereinstimmt. Bei Beurteilung und Auswahl der Verfahren ist aber zu beachten, dass bei der theoretischen Vorüberlegung entsprechende Differenzierbarkeitseigenschaften der rechten Seite $f(x,y)$ vorausgesetzt werden. Sind diese verletzt, so bringen Verfahren hoher Ordnung schlechte Resultate oder versagen gänzlich (vgl. Abschnitt „Steife Probleme").

Bei sich schnell ändernder Steigung muss die Schrittweite h der numerischen Verfahren zur Lösung einer Differentialgleichung klein gewählt werden. Man könnte deshalb auf den Gedanken verfallen, dann eben vorsichtshalber immer mit sehr kleinem h zu rechnen. Dies würde aber zu unnötig großen Rundungsfehlern führen! Dies bedeutet, dass man - wo immer es möglich ist - mit einer möglichst großen Schrittweite arbeiten muss. Damit stehen wir vor dem Problem: Wie erhält man einen Parameter für die „optimale" Steuerung der Schrittweite? Es soll hier auf zwei Möglichkeiten eingegangen werden.

1) „Parallelrechnen" mit zwei verschiedenen Verfahren, deren Fehlerordnung sich um 1 unterscheiden; nach jedem Schritt wird die Differenz der beiden Resultate gebildet. Bei großer Differenz wird h verkleinert und umgekehrt.

2) „Parallelrechnen" mit halber Schrittweite. Die Differenz ergibt wieder den Parameter für die Schrittweitensteuerung.

Zur Schätzung des lokalen Fehlers l benutzt man bei Verfahren der Ordnung p

Fall 1: $l_1 \approx \dfrac{Y^{(p+1)}(h) - Y^{(p)}(h)}{h}$ **Fall 2:** $l_2 \approx \dfrac{Y(0.5 \cdot h) - Y(h)}{h \cdot (1 - 2^{-p})}$

Ist ϵ die vorgegebene lokale Toleranz, so kann man nach dem folgenden Schema verfahren.

- Ist $0.1 \cdot \epsilon \leq l \leq \epsilon$, so wird die Schrittweite akzeptiert.

- Andernfalls bestimmt man eine neue Schrittweite mittels $\tilde{h} = h \cdot \left[\rho \cdot \dfrac{\epsilon}{l}\right]^{\frac{1}{p}}$,

  wobei ρ ein Sicherheitsfaktor ist (häufig $\rho = \frac{1}{2}$).

Es ist weiter sinnvoll, eine maximale und minimale Schrittweite vorzugeben.

Zum Abschluss vergleichen wir noch die verschiedenen Integrationsverfahren am Beispiel (∗) von Seite 98. Das Runge-Kutta-Verfahren benötigt pro Schritt vier Funktionsauswertungen, das Heun-Verfahren nur zwei, während das Eulerverfahren nur einmal die rechte Seite $f(x,y)$ auswerten muss. Deshalb wird das Runge-Kutta-Verfahren mit der 4-fachen, das Heun-Verfahren mit der 2-fachen Schrittweite im Vergleich zum Eulerverfahren gerechnet. Das Intervall der Länge 1 wird bei Runge-Kutta in zwei Teilintervalle, bei Heun in vier Teilintervalle und bei Euler in acht Teilintervalle unterteilt. Damit sind jeweils acht Funktionsauswertungen von $f(x,y)$ notwendig. Die Stützstellen des Runge-Kutta-Verfahrens sind mit Quadraten, die des Heun-Verfahrens mit Kreisen und die Hilfspunkte des Eulerverfahrens mit Rauten markiert. Der Vergleich am Ende bei $x_e = 1.2$ ist in der Tabelle zusammengefasst.

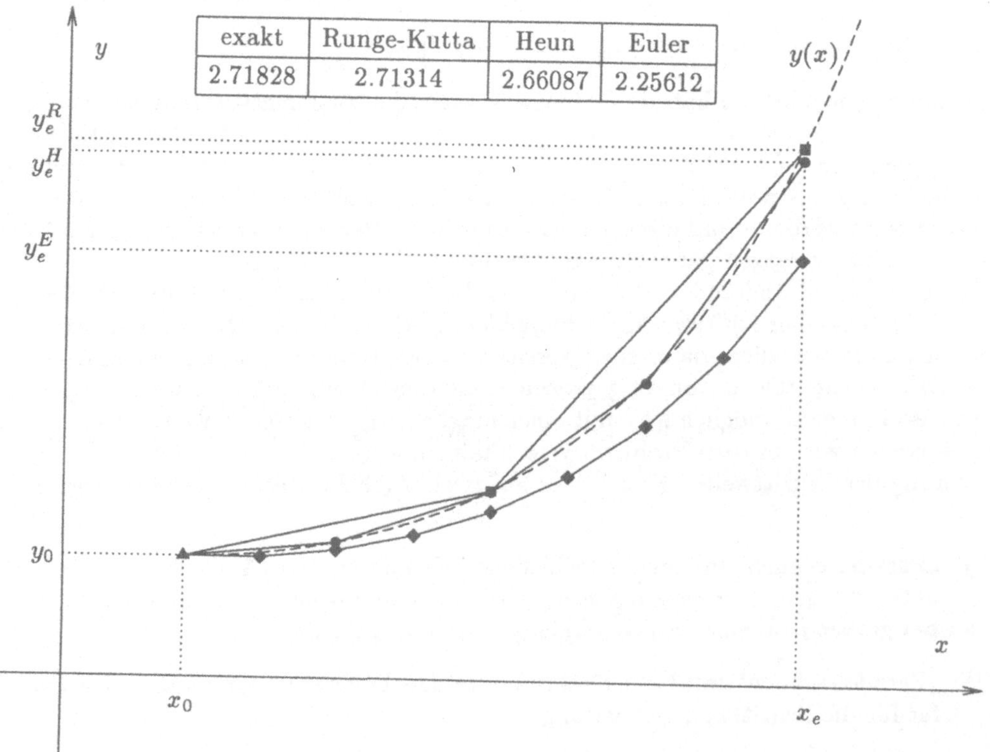

exakt	Runge-Kutta	Heun	Euler
2.71828	2.71314	2.66087	2.25612

7.3   MATLAB-Routinen

MATLAB besitzt für die numerische Lösung von Differentialgleichungen bzw. Systemen sehr effektive Routinen. Es sind Runge-Kutta-Verfahren der Ordnung 4/5 bzw. 2/3. Über die „Symbolic Toolbox" kann zum algebraischen Lösen von Differentialgleichungen auch auf den Maple-Kern zugegriffen werden.

7.3.1   Symbolische Lösung

In Mathematik-Kursvorlesungen werden überwiegend Differentialgleichungen behandelt, die geschlossen lösbar sind. Diese Lösungen erhält man mit der MATLAB-Prozedur „dsolve"; mit „ezplot" kann man zusätzlich eine Skizze der Lösungsfunktion erzeugen.

- Anfangswertproblem 1. Ordnung: $x \cdot y' - y^2 = 1$; $y(1) = 1$

```
f=dsolve('x*Dy-y^2=1','y(1)=1')

f =

tan(log(x)+1/4*pi)

explot(f,[1 2]);
```

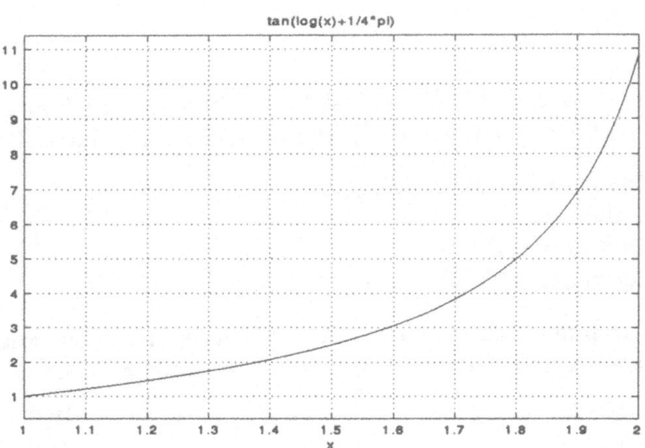

- Anfangswertproblem 2. Ordnung: $y'' + y = 0$; $y(0) = 1, y'(0) = 0$

```
dsolve('D2y+y=0','y(0)=1,Dy(0)=0')

ans =

cos(x)
```

- Randwertproblem: $y'' + a^2 \cdot y = 0$; $y(0) = y(\frac{pi}{a}) = 0$

```
dsolve('D2y+a^2*y=0','y(0)=0,y(pi/a)=0')

ans =

C1*sin(a*x)
```

7.3.2 Numerische Lösung

Für das numerische Lösen von Differentialgleichungen stellt MATLAB die Prozeduren „ode23" und „ode45" zur Verfügung. Es sind beides Runge-Kutta-Verfahren der Ordnung 2/3 bzw. 4/5. Dabei wird der Parameter zur Schrittweitensteuerung durch Vergleich der Resultate zweier Verfahren verschiedener Ordnung errechnet.

Beispiel: Van der Pool Gleichung mit Parameter α

$$\ddot{x} + \alpha \cdot (x^2 - 1) \cdot \dot{x} + x = 0 \quad , \quad \alpha \in \mathbb{R} \quad .$$

Mit der Substitution

$$x_1 = x, \quad x_2 = \dot{x}$$

geht die Differentialgleichung 2. Ordnung in ein System von Differentialgleichungen 1. Ordnung über:

$$\begin{aligned} \dot{x}_1 &= x_2 \\ \dot{x}_2 &= x_2 \cdot (1 - x_1^2) \cdot \alpha - x_1 \quad . \end{aligned}$$

Zur Lösung mit MATLAB muss zunächst ein Function-File (Bezeichnung: „vdpol.m") erstellt werden, der die Differentialgleichung darstellt.

```
function⎵xdot=vdpol(t,x);
global⎵a;
xdot(1)=x(2);
xdot(2)=x(2).*(1-x(1).^2)*a-x(1);
```

Zur numerischen Lösung der Differentialgleichung müssen zusätzlich noch Integrationsbereich und Anfangsbedingungen vorgegeben werden.

```
t0=0;                          Beginn der Integration
tf=50;                         Ende der Integration
x0=[0⎵0.25]';                  Anfangsbedingung
global⎵a;                      macht Variable global zugänglich
a=1;                           Festlegung des Parameters a
[t,x]=ode45('vdpol',t0,tf,x0); führt Integration durch
plot(t,x);                     plottet x und ẋ über t
```

Wenn die graphische Darstellung nicht befriedigend ausfällt, so kann die Integration mit größerer Genauigkeit wiederholt werden. Dazu ist der optionale Parameter für die Genauigkeit[5] entsprechend kleiner einzugeben, wie zum Beispiel:

```
[t,x]=ode45('vdpol',t0,tf,x0,1e-9);
```

Um das Graphikfenster für $x(t)$ und $\dot{x}(t)$ in zwei Hälften zu teilen, benutzt man die Subplot-Routine:

```
subplot(2,1,1);plot(t,x(:,1));
subplot(2,1,2);plot(t,x(:,2));
```

---

[5] Die Voreinstellung ist bei „ode23" $tol = 10^{-3}$, bei „ode45" $tol = 10^{-6}$.

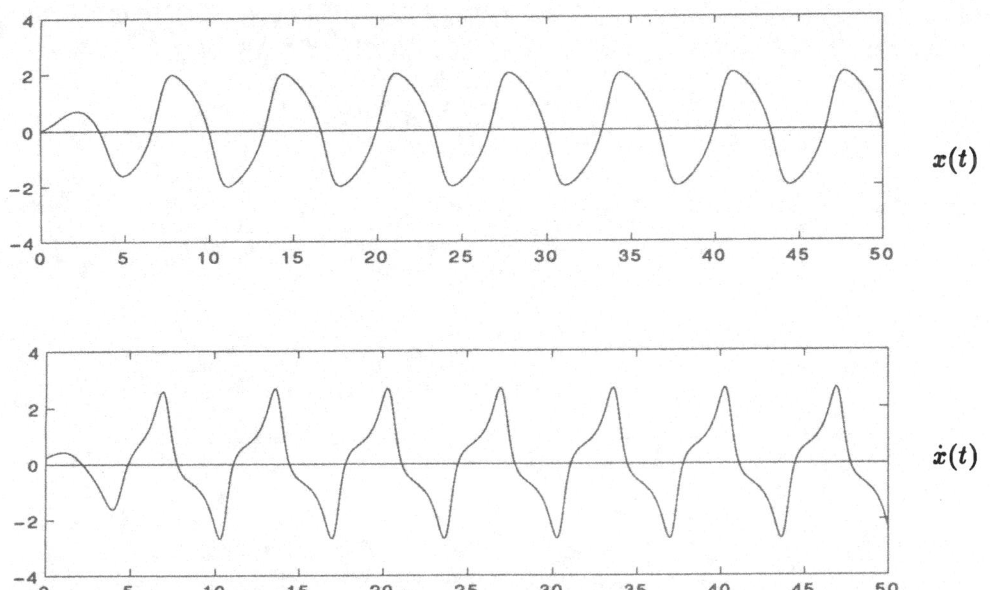

Neben der üblichen Darstellung der Lösungsfunktion $x(t)$ erweist sich eine Darstellung in der sogenannten Phasenebene als sehr nützlich. Dabei wird die Zustandsvariable $\dot{x}(t)$ (Geschwindigkeit) über $x(t)$ (Ort) aufgetragen. Hilfreich zum Verständnis des Bewegungsablaufs ist dabei die Orientierung der Phasenkurve, d.h. der Durchlaufsinn mit wachsendem (Zeit-) Parameter t : $\dot{x} > 0$ ⤳ nach rechts; $\dot{x} < 0$ ⤳ nach links.
Mit MATLAB erzeugt man ein solches Phasenbild durch den Befehl:

```
plot(x(:,1),x(:,2));
```

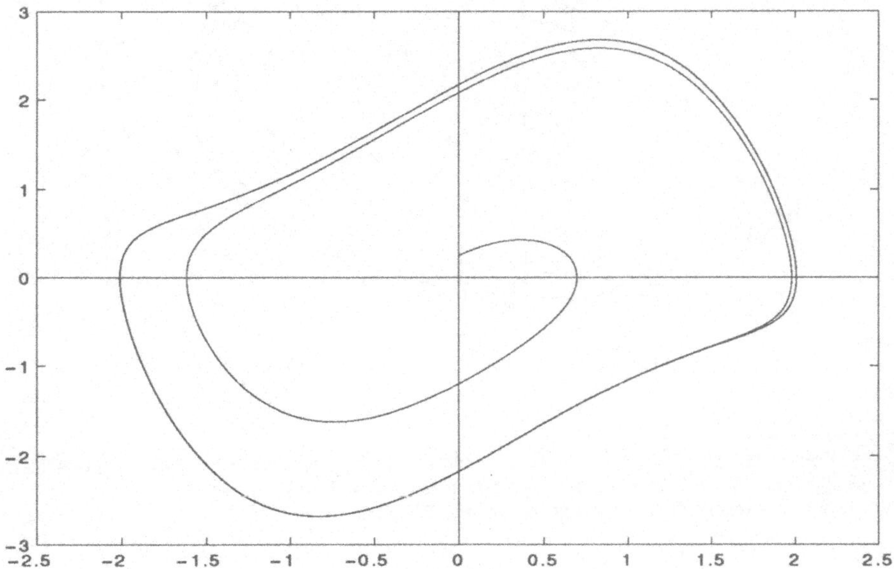

Für kleine Parameterwerte α strebt die Lösung gegen eine harmonische Schwingung. Die folgenden Bilder[6] geben die Verhältnisse für den Wert $\alpha = 0.1$ wieder[7].

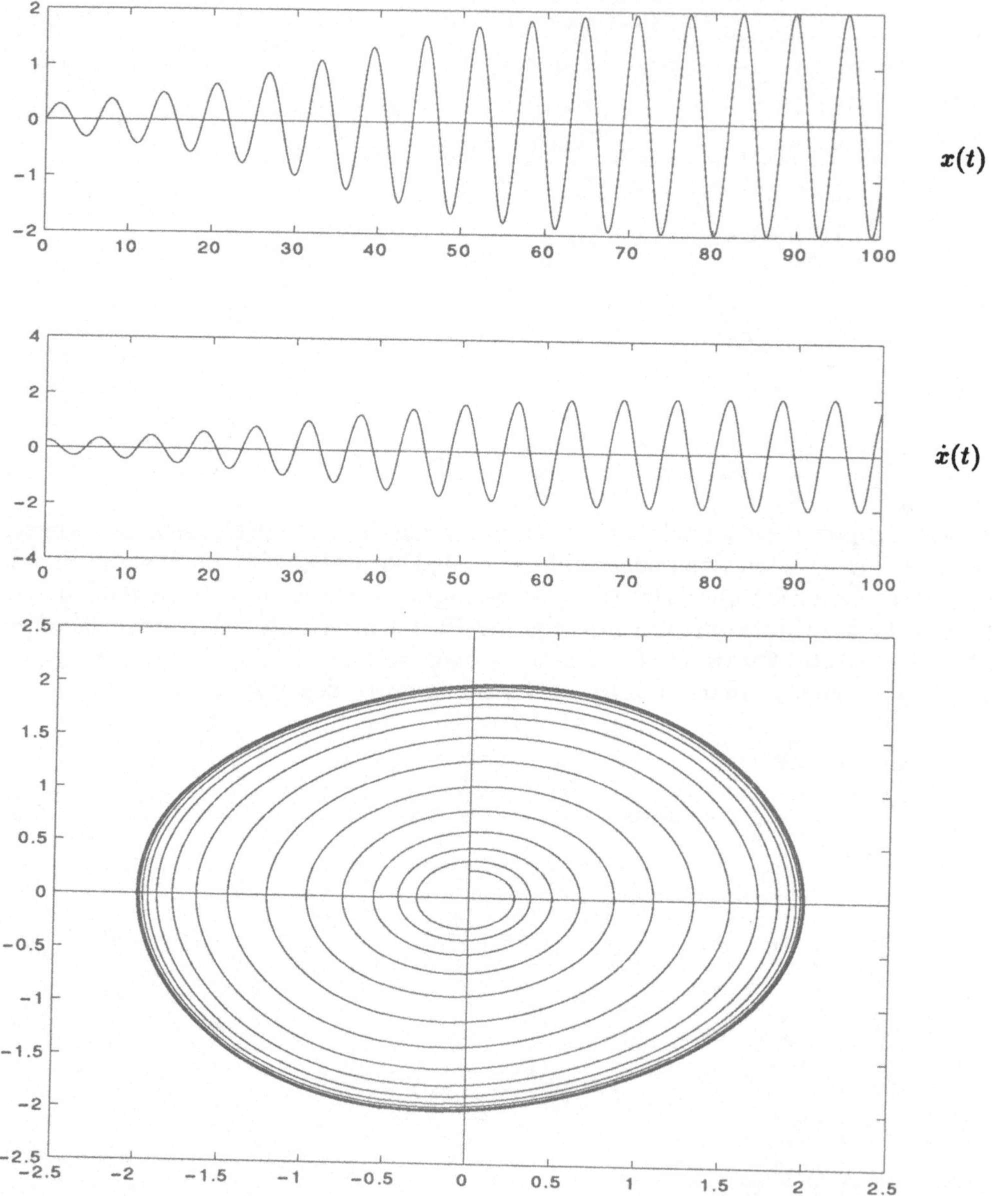

---

[6] Die Standarddarstellung in MATLAB erfolgt ohne Koordinatenachsen. Mit dem Zusatz plot(...,...,[x_{min} 0;x_{max} 0],[0 y_{min};0 y_{max}]); lässt sich ein Achsenkreuz erzeugen.

[7] Das Phasenbild einer harmonischen Schwingung ist eine Ellipse.

Für große Parameterwerte verhält sich die Lösung wie eine Kippspannung. Für den Parameterwert $\alpha = 20$ ergeben sich die Bilder:

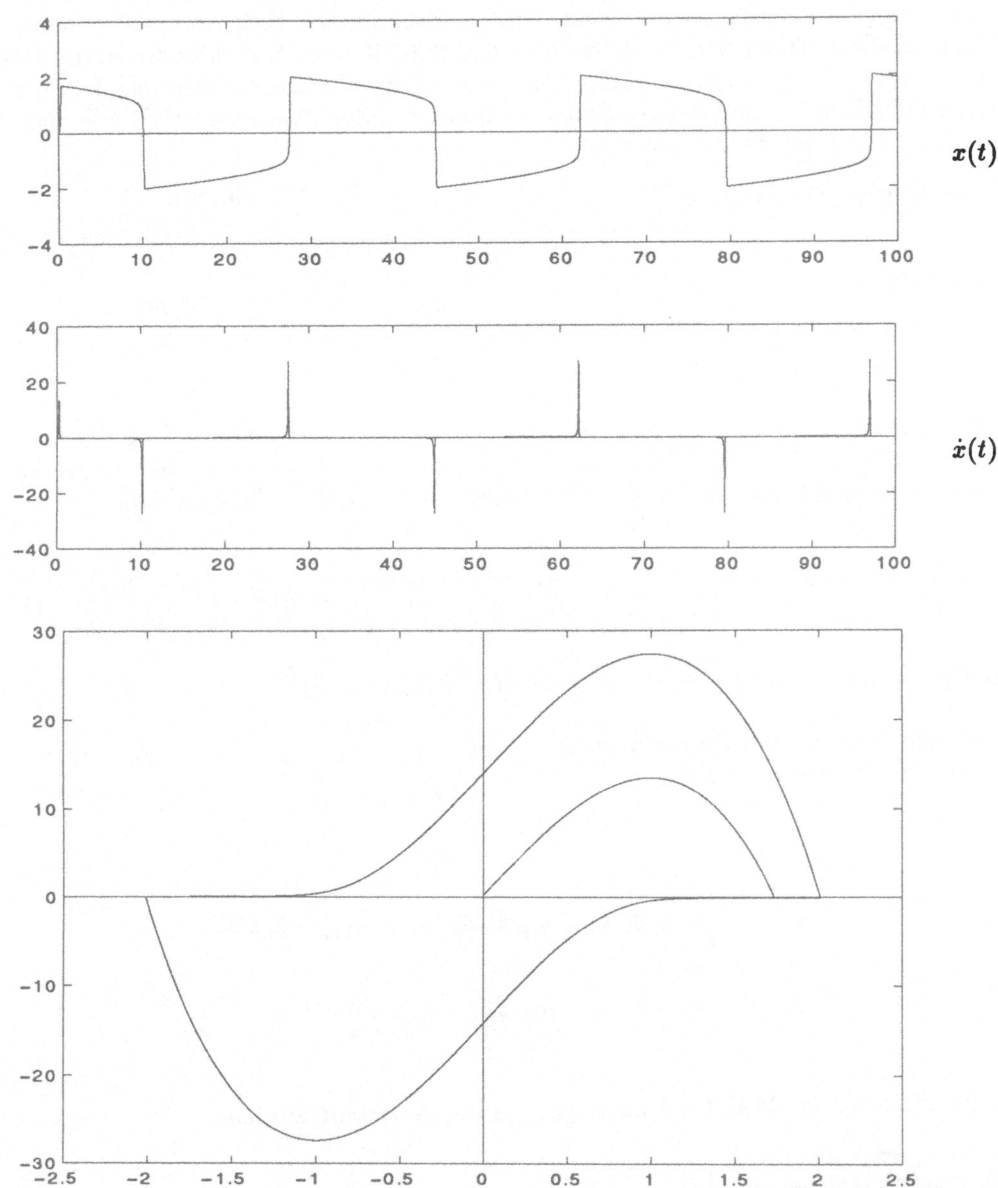

Bemerkung: Die Differentialgleichung besitzt für $\alpha > 0$ eine instabile Gleichgewichtslage in $(0|0)$ und einen stabilen Grenzzyklus. Für $\alpha < 0$ ist $(0|0)$ die einzige stabile Gleichgewichtslage. Als Sonderfall ergibt $\alpha = 0$ die harmonische Lösung $x(t) = c_1 \cos t + c_2 \sin t$. Das zugehörige Phasenbild ist ein Kreis.

7.3.3   Drei-Körper-Problem

Ein Beispiel für die Leistungsfähigkeit des in der MATLAB-Prozedur „ode45" benutzten Runge-Kutta-Verfahrens ist die Lösung des eingeschränkten Drei-Körper-Problems. Im Folgenden untersuchen wir die Bewegung eines Satelliten im Erde-Mond-System. Dabei wird die gegenseitige Wechselwirkung von Erde und Mond sowie die Wirkung der Schwerkraft von Erde und Mond auf den Satelliten berücksichtigt. Weiter soll die Bewegung der drei Körper in einer Ebene erfolgen.

Skizze nicht maßstabsgetreu!   ✕   Satellit

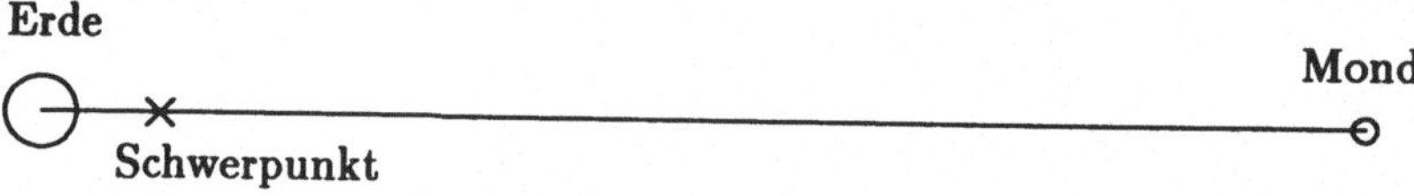

Erde und Mond rotieren um ihren gemeinsamen Schwerpunkt. Sind m_e, m_M die Massen von Erde und Mond, so ergibt sich für die Koordinaten des Satelliten $(y_1|y_2)$ im bewegten Koordinatensystem das im Anhang hergeleitete Differentialgleichungssystem:

$$\begin{pmatrix} \ddot{y}_1 \\ \ddot{y}_2 \end{pmatrix} = \begin{pmatrix} y_1 \\ y_2 \end{pmatrix} + 2\begin{pmatrix} \dot{y}_2 \\ -\dot{y}_1 \end{pmatrix} - \frac{m_E}{D_E}\cdot\begin{pmatrix} y_1 + m_M \\ y_2 \end{pmatrix} - \frac{m_M}{D_M}\cdot\begin{pmatrix} y_1 - m_E \\ y_2 \end{pmatrix} \qquad (*)$$

mit $D_E = \left[(y_1 + m_M)^2 + y_2^2\right]^{\frac{3}{2}}$; $D_M = \left[(y_1 - m_E)^2 + y_2^2\right]^{\frac{3}{2}}$.

Durch Einführung der Zustandsvariablen $\{z_1 = y_1 \quad z_2 = \dot{y}_1 \quad z_3 = y_2 \quad z_4 = \dot{y}_2\}$ geht $(*)$ über in die Normalform:

$$\begin{aligned} \dot{z}_1 &= z_2 \\ \dot{z}_2 &= z_1 + 2\cdot z_4 - m_E\frac{z_1 + m_M}{D_E} - m_M\frac{z_1 - m_E}{D_M} \\ \dot{z}_3 &= z_4 \\ \dot{z}_4 &= z_3 - 2\cdot z_2 - m_E\frac{z_3}{D_E} - m_M\frac{z_3}{D_M} \end{aligned}$$

Zur Realisierung mit MATLAB muss nun ein m-File erstellt werden:

```
function yp = sat(t,y)
mus=0.987722529;mu=1-mus;
r1 = norm([y(1)+mu, y(3)]);    % Distance to the earth
r2 = norm([y(1)-mus, y(3)]);   % Distance to the moon
yp(1) = y(2);
yp(2) = 2*y(4) + y(1) - mus*(y(1)+mu)/r1^3 - mu*(y(1)-mus)/r2^3;
yp(3) = y(4);
yp(4) = -2*y(2) + y(3) - mus*y(3)/r1^3 - mu*y(3)/r2^3;
yp = yp';
```

Für geeignete Anfangsbedingungen gibt es periodische Lösungen.

	z_1	z_2	z_3	z_4
period. Lösung I	1.195267035	0	0	-1.036473647
period. Lösung II	0.994	0	0	-2.001585106379

Wir wollen im Folgenden nur die erste periodische Lösung untersuchen. Zur Berechnung der Bahnkurve und ihrer graphischen Darstellung sind folgende MATLAB-Befehle notwendig.

```
x01=[1.195267035␣0␣0␣-1.03647364700000];
[t,x]=ode45('sat',0,10,x01');
plot(x(:,1),x(:,3));
```

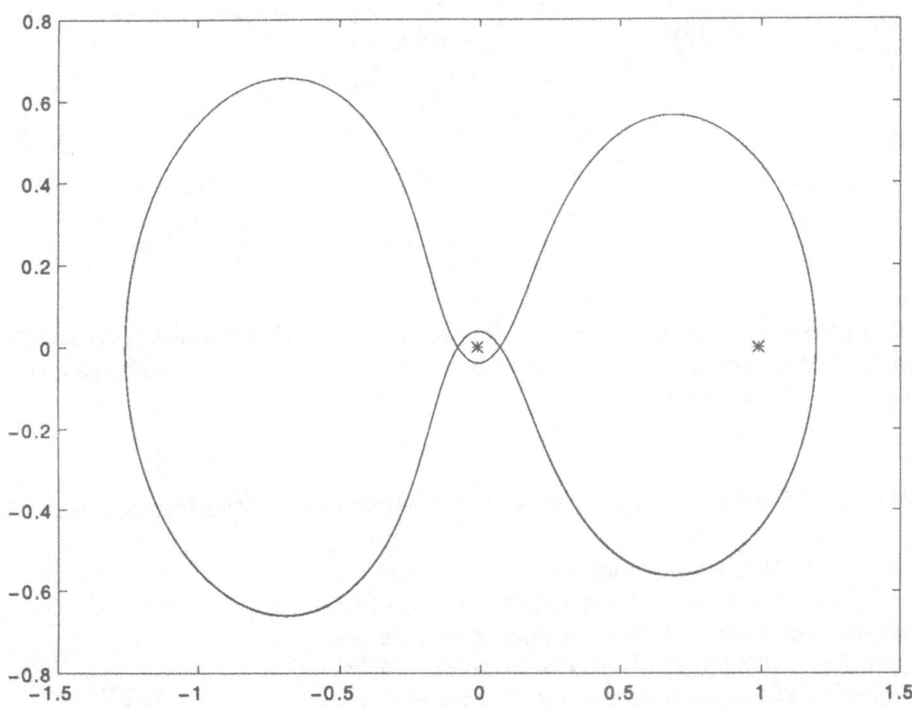

Soll in einem festen Koordinatensytem beobachtet werden, so müssen wir die Rotationsbewegung der Achse Erde - Mond herausrechnen:

Die Drehung des Koordinatensystems wird beschrieben durch

$$\vec{x}_\alpha = \begin{pmatrix} \cos\alpha & -\sin\alpha \\ \sin\alpha & \cos\alpha \end{pmatrix} \cdot \vec{x} \ .$$

In MATLAB:

```
v=[cos(t).*x(:,1)-sin(t).*x(:,3),␣sin(t).*x(:,1)+cos(t).*x(:,3)];
plot(v(:,1),v(:,2));
```

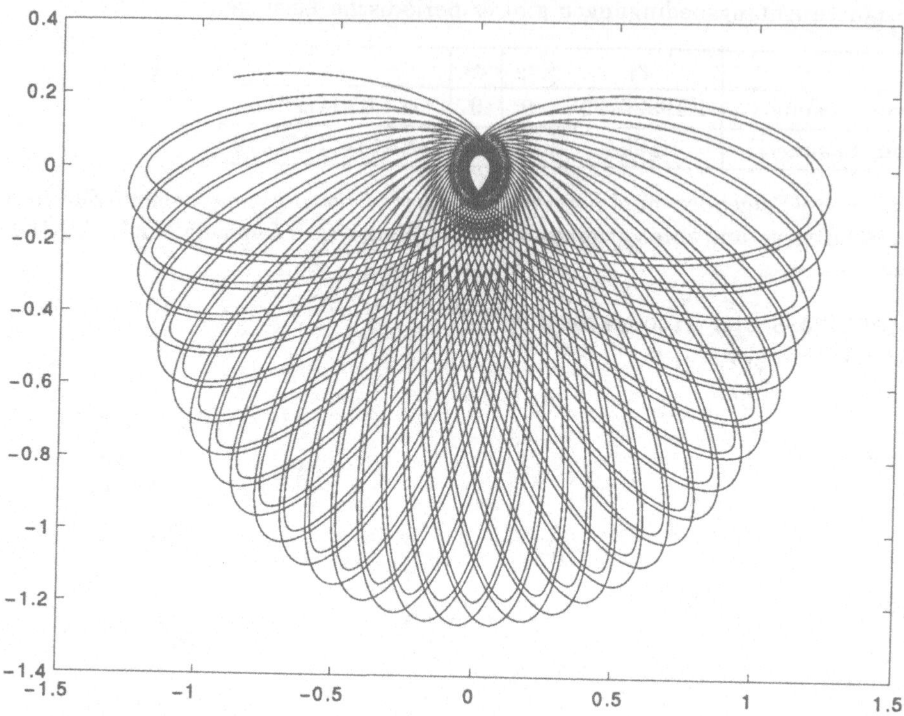

Der Satellit umkreist die Erde auf einer ellipsenähnlichen Bahn. Dabei verändert sich die Halbachse, je nachdem ob sich der Mond im Innern der Kurve aufhält oder er sich auf der anderen „Erdseite" befindet.

7.4   Wasserrakete – Beispiel für ein Differentialgleichungssystem

Wir betrachten eine mit Wasser betriebene Spielzeugrakete. Im Innern befindet sich ein Vorratsbehälter, der zum Teil mit Wasser und zum anderen Teil mit unter Druck stehender Luft gefüllt ist. Wird die Ausströmdüse geöffnet, drückt die expandierende Luft das Wasser aus dem Tank und sorgt so für die Beschleunigung der Rakete.[8]

Wir wollen nun ein vereinfachtes mathematisches Modell für den Raketenflug entwickeln und das sich daraus ergebende Differentialgleichungssystem mit MATLAB lösen.

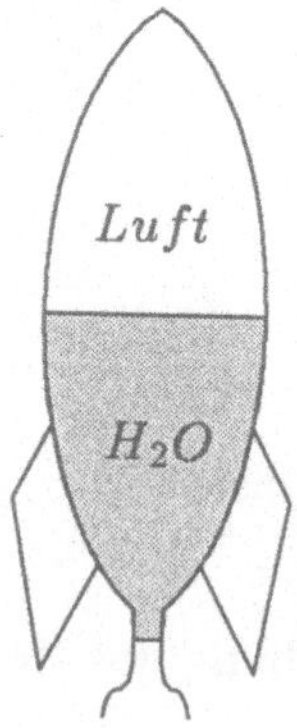

---

[8] Die Ausarbeitung dieses Beispiels erfolgte nach einer Idee von Prof. Dr. Thomas Hanak, FHT Esslingen.

7.4.1 Physikalische Grundlagen

Ausgangspunkt ist der adiabatische Ausdehnungsprozess der Luft. Bei schnell ablaufenden Vorgängen kann diese Idealisierung angenommen werden. Dann gilt für den Zusammenhang von Druck und Volumen die sogenannte Adiabatengleichung:

$$p \cdot V^\chi \; = \; konstant \; = \; c \qquad (1) \quad .$$

Aus der Bernouli-Gleichung erhält man einen Zusammenhang zwischen Druckdifferenz und Volumenstrom. A sei der Austrittsquerschnitt der Düse; A_i der Querschnitt für die Grenzfläche zwischen Wasser und Luft. p ist der Druck der Luft im Innern; p_a der Außendruck.

Dann gilt für $\left(\frac{A}{A_i}\right)^2 \ll 1$:

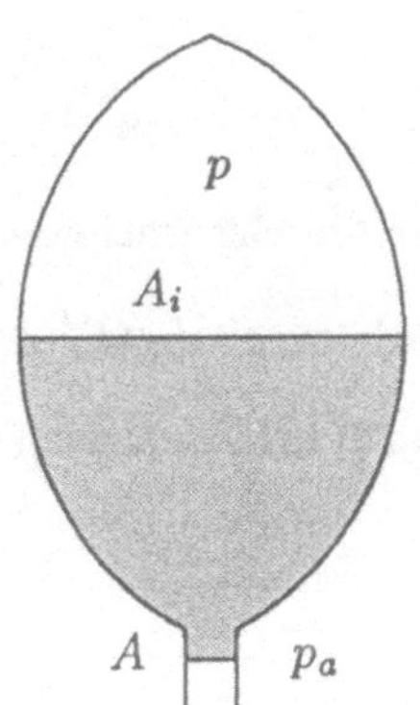

$$p_a + \frac{1}{2}\rho v_a^2 = p \;\rightsquigarrow\; v_a = \sqrt{\frac{2(p-p_a)}{\rho}} \quad .$$

Dabei ist v_a die Geschwindigkeit des ausströmenden Wassers. Der Volumenstrom $\dot{V}(t)$ ergibt sich daraus zu

$$\dot{V} = v_a \cdot A = \sqrt{\frac{2(p-p_a)}{\rho}} \cdot A \qquad (2) \quad .$$

7.4.2 Herleitung der Differentialgleichungen

Differentialgleichung für den Druck

Die logarithmische Ableitung der Adiabatengleichung lautet:

$$\frac{\dot{p}}{p} + \chi \cdot \frac{\dot{V}}{V} = 0 \quad .$$

Mit V aus (1) und $\dot{V}$ aus (2) erhalten wir nach kurzer Rechnung:

$$\dot{p} + \chi \cdot c^{-\frac{1}{\chi}} \cdot p^{\frac{\chi+1}{\chi}} \cdot \sqrt{\frac{2(p-p_a)}{\rho}} \cdot A = 0 \quad .$$

Differentialgleichung für das Luftvolumen

In der Beziehung (2) zwischen $\dot{V}$ und der Ausströmgeschwindigkeit ersetzen wir den Druck p mittels Adiabatengleichung und erhalten:

$$\dot{V} = \sqrt{\frac{2\left(\frac{c}{V^\chi} - p_a\right)}{\rho}} \cdot A \quad .$$

Herleitung der Bewegungsgleichungen

Ist V_0 das Volumen des Wassers zu Beginn, $V(t)$ das zur Zeit t bereits ausgeströmte Volumen, dann befindet sich zur Zeit t noch das Wasservolumen

$$V_W(t) \; = \; V_0 \; - \; V(t)$$

in der Rakete.

Die Schubkraft ergibt sich damit als Produkt aus Massenstrom $\rho\dot{V}$ und Ausströmgeschwindigkeit v_a

$$F \;=\; \rho \cdot \dot{V} \cdot v_a \;=\; \rho \cdot \sqrt{\frac{2\left(\frac{c}{V^\chi} - p_a\right)}{\rho}} \cdot A \sqrt{\frac{2\left(\frac{c}{V^\chi} - p_a\right)}{\rho}} \;=\; 2A \cdot \left(\frac{c}{V^\chi} - p_a\right) \quad .$$

Für die Gesamtmasse der Rakete gilt bei Vernachlässigung der eingeschlossenen Luft:

$$m(t) \;=\; \rho \cdot V_W(t) \;+\; m_0 \;=\; \rho \cdot (V_0 - V(t)) \;+\; m_0 \qquad m_0 : \text{ Masse der leeren Rakete} \;.$$

Damit erhalten wir für die Schubbeschleunigung $a(t)$:

$$a(t) \;=\; \frac{F(t)}{m(t)} \;=\; \frac{2A \cdot \left(\frac{c}{V^{\chi}(t)} - p_a\right)}{m_0 + \rho \cdot (V_0 - V(t))} \quad .$$

Bezeichnen wir mit x_1 die Ortskoordinate, mit x_2 die Geschwindigkeit und mit x_3 das Volumen des ausgeströmten Wassers, so erhalten wir für unseren Raketenflug während der Beschleunigungsphase das folgende Differentialgleichungssystem 3. Ordnung:

$$\dot{x}_1(t) \;=\; v(t) \;=\; x_2(t)$$

$$\dot{x}_2(t) \;=\; a(t) - g \;=\; \frac{2A \cdot \left(\frac{c}{x_3^{\chi}(t)} - p_a\right)}{m_0 + \rho \cdot (V_0 - x_3(t))} - g$$

$$\dot{x}_3(t) \;=\; \dot{V}(t) \;=\; \sqrt{\frac{2\left(\frac{c}{x_3^{\chi}(t)} - p_a\right)}{\rho}} \cdot A \quad .$$

7.4.3 Realisierung mit MATLAB

Wir wollen nur die Beschleunigung während der Ausströmphase des Wassers berücksichtigen. Die verbleibende Luft strömt danach ebenfalls aus und bewirkt noch einen zusätzlichen Effekt, der hier unberücksichtigt bleiben soll. Reibungseffekte werden ebenfalls vernachlässigt.

Abschuss senkrecht zur Erdoberfläche

Die Rakete soll senkrecht abgeschossen werden. Das Differentialgleichungssystem kann mit der MATLAB-Prozedur „ode45" numerisch gelöst werden. Dazu müssen neben den Anfangsbedingungen auch noch die physikalischen Größen eingegeben werden. Um das „Spielen" zu erleichtern, wird ein m-File vorgeschaltet, bei dem die interessanten Parameter Anfangsdruck p_0, Luftanteil im Vorratsbehälter V_0 und die Beobachtungszeit t_0 einfach eingegeben werden können. Bei dem Function-File für das Differentialgleichungssystem ist die notwendige „if"-Abfrage nach dem Brennschluss programmiertechnisch unschön. Danach wirke nur noch die Erdbeschleunigung g. Für eventuelle weitere „Spielereien" wurde der Function-File der Differentialgleichung der Volumenänderung und Druckänderung separat programmiert.

```matlab
% wasser.m
% Wasserrakete; senkrechter Abschuss
global c k pa A ro m0 g0;
pa=1;      % Aussendruck
p0=8;      % Luftdruck in Rakete
k=1.4;     % Adiabatenkoeffizient
t0=10;     % Beobachtungszeit
V0=0.4;    % Volumenanteil der Luft
A=0.05;    % Austrittsquerschnitt
ro=0.2;    % Dichte
g0=1;      % Erdbeschleunigung
m0=0.05;   % Masse der leeren Rakete
p0=input('Luftdruck p0= ');
V0=input('Luftvolumenanteil V0= ');
t0=input('Beobachtungszeit t0= ');
c=p0*V0^k;
[tg,xg]=ode45('rak',0,t0,[0 0 V0],1e-11);
a1=2*(c./xg(:,3).^k-pa)*A./(m0+1-xg(:,3))/ro;   % Bestimmung der
for iz=1:length(xg(:,3)),                        % Beschleunigung
  if xg(iz,3)>=1, a1(iz)=0;end;                  % aus V(t)
end;
a1=a1-ones(size(a1)).*g0;
plot(tg,xg,tg,a1);
title(['Wasserrakete    p0= ' num2str(p0) '  V0= ' num2str(V0)]);
xlabel('t');ylabel('s(t), v(t), a(t), V(t)');

function xdot=rak(t,x);
% DGL-System fuer Wasserrakete
% benoetigt voll.m
%
global c k A ro m0 g0 pa;
xdot=zeros(size(x));
xdot(1)=x(2);
V=x(3);
if V>=1, V=(c/pa)^(1/k);end;
xdot(2)=2*A/ro*(c./V^k-pa)./(m0+1-V)-g0;
xdot(3)=voll(t,x(3));

function xdot=voll(t,x);
% Differentialgleichung der Volumenaenderung
%
global c k pa ro A;
xdot=sqrt(2*(c/(x^k)-pa)./ro)*A;

function xdot=poll(t,x);
% Differentialgleichung der Druckaenderung
%
global c k pa ro A;
xdot=-k*c^(-1/k)*x^(1+1/k)*sqrt(2*(x-pa)./ro)*A;
```

In der folgenden Graphik ist die Ortskoordinate $s(t)$, die Geschwindigkeit $v(t)$, die Beschleunigung $a(t)$ sowie die Volumenveränderung $V(t)$ eingetragen. Interessant ist, dass die Schubbeschleunigung beim Brennschluss den maximalen Wert annimmt.

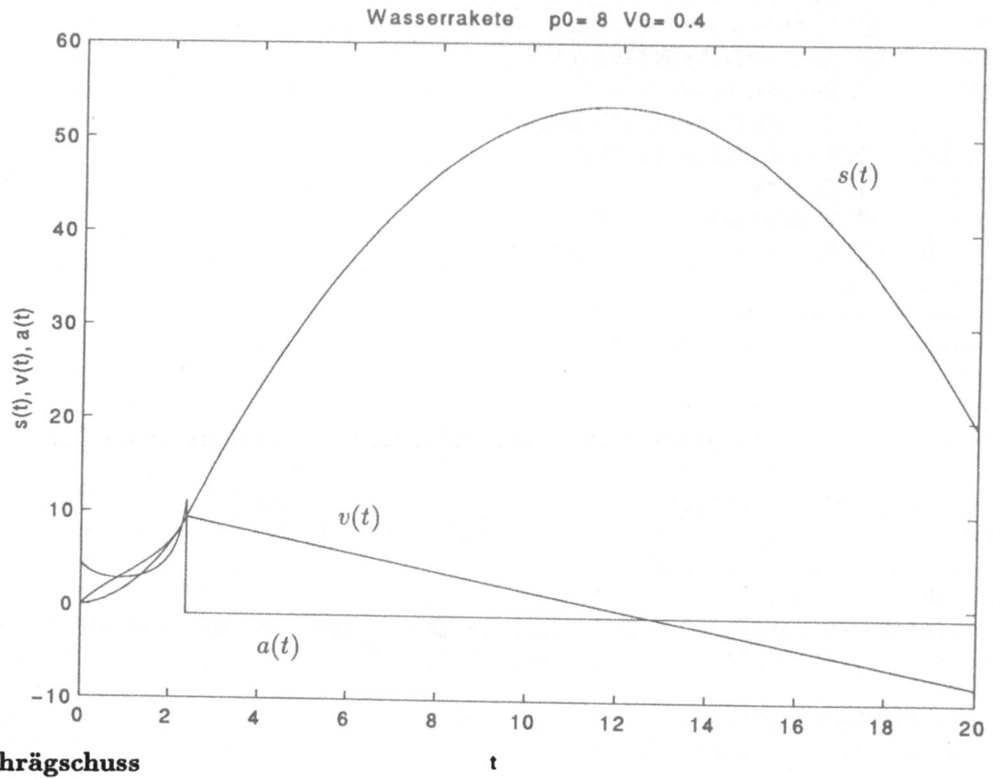

Schrägschuss

Grundlage ist wieder die Differentialgleichung für das Luftvolumen $V(t)$. Aus $V(t)$ ergibt sich der Betrag der Schubbeschleunigung $|\vec{a}(t)|$. Wir führen in der Ebene der Bahnkurve ein kartesisches Koordinatensystem ein.

Der Schubbeschleunigungsvektor $\vec{a}(t)$ hat die Richtung der Tangente an die Bahnkurve. Diese Richtung ist identisch mit dem Geschwindigkeitsvektor $\vec{v}$. Damit können wir die Komponenten a_x und a_y der Schubbeschleunigung bestimmen:

$$a_x = \frac{v_x}{\sqrt{v_x^2 + v_y^2}} \cdot |\vec{a}|$$

$$a_y = \frac{v_y}{\sqrt{v_x^2 + v_y^2}} \cdot |\vec{a}|$$

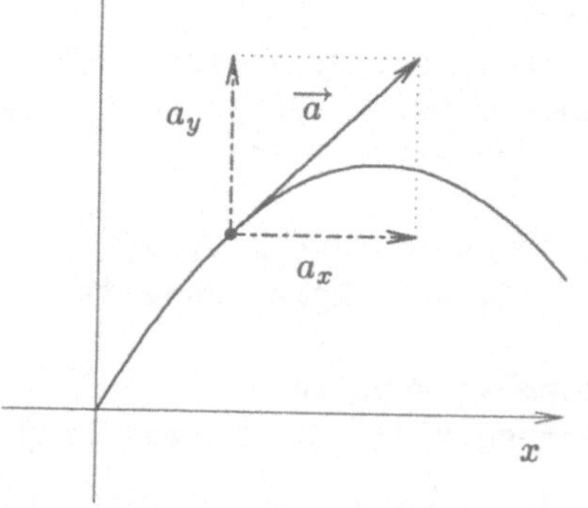

Insgesamt ergibt sich das folgende Differentialgleichungssystem für $x(t)$ und $y(t)$:

$$\ddot{x}(t) = \frac{\dot{x}(t)}{\sqrt{\dot{x}^2(t) + \dot{y}^2(t)}} \cdot \frac{2A \cdot \left(\frac{c}{V(t)^{\chi}(t)} - p_a \right)}{m_0 + \rho \cdot (V_0 - V(t))}$$

$$\ddot{y}(t) = \frac{\dot{y}(t)}{\sqrt{\dot{x}^2(t) + \dot{y}^2(t)}} \cdot \frac{2A \cdot \left(\frac{c}{V(t)^{\chi}(t)} - p_a \right)}{m_0 + \rho \cdot (V_0 - V(t))} - g$$

$$\dot{V}(t) = \sqrt{\frac{2 \left(\frac{c}{V^{\chi}(t)} - p_a \right)}{\rho}} \cdot A$$

Zur Bearbeitung mit MATLAB müssen wir daraus ein Differentialgleichungssystem der Ordnung 5 machen. Mit den Zustandsvariablen

$$\{ z_1(t) = x(t),\ z_2(t) = y(t),\ z_3(t) = \dot{x}(t),\ z_4(t) = \dot{y}(t),\ z_5(t) = V(t) \}$$

erhalten wir

$$\dot{z}_1(t) = z_3(t)$$

$$\dot{z}_2(t) = z_4(t)$$

$$\dot{z}_3(t) = \frac{z_3(t)}{\sqrt{z_3^2(t) + z_4^2(t)}} \cdot \frac{2A \cdot \left(\frac{c}{z_5(t)^{\chi}(t)} - p_a \right)}{m_0 + \rho \cdot (V_0 - z_5(t))}$$

$$\dot{z}_4(t) = \frac{z_4(t)}{\sqrt{z_3^2(t) + z_4^2(t)}} \cdot \frac{2A \cdot \left(\frac{c}{z_5(t)^{\chi}(t)} - p_a \right)}{m_0 + \rho \cdot (V_0 - z_5(t))} - g$$

$$\dot{z}_5(t) = \sqrt{\frac{2 \left(\frac{c}{z_5^{\chi}(t)} - p_a \right)}{\rho}} \cdot A \ .$$

Erste Proberechnungen mit diesem Differentialgleichungssystem ergaben bei Startdaten $\{x(0) = \dot{x}(0) = y(0) = \dot{y}(0) = 0\}$ Fehlermeldungen in der Startphase (Division durch Null!). Wenn wir die Integration ohne Anfangsgeschwindigkeit beginnen, so lässt sich in dieser Phase kein Tangentenvektor für die Richtung der Schubbeschleunigung bestimmen. Wir erzielen einen zur Stabilisierung notwendigen Effekt, wenn wir der Rakete beim Start noch einen Impuls erteilen. Zur einfachen Eingabe der interessanten Parameter, sowie für die graphische Auswertung wurde wieder ein m-File erstellt. Dort erfolgt auch die Berechnung der Reichweite.

```
% Wasserrakete; schraeger Abschuss
global c k pa p0 A ro m0 g0;
pa=1;          % Aussendruck
k=1.4;         % Adiabatenkoeffizient
A=0.05;        % Austrittsquerschnitt
ro=0.2;        % Dichte
g0=1;          % Erdbeschleunigung
m0=0.05;       % Masse der leeren Rakete
p0=input('Luftdruck p0= ');            % p0=8;
V0=input('Luftvolumenanteil V0= ');    % V0=0.4;
```

```
v=input('Startgeschwindigkeit v0= ');       % v=0.2;
alp=input('Winkel alpha= ');                % alp=1;
t0=input('Beobachtungszeit t0= ');          % t0=10;
vx=v*cos(alp);vy=v*sin(alp);c=p0*V0^k;
[tg,xg]=ode45('rak1',0,t0,[0 0 vx vy V0],1e-13);
ddx=diff(xg(:,3))./diff(tg);                % Beschleunigung in x-Richtung
ddy=diff(xg(:,4))./diff(tg);                % Beschleunigung in y-Richtung
ik=find(xg(:,2)<0);[n1,n2]=size(ik);xr=0; % Erster negativer y-Wert
if n1*n2>0,
n1=ik(1);
xr=xg(n1-1,1)+xg(n1-1,2)*(xg(n1-1,1)-xg(n1,1))/(xg(n1,2)-xg(n1-1,2));
end;
Reichweite=xr
a1=2*(c./xg(:,5).^k-pa)*A./(m0+1-xg(:,5))/ro;   % Gesamtbeschleunigung
for iz=1:length(xg(:,5)),
  if xg(iz,5)>=1, a1(iz)=0;end;
end;
s=['Wasserrakete       p0= ' num2str(p0) '   V0= ' num2str(V0)];
s=[s '   v= ' num2str(v) '    alpha= ' num2str(alp)];
plot(tg(1:(length(tg)-1)),ddx,tg(1:(length(tg)-1)),ddy);
title(s);xlabel('t');ylabel('a_x(t), a_y(t)');
grid;pause;figure;
plot(tg,xg,tg,a1);xlabel('t');ylabel('x(t),y(t),dx(t),dy(t),V(t),a(t)');
title(s);grid;pause;figure;
plot(xg(:,1),xg(:,2));xlabel('x(t)');title(s);ylabel('y(t)');grid;

function xdot=rak1(t,x);
% DGL-System fuer Wasserrakete; Schraegschuss
% benoetigt voll.m
% x(1) : x-Koordinate
% x(2) : y-Koordinate
% x(3) : v_x
% x(4) : v_y
% x(5) : Volumen
global c k A ro m0 g0 pa;
xdot=zeros(size(x));
xdot(1)=x(3);xdot(2)=x(4);V=x(5);
if V>=1, V=(c/pa)^(1/k);end;
xdot(3)=(x(3)/sqrt(x(3)^2+x(4)^2))*2*A/ro*(c./V^k-pa)./(m0+1-V);
xdot(4)=(x(4)/sqrt(x(3)^2+x(4)^2))*2*A/ro*(c./V^k-pa)./(m0+1-V)-g0;
xdot(5)=voll(t,x(5));
```

Die folgenden Bilder sollen die Empfindlichkeit der Flugbahn in Abhängigkeit von der Größe des Startimpulses demonstrieren. Der Abschuss erfolgt im Winkel von $\frac{\pi}{4}$. Der Startimpuls wurde relativ klein gewählt und variiert. Dies führt zu einem total unterschiedlichen Flugverhalten.[9] Erstellt wurde ein Diagramm der Flugbahn und ein Diagramm der Beschleunigung $a_x(t)$ und $a_y(t)$ bis zum „Brennschluss" der Rakete.

---

[9] Die numerischen Ergebnisse dieses Abschnitts wurden nicht experimentell überprüft.

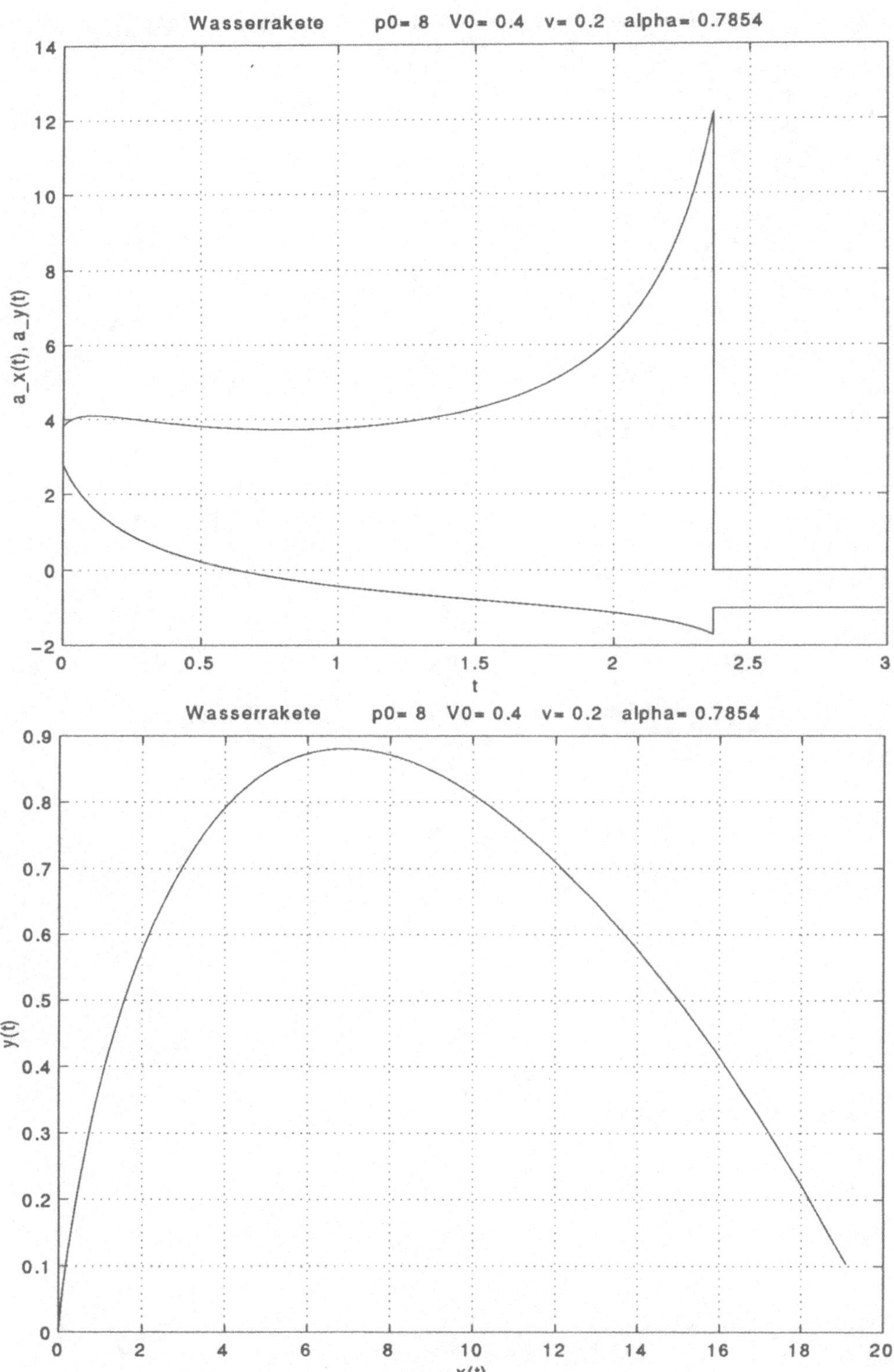
Wasserrakete   p0= 8   V0= 0.4   v= 0.2   alpha= 0.7854
a_x(t), a_y(t)
t
Wasserrakete   p0= 8   V0= 0.4   v= 0.2   alpha= 0.7854
y(t)
x(t)

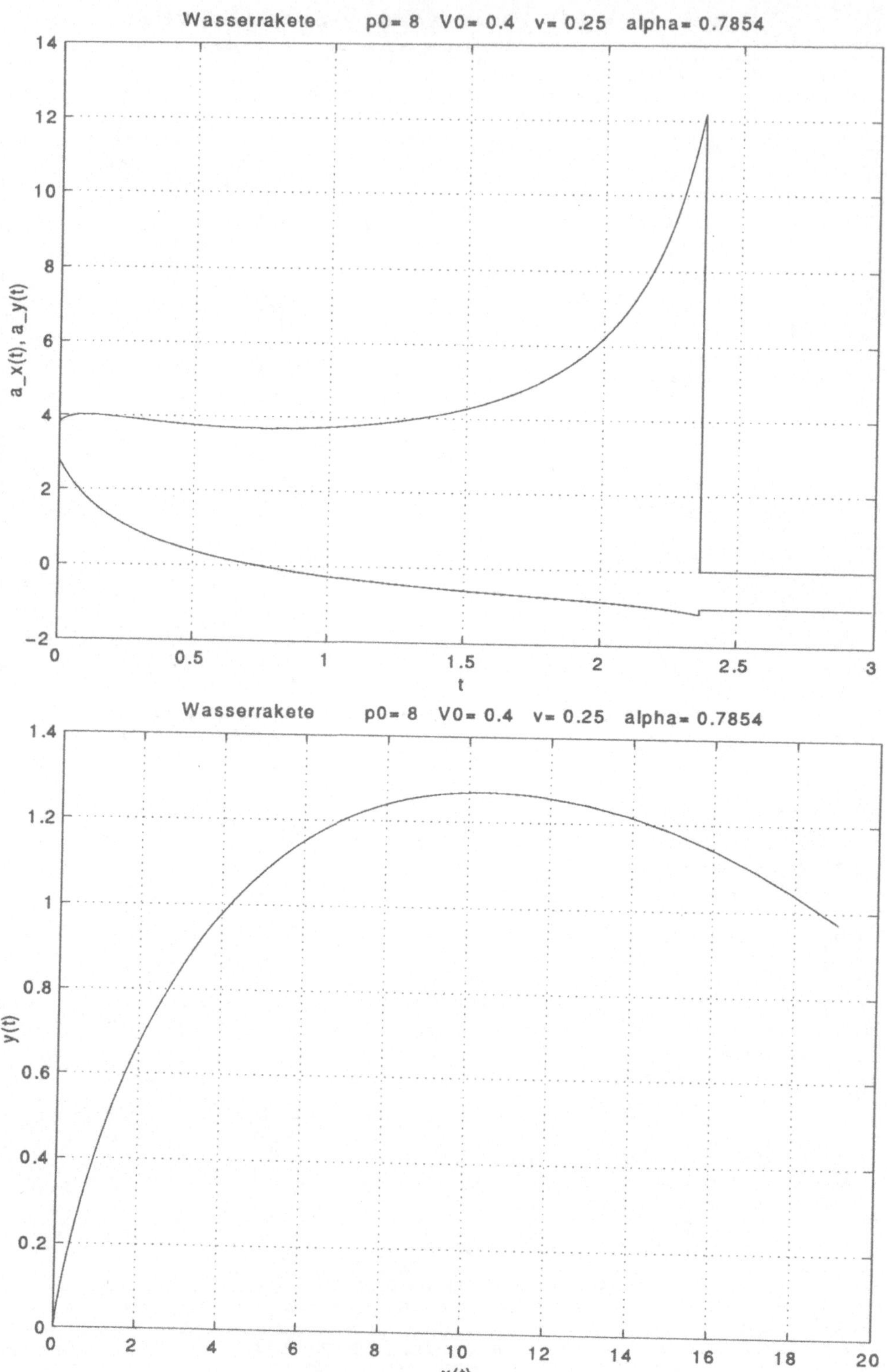
Wasserrakete   p0= 8   V0= 0.4   v= 0.25   alpha= 0.7854
a_x(t), a_y(t)
t
Wasserrakete   p0= 8   V0= 0.4   v= 0.25   alpha= 0.7854
y(t)
x(t)

7.5 Implizite Verfahren

7.5.1 Implizites Eulerverfahren

Differentialgleichungen, deren linearisierte Problemstellung stark negative Eigenwerte besitzen ($Re\{\lambda_i\} \ll 0$), erweisen sich bei der Lösung mit expliziten Verfahren wie Euler-, Runge-Kutta- und Heun-Verfahren als problematisch. Diese numerischen Verfahren können das starke Abklingen der Lösung nur mit sehr kleinen Schrittweiten nachvollziehen und dies kann wegen der auftretenden Rundungsfehler zu qualitativ falschen Ergebnissen führen. Dies soll am Eulerverfahren erläutert werden.

Testgleichung: $y' = \lambda y$; $\quad y(0) = 1$

Das Eulerverfahren lautet in diesem Fall:
$$\begin{aligned} y_{n+1} &= y_n + h\lambda y_n = (1 + \lambda h) \cdot y_n \\ x_{n+1} &= x_n + h \quad . \end{aligned}$$

Iteriert man den Algorithmus, so erhält man: $\quad y_{n+1} = (1 + \lambda h)^{n+1} \cdot 1 \quad$.

Ist $\lambda > 0$, so wächst die Lösung $y = e^{\lambda x}$ exponentiell an und das Näherungsverfahren (Euler) ergibt qualitativ den „richtigen" Verlauf.

Ist $\lambda \ll 0$, so klingt die Lösung exponentiell schnell ab. Die Näherungslösung klingt aber nur dann ab, wenn der Ausdruck $(1 + \lambda h)$ betragsmäßig kleiner 1 wird. Dies ist bei $Re\{\lambda\} \ll 0$ nur durch sehr kleines h erreichbar!! Die Schrittweite h kann aber wegen der Rundungsfehlerproblematik nicht beliebig klein gemacht werden.

Wenn wir das Eulerverfahren „rückwärts" durchführen, erhalten wir ein Verfahren, das in dieser Situation konvergiert.

Wir greifen nun nicht mehr an irgend einer Stelle aus der Differentialgleichung die Steigung ab, sondern wir suchen auf der Geraden $x = x_0 + h$ eine passende Stelle y_1. Dieses y_1 ist so zu wählen, dass eine Gerade durch den Punkt (x_0+h,y_1) mit der Steigung $f(x_0 + h,y_1)$ durch den Startpunkt (x_0,y_0) geht.

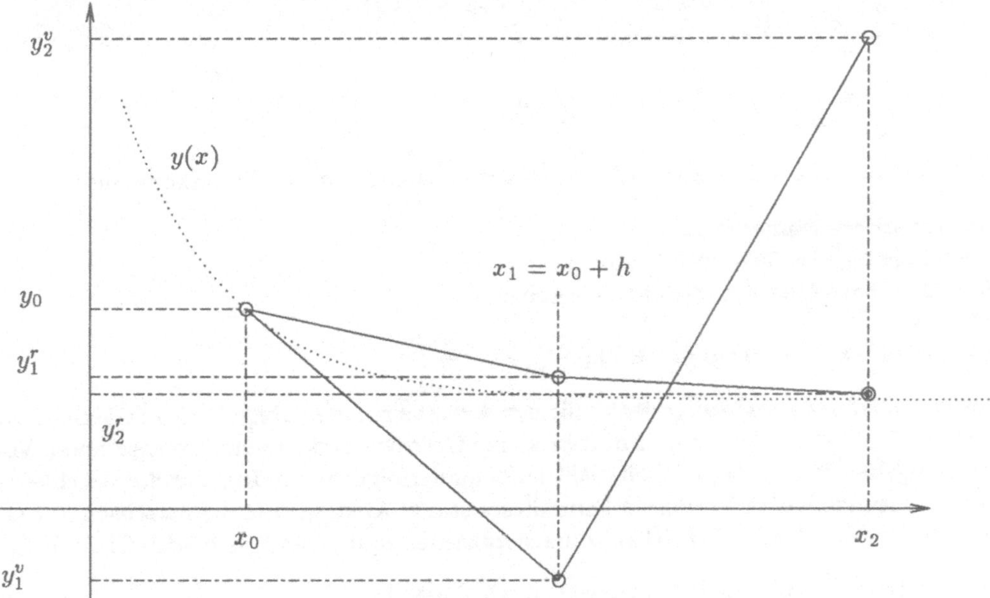

Die gesuchte y-Koordinate auf der Geraden $x = x_0 + h$ muss die Gleichung erfüllen:

$$y_1 = y_0 + h \cdot f(x_0 + h, y_1) \quad .$$

Dies ergibt im allgemeinen eine nichtlineare Gleichung für y_1. Wendet man diese Überlegung auf die Testgleichung $y' = f(x,y) = \lambda y$, $\quad y(0) = 1$ an, so erhält man:

$$
\begin{aligned}
y_{n+1} &= y_n + h \cdot f(x_{n+1}, y_{n+1}) \\
y_{n+1} &= y_n + h \cdot \lambda y_{n+1} \\
x_{n+1} &= x_n + h
\end{aligned}
$$

Im Fall der Testgleichung lässt sich die Gleichung für y_{n+1} nach y_{n+1} auflösen und iterativ auf die vorhergehende Stützstelle y_n und schließlich auf y_0 zurückführen.

$$y_{n+1} = \frac{y_n}{1 - h\lambda} = \frac{y_0}{(1 - h\lambda)^{n+1}} = \frac{1}{(1 - h\lambda)^{n+1}}$$

Ist $\lambda \ll 0$ so ist $(1 - h\lambda) \gg 1$ und damit klingt die Näherungslösung wie verlangt stark ab. Die Näherung stimmt damit qualitativ gut mit der exakten Lösung überein. Die y-Koordinaten der Stützstellen des expliziten Eulerverfahrens sind in der Skizze mit y_1^v, y_2^v markiert, die des impliziten Verfahrens mit y_1^r, y_2^r.

Bereits relativ einfache mechanische Beispiele zeigen ein solches problematisches Lösungsverhalten. (vgl.auch das Eingangsbeispiel auf Seite 1)

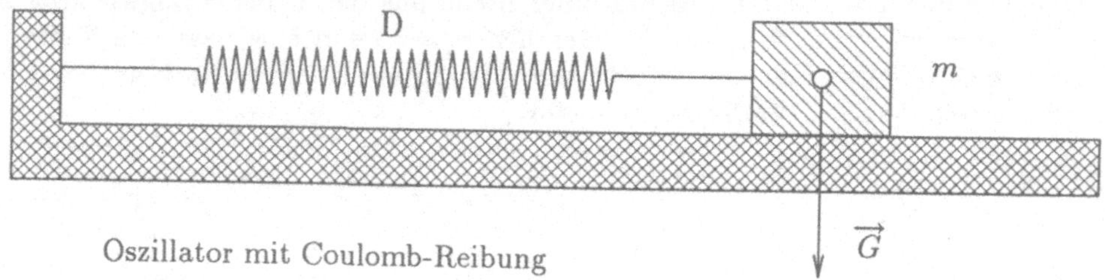

$$m\ddot{x} = -Dx - a \cdot sign(\dot{x}) \; , \quad D : \text{Federkonstante} \quad a : \text{Reibungskonstante}$$

```
function xdot=linrei(t,x);
% Schwingung mit Coloumb-Reibung
% Reibungskoeffizient global vorgeben
global a;
xdot=[x(2);-x(1)-a*sign(x(2))];
```

Beim Aufruf der Prozedur „ode45" für $a = 1$ zeigt sich, dass obige Differentialgleichung damit nicht gelöst werden kann. Für sehr kleine Geschwindigkeiten mit wechselndem Vorzeichen ergeben sich große, zeitlich dicht aufeinanderfolgende Sprünge für die Beschleunigung. Das Runge-Kutta-Verfahren kann dieses starke Abklingen und Anwachsen nur mit immer kleiner werdender Schrittweite nachvollziehen und „frisst" sich schließlich fest.

```
global a;a=1;[t,x]=ode45('linrei',0,15,[1 1]);
```

7.5.2 Trapezmethode

Weitere Integrationsmethoden für Differentialgleichungen ergeben sich durch bestimmte Integration der Differentialgleichung bzgl. x im Intervall $[x_k, x_{k+1}]$.

$$y'(x) = f(x,y(x)) \quad \rightsquigarrow$$

$$\underbrace{\int_{x_k}^{x_{k+1}} y'(x)\, dx}_{y(x_{k+1})\, -\, y(x_k)} = \int_{x_k}^{x_{k+1}} f(x,y(x))\, dx$$

Das rechts stehende Integral lässt sich i.a. nicht geschlossen auswerten. Benutzen wir zur näherungsweisen Integration das Trapez-Verfahren, so erhalten wir:

$$y(x_{k+1}) - y(x_k) \approx \frac{h}{2} \left[f(x_k,y(x_k)) + f(x_{k+1},y(x_{k+1})) \right] \quad .$$

Ersetzen wir $y(x_i)$ durch die Näherungen y_i, so ergibt sich die Trapezmethode:

$$y_{k+1} = y_k + \frac{h}{2} \left[f(x_k,y_k) + f(x_{k+1},y_{k+1}) \right] \quad .$$

Dies ist ebenfalls eine implizite Integrationsmethode, da jeder Schritt die Lösung einer i.a. nichtlinearen Gleichung für y_{k+1} verlangt.

Da $f(x_k,y_k)$ ohnehin berechnet werden muss, kann $y_{k+1}^{(0)} = y_k + h f(x_k,y_k)$ als Startwert für die Iteration dienen.

Die Trapezmethode eignet sich ähnlich dem impliziten Eulerverfahren zur Lösung von Differentialgleichungen mit starkem Abklingverhalten.

7.5.3 Allgemeine Vorgehensweise

Implizites Vorgehen ist auch bei Verfahren höherer Ordnung möglich. Dazu ist bei jedem Schritt ein nichtlineares Gleichungssystem der Ordnung p zu lösen. Als nützlich haben sich semi-implizite Verfahren erwiesen, bei denen die Gleichungen entkoppelt sind. So sind bei einem Verfahren der Ordnung 2 die beiden nichtlinearen Gleichungen für die „Zuwächse" k_1, k_2 zu lösen.

$$k_1 = h \cdot f(x_0 + \alpha_1 h, y_0 + \beta_{11} k_1)$$

$$k_2 = h \cdot f(x_0 + \alpha_2 h, y_0 + \beta_{21} k_1 + \beta_{22} k_2)$$

Um die Lösung (z.B. mit Newton-Verfahren) dieses nichtlinearen Gleichungssystems zu umgehen, kann man auch eine linearisierte Form des obigen Systems benutzen. Dazu entwickeln wir die rechte Seite der ersten Gleichung nach k_1:

$$k_1 = h \cdot \left[f(x_0 + \alpha_1 h, y_0) + f_y(x_0 + \alpha_1 h, y_0) \cdot \beta_{11} \cdot k_1 + k_1^2 \cdot \{ \ldots \} + \ldots \right] \quad .$$

Linearisierung ergibt:

$$k_1 = h \cdot f(x_0 + \alpha_1 h, y_0) + f_y(x_0 + \alpha_1 h, y_0) \cdot \beta_{11} \cdot h k_1$$

$$\rightsquigarrow \quad k_1 = \left[1 - f_y(x_0 + \alpha_1 h, y_0) \cdot \beta_{11} h \right]^{-1} \cdot h f(x_0 + \alpha_1 h, y_0) \quad .$$

Für k_2 erhält man analog:

$$k_2 \;=\; h \cdot f(x_0 + \alpha_2 h, y_0 + \beta_{21} k_1) \;+\; f_y(x_0 + \alpha_2 h, y_0 + \beta_{21} k_1) \cdot \beta_{22} \cdot h k_2$$

$$\rightsquigarrow \quad k_2 \;=\; [1 - f_y(x_0 + \alpha_2 h, y_0 + \beta_{21} k_1) \cdot \beta_{22} h]^{-1} \cdot h f(x_0 + \alpha_2 h, y_0 + \beta_{21} k_1) \;.$$

Für den Iterationsschritt sind dann noch die beiden Zuwächse k_1, k_2 zu gewichten.

$$y_{n+1} \;=\; y_n \;+\; \gamma_1 \cdot k_1 + \gamma_2 \cdot k_2$$

Bestimmungsgleichungen für die Koeffizienten α_i, β_{ij} und die Gewichte γ_k ergeben sich wieder durch Vergleich mit der Taylorentwicklung von $y(x_0 + h)$ (vgl. Abschnitt 7.2.1).

7.6 Stabilität

Bei der Auswahl eines bestimmten Verfahrens zur numerischen Lösung einer Differentialgleichung sind die Eigenschaften der Gleichung und die sich daraus ergebende Lösungsstruktur zu berücksichtigen. Tut man dies nicht, so können unter Umständen die Näherungslösungen mit der exakten Lösung sehr wenig zu tun haben oder die ausgewählte Prozedur versagt vollständig. (vgl. Seite 118)

7.6.1 Absolute Stabilität

In diesem Abschnitt wollen wir uns mit dem Fragekreis – wann liefert ein numerisches Verfahren zur Lösung von Differentialgleichungen eine qualitativ richtige Näherung? – im allgemeineren Zusammenhang befassen.

Wir betrachten dazu die Testgleichung

$$y'(x) \;=\; \lambda y(x) \;; \quad y(0) = 1 \;; \quad \lambda \in \mathbb{C}$$

mit der exakten Lösung $y(x) = e^{\lambda x}$.

Das Verhalten der exakten Lösung und der Näherungslösungen soll an den Diskretisierungspunkten $\{x_i\}$ untersucht werden.
Bei der exakten Lösung $y(x)$ gilt für den Übergang von x_k zu $x_{k+1} = x_k + h$:

$$y(x_{k+1}) \;=\; e^{\lambda(x_k + h)} \;=\; e^{\lambda h} \cdot e^{\lambda x_k} \;=\; e^{\lambda h} \cdot y(x_k) \;.$$

Dies bedeutet für die exakte Lösung: Um von einem Diskretisierungspunkt x_k zum nächsten zu kommen, muss mit dem Faktor

$$e^{\lambda h} \;=\; 1 \;+\; \lambda h \;+\; \frac{(\lambda h)^2}{2!} \;+\; \frac{(\lambda h)^3}{3!} \;+\; \ldots$$

multipliziert werden.
Wir wollen nun für einige Integrationsverfahren den entsprechenden Näherungsfaktor bestimmen, mit dem zu multiplizieren ist, um von einem Diskretisierungspunkt (x_k, y_k) zum nächsten (x_{k+1}, y_{k+1}) zu kommen.

Eulerverfahren

$$\begin{aligned}
y_{k+1} &= y_k \;+\; h \cdot f(x_k, y_k) \\
&= y_k \;+\; h \cdot \lambda y_k \\
&= (1 + \lambda h) \cdot y_k
\end{aligned}$$

Heun-Verfahren

$$
\begin{aligned}
k_1 &= h \cdot f(x_k, y_k) = h \cdot \lambda y_k \\
k_2 &= h \cdot f(x_k + h, y_k + k_1) = h \cdot \lambda \cdot [y_k + h\lambda y_k] \\
&= \left[h\lambda + (h\lambda)^2 \right] \cdot y_k
\end{aligned}
$$

$$
\begin{aligned}
y_{k+1} &= y_k + \tfrac{1}{2} \cdot [k_1 + k_2] \\
&= y_k + \tfrac{1}{2} \cdot \left\{ h\lambda \cdot y_k + \left[h\lambda + (h\lambda)^2 \right] \cdot y_k \right\} \\
&= \left[1 + h\lambda + \frac{(h\lambda)^2}{2} \right] \cdot y_k
\end{aligned}
$$

Implizites Eulerverfahren

$$
\begin{aligned}
y_{k+1} &= y_k + h \cdot f(x_{k+1}, y_{k+1}) \\
&= y_k + h \cdot \lambda \cdot y_{k+1} \qquad \rightsquigarrow
\end{aligned}
$$

$$
y_{k+1} = \frac{1}{1 - h\lambda} \cdot y_k
$$

Trapezmethode

$$
\begin{aligned}
y_{k+1} &= y_k + \frac{h}{2} \cdot \left[f(x_k, y_k) + f(x_{k+1}, y_{k+1}) \right] \\
&= y_k + \frac{h}{2} \cdot \left[\lambda y_k + \lambda y_{k+1} \right] \qquad \rightsquigarrow
\end{aligned}
$$

$$
y_{k+1} = \frac{1 + \frac{h\lambda}{2}}{1 - \frac{h\lambda}{2}} \cdot y_k
$$

Dabei stellt sich die Frage, inwieweit diese vier Faktoren

$$
F_E = [1 + h\lambda]
$$

$$
F_H = \left[1 + h\lambda + \frac{(h\lambda)^2}{2} \right]
$$

$$
F_I = \frac{1}{1 - \lambda h}
$$

$$
F_T = \frac{1 + \frac{\lambda h}{2}}{1 - \frac{\lambda h}{2}} = \frac{2 + h\lambda}{2 - \lambda h}
$$

ein qualitativ richtiges Näherungsverhalten widerspiegeln.

Eine lineare Differentialgleichung bzw. ein Differentialgleichungssystem heißt stabil, wenn die Lösungen des homogenen Problems für $t \rightarrow \infty$ beschränkt bleiben. Für unsere Testgleichung bedeutet dies

$$
Re\{\lambda\} \leq 0 \, .
$$

Die Näherungslösung klingt ab, wenn der Faktor $F_{...}(\lambda h)$, mit dem beim Übergang von $(x_k | y_k)$ zu $(x_{k+1} | y_{k+1})$ zu multiplizieren ist, betragsmäßig kleiner 1 ist.

Mit der Abkürzung $z = \lambda h$ erklären wir den Bereich

$$
B = \left\{ z \in \mathbb{C} \,\middle|\, |F(z)| < 1 \right\}
$$

als den Bereich absoluter Stabilität des entsprechenden Integrationsverfahrens.

Dies bedeutet dann, dass für ein λ mit $Re\{\lambda\} < 0$ die Schrittweite h so zu wählen ist, dass $z = \lambda \cdot h$ in dem betreffenden Stabilitätsbereich liegt.

Für die oben betrachteten Verfahren erhält man die folgenden Stabilitätsbereiche:

Eulerverfahren

$$F_E(\lambda h) = F(z) = 1 + z$$

Die Gleichung $|z + 1| < 1$ ist im Inneren des Kreises um $z_0 = -1$ mit dem Radius $r = 1$ erfüllt.

Heun-Verfahren

$$F_H(\lambda h) = F(z) = 1 + z + \frac{z^2}{2}$$

Zur Vereinfachung der Rechnung verschieben wir den Ursprung des Koordinatensystems

$$z = \tilde{z} - 1$$

und erhalten

$$1 + \tilde{z} - 1 + \frac{(\tilde{z} - 1)^2}{2} = \frac{1}{2} \cdot (\tilde{z}^2 + 1) \quad .$$

Aus der Gleichung für die Begrenzungskurve

$$\left| \frac{\tilde{z}^2 + 1}{2} \right| = 1$$

ergibt sich die Beziehung

$$(\tilde{z}^2 + 1) \cdot (\overline{\tilde{z}}^2 + 1) = 4 \quad \text{bzw.} \quad \tilde{z}^2 \cdot \overline{\tilde{z}}^2 + \tilde{z}^2 + \overline{\tilde{z}}^2 + 1 = 4 \quad .$$

Mit der Bezeichnung $\tilde{z} = u + jv$ erhalten wir die Gleichung

$$(u^2 + v^2)^2 + 2(u^2 - v^2) = 4 - 1$$
$$(u^2 + v^2)^2 - 2(v^2 - u^2) = 4 - 1 \quad .$$

Dies ist eine Cassinische Kurve 4. Ordnung. Sie wird geometrisch durch die Eigenschaft beschrieben, dass das Produkt der Abstände eines Kurvenpunktes von $F(0,1)$ und $F(0,-1)$ stets gleich 2 ist. Als Schnittpunkte mit den Koordinatenachsen erhält man

$$u = 0 : \quad v^4 - 2v^2 = 3 \quad \leadsto \quad v^2\Big|_{1,2} = \frac{2 \pm \sqrt{4 + 12}}{2} \quad \leadsto \quad v = \pm\sqrt{3}$$

$$v = 0 : \quad u^4 + 2v^2 = 3 \quad \leadsto \quad u^2\Big|_{1,2} = \frac{-2 \pm \sqrt{4 + 12}}{2} \quad \leadsto \quad u = \pm 1 \quad .$$

Implizites Euler-Verfahren

$$F_I(\lambda h) = F(z) = \frac{1}{1 - z}$$

Die Bedingung

$$\left|\frac{1}{1-z}\right| < 1$$

ist im Äußeren des Kreises um $z_0 = 1$ mit Radius $r = 1$ erfüllt.

Trapezmethode

$$F_T(\lambda h) = F(z) = \frac{2+z}{2-z}$$

Die Begrenzungskurve des Stabilitätsbereichs ergibt sich aus

$$\left|\frac{2+z}{2-z}\right| = 1$$

bzw.

$$(2 + z)\cdot(2 + \overline{z}) = (2 - z)\cdot(2 - \overline{z})$$
$$4 + 2z + 2\overline{z} + z\cdot\overline{z} = 4 - 2z - 2\overline{z} + z\cdot\overline{z}$$
$$4\cdot(z + \overline{z}) = 0$$

Die letzte Beziehung ist auf der imaginären Achse erfüllt, d.h. der Stabilitätsbereich ist die ganze linke Halbebene von $\mathbb{C}$.

Die Stabilitätsbereiche der beiden expliziten Verfahren sowie der beiden impliziten Verfahren sind unten skizziert. Bei den impliziten Verfahren ergeben sich für $Re\{\lambda\} < 0$ durch die Stabilitätsforderung keinerlei Einschränkungen für die Wahl der Schrittweite h. Diese Verfahren geben somit unabhängig von der Schrittweite auch für $Re\{\lambda\} \ll 0$ das Abklingen der Lösung qualitativ richtig wieder.

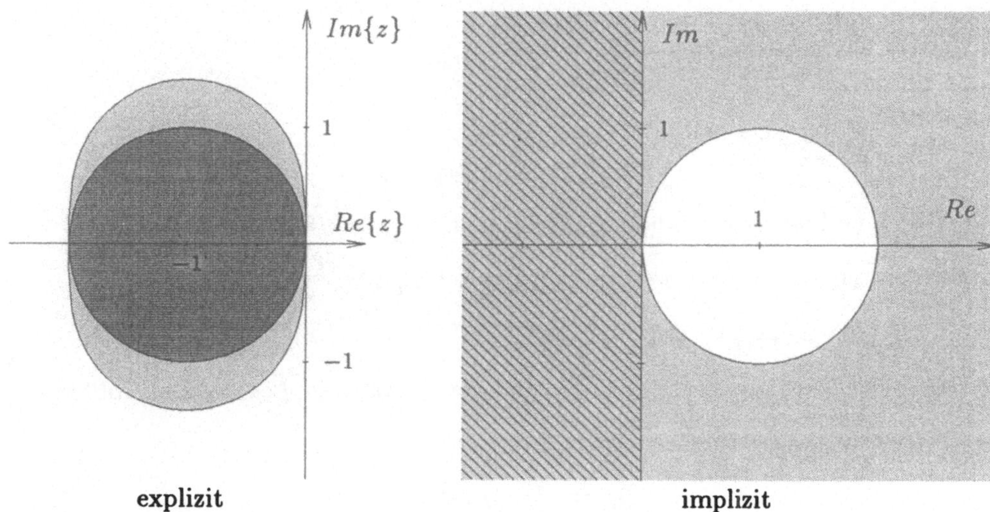

explizitimplizit

Schlussbemerkungen

Die Bestimmung der Faktoren $F_{...}(\lambda h)$ gibt auch einen Einblick in die Konvergenzordnung der betrachteten Verfahren. Um bei der exakten Lösung von einer Stützstelle zur nächsten zu kommen, muss mit dem Faktor $e^{\lambda h}$ multipliziert werden.

$$e^{\lambda h} = 1 + \lambda h + \frac{(\lambda h)^2}{2!} + \frac{(\lambda h)^3}{3!} + \ldots$$

Der Faktor

$$F_E(\lambda h) = 1 + \lambda h$$

stimmt bis zum linearen Glied damit überein, während der Faktor

$$F_H(\lambda h) = 1 + \lambda h + \frac{(\lambda h)^2}{2}$$

bis zur Ordnung 2 mit der Taylorentwicklung von $e^{\lambda h}$ übereinstimmt.
Für die Faktoren

$$F_I(\lambda h) = \frac{1}{1 - \lambda h} = 1 + \lambda h + (\lambda h)^2 + (\lambda h)^3 + \dots$$

$$F_T(\lambda h) = \frac{2 + \lambda h}{2 - \lambda h} = 1 + \lambda h + \frac{(\lambda h)^2}{2} + \frac{(\lambda h)^3}{4} + \dots$$

erhalten wir wieder Übereinstimmung bis zum linearen bzw. quadratischen Glied.

7.6.2 Inhärente Instabilität

Von Instabilität spricht man auch, wenn bei einer Differentialgleichung eine geringe Abweichung vom Startwert große Abweichungen der Lösung verursacht. Dies sei exemplarisch an einer Klasse von linearen Differentialgleichungen illustriert.

$$y'(x) = \lambda \cdot [y(x) - F(x)] + F'(x) \; ; \quad y(x_0) = y_0$$

Als Lösung des homogenen Problems ergibt sich

$$y_h(x) = C \cdot e^{\lambda x}$$

während

$$y_p(x) = F(x)$$

offensichtlich eine Lösung des inhomogenen Problems darstellt.

Die exakte Lösung des Anfangswertproblems lautet damit:

$$y(x) = \{y_0 - F(x_0)\} \cdot e^{\lambda(x - x_0)} + F(x) \quad .$$

Für den speziellen Anfangswert $y_0 = F(x_0)$ ist $y(x) = F(x)$ die Lösung des Problems.

Für einen leicht veränderten Startwert

$$\hat{y}_0 = F(x_0) + \epsilon$$

ist

$$\hat{y}(x) = \epsilon \cdot e^{\lambda(x - x_0)} + F(x)$$

die Lösung.

Für $\lambda > 0$ nimmt der erste Summand in x exponentiell zu, so dass sich die benachbarte Lösung $\hat{y}(x)$ von $y(x)$ exponentiell entfernt. Es besteht somit eine starke Empfindlichkeit der Lösung auf kleine Änderungen des Anfangswerts.

Wenn wir nun ein numerisches Verfahren zur Lösung der ursprünglichen Aufgabenstellung verwenden, so lässt sich nicht vermeiden, dass die Näherung vom „rechten Pfad" abkommt und damit ein „Ausbrechen" der Näherungslösung verursacht. Dieses Phänomen ist unabhängig von der verwendeten Methode – auch implizite Verfahren zeigen dieses Verhalten.

Diese inhärente Instabilität kann man in einem nicht allzu großen Intervall nur bis zu einem gewissen Grad in den Griff bekommen, indem man mit Methoden hoher Fehlerordnung und hoher Rechengenauigkeit arbeitet.

Als Beispiel betrachten wir das Anfangswertproblem:

$$y'(x) \;=\; 10 \cdot \left[y(x) \;-\; \frac{x^2}{1+x^2} \right] \;+\; \frac{2x}{(1+x^2)^2} \;; \quad y(0) = 0$$

Die folgende Graphik ist mit dem klassischen Runge-Kutta-Verfahren gerechnet, wobei ausgehend von $h_0 = \frac{1}{8}$ jeweils die Schrittweite halbiert wurde. Man erkennt, dass die Kurven mit kleinerer Schrittweite „später" abdriften. Für einen großen Beobachtungszeitraum lässt sich dieser Effekt aber niemals ganz vermeiden.

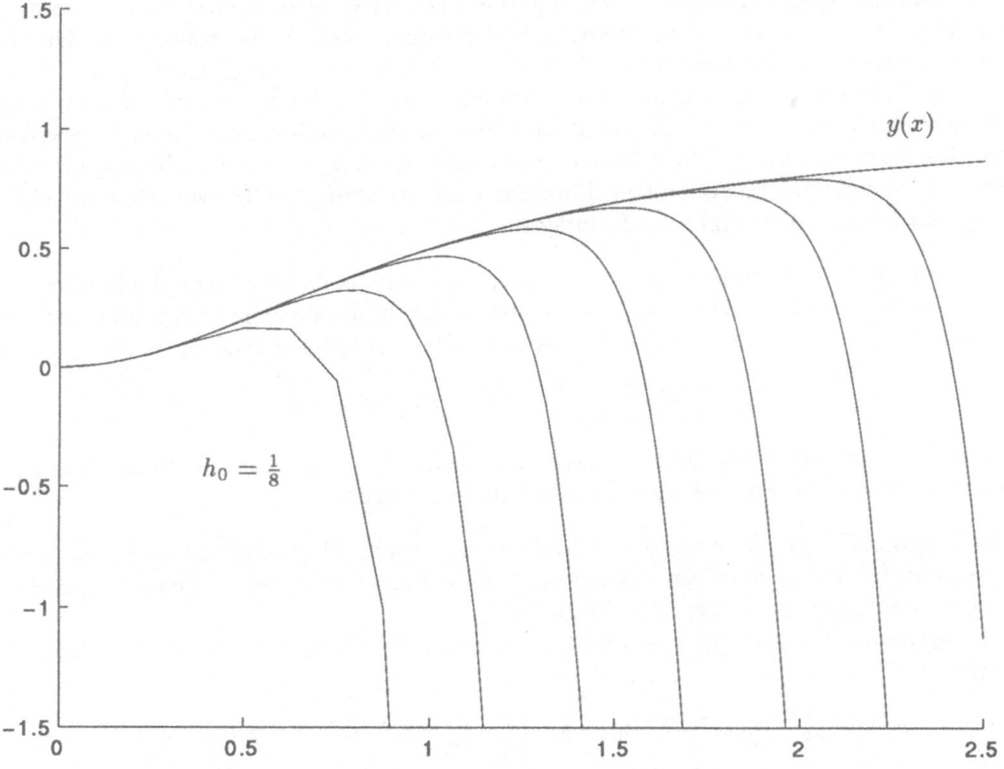

7.6.3   Steife Differentialgleichungssysteme

Lösungsfunktionen von Differentialgleichungssystemen, welche chemische oder biologische Vorgänge beschreiben, haben oft die Eigenschaft, dass sie sich aus verschieden rasch exponentiell abklingenden Anteilen zusammensetzen.

Bei linearen Systemen mit konstanten Koeffizienten lassen sich diese Bestandteile explizit angeben. Das Differentialgleichungssystem

$$\underline{y}' = \begin{pmatrix} 0 & 20 \\ -20 & -202 \end{pmatrix} \cdot \underline{y} \; ; \quad \underline{y}(0) = \begin{pmatrix} 9 \\ 9 \end{pmatrix}$$

besitzt die Lösung

$$\underline{y} = \begin{pmatrix} 10 \\ -1 \end{pmatrix} \cdot \underbrace{e^{-2t}}_{z_1(t)} + \begin{pmatrix} -1 \\ 10 \end{pmatrix} \cdot \underbrace{e^{-200t}}_{z_2(t)} \; .$$

Im nebenstehenden Bild ist das unterschiedliche Abklingverhalten der Lösungsbestandteile $z_1(t)$ und $z_2(t)$ graphisch dargestellt.

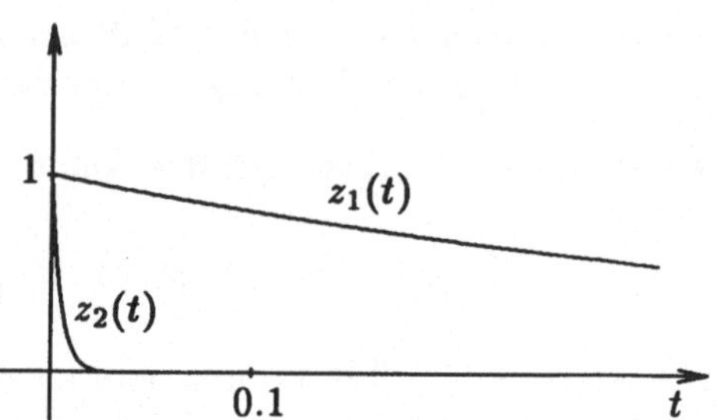

Wird das DGL-System numerisch integriert, so müssen die zur Approximation von $z_1(t)$ und $z_2(t)$ notwendigen Rechnungen bzgl. der Schrittweite h mit verschiedenen Strategien durchgeführt werden.

Aus Stabilitätsgründen muss mit einer solchen Schrittweite gearbeitet werden, so dass die Zahlen $z = \lambda_i h$ im Stabilitätsbereich des eingesetzten Verfahrens liegen. Ist das Stabilitätsgebiet – wie bei expliziten Verfahren – beschränkt, dann ist man gezwungen, wegen $z_2(t)$ mit extrem kleiner Schrittweite zu arbeiten. Der Lösungsanteil $z_1(t)$ ist lange Zeit deutlich von Null verschieden, so dass über einen langen Zeitraum gerechnet werden muss. Die dazu notwendige Schrittweite – bezogen auf $z_1(t)$ – könnte relativ groß sein. Diese beiden sich widersprechenden Tendenzen führen häufig infolge von Rundungsfehlern zu numerisch unbrauchbaren Lösungen.

Ein lineares Differentialgleichungssystem bezeichnet man als steif, wenn die Eigenwerte λ_i der Matrix $\underline{A}$ sehr unterschiedliche, negative Realteile aufweisen. Als Maß für die Steifheit dient der Quotient der Realteile des größten und kleinsten Eigenwerts:

$$S = \frac{\max |Re(\lambda_i)|}{\min |Re(\lambda_i)|} \; ; \quad \text{mit } Re\{\lambda_k\} < 0 \; .$$

Bei nichtlinearen Differentialgleichungssystemen wird die Linearisierung an der betrachteten Stelle zur Charakterisierung der Steifheit herangezogen.

Das folgende Beispiel ist an gewissen Stellen extrem steif. Dies zeigt sich in der Graphik durch „scharfe" Ecken der Lösungskurven. Die Rechnung erfolgte mit einem impliziten Verfahren der Ordnung 4 (vgl. Abschnitt 7.5.3).

Der sogenannte Oregonator beschreibt eine chemische Reaktion zwischen $HBrO_2$, Br^- und $Ce(IV)$.

$$y_1' = 77.27 \cdot \left[y_2 + y_1 \cdot (1 - y_1 \cdot (8.375 10^{-6} - y_2)) \right]$$

$$y_2' = \tfrac{1}{77.27} \cdot \left[y_3 - (1 + y_1) \cdot y_2 \right]$$

$$y_3' = 0.161 \cdot \left[y_1 - y_3 \right]$$

Die Startwerte $y_{10} = 4$, $y_{20} = 1$, $y_{30} = 2.3$ bei $x_0 = 0$ ergeben die folgende Graphik. Für den Bereich bis $x_e = 410$ wurden 8465 Schritte benötigt. Die Schrittweitensteuerung ist noch nicht befriedigend.

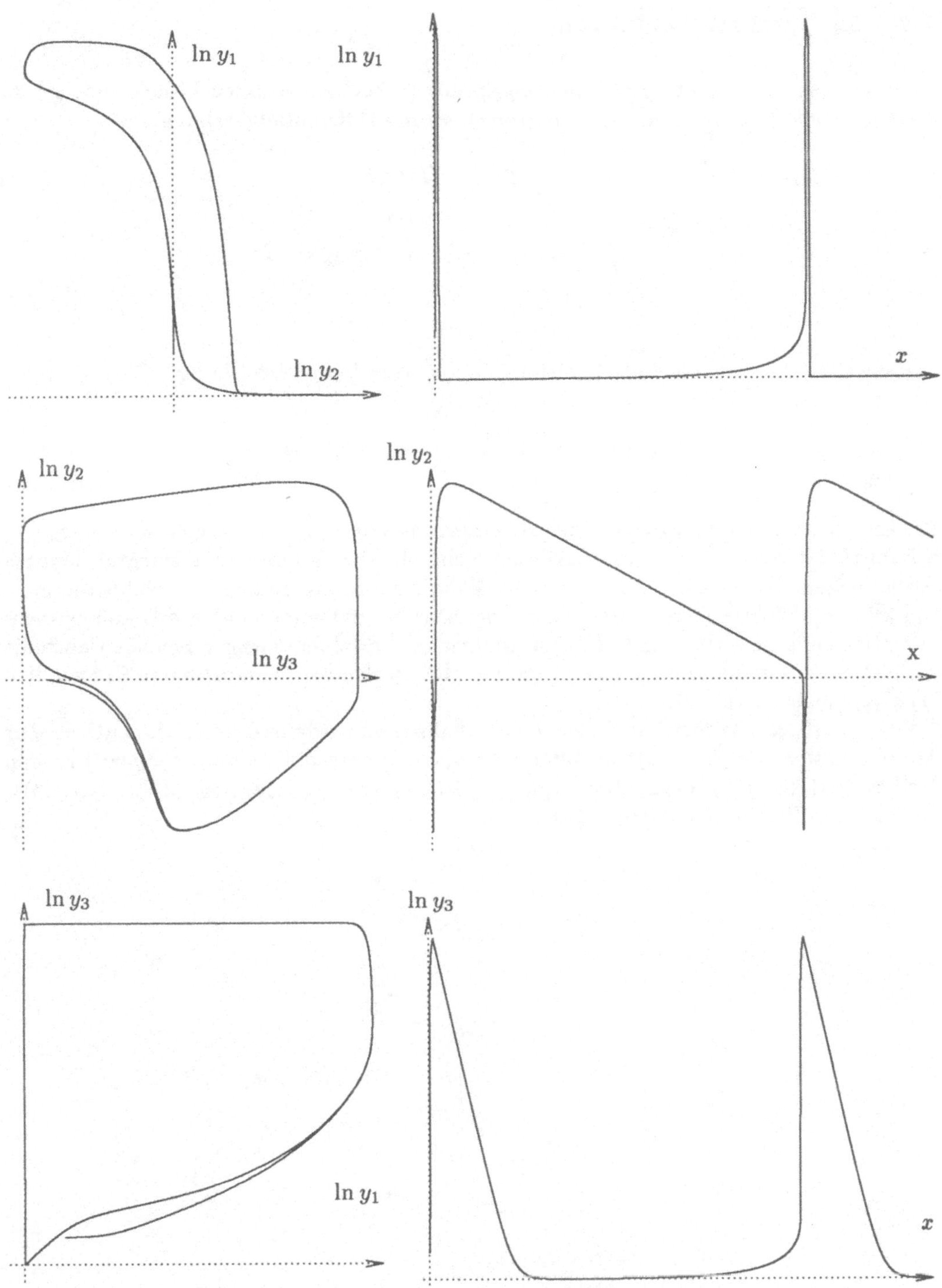

Die Koordinatenachsen sind doppelt logarithmisch skaliert.

7.7   Mehrschrittverfahren

Um vom Ausgangspunkt einer Näherungslösung $(x_k|y_k)$ zur exakten Lösung $y(x_{k+1})$ an der Stützstelle x_{k+1} zu kommen, integrieren wir die Differentialgleichung:

$$y' \;=\; f(x,y)$$

$$\rightsquigarrow \;\; \underbrace{\int_{x_k}^{x_{k+1}} y'(x)\,dx}_{y(x_{k+1})-y(x_k)} \;=\; \int_{x_k}^{x_{k+1}} f(x,y(x))\,dx$$

und erhalten die zur Differentialgleichung äquivalente Integralgleichung

$$y(x_{k+1}) \;=\; y(x_k) \;+\; \int_{x_k}^{x_{k+1}} f(x,y(x))\,dx \quad .$$

Bei Einschrittverfahren wird der nächste Näherungwert y_{k+1} nur ausgehend von $(x_k|y_k)$ bestimmt. So versucht z.B. das klassische Runge-Kutta-Verfahren das Integral dadurch abzuschätzen, dass es an vier Stellen in der Nähe des vermuteten Kurvenverlaufs im Intervall $[x_k, x_{k+1}]$ Steigungen abgreift und eine „Durchschnittssteigung" durch eine gewichtete arithmetische Mittelung bestimmt. Mehrschrittverfahren dagegen benutzen auch die vorhandene Information über $f(x,y)$ an den vorhergehenden, äquidistanten Stützstellen $(x_{k-1}|y_{k-1})$, $(x_{k-2}|y_{k-2})$, $\ldots$.

Der Grundgedanke wird an folgendem Verfahren von Adams-Bashforth deutlich. Zur Approximation von $f(x,y(x))$ im Intervall $[x_k, x_{k+1}]$ extrapoliert man $f(x,y(x))$ an den Stellen $(x_k|f(x_k,y_k))$, $(x_{k-1}|f(x_{k-1},y_{k-1}))$, $(x_{k-2}|f(x_{k-2},y_{k-2}))$, $(x_{k-3}|f(x_{k-3},y_{k-3}))$ mittels eines Polynomansatzes $p_3(x)$.

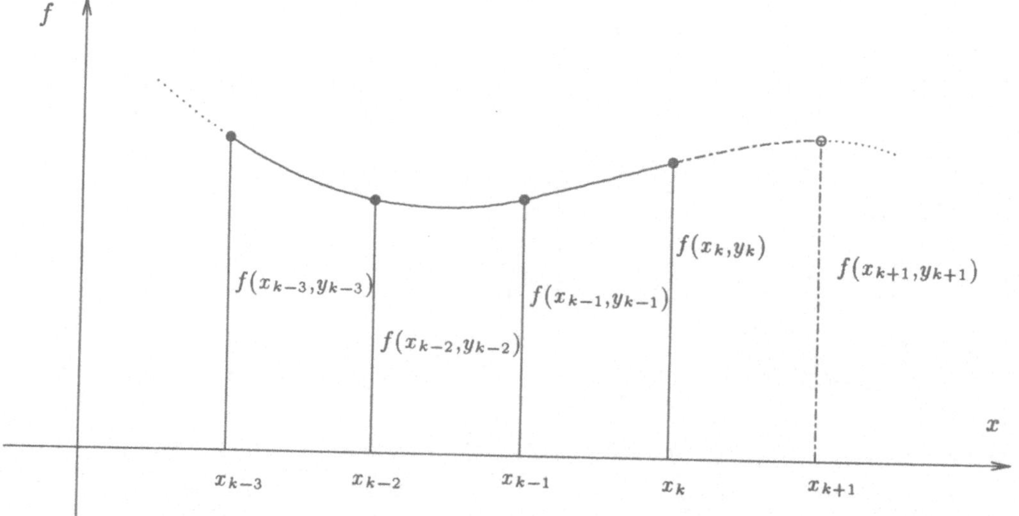

und integriert anschließend zwischen x_k und x_{k+1} über das Extrapolationspolynom.

$$\int\limits_{x_k}^{x_{k+1}} f(x,y(x))\ dx \ \approx\ \int\limits_{x_k}^{x_{k+1}} p_3(x)\ dx$$

Ohne Beschränkung der Allgemeinheit können wir für die Stützstellen[10] annehmen:

$$(-2|f_{k-3}),\quad (-1|f_{k-2}),\quad (0|f_{k-1}),\quad (1|f_k)\qquad .$$

Für ein Interpolationspolynom der Ordnung 3

$$p_3(x)\ =\ a_0\ +\ a_1\cdot x\ +\ a_2\cdot x^2\ +\ a_3\cdot x^3$$

erhalten wir durch Punktprobe ein lineares Gleichungssystem für die Koeffizienten a_i:

$$\begin{aligned}
p_3(1) &= a_0 &+\ a_1 &+\ a_2 &+\ a_3 &= f_k\\
p_3(0) &= a_0 & & & &= f_{k-1}\\
p_3(-1) &= a_0 &-\ a_1 &+\ a_2 &-\ a_3 &= f_{k-2}\\
p_3(-2) &= a_0 &-\ 2a_1 &+\ 4a_2 &-\ 8a_3 &= f_{k-3}
\end{aligned}$$

mit der Lösung:

$$\begin{aligned}
a_0 &= f_{k-1}\\[4pt]
a_1 &= \tfrac{1}{6}\,[2f_k - 3f_{k-1} - 6f_{k-2} + f_{k-3}]\\[4pt]
a_2 &= \tfrac{1}{2}\,[f_k - 2f_{k-1} + f_{k-2}]\\[4pt]
a_3 &= \tfrac{1}{6}\,[f_k - 3f_{k-1} + 3f_{k-2} - f_{k-3}]\qquad .
\end{aligned}$$

Die Auswertung des Integrals über $p_3(x)$ zwischen 1 und 2 ergibt:

$$\begin{aligned}
\int\limits_{1}^{2} p_3(x)\ dx\ &=\ a_0\ +\ \tfrac{3}{2}\cdot a_1\ +\ \tfrac{7}{3}\cdot a_2\ +\ \tfrac{15}{4}\cdot a_3\\[6pt]
&=\ \tfrac{1}{24}\cdot[55\cdot f_k\ -\ 59\cdot f_{k-1}\ +\ 37\cdot f_{k-2}\ -\ 9\cdot f_{k-3}]
\end{aligned}$$

Dieser durch Extrapolation gewonnene Steigungswert ist noch mit h zu multiplizieren. Damit erhalten wir den Algorithmus:

$$y_{k+1}\ =\ y_k\ +\ \tfrac{h}{24}\cdot[55f(x_k,y_k) - 59f(x_{k-1},y_{k-1}) + 37f(x_{k-2},y_{k-2}) - 9f(x_{k-3},y_{k-3})]\qquad .$$

Pro Schritt ist ebenfalls wie beim Eulerverfahren nur eine Funktionsauswertung nötig, da die Steigung an den vorangegangenen Stützstellen bekannt ist. Dies macht die Methode effizient! Als Anlaufrechnung ist ein Einschrittverfahren vorzuschalten.

Weitere Mehrschrittverfahren lassen sich durch Hinzunahme zusätzlicher Stützstellen und anderer Extrapolationsprinzipien konstruieren. Ebenso sind implizite Verfahren möglich, wenn man die „unbekannte" Stützstelle $f(x_{k+1},y_{k+1})$ hinzunimmt.

Problematisch ist die Schrittweitensteuerung des Verfahrens. Sie erfolgt i.a. durch Verdoppelung oder Halbierung. Trotzdem lassen sich dabei Zusatzrechnungen mit einem Einzelschrittverfahren nicht vermeiden.

---

[10] Im Folgenden schreiben wir:

$$f_n\ =\ f(x_n,y_n)$$

7.8 Randwertaufgaben

Bei den bisher behandelten Anfangswertaufgaben (AWA) wurde eine Lösung einer Differentialgleichung gesucht, die an einer Stelle x_0 Anfangsbedingungen $y(x_0) = y_0$, $y'(x_0) = y_{10}$, ... erfüllt. Im Unterschied dazu wird bei Randwertaufgaben (RWA) verlangt, dass die Lösungsfunktion an den beiden Randpunkten des Integrationsintervalls vorgegebene Werte annimmt. Die bei Anfangswertproblemen typische numerische Lösung durch schrittweises Durchrechnen vom Anfangspunkt zum Endpunkt des Intervalls ist nicht mehr ohne weiteres möglich.

Auch die Existenz und Eindeutigkeitsaussagen sind bei Randwertaufgaben vielschichtiger als bei Anfangswertaufgaben. Ein Einblick bietet bereits die einfache Differentialgleichung

$$y'' + y = 0 \qquad \rightsquigarrow \qquad y(x) = c_1 \cos x + c_2 \sin x$$

1) RWA1: $y(0) = 1, y(1) = 0$

$$y(0) = c_1 = 1, \quad y(1) = c_1 \cos 1 + c_2 \sin 1 = 0 \quad \rightsquigarrow \quad c_1 = 1, c_2 = -\frac{\cos 1}{\sin 1}$$

2) RWA2: $y(0) = 0, y(\pi) = 0$

$$y(0) = c_1 = 0, \quad y(\pi) = c_1 \cos \pi + c_2 \sin \pi = 0 \quad \rightsquigarrow \quad c_1 = 0, c_2 \text{ beliebig!!}$$

3) RWA3: $y(0) = 0, y(\pi) = 1$

$$y(0) = c_1 = 0, \quad y(\pi) = c_1 \cos \pi + c_2 \sin \pi = 1 \quad \rightsquigarrow \quad \text{unlösbar!!}$$

Wichtig sind Randwertaufgaben der Gestalt

$$y'' = f(x,y,y') \; ; \quad a < x < b \quad \text{mit} \quad \begin{cases} \alpha_0 y(a) + \alpha_1 y'(a) = \mu_1 \\ \beta_0 y(b) + \beta_1 y'(b) = \mu_2 \end{cases}$$

Beispiel: Gegeben ist ein dünner Stab der Länge 1, welcher zwischen zwei Körpern eingespannt ist, die konstante Temperatur μ_1 bzw. μ_2 besitzen. Die Wärmeleitfähigkeit werde durch $k(x) \geq k_o > 0$ beschrieben. Die Funktion $q(x) > 0$ charakterisiere den Wärmeaustausch mit der Umgebung. Ist $f(x)$ die Dichteverteilung eventuell im Inneren liegender Wärmequellen, so ergibt sich das folgende Randwertproblem:

$$(k(x) \cdot y'(x))' = q(x) \cdot y(x) + f(x), \quad 0 < x < 1 \quad \text{mit} \quad \begin{cases} y(0) = \mu_1 \\ y(1) = \mu_2 \end{cases}$$

7.8.1 Schießverfahren

Exemplarisch betrachten wir ein spezielles Wärmeleitungsproblem
$(k(x) = 1; \ q(x) = \frac{1}{1+x^2}; \ f(x) = e^{-(4x-2)^2})$

$$y'' = \frac{y}{1+x^2} + e^{-(4x-2)^2}, \quad 0 < x < 1 \quad \text{mit} \quad y(0) = y(1) = 1$$

Wir bestimmen nun (z.B. mit dem Runge-Kutta-Verfahren) eine parameterabhängige Lösung der Differentialgleichung mit

$$y(0) = 1, \quad y'(0) = s \quad .$$

Man variiert nun s, bis die zweite Randbedingung auch erfüllt ist, d.h. bis der „Schuss" trifft. Bei linearen Differentialgleichungen führt dies auf eine lineare Beziehung für den Parameter s. In der folgenden Graphik sind zwei „Fehlschüsse" und der „Treffer" eingezeichnet.

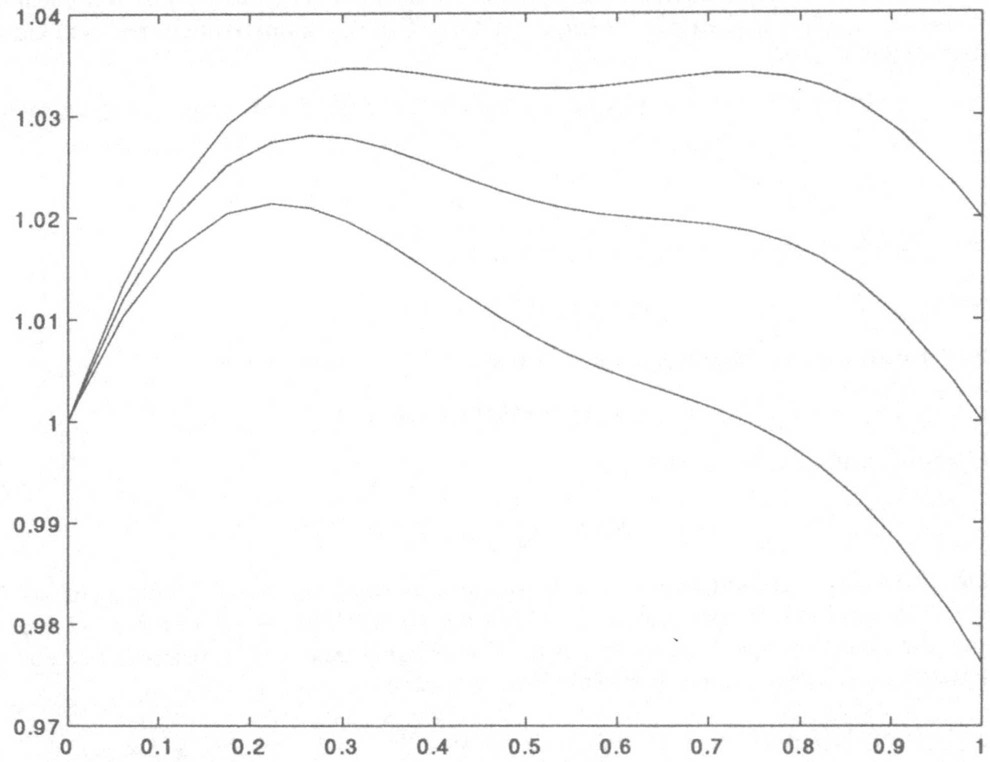

Ein analoges Vorgehen ist bei jeder linearen Randwertaufgabe möglich.

$$y'' + p(x)y + q(x)y = r(x); \quad a < x < b \quad \text{mit} \quad \begin{cases} \alpha_0 y(a) + \alpha_1 y'(a) = \mu_1 \\ \beta_0 y(b) + \beta_1 y'(b) = \mu_2 \end{cases}$$

Wir bestimmen zwei Grundlösungen $\{y_1(x), y_2(x)\}$ mit den Anfangsbedingungen

$$y_1(a) = 1, \quad y_1'(a) = 0; \quad y_2(a) = 0, \quad y_2'(a) = 1 \quad .$$

Setzt man eine Linearkombination $\quad y(x) = c_1 y_1(x) + c_2 y_2(x)$

in die beiden Randbedingungen ein, so ergibt sich ein lineares Gleichungssystem.

$$\alpha_0 \left[c_1 \cdot 1 + c_2 \cdot 0 \right] + \alpha_1 \left[c_1 \cdot 0 + c_2 \cdot 1 \right] = \mu_1$$

$$\beta_0 \left[c_1 \cdot y_1(b) + c_2 \cdot y_2(b) \right] + \beta_1 \left[c_1 \cdot y_1'(b) + c_2 y_2'(b) \right] = \mu_2$$

bzw.

$$
\begin{pmatrix}
\alpha_0 & \alpha_1 & \mu_1 \\
\beta_0 \cdot y_1(b) + \beta_1 \cdot y_1'(b) & \beta_0 \cdot y_2(b) + \beta_1 \cdot y_2'(b) & \mu_2
\end{pmatrix} .
$$

Existiert eine Lösung dieses linearen Gleichungssystems für c_1, c_2, so ist die Randwertaufgabe gelöst.

Für nichtlineare Differentialgleichungen kann dieses Verfahren prinzipiell auch angewandt werden. Die Bestimmung des geeigneten Schießparameters s führt dann allerdings zu einer nichtlinearen Gleichung, die meist recht aufwendig iterativ gelöst werden muss. Ebenso ist es möglich, dass die Lösung für manche Schießparameter nicht auf dem ganzen Intervall definiert ist.

Diese Problematik wird an folgendem, explizit lösbaren Randwertproblem deutlich:

$$
y'' + (y')^2 = 0 \; ; \qquad
\begin{cases}
y(0) &= 1 \\
y(1) &= -1
\end{cases} .
$$

Die allgemeine Lösung der Differentialgleichung lautet

$$
y(x) = \ln(kx + 1) + c .
$$

Aus der ersten Randbedingung ergibt sich $c = 1$. Die Lösungsschar

$$
\tilde{y}(x; k) = \ln(kx + 1) + 1
$$

besitzt im Nullpunkt die Ableitung

$$
\tilde{y}'(0; k) = \left. \frac{k}{kx + 1} \right|_{x=0} = k .
$$

Man wird nun den Schießparameter k so lange variieren, bis man trifft. Nun ist für negative k der Definitionsbereich der Lösung das Intervall $[0, -\frac{1}{k})$. Für $k < -1$ besitzt damit die Funktion $\tilde{y}(x; k)$ im Interval $[0, 1]$ eine Singularität. Bei unserem Beispiel ist der richtige „Schießparameter" k explizit bestimmbar:

$$
\tilde{y}(1; k) = \ln(k + 1) + 1 \overset{!}{=} -1 \quad \rightsquigarrow \quad k = e^{-2} - 1 \quad \text{wobei } -1 < k < 0 .
$$

7.8.2   Differenzenverfahren

Der Grundgedanke der sogenannten Differenzenverfahren besteht darin, das Gesamtintervall zu diskretisieren $a < x_0 < x_1 < \ldots < x_{n-1} < x_n$ und dann die Ableitungen durch geeignete Differenzenquotienten zu ersetzen.

z.B.
$$
y'(x_i) \approx \frac{y(x_{i+1}) - y(x_{i-1})}{x_{i+1} - x_{i-1}} .
$$

Wir betrachten eine gleichmäßige Unterteilung des Gesamtintervalls mit der Schrittweite h. Bezeichnen wir wieder mit y_i die Näherungen der gesuchten Funktion im Punkt x_i, so können wir setzen:

$$
y'(x_i) \longrightarrow \frac{y_{i+i} - y_{i-1}}{2h}
$$

$$
y''(x_i) \longrightarrow \frac{y_{i+1} - 2y_i + y_{i-1}}{h^2} .
$$

Für eine lineare Differentialgleichung erhalten wir dann nach der Diskretisierung ein lineares Gleichungsystem für y_i.

Zum linearen Randwertproblem

$$y'' + p(x) \cdot y' + q(x) \cdot y = f(x),\ a < x < b \quad \text{mit} \quad \begin{aligned} y(a) &= \mu_1 \\ y(b) &= \mu_2 \end{aligned}$$

erhält man an jedem Zwischenwert eine lineare Gleichung der Form

$$\frac{y_{i+1} - 2y_i + y_{i-1}}{h^2} + \underbrace{p(x_i)}_{p_i} \cdot \frac{y_{i+1} - y_{i-1}}{2h} + \underbrace{q(x_i)}_{q_i} \cdot y_i = \underbrace{f(x_i)}_{f_i} \quad i = 1,2,\ldots,n-1 \ .$$

Ordnet man diese Gleichungen, so nehmen sie folgende Form an:

$$y_{i-1} \cdot \underbrace{\left[\frac{1}{h^2} - \frac{p_i}{2h}\right]}_{a_i} + y_i \cdot \underbrace{\left[q_i - \frac{2}{h^2}\right]}_{c_i} + y_{i+1} \cdot \underbrace{\left[\frac{1}{h^2} + \frac{p_i}{2h}\right]}_{b_i} = f_i \quad i = 1,2,\ldots,n-1 \ .$$

Zusätzlich erhält man aus den Randbedingungen die Gleichungen

$$y_0 = \mu_1 , \qquad y_n = \mu_2 \ .$$

In Matrixschreibweise erhalten wir insgesamt ein lineares Gleichungssystem:

$$\begin{pmatrix} 1 & 0 & 0 & 0 & 0 & \ldots & 0 & 0 & 0 \\ a_1 & c_1 & b_1 & 0 & 0 & \ldots & 0 & 0 & 0 \\ 0 & a_2 & c_2 & b_2 & 0 & \ldots & 0 & 0 & 0 \\ \vdots & \vdots & \vdots & \vdots & \vdots & & \vdots & \vdots & \vdots \\ 0 & 0 & 0 & 0 & 0 & \ldots & a_{n-1} & c_{n-1} & b_{n-1} \\ 0 & 0 & 0 & 0 & 0 & \ldots & 0 & 0 & 1 \end{pmatrix} \cdot \begin{pmatrix} y_0 \\ y_1 \\ y_2 \\ \vdots \\ y_{n-1} \\ y_n \end{pmatrix} = \begin{pmatrix} \mu_1 \\ f_1 \\ f_2 \\ \vdots \\ f_{n-1} \\ \mu_2 \end{pmatrix}$$

Die Lösung dieses linearen Gleichungssystems ergibt dann die Näherungen y_i für die gesuchte Lösung $y(x)$. Das System ist tridiagonal (alle Elemente außerhalb der Hauptdiagonalen und der beiden benachbarten Diagonalen sind Null). Es eignet sich deshalb sehr gut zur numerischen Auswertung. Mit dem folgenden MATLAB-Programm lässt sich diese Randwertaufgabe leicht lösen.

```
% Verfahren zur Loesung der Randwertaufgabe
% y''+p(x)y'+q(x)y=f(x);y(0)=m1;y(1)=m2
clear A b v t n;disp(' ');
disp('RWA y''+p(x)y'+q(x)y=f(x); y(0)=m1;y(1)=m2; (Balkenbiegung)');
p=input('p(x)= ','s');
q=input('q(x)= ','s');
f=input('f(x)= ','s');
m1=input('m1= ');
m2=input('m2= ');
n=input('Anzahl der Unterteilungen des Intervalls (n gerade!) ');
h=1/n;t=[h:h:(n-1)*h];ft=feval(f,t);
b=[m1 ft m2];pt=feval(p,t);qt=feval(q,t);
ptu=ones(size(pt))/(h^2)+pt;
```

```
ptl=ones(size(pt))/(h^2)-pt;
qt=qt-ones(size(qt))*2/(h^2);
qt=[1 qt 1];Ad=diag(qt);
ptu=ones(size(ptu))'*ptu;
ptl=ones(size(ptl))'*ptl;
Au=zeros(n+1,n+1);Au(2:n,3:(n+1))=ptu;Au=triu(Au,1)-triu(Au,2);
Al=zeros(n+1,n+1);Al(2:n,1:(n-1))=ptl;Al=tril(Al,-1)-tril(Al,-2);
A=Ad+Al+Au;v=A\b';t=0:h:1;plot(t,v);
title(['Differenzenverfahren mit  ',num2str(n),' Teilintervallen']);
```

Die zuvor mit dem Schießverfahren behandelte Wärmeleitungsgleichung wurde nochmals
mit dem einfachen Differenzenverfahren gelöst. Die zugehörigen Function-Files lauten:

```
function y=fra(x);        function y=pra(x);        function y=qra(x);
y=exp(-(4*x-2).^2);       y=zeros(size(x));         y=1./(1+x.^2);
```

Die folgenden Bilder zeigen verschiedene Diskretisierungsgrade.

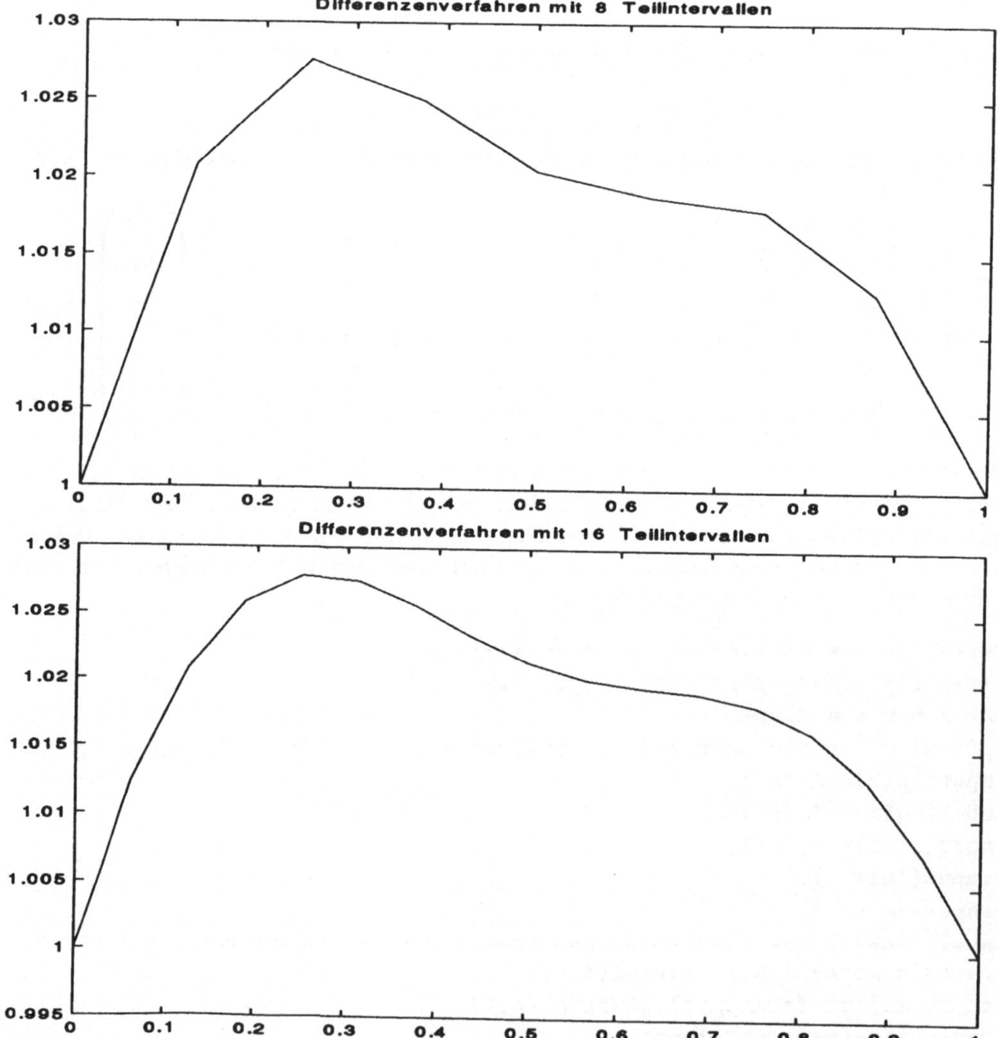

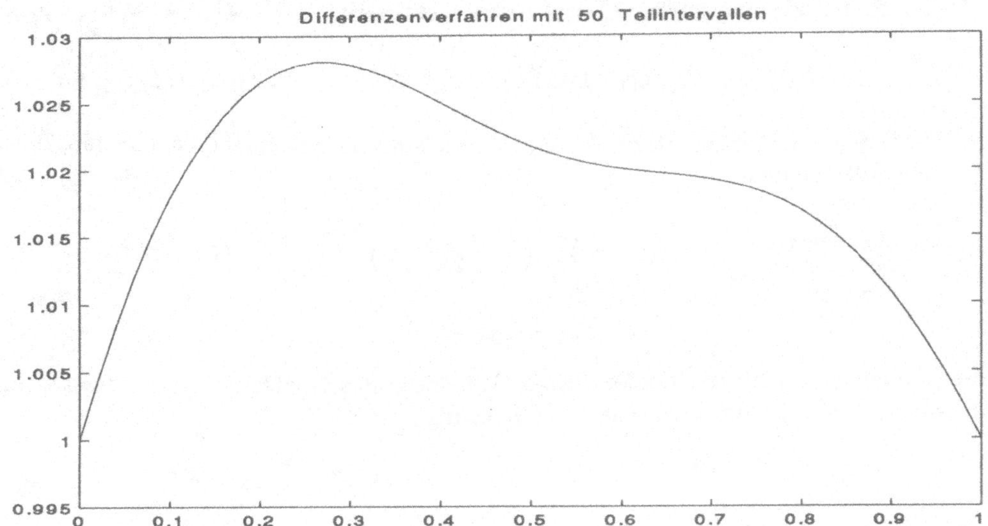

Den Verfahrensfehler kann man noch verkleinern, indem man den Ausdruck zur Approximation von $y'(x_i)$, $y''(x_i)$, ... auf mehr Punkte stützt und so eine bessere Fehlerordnung erreicht. So gilt z.B.

$$y'(x_i) = \frac{y_{i-2} - 8y_{i-1} + 8y_{i+1} - y_{i+2}}{12h} + \frac{h^4}{30} \cdot y^{(5)}(x_i) + \cdots$$

$$y''(x_i) = \frac{-y_{i-2} + 16y_{i-1} - 30y_i + 16y_{i+1} - y_{i+2}}{12h^2} + \frac{h^4}{90} \cdot y^{(6)}(x_i) + \cdots \ .$$

Diese genaueren Formeln führen am Rand zu Schwierigkeiten. So greifen dort die Punkte x_{i-2}, x_{i-3}, ... über den Definitionsbereich hinaus. Die beteiligten Funktionen müssen dann durch Extrapolation fortgesetzt werden oder man verwendet am Rand „schlechtere Differenzen". Ansonsten ergibt sich ein analoges Gleichungssystem.

7.8.3 Beispiel für eine nichtlineare Randwertaufgabe

Ein an den Enden gelenkig gelagerter Balken sei einer ebenen Belastung ausgesetzt. Seine Durchbiegung ist unter der Voraussetzung zu bestimmen, dass das Material eine mit seinen Abmessungen vergleichbare Durchbiegung zulässt. 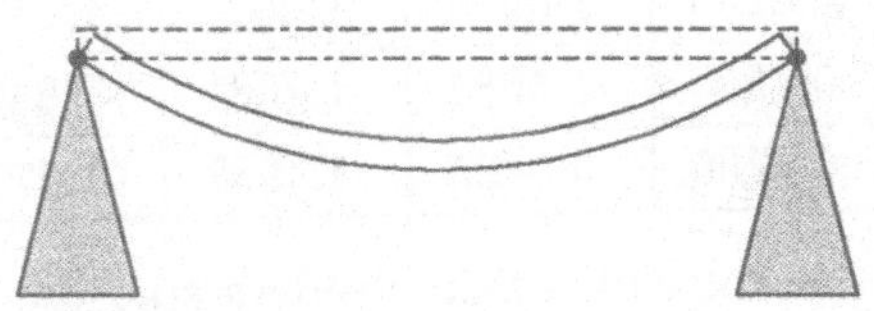

Die Differentialgleichung für die Durchbiegung $w(x)$ lautet dann:

$$w''(x) = -\frac{M(x)}{EI} \cdot \left(1 + (w'(x))^2\right)^{\frac{3}{2}}; \quad 0 < x < l \qquad w(0) = w(l) = 0$$

Dabei ist $M(x)$ das Biegemoment und EI ein Maß für den Widerstand des Balkens gegen Biegung (Biegesteifigkeit).

Geeignete Normierung auf [0, 1] ergibt eine nichtlineare Randwertaufgabe der Form

$$y''(x) = -f(x) \cdot \left(1 + k^2 \cdot (y'(x))^2\right)^{\frac{3}{2}}; \quad 0 < x < 1 \qquad y(0) = y(1) = 0 \ .$$

Mittels einfacher Differenzenformeln ergibt sich eine nichtlineare Gleichung für die y-Werte der Stützstellen.

$$\frac{y_{i-1} - 2y_i + y_{i+1}}{h^2} = -f_i \cdot \left(1 + k^2 \cdot \left(\frac{y_{i+1} - y_{i-1}}{2h}\right)^2\right)^{\frac{3}{2}}; \qquad i = 1, 2, \ldots, n-1$$

$$y_0 = y_n = 0$$

Dieses System ist nicht geschlossen lösbar. Wir lösen das Gleichungssystem iterativ, indem wir die Lösung[11] der linearisierten Gleichung

$$\frac{y_{i-1} - 2y_i + y_{i+1}}{h^2} = -f_i \ ; \qquad i = 1, 2, \ldots, n-1$$

als Ausgangswert benutzen und in die rechte Seite einsetzen. Die so gewonnenen verbesserten Werte setzt man wieder rechts ein und verfährt so lange, bis die Veränderung kleiner als eine vorgegebene Fehlerschranke ist[12].

Das folgende Beispiel wurde iterativ berechnet:

$$y''(x) = 20 \left[-2(2x-1)^2 + 2(4x-1)^2\right] x(x-1) \cdot \left(1 + 0.01 \cdot (y'(x))^2\right)^{\frac{3}{2}}; \quad y(0) = y(1) = 0$$

Der Bereich [0, 1] wurde in acht Teilintervalle aufgeteilt und das Gleichungssystem fünf mal iteriert.

In der folgenden Tabelle sind die Iterationsschritte zusammengestellt:

x	linear	1. Iter.	2. Iter.	3. Iter.	4. Iter.	5. Iter.	27. Iter.
0.1250	-0.3333	-0.3778	-0.3905	-0.3940	-0.3950	-0.3952	-0.3953
0.2500	-0.6879	-0.7793	-0.8055	-0.8128	-0.8148	-0.8153	-0.8155
0.3750	-1.0718	-1.2141	-1.2548	-1.2663	-1.2694	-1.2703	-1.2706
0.5000	-1.4282	-1.6178	-1.6720	-1.6872	-1.6914	-1.6925	-1.6929
0.6250	-1.6284	-1.8534	-1.9173	-1.9351	-1.9400	-1.9413	-1.9418
0.7500	-1.5082	-1.7681	-1.8404	-1.8605	-1.8659	-1.8674	-1.8679
0.8750	-0.9485	-1.1937	-1.2774	-1.3024	-1.3095	-1.3114	-1.3121

In den folgenden Schaubildern sind die Lösungen des linearisierten Problems gestrichelt eingezeichnet.

---

[11] Die linearisierte Differentialgleichung kann in der Regel auch geschlossen gelöst werden und so zum Bestimmen des Anfangswerts dienen.

[12] Die Konvergenz ist nur für kleine Werte von k^2 gesichert.

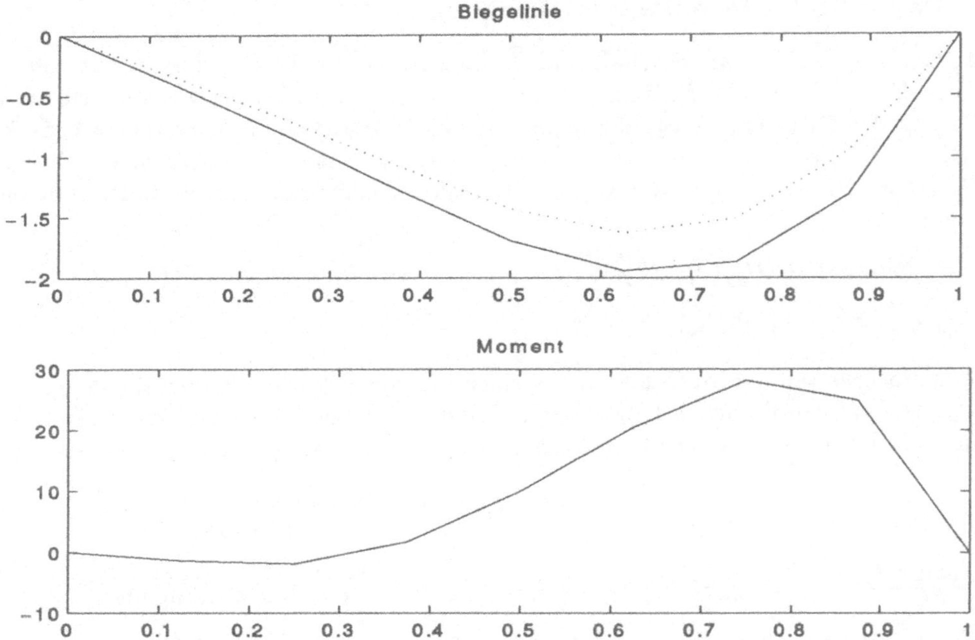

In der folgenden Graphik wurde die Zahl der Teilintervalle auf 50 erhöht und 26 mal iteriert.

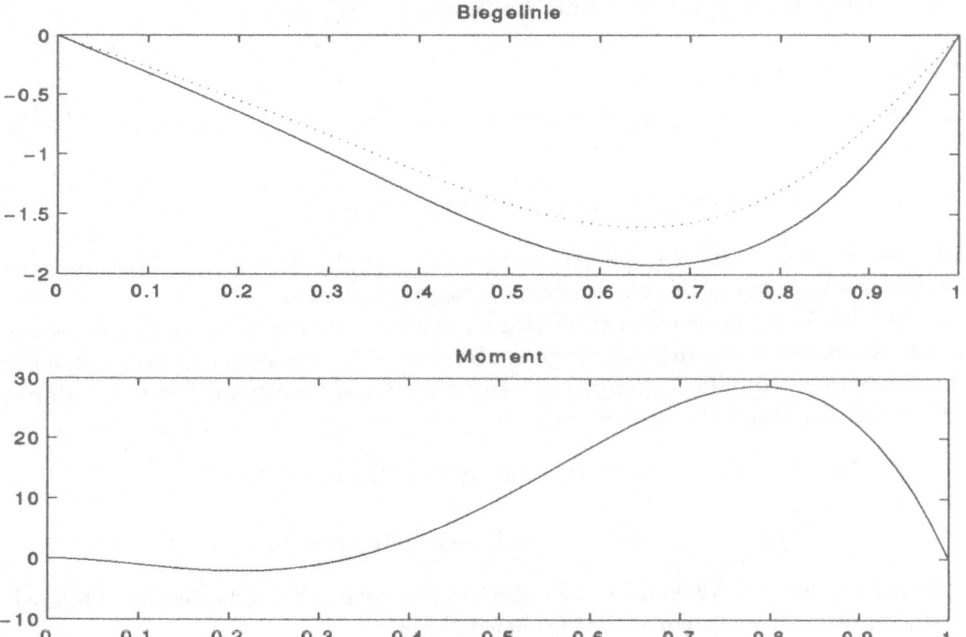

7.9 Partielle Differentialgleichungen

Zustandsgrößen in Naturwissenschaft und Technik hängen in der Regel nicht nur von einer Variablen ab. So ist z.B. die Temperaturverteilung in einem Körper von der Zeit t und den Raumkoordinaten (x_1,x_2,x_3) abhängig. Zur Beschreibung von Naturgesetzen benutzt man Differentialgleichungen, bei denen dann partielle Ableitungen nach den verschiedenen Variablen auftreten, sogenannte partielle Differentialgleichungen. So beschreibt die Gleichung

$$U_{xx}(x,y,z,t) \; + \; U_{yy}(x,y,z,t) \; + \; U_{zz}(x,y,z,t) \; = \; U_t(x,y,z,t) \; + \; f(x,y,z,t)$$

$$(x,y,z) \in G \; ; \; t \in [0, \infty]$$

die Temperaturverteilung im Gebiet G bei einer Wärmequelle der Intensität $f(x,y,z,t)$.

Genau wie bei gewöhnlichen Differentialgleichungen müssen für die Eindeutigkeit der Lösungsfunktion noch Zusatzbedingungen gestellt werden. Mögliche Bedingungen sind z.B.

$$U(x,y,z,t) \; = \; \mu(x,y,z) \qquad (x,y,z) \in \partial G \qquad \text{Randbedingung}$$

$$\frac{\partial U(x,y,z,t)}{\partial n} \; = \; \eta(x,y,z) \qquad (x,y,z) \in \partial G \qquad \text{Randbedingung}$$

$$U(x,y,z,0) \; = \; U_0(x,y,z) \qquad (x,y,z) \in G \qquad \text{Anfangsbedingung} \qquad .$$

Hierbei ist ∂G der Rand des betrachteten Gebiets G. Die Lösung einer solchen partiellen Differentialgleichung ist nur in Ausnahmefällen explizit darstellbar. Bei der numerischen Behandlung wollen wir uns auf zwei einfache Beispiele beschränken.

7.9.1 Poisson-Gleichung

Das klassische Beispiel einer elliptischen Differentialgleichung ist die sogenannte Poisson-Gleichung in zwei Variablen:

$$U_{xx}(x,y) \; + \; U_{yy}(x,y) \; = \; f(x,y) \quad (x,y) \in G \quad .$$

Sie beschreibt die stationäre Temperaturverteilung in einem homogenen Medium oder auch den Spannungszustand bei bestimmten Torsionsproblemen.

Um die gesuchte Lösungsfunktion eindeutig zu machen, müssen auf dem Rand des Gebiets zusätzliche Randbedingungen vorgegeben werden. Wir betrachten im Folgenden nur die beiden klassischen Randbedingungen von Dirichlet[13] und Neumann.[14] Weiter nehmen wir an, dass sich der Rand ∂G in zwei Teile ∂G_1, ∂G_2 zerlegen lässt und definieren:

$$U(x,y) \; = \; \varphi(x,y) \qquad \text{auf } \partial G_1 \quad \text{(Dirichlet)}$$

$$\frac{\partial U(x,y)}{\partial n} \; = \; 0 \qquad \text{auf } \partial G_2 \quad \text{(Neumann)} \qquad .$$

In Anlehnung an unser Vorgehen bei den Randwertaufgaben für gewöhnliche Differentialgleichungen diskretisieren wir die Aufgabenstellung.

---

[13] Die Dirichlet-Bedingung schreibt den Wert der Lösungsfunktion auf dem Rand vor.
[14] Bei der Neumannschen Randbedingung wird die Normalenableitung der Lösungsfunktion vorgegeben.

1. Schritt: Die gesuchte Lösungsfunktion $U(x,y)$ wird ersetzt durch ihre Werte an diskreten Punkten des Gebietes G.

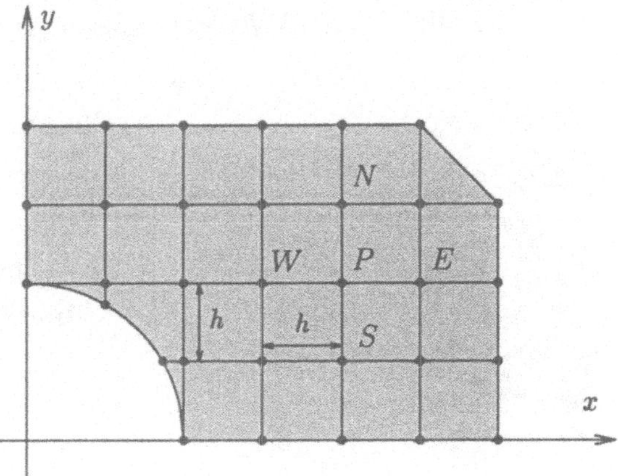

Wir legen deshalb ein regelmäßiges quadratisches Netz über das Gebiet G. Dabei wird man, soweit es geht, die Geometrie des Grundgebietes ausnutzen. Im Fall von krummlinigen Randstücken kann es auch nötig sein, Gitterpunkte als Schnittpunkt von Netzgerade und Randkurve einzuführen.

Den Wert der exakten Lösungsfunktion $U(x,y)$ in einem Gitterpunkt $P(x_i,y_j)$ bezeichnen wir mit $U(x_i,y_j)$, den zugehörigen Näherungswert mit $U_{i,j}$.

2. Schritt : Nach der vorgenommenen Diskretisierung des Gebiets G sind die partiellen Ableitungen durch geeignete Differenzenquotienten zu ersetzen. Verwendet man die sogenannten zentralen Differenzen, so erhält man als Näherung für die partiellen Ableitungen

$$U_x(x_i,y_j) \;\approx\; \frac{U_{i+1,j} - U_{i-1,j}}{2h}$$

$$U_y(x_i,y_j) \;\approx\; \frac{U_{i,j+1} - U_{i,j-1}}{2h}$$

$$U_{xx}(x_i,y_j) \;\approx\; \frac{U_{i+1,j} - 2U_{i,j} + U_{i-1,j}}{h^2}$$

$$U_{yy}(x_i,y_j) \;\approx\; \frac{U_{i,j+1} - 2U_{i,j} + U_{i,j-1}}{h^2} \; .$$

Um für das Folgende eine leicht einprägsame Schreibweise ohne Indices zu erhalten, bezeichnen wir die vier Nachbarpunkte von $P(x_i,y_j)$ nach den vier Himmelsrichtungen N(north), W(west), S(south) und E(east).

$$U_P = U_{i,j} \; , \quad U_N = U_{i,j+1} \; , \quad U_W = U_{i-1,j} \; , \quad U_S = U_{i,j-1} \; , \quad U_E = U_{i+1,j}$$

Die Poisson-Gleichung wird damit im Gitterpunkt $P(x_i,y_j)$ approximiert durch:

$$\frac{U_E - 2U_P + U_W}{h^2} + \frac{U_N - 2U_P + U_S}{h^2} \; = \; f_P \; ; \; \text{mit } f_P = f(x_i,y_j)$$

bzw.

$$\boxed{4U_P \; - \; U_N \; - \; U_W \; - \; U_S \; - \; U_E \; + \; h^2 \cdot f_P \; = \; 0}$$

Dieses Differenzenschema kann auch symbolisch wie in nebenstehender Gittergraphik dargestellt werden.

3. Schritt : Die Randbedingungen sind noch zu berücksichtigen. Wir wollen zunächst voraussetzen, dass nur regelmäßige Gitterpunkte vorkommen. Bei der Dirichletschen Randbedingung sind dann einfach die Funktionswerte $U_{i,j}$ in diesen Randpunkten vorgegeben. Der Neumannschen Randbedingung $\frac{\partial U}{\partial n}$ wird durch die Forderung Rechnung getragen, dass sich die Lösungsfunktion lokal zum Rand symmetrisch verhalten soll. Die sich aus der Symmetrie ergebende Konsequenzen für die Differenzengleichung erläutern wir an Hand von zwei typischen Randverläufen (vertikal, diagonal).

$$\frac{\partial U}{\partial n} \approx \frac{U_E - U_W}{2h} = 0 \quad \rightsquigarrow \quad U_E = U_W$$

Aus der allgemeinen Differenzengleichung

$$4U_P - U_N - U_W - U_S - U_E + h^2 \cdot f_P = 0$$

ergibt sich dann

$$4U_P - U_N - 2U_W - U_S + h^2 \cdot f_P = 0 \quad .$$

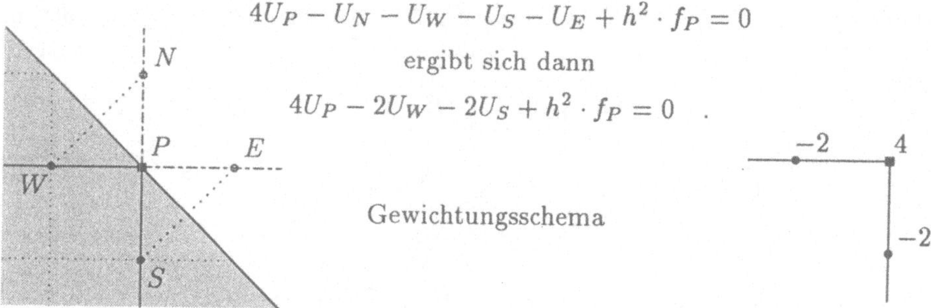

$$\frac{\partial U}{\partial n} \approx \frac{U_E - U_S}{\sqrt{2}h} = 0 \quad \rightsquigarrow \quad U_E = U_S \qquad (\text{ analog } U_W = U_N!\,)$$

Aus der allgemeinen Differenzengleichung

$$4U_P - U_N - U_W - U_S - U_E + h^2 \cdot f_P = 0$$

ergibt sich dann

$$4U_P - 2U_W - 2U_S + h^2 \cdot f_P = 0 \quad .$$

4. Schritt : Um die unbekannten Funktionswerte in den Gitterpunkten berechnen zu können, sind dafür Gleichungen zu formulieren. Dabei ist zwischen inneren Punkten und Randpunkten zu unterscheiden.

Zur Vermeidung von Doppelindices nummerieren wir die Gitterpunkte durch. Bei der Nummerierung ist darauf zu achten, dass das lineare Gleichungssystem eine zur Lösung geeignete Struktur erhält. An einem einfachen Beispiel sei diese Vorgehensweise erläutert.

Im ringförmigen Gebiet G soll die Poisson-Gleichung

$$U_{xx}(x,y) + U_{yy}(x,y) = f(x,y) ; \quad (x,y) \in G$$

erfüllt sein. Wir suchen die stationäre Temperaturverteilung in G unter der Vorgabe, dass die Innenseite auf der Temperatur 1, die Aussenseite auf dem Wert 0 gehalten wird. Die Funktion $f(x,y)$ beschreibt die Intensität der sich im Inneren befindlichen Wärmequellen. Besitzt $f(x,y)$ dieselben Symmetrieeigenschaften wie das Gebiet G (bzgl. der vier eingezeichneten Achsen), so können wir unsere Berechnungen auf den dunkel unterlegten Teil von G beschränken.

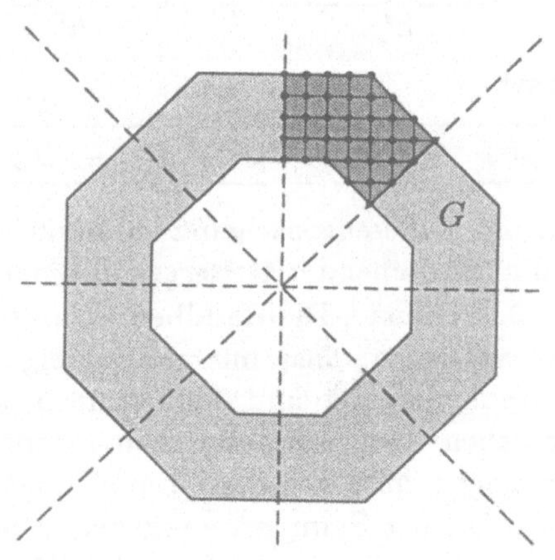

Der Symmetrie von Lösungsfunktion, Gebiet G und Intensität $f(x,y)$ wird dadurch Rechnung getragen, dass wir auf den Symmetrieachsen die Neumannsche Randbedingung vorgeben. Wir erhalten damit für $f(x,y) = -2$ die folgende Formulierung des Problems:

$$U_{xx}(x,y) \; + \; U_{yy}(x,y) \; = \; -2 \; ; \quad (x,y) \in G$$

$$
\begin{aligned}
U &= 0 && \text{auf } DE \text{ und } EF && \text{Dirichlet} \\
U &= 1 && \text{auf } AB \text{ und } BC && \text{Dirichlet} \\
\frac{\partial U}{\partial n} &= 0 && \text{auf } CD \text{ und } FA && \text{Neumann}
\end{aligned}
$$

Zur Diskretisierung wird das in untenstehender Figur eingezeichnete Netz verwendet. Die Gitterpunkte mit unbekannten Funktionswerten sind durch ausgefüllte Kreise markiert und durchnummeriert. Die durch die Randbedingungen festgelegten Gitterpunkte sind durch leere Kreise gekennzeichnet.

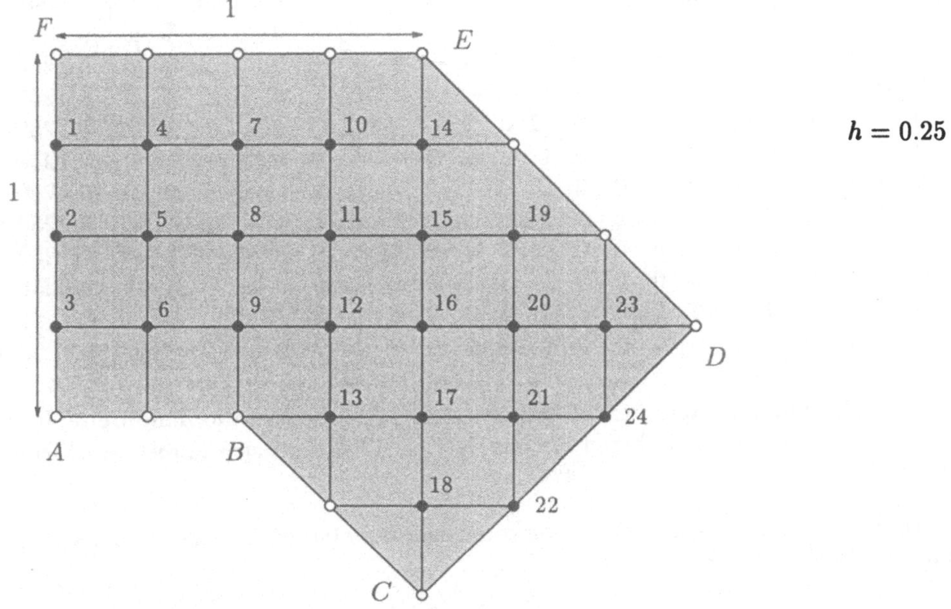

Für alle im Inneren liegenden Gitterpunkte ist die Differenzengleichung als Näherung für die Differentialgleichung gültig. Für die auf den Symmetrieachsen längs CD und FA liegenden Punkte ist die aus der Neumannbedingung folgende Symmetrie zu berücksichtigen. Symbolisch erhalten wir die folgenden Operatorgleichungen:

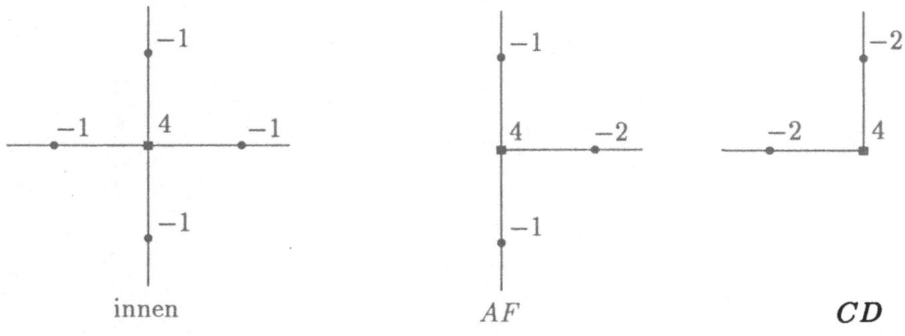

Insgesamt erhalten wir für die $U_{i,j}$ ein Gleichungssystem $\underline{A} \cdot \underline{x} = \underline{c}$ mit:

$$\left(\begin{array}{ccccccccccccccccccccccccc|c}
4 & -1 & 0 & -2 & 0 & 0 & 0 & 0 & 0 & 0 & 0 & 0 & 0 & 0 & 0 & 0 & 0 & 0 & 0 & 0 & 0 & 0 & 0 & 0 & 0 & 0.1250 \\
-1 & 4 & -1 & 0 & -2 & 0 & 0 & 0 & 0 & 0 & 0 & 0 & 0 & 0 & 0 & 0 & 0 & 0 & 0 & 0 & 0 & 0 & 0 & 0 & 0 & 0.1250 \\
0 & -1 & 4 & 0 & 0 & -2 & 0 & 0 & 0 & 0 & 0 & 0 & 0 & 0 & 0 & 0 & 0 & 0 & 0 & 0 & 0 & 0 & 0 & 0 & 0 & 1.1250 \\
-1 & 0 & 0 & 4 & -1 & 0 & -1 & 0 & 0 & 0 & 0 & 0 & 0 & 0 & 0 & 0 & 0 & 0 & 0 & 0 & 0 & 0 & 0 & 0 & 0 & 0.1250 \\
0 & -1 & 0 & -1 & 4 & -1 & 0 & -1 & 0 & 0 & 0 & 0 & 0 & 0 & 0 & 0 & 0 & 0 & 0 & 0 & 0 & 0 & 0 & 0 & 0 & 0.1250 \\
0 & 0 & -1 & 0 & -1 & 4 & 0 & 0 & -1 & 0 & 0 & 0 & 0 & 0 & 0 & 0 & 0 & 0 & 0 & 0 & 0 & 0 & 0 & 0 & 0 & 1.1250 \\
0 & 0 & 0 & -1 & 0 & 0 & 4 & -1 & 0 & -1 & 0 & 0 & 0 & 0 & 0 & 0 & 0 & 0 & 0 & 0 & 0 & 0 & 0 & 0 & 0 & 0.1250 \\
0 & 0 & 0 & 0 & -1 & 0 & -1 & 4 & -1 & 0 & -1 & 0 & 0 & 0 & 0 & 0 & 0 & 0 & 0 & 0 & 0 & 0 & 0 & 0 & 0 & 0.1250 \\
0 & 0 & 0 & 0 & 0 & -1 & 0 & -1 & 4 & 0 & 0 & -1 & 0 & 0 & 0 & 0 & 0 & 0 & 0 & 0 & 0 & 0 & 0 & 0 & 0 & 1.1250 \\
0 & 0 & 0 & 0 & 0 & 0 & -1 & 0 & 0 & 4 & -1 & 0 & 0 & -1 & 0 & 0 & 0 & 0 & 0 & 0 & 0 & 0 & 0 & 0 & 0 & 0.1250 \\
0 & 0 & 0 & 0 & 0 & 0 & 0 & -1 & 0 & -1 & 4 & -1 & 0 & 0 & -1 & 0 & 0 & 0 & 0 & 0 & 0 & 0 & 0 & 0 & 0 & 0.1250 \\
0 & 0 & 0 & 0 & 0 & 0 & 0 & 0 & -1 & 0 & -1 & 4 & -1 & 0 & 0 & -1 & 0 & 0 & 0 & 0 & 0 & 0 & 0 & 0 & 0 & 0.1250 \\
0 & 0 & 0 & 0 & 0 & 0 & 0 & 0 & 0 & 0 & 0 & -1 & 4 & 0 & 0 & 0 & -1 & 0 & 0 & 0 & 0 & 0 & 0 & 0 & 0 & 2.1250 \\
0 & 0 & 0 & 0 & 0 & 0 & 0 & 0 & 0 & -1 & 0 & 0 & 0 & 4 & -1 & 0 & 0 & -1 & 0 & 0 & 0 & 0 & 0 & 0 & 0 & 0.1250 \\
0 & 0 & 0 & 0 & 0 & 0 & 0 & 0 & 0 & 0 & -1 & 0 & 0 & -1 & 4 & -1 & 0 & 0 & -1 & 0 & 0 & 0 & 0 & 0 & 0 & 0.1250 \\
0 & 0 & 0 & 0 & 0 & 0 & 0 & 0 & 0 & 0 & 0 & -1 & 0 & 0 & -1 & 4 & -1 & 0 & 0 & -1 & 0 & 0 & 0 & 0 & 0 & 0.1250 \\
0 & 0 & 0 & 0 & 0 & 0 & 0 & 0 & 0 & 0 & 0 & 0 & -1 & 0 & 0 & -1 & 4 & -1 & 0 & 0 & -1 & 0 & 0 & 0 & 0 & 0.1250 \\
0 & 0 & 0 & 0 & 0 & 0 & 0 & 0 & 0 & 0 & 0 & 0 & 0 & -1 & 0 & 0 & -1 & 4 & 0 & 0 & 0 & -1 & 0 & 0 & 0 & 0.1250 \\
0 & 0 & 0 & 0 & 0 & 0 & 0 & 0 & 0 & 0 & 0 & 0 & 0 & 0 & -1 & 0 & 0 & 0 & 4 & -1 & 0 & 0 & -1 & 0 & 0 & 2.1250 \\
0 & 0 & 0 & 0 & 0 & 0 & 0 & 0 & 0 & 0 & 0 & 0 & 0 & 0 & 0 & -1 & 0 & 0 & -1 & 4 & -1 & 0 & 0 & 0 & 0 & 0.1250 \\
0 & 0 & 0 & 0 & 0 & 0 & 0 & 0 & 0 & 0 & 0 & 0 & 0 & 0 & 0 & 0 & -1 & 0 & 0 & -1 & 4 & -1 & 0 & -1 & 0 & 0.1250 \\
0 & 0 & 0 & 0 & 0 & 0 & 0 & 0 & 0 & 0 & 0 & 0 & 0 & 0 & 0 & 0 & 0 & -1 & 0 & 0 & -1 & 4 & -1 & 0 & -1 & 0.1250 \\
0 & 0 & 0 & 0 & 0 & 0 & 0 & 0 & 0 & 0 & 0 & 0 & 0 & 0 & 0 & 0 & 0 & 0 & -2 & 0 & 0 & -2 & 4 & 0 & 0 & 0.1250 \\
0 & 0 & 0 & 0 & 0 & 0 & 0 & 0 & 0 & 0 & 0 & 0 & 0 & 0 & 0 & 0 & 0 & 0 & 0 & 0 & -1 & 0 & 0 & 4 & -1 & 0.1250 \\
0 & 0 & 0 & 0 & 0 & 0 & 0 & 0 & 0 & 0 & 0 & 0 & 0 & 0 & 0 & 0 & 0 & 0 & 0 & 0 & 0 & -2 & 0 & -2 & 4 & 0.1250
\end{array}\right)$$

Das lineare Gleichungssystem besitzt Bandstruktur. Je schmäler die Bandbreite, desto schneller sind die Lösungsalgorithmen für das System. Dies lässt sich durch „geschickte" Nummerierung erreichen.

Ordnen wir die Lösungen $U_{i,j}$ wieder zweidimensional entsprechend den auf Seite 141 eingeführten Gitter an, so ergibt sich:

$$\left(\begin{array}{cccccccc}
0 & 0 & 0 & 0 & 0 & & & \\
0.4177 & 0.4121 & 0.3919 & 0.3455 & 0.2432 & 0 & & \\
0.7218 & 0.7137 & 0.6850 & 0.6218 & 0.5022 & 0.2950 & 0 & \\
0.9171 & 0.9109 & 0.8876 & 0.8296 & 0.7238 & 0.5528 & 0.3107 & 0 \\
1 & 1 & 1 & 0.9601 & 0.8857 & 0.7566 & 0.5649 & \\
 & & & 1 & 0.9772 & 0.8982 & & \\
 & & & & 1 & & &
\end{array}\right)$$

Das folgende Bild zeigt die mit einer kleineren Maschenweite von $h = 0.0625$ errechneten Temperaturverteilung.

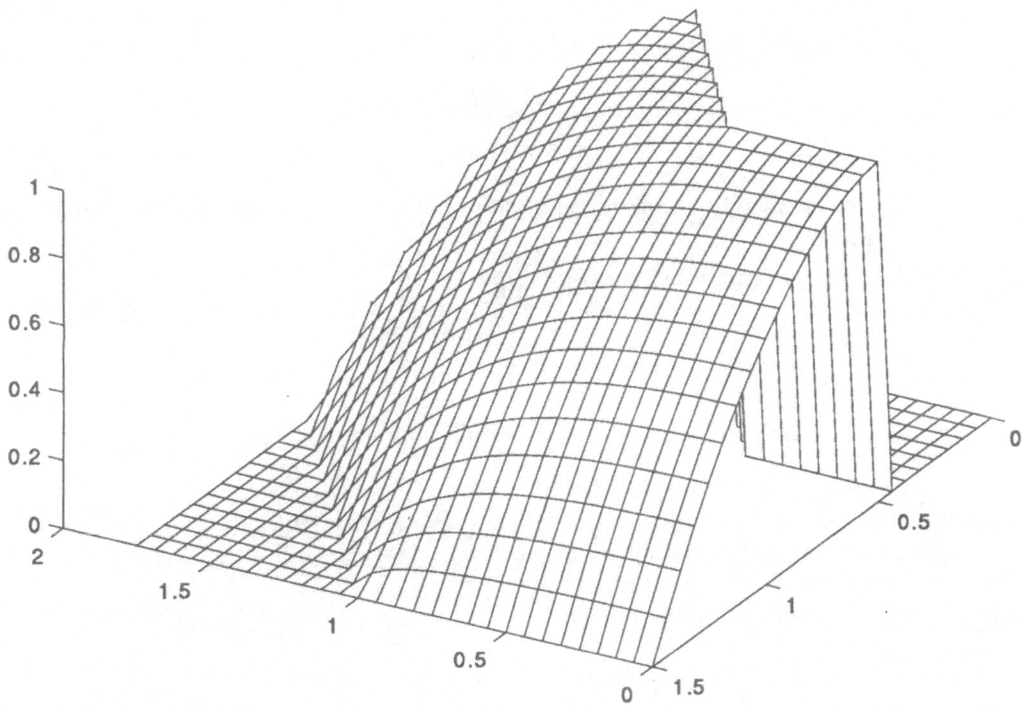

7.9.2 Wärmeleitungsgleichung

Das einfachste Beispiel einer parabolischen Differentialgleichung ist die eindimensionale Wärmeleitungsgleichung

$$U_{xx}(x,t) = U_t(x,t) + f(x,t) \quad .$$

Sie beschreibt die zeitabhängige Temperaturverteilung in einem eindimensionalen Medium (Stab).

Die Funktion $U(x,t)$ ist in der Regel in einem beschränkten Intervall für x und für positive Werte von t erklärt. Nach geeigneter Normierung gilt:

$$U(x,t) \quad \text{mit } (x,t) \in [0, 1] \times [0, \infty)$$

$f(x,t)$ beschreibt die orts- und zeitabhängige Intensität der Wärmequellen.

Zur Differentialgleichung treten noch Zusatzbedingungen.

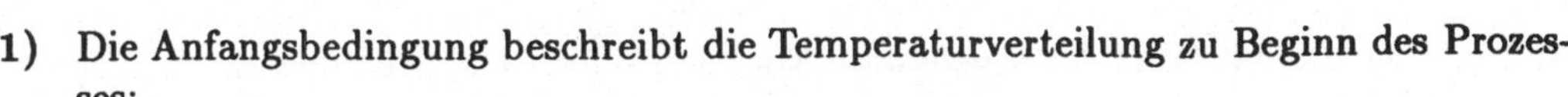

1) Die Anfangsbedingung beschreibt die Temperaturverteilung zu Beginn des Prozesses:

$$U(x,0) = g(x) \qquad x \in [0, 1] \quad .$$

2) Die Randbedingungen für $x = 0$ und $x = 1$ beschreiben das Verhalten der Lösung an den Rändern des Mediums. Dabei sind unter anderem folgende Situationen denkbar:

a) Bei der Dirichletschen Randbedingung

$$U(0,t) \;=\; \varphi_1(t)$$

$$U(1,t) \;=\; \varphi_2(t)$$

wird am Anfang und/oder Ende des Stabes eine Temperaturverteilung vorgegeben.

b) Die Neumannsche Randbedingung

$$U_x(0,t) \;=\; 0$$

$$U_x(1,t) \;=\; 0$$

beschreibt eine perfekte Wärmeisolierung an den Enden des Stabes.

Eine Kombination dieser beiden Randbedingungen ist ebenfalls denkbar. Bezüglich der Ortsvariablen x ist die Aufgabenstellung ein Randwertproblem, bezüglich der Zeit t ein Anfangswertproblem. Auf die Verträglichkeit von Rand- und Anfangsbedingung an den „Ecken" $(0,0)$ und $(1,0)$ des Gebietes G ist zu achten.

Die Anfangsrandwertaufgabe wird nun analog zum Vorgehen im vorangegangenen Abschnitt diskretisiert. Wir legen ein Netz von Gitterpunkten über G, das im Unterschied zum Vorangegangenen i.a. in x-und t-Richtung verschiedene Maschenweiten hat. Die Näherungswerte für $U(x_i,t_j)$ bezeichnen wir wieder mit $U_{i,j}$. Zur Ermittlung dieser $U_{i,j}$ soll wieder ein lineares Gleichungssystem hergeleitet werden.

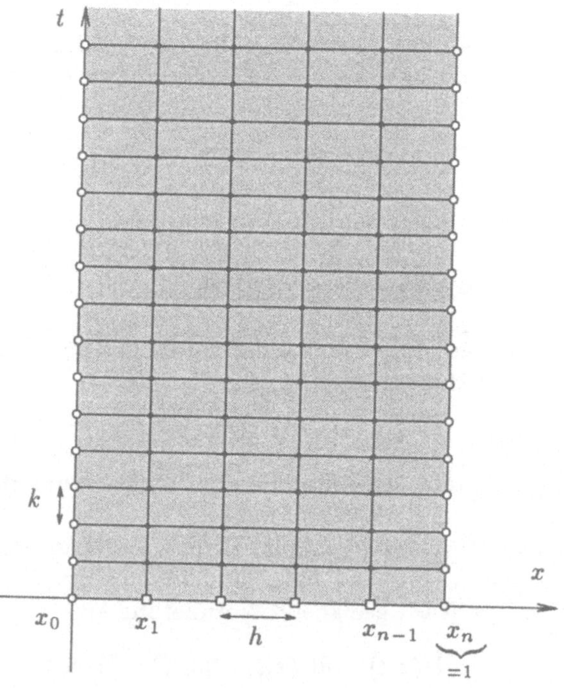

Explizite Methode :

Die zweite partielle Ableitung nach x ersetzen wir wieder durch den zentralen Differenzenquotienten

$$U_{xx}(x_i,t_j) \;\approx\; \frac{U_{i+1,j} - 2U_{i,j} + U_{i-1,j}}{h^2} \, ,$$

während wir U_t mit Hilfe der sogenannte Vorwärtsdifferenz approximieren:

$$U_t(x_i,t_j) \;\approx\; \frac{U_{i,j+1} - U_{i,j}}{k} \; .$$

Unsere Differentialgleichung geht damit über in:

$$\frac{U_{i,j+1} - U_{i,j}}{k} = \frac{U_{i+1,j} - 2U_{i,j} + U_{i-1,j}}{h^2} - f_{i,j} \; ; \quad f_{i,j} = f(x_i, t_j) \quad .$$

Für $j = 0$, d.h. $t = 0$ sind sämtliche Funktionswerte $U_{i,0}$ durch die Anfangsbedingung bekannt. Damit ist in obigem Gleichungssystem nur $U_{i,1}$ unbekannt. Sämtliche Werte $U_{i,1}$ lassen sich somit explizit aus der Kenntnis der $U_{i,0}$ bestimmen. Daraus ergeben sich dann wieder mittels unserer Differenzengleichung die Funktionswerte $U_{i,2}$ etc. Wir erhalten insgesamt für alle inneren Punkte die rekursive Beziehung:

$$U_{i,j+1} = \left(1 - \frac{2k}{h^2}\right) \cdot U_{i,j} + \frac{k}{h^2}\left(U_{i+1,j} + U_{i-1,j}\right) - k \cdot f_{i,j} \quad .$$

Im Fall der Dirichletschen Randbedingung sind die Randwerte für $x = 0$ und $x = 1$ festgelegt. Bei der Neumannschen Randbedingung

$$U_x(x,t) = \frac{\partial U(x,t)}{\partial n} = 0$$

nutzen wir wieder die Symmetrieeigenschaft.

1) $x = 0$

$$U_{0,j+1} = \left(1 - \frac{2k}{h^2}\right) \cdot U_{0,j} + \frac{2k}{h^2} \cdot U_{1,j} - k \cdot f_{0,j}$$

2) $x = 1$

$$U_{n,j+1} = \left(1 - \frac{2k}{h^2}\right) \cdot U_{n,j} + \frac{2k}{h^2} \cdot U_{n-1,j} - k \cdot f_{n,j}$$

Bei dieser Iteration darf der Faktor $r = \frac{k}{h^2}$ nicht zu groß werden, das Verfahren wird sonst instabil.

Am folgenden Beispiel soll diese Lösungsstrategie illustriert werden:

$$\begin{aligned}
U_{xx} &= U_t + f(x,t) & (x,t) &\in [0, 1] \times [0, \infty) \\
U(0,t) &= fr(t) & t &\in [0, \infty) \\
U_x(1,t) &= 0 & t &\in [0, \infty) \\
U(x,0) &= g(x) & x &\in [0, 1]
\end{aligned}$$

mit

$$\begin{aligned}
f(x,t) &= 10 \cdot (e^{-t} - 1) \cdot e^{-15(x-0.5)^2} \\
fr(t) &= \sin(10 \cdot t) \\
g(x) &= \sin^2(\pi \cdot x) \quad .
\end{aligned}$$

Für die Schrittweiten $h = 0.05$ und $k = 0.001$ ergibt sich das folgende Temperaturverhalten.

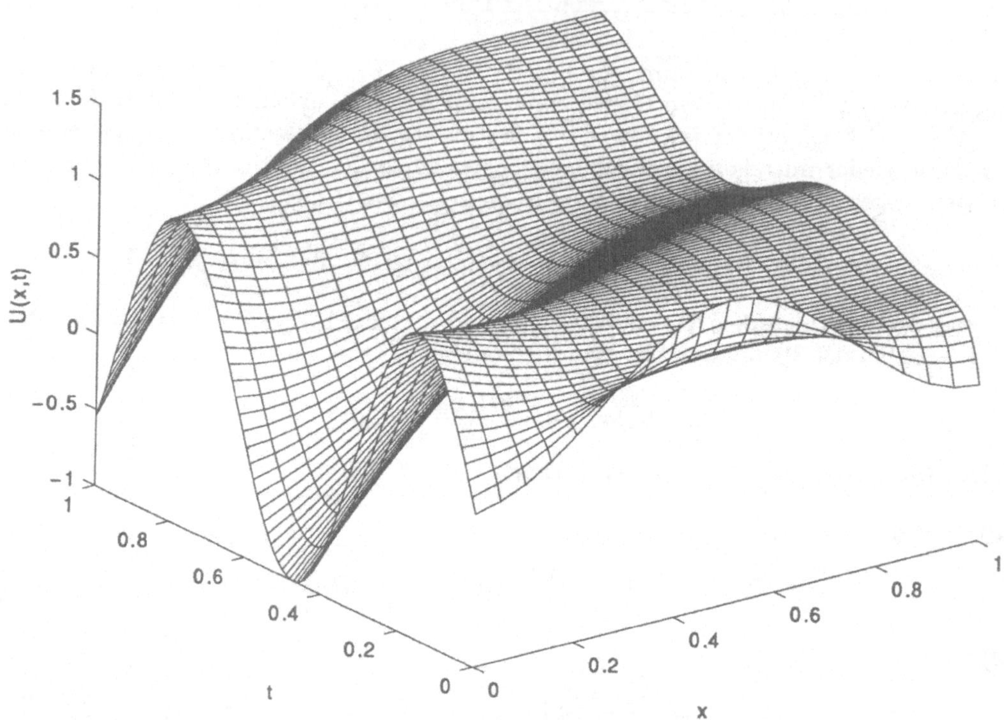

Implizite Methode :

Der Vorwärtsdifferenzenquotient $\dfrac{U_{i,j+1} - U_{i,j}}{k}$

approximiert die partielle Ableitung $\frac{\partial U}{\partial t}$ am besten zwischen den beiden Stützstellen (x_i, t_j) und (x_i, t_{j+1}) während der zentrale Differenzenquotient

$$\frac{U_{i+1,j} - 2U_{i,j} + U_{i-1,j}}{h^2}$$

U_{xx} am besten an der Stelle (x_i, t_j) approximiert. Bildet man das arithmetische Mittel aus den zentralen Differenzenquotienten in den Punkten (x_i, t_j) und (x_i, t_{j+1}) in zwei aufeinanderfolgenden Zeitschichten, dann erhält man eine im Zwischenpunkt M „beste" Approximation der partiellen Ableitung U_{xx}.

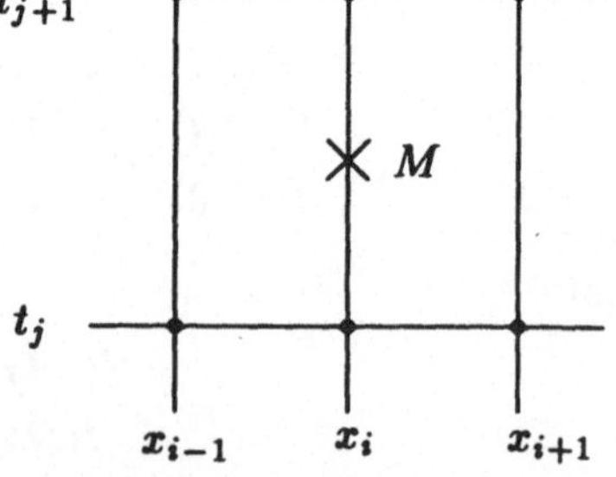

Ersetzt man die Inhomogenität $f(x,t)$ durch ihr arithmetisches Mittel an den Punkten (x_i, t_j) und (x_i, t_{j+1}), so ergeben sich die folgenden Näherungen:

$$U_{xx} \approx \frac{U_{i+1,j} - 2U_{i,j} + U_{i-1,j} + U_{i+1,j+1} - 2U_{i,j+1} + U_{i-1,j+1}}{2h^2}$$

$$U_t \approx \frac{U_{i,j+1} - U_{i,j}}{k} \qquad\qquad f \approx \frac{f_{i,j} + f_{i,j+1}}{2}$$

Mit der Abkürzung $r = \frac{k}{h^2}$ erhalten wir für die inneren Punkte aus der Differentialgleichung die Differenzengleichung:

$$-rU_{i-1,j+1}+(2+2r)U_{i,j+1}-rU_{i+1,j+1} = rU_{i-1,j}+(2-2r)U_{i,j}+rU_{i+1,j}-k\left(f_{i,j} + f_{i,j+1}\right) .$$

Bei den Randpunkten mit Neumann-Bedingung nützen wir wieder die Symmetrie aus:

1) $x = 0$

$$(2 + 2r)U_{0,j+1} - 2rU_{1,j+1} = (2 - 2r)U_{0,j} + 2rU_{1,j} - k\left(f_{0,j} + f_{0,j+1}\right)$$

2) $x = 1$

$$-2rU_{n-1,j+1} + (2 + 2r)U_{n,j+1} = 2rU_{n-1,j} + (2 - 2r)U_{n,j} - k\left(f_{n,j} + f_{n,j+1}\right) .$$

Bei der Dirichlet-Bedingung können wir die Werte für $U_{0,j}$, $U_{0,j+1}$ bzw. $U_{n,j}$, $U_{n,j+1}$
direkt aus der Randbedingung entnehmen.

Zur Bestimmung der $U_{i,j}$ muss ein lineares Gleichungssystem mit Bandstruktur gelöst
werden; es können nicht mehr Zeitschicht nach Zeitschicht die $U_{i,j}$ explizit bestimmt
werden. Der Vorteil dieses impliziten Verfahrens liegt in der wesentlich besseren Stabilität. Dies wirkt sich praktisch so aus, dass in x- und t-Richtung mit vergleichbaren
Maschenweiten gerechnet werden kann.

Wir wollen das bereits mit der expliziten Methode gerechnete Beispiel nochmals für den
doppelten Zeitraum durchrechnen. Dabei können wir mit der 20-fachen Maschenweite in
t-Richtung rechnen.

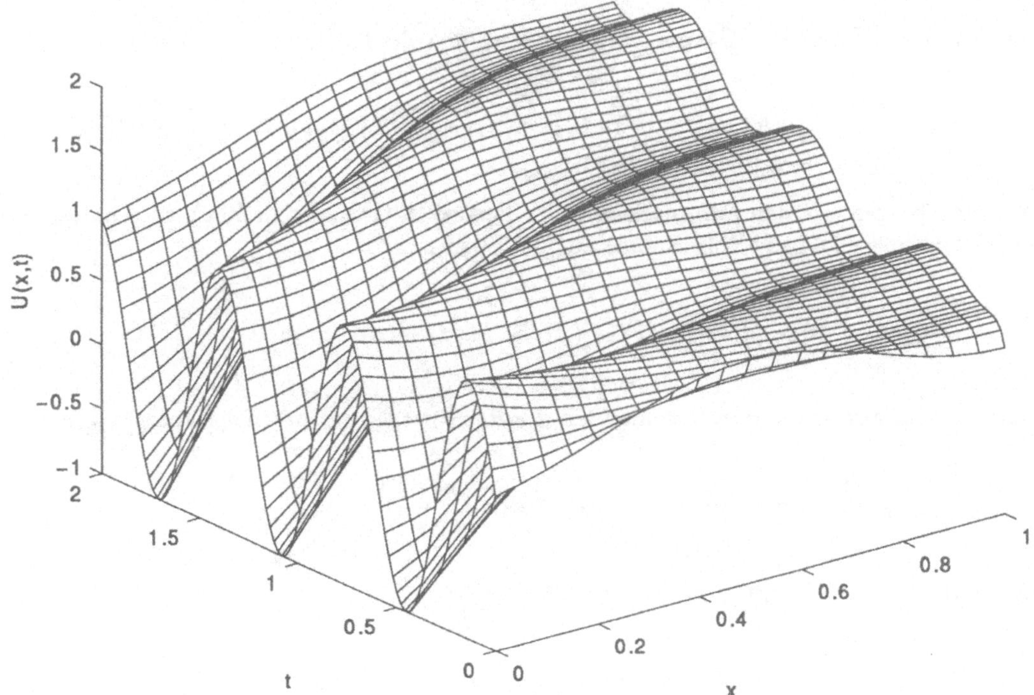

7.9.3 Finite Elemente

Zum Abschluss wollen wir noch einen weiteren Zugang zur Lösung partieller Differentialgleichungen ansprechen, der auch Ausgangspunkt für ein numerisches Verfahren ist – die Methode der finiten Elemente. Wir wollen dabei nur die Grundidee andeuten.

Zu einer partiellen Differentialgleichung – hier die Poisson-Gleichung –

$$U_{xx}(x,y) \; + \; U_{yy}(x,y) \; = \; f(x,y) \qquad (x,y) \in G$$

mit Dirichlet- oder Neumann-Randbedingung kann ein zugehöriges „Variationsproblem" formuliert werden.

Zur Erläuterung soll der eindimensionale Fall dienen. Zur Randwertaufgabe (Biegung eines zweiseitig gelagerten Balkens)

$$w''(x) \; = \; M(x) \qquad w(0) \; = \; w(1) \; = \; 0$$

wollen wir aus dem Energieprinzip die zugehörige Aufgabe der Variationsrechnung herleiten. Dazu betrachten wir

$$E(w) \; = \; \int\limits_0^1 \left[\frac{1}{2}\,(w'(x))^2 \; + \; M(x)w(x) \right] dx$$

und suchen diejenige Funktion $w(x)$, die $E(w)$ zu einem Minimum macht. Ist $w(x)$ die „optimale" Funktion, so müssen alle Variationen

$$w(x) \; + \; \delta(x) \qquad \text{mit } \delta(0) = \delta(1) = 0$$

einen größeren Wert für E ergeben. Wir betrachten die Differenz

$$\delta E \; = \; E(w+\delta) \; - \; E(w) \; = \; \int\limits_0^1 [w'(x)\cdot\delta'(x) \; + \; M(x)\cdot\delta(x)]\,dx \; + \; \frac{1}{2}\int\limits_0^1 [\delta'(x)]^2\,dx \;.$$

Vernachlässigen wir den Summanden mit Gliedern 2. Ordnung in $\delta'(x)$, so erhalten wir einen stationären Punkt (Minimum) aus der Forderung

$$\delta E \; = \; \int\limits_0^1 [w'(x)\cdot\delta'(x) \; + \; M(x)\cdot\delta(x)]\,dx \; \overset{!}{=} \; 0 \quad .$$

Wir wenden auf den ersten Summanden die Rechenregel der partiellen Integration an:

$$\int\limits_0^1 w'(x)\cdot\delta'(x)\,dx \; = \; w'(x)\cdot\delta(x)|_0^1 \; - \; \int\limits_0^1 w''(x)\cdot\delta(x)\,dx \quad .$$

Da $\delta(0) = \delta(1) = 0$ gilt, erhalten wir die Gleichung

$$\delta E \; = \; \int\limits_0^1 \underbrace{[-w''(x)\cdot\delta(x) \; + \; M(x)\cdot\delta(x)]}_{=(M(x)-w''(x))\cdot\delta(x)}\,dx \; \overset{!}{=} \; 0 \quad .$$

Dieser Ausdruck wird für alle Abweichungen $\delta(x)$ zu Null, wenn die ursprüngliche Differentialgleichung

$$w''(x) \; = \; M(x) \qquad x \in [0,\,1]$$

erfüllt ist. Wir formulieren das zu diesem Randwertproblem gehörende Variationsproblem:

Gesucht ist die Funktion $w(x)$ mit $w(0) = w(1) = 0$, die den Ausdruck

$$E(w) \; = \; \int\limits_0^1 \left[\frac{1}{2} \left(w'(x) \right)^2 \; + \; M(x)w(x) \right] dx$$

minimal macht.

Dieser Gedankengang soll jetzt auf die Poisson-Gleichung übertragen werden. Wir betrachten dazu den „Energieausdruck":

$$I(U) \; = \; \iint\limits_G \left[\frac{1}{2} \left(U_x^2(x,y) \; + \; U_y^2(x,y) \right) \; + \; f(x,y)U(x,y) \right] dxdy \quad .$$

Für die Variation $\delta(x,y)$ mit $\delta(x,y) = 0$ bzw. $\dfrac{\partial \delta(x,y)}{\partial n} = 0$ auf dem Rand ∂G gilt:

$$
\begin{aligned}
\delta I \; &= \; I(U + \delta) - I(U) \\[2mm]
&= \; \iint\limits_G \left\{ \tfrac{1}{2} \left[(U_x + \delta_x)^2 - U_x^2 + (U_y + \delta_y)^2 - U_y^2 \right] \; + \; f(U + \delta) \; - \; fU \right\} dxdy \\[2mm]
&= \; \iint\limits_G \left\{ U_x \cdot \delta_x \; + \; U_y \cdot \delta_y \; + \; f \cdot \delta \right\} dxdy \; + \; \tfrac{1}{2} \iint\limits_G \left\{ \delta_x^2 \; + \; \delta_y^2 \right\} dxdy \quad .
\end{aligned}
$$

Wir vernachlässigen wieder die Glieder 2. Ordnung von δ_x und δ_y. Die Forderung $\delta I = 0$ ergibt dann die Gleichung:

$$\delta I \; = \; \iint\limits_G \left\{ \underbrace{U_x(x,y) \cdot \delta_x(x,y) \; + \; U_y(x,y) \cdot \delta_y(x,y)}_{=\ grad\ U \cdot grad\ \delta} \; + \; f(x,y) \cdot \delta(x,y) \right\} dxdy \; \overset{!}{=} \; 0 \quad .$$

Wir wenden nun die Greensche Formel [15] – eine Verallgemeinerung der partiellen Integration auf ebene Gebietsintegrale – auf unseren Variationsausdruck an:

$$\iint\limits_G \left\{ grad\ U \cdot grad\ \delta \right\} dxdy \; = \; -\iint\limits_G \left\{ (U_{xx} + U_{yy}) \cdot \delta \right\} dxdy \; + \; \int\limits_{\partial G} \frac{\partial U}{\partial n} \cdot \delta ds \quad .$$

Dabei verschwindet das Randintegral aufgrund der betrachteten Randbedingungen.

---

[15] Für zwei im abgeschlossenen Gebiet G ein bzw. zweimal stetig differenzierbare Funktionen $g(x,y)$ und $h(x,y)$ gilt:

$$\iint\limits_G \left\{ grad\ g \cdot grad\ h \right\} dxdy \; = \; -\iint\limits_G \left\{ (g_{xx} + g_{yy}) \cdot h \right\} dxdy \; + \; \int\limits_{\partial G} \frac{\partial g}{\partial n} \cdot hds$$

$$U(x,y) \;=\; \varphi(x,y) \quad \text{für} \quad (x,y) \in \partial G \quad \text{(Dirichlet)}$$
$$\frac{\partial U(x,y)}{\partial n} \;=\; 0 \qquad \text{für} \quad (x,y) \in \partial G \quad \text{(Neumann)}$$

Soll die Dirichlet-Bedingung erfüllt sein, so folgt für die Variation δ zwingend:

$$\delta(x,y) \;=\; 0 \qquad (x,y) \in \partial G \quad .$$

Bei der Neumann-Bedingung gilt direkt $\frac{\partial U}{\partial n} = 0$.
Damit ist unser Variationsproblem identisch mit

$$\delta I \;=\; \iint\limits_{G} \left\{ (-U_{xx} - U_{yy} + f) \cdot \delta \right\} dx\,dy \;\overset{!}{=}\; 0 \quad .$$

Soll dies für alle zulässigen $\delta(x,y)$ gelten, so muss die Poisson-Gleichung gelten:

$$U_{xx}(x,y) \;+\; U_{yy}(x,y) \;=\; f(x,y) \quad .$$

Im Folgenden soll das Variationsproblem numerisch gelöst werden. Dazu zerlegen wir G näherungsweise in Dreiecke. Die Dreieckszerlegung (Triangulierung) sei dabei so beschaffen, dass benachbarte Dreiecke entweder eine ganze Seite gemeinsam haben oder nur einen Punkt. Die Triangulierung sollte keine allzu stumpfen Dreiecke enthalten, um numerische Schwierigkeiten zu vermeiden.

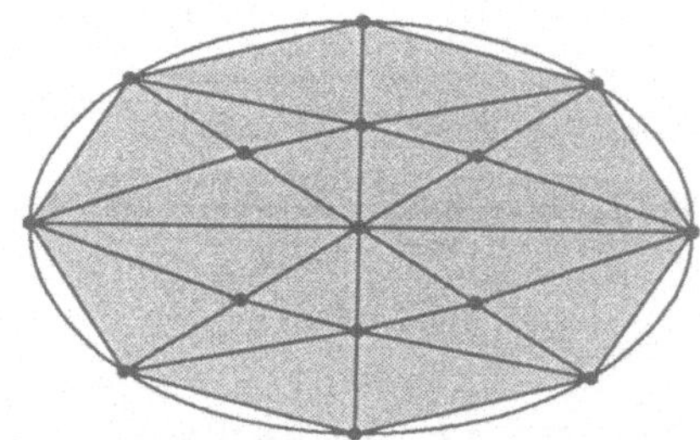

In jedem Dreieck wählen wir in Analogie zum Vorgehen bei Splines für die Approximation von $U(x,y)$ einen bestimmten Funktionstyp als Ansatz. Wir wollen hier nur den Fall eines quadratischen Ansatzes weiter verfolgen.

$$\tilde{U}(x,y) \;=\; c_1 \;+\; c_2 x \;+\; c_3 y \;+\; c_4 x^2 \;+\; c_5 xy \;+\; c_6 y^2$$

Diese quadratische Ansatzfunktion ist durch die Vorgabe von Funktionswerten in sechs Punkten festgelegt. Wir wählen dafür die Eckpunkte des Dreiecks und die drei Seitenmittelpunkte aus. Dadurch ist auch gewährleistet, dass die aus den quadratischen Ansatzfunktionen zusammengesetzte Gesamtfunktion überall stetig ist. Bei benachbarten Dreiecken stimmen jeweils drei Punkte miteinander überein. Eine Parabel ist aber durch drei Punkte festgelegt. Diese Parabel ist dann die Schnittkurve der benachbarten Ansatzfunktionen.

Der nächste Schritt besteht dann darin, den Wert des Variationsintegrals in Abhängigkeit von den Funktionswerten in den Knotenpunkten darzustellen. Dies ergibt einen quadratischen Ausdruck. Dieser Ausdruck abgeleitet führt zu einem linearen Gleichungssystem, dessen Lösung den gesuchten stationären Punkt des Variationsintegrals liefert. [16]

Diese Vorgehensweise soll im Folgenden detailliert erläutert werden. Die Knotenpunkte werden wieder systematisch[17] durchnummeriert. Wir bezeichnen den Funktionswert im Punkt j mit U_j.

---

[16] Auf die Frage, unter welchen Bedingungen eine solche „schwache" Lösung auch die notwendigen Differenzierbarkeitseigenschaften besitzt, wollen wir hier nicht eingehen.

[17] Die Art der Nummerierung beeinflusst die Bandbreite des resultierenden linearen Gleichungssystems. Es existieren Algorithmen, die eine optimale Nummerierung erzeugen.

Wir betrachten nun ein einzelnes Dreieck mit den sechs Knotenpunkten $P_1, P_2, \ldots, P_6$, wobei die Eckpunkte des Dreiecks entsprechend der unteren Skizze im mathematisch positiven Sinne angeordnet seien. Zur Berechnung des Variationsintegrals unterwerfen wir das Dreieck T_i einer linearen Transformation, so dass ein „Normdreieck" entsteht.

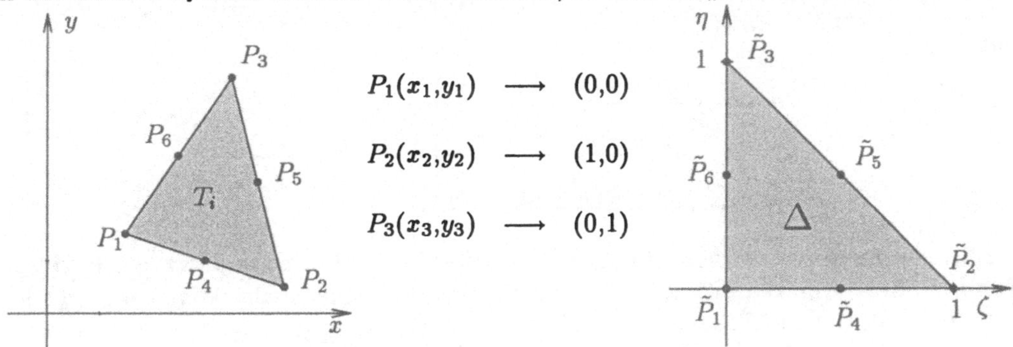

$$P_1(x_1,y_1) \longrightarrow (0,0)$$
$$P_2(x_2,y_2) \longrightarrow (1,0)$$
$$P_3(x_3,y_3) \longrightarrow (0,1)$$

$$x = x_1 + (x_2 - x_1)\cdot\zeta + (x_3 - x_1)\cdot\eta$$
$$y = y_1 + (y_2 - y_1)\cdot\zeta + (y_3 - y_1)\cdot\eta$$

bzw.

$$\begin{pmatrix} x \\ y \end{pmatrix} = \begin{pmatrix} x_1 \\ y_1 \end{pmatrix} + \begin{pmatrix} (x_2 - x_1) & (x_3 - x_1) \\ (y_2 - y_1) & (y_3 - y_1) \end{pmatrix} \cdot \begin{pmatrix} \zeta \\ \eta \end{pmatrix} \quad .$$

Mit

$$J = \begin{vmatrix} (x_2 - x_1) & (x_3 - x_1) \\ (y_2 - y_1) & (y_3 - y_1) \end{vmatrix}$$

ergibt sich für die inverse Abbildung:

$$\begin{pmatrix} \zeta \\ \eta \end{pmatrix} = \frac{1}{J}\cdot\begin{pmatrix} (y_3 - y_1) & -(x_3 - x_1) \\ -(y_2 - y_1) & (x_2 - x_1) \end{pmatrix} \cdot \begin{pmatrix} x - x_1 \\ y - y_1 \end{pmatrix} \quad .$$

Die Ableitungen nach x bzw. y müssen noch in partielle Ableitungen nach ζ und η umrechnet werden.

$$U(x,y) = U(x(\zeta,\eta),y(\zeta,\eta)) = \tilde{U}(\zeta,\eta)$$
$$U_x = \tilde{U}_\zeta \cdot \zeta_x + \tilde{U}_\eta \cdot \eta_x$$
$$U_y = \tilde{U}_\zeta \cdot \zeta_y + \tilde{U}_\eta \cdot \eta_y$$

Bei einer linearen Transformation ist die Funktionalmatrix konstant.

$$\begin{pmatrix} \zeta_x & \zeta_y \\ \eta_x & \eta_y \end{pmatrix} = \frac{1}{J}\cdot\begin{pmatrix} (y_3 - y_1) & -(x_3 - x_1) \\ -(y_2 - y_1) & (x_2 - x_1) \end{pmatrix}$$

Damit ergibt sich für

$$U_x^2 + U_y^2 = \left(\tilde{U}_\zeta\zeta_x + \tilde{U}_\eta\eta_x\right)^2 + \left(\tilde{U}_\zeta\zeta_y + \tilde{U}_\eta\eta_y\right)^2$$
$$= (\zeta_x^2 + \zeta_y^2)\cdot\tilde{U}_\zeta^2 + 2(\zeta_x\eta_x + \zeta_y\eta_y)\cdot\tilde{U}_\zeta\tilde{U}_\eta + (\eta_x^2 + \eta_y^2)\cdot\tilde{U}_\eta^2 \quad .$$

Das Flächenelement muss ebenfalls transformiert werden:

$$dxdy \longrightarrow J\cdot d\zeta d\eta$$

Insgesamt erhalten wir:

$$\iint_{T_i} \left[(U_x^2(x,y) + U_y^2(x,y)\right] dx dy = \iint_{\Delta} \left[a\tilde{U}_\zeta^2 + 2b\tilde{U}_\zeta\tilde{U}_\eta + c\tilde{U}_\eta^2\right] d\zeta d\eta$$

mit

$$a = \frac{(x_3 - x_1)^2 + (y_3 - y_1)^2}{J}$$

$$b = -\frac{(x_3 - x_1)(x_2 - x_1) + (y_3 - y_1)(y_2 - y_1)}{J}$$

$$c = \frac{(x_2 - x_1)^2 + (y_2 - y_1)^2}{J}$$

Wir wollen nun versuchen, die Ansatzfunktion im Normdreieck durch die Funktionswerte U_j auszudrücken. Für den Fall eines rechtwinklig-gleichschenkligen Dreiecks lässt sich dies einfach explizit darstellen. Wir verwenden dazu sogenannte Formfunktionen. In Analogie zu den Lagrange-Polynomen erklären wir Basisfunktionen, die jeweils in einem Punkt den Wert 1 annehmen und in den übrigen Punkten verschwinden.

	$N_i(0\mid 0)$	$N_i(1\mid 0)$	$N_i(0\mid 1)$	$N_i(\frac{1}{2}\mid 0)$	$N_i(\frac{1}{2}\mid\frac{1}{2})$	$N_i(0\mid\frac{1}{2})$
$N_1(\zeta,\eta) = (1 - \zeta - \eta)\cdot(1 - 2\zeta - 2\eta)$	1	0	0	0	0	0
$N_2(\zeta,\eta) = \zeta\cdot(2\zeta - 1)$	0	1	0	0	0	0
$N_3(\zeta,\eta) = \eta\cdot(2\eta - 1)$	0	0	1	0	0	0
$N_4(\zeta,\eta) = 4\zeta\cdot(1 - \zeta - \eta)$	0	0	0	1	0	0
$N_5(\zeta,\eta) = 4\zeta\cdot\eta$	0	0	0	0	1	0
$N_6(\zeta,\eta) = 4\eta\cdot(1 - \zeta - \eta)$	0	0	0	0	0	1

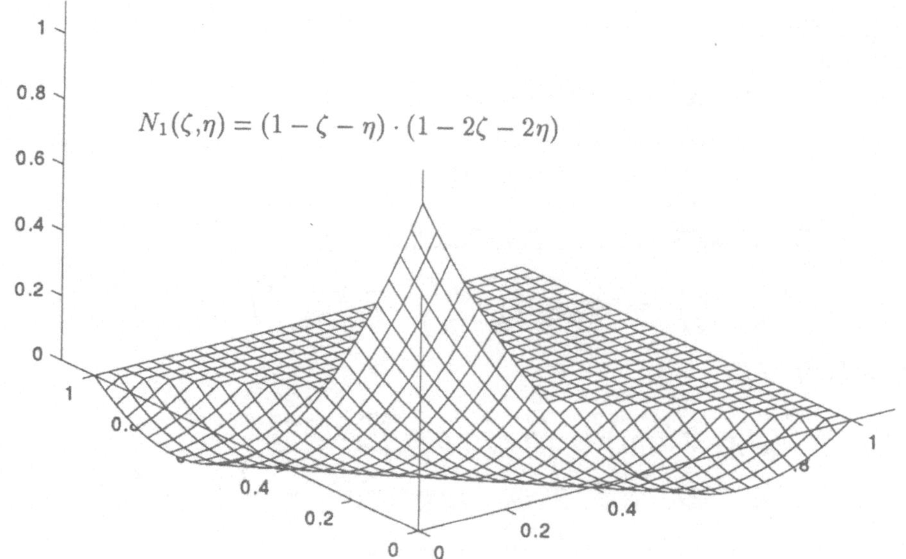

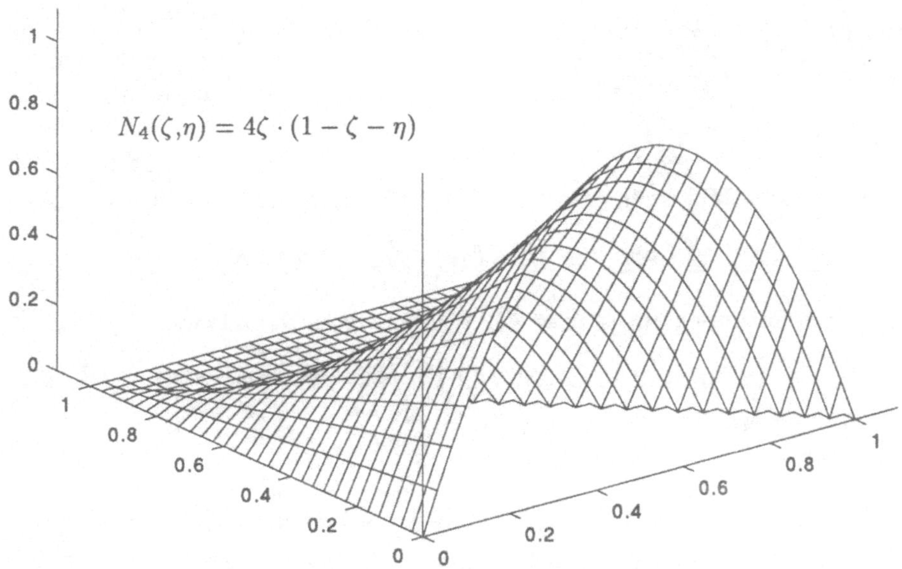

Mit diesen Formfunktionen $N_i(\zeta,\eta)$ lautet die quadratische Ansatzfunktion im Normdreieck

$$\tilde{U}(\zeta,\eta) \;=\; \sum_{i=1}^{6} U_i \cdot N_i(\zeta,\eta) \quad .$$

Wir fassen diese zum Dreieck T_i gehörenden Funktionswerte zu einem Vektor zusammen – ebenso die sechs Formfunktionen:

$$\underline{U} \;=\; \begin{pmatrix} U_1 \\ \vdots \\ U_6 \end{pmatrix} \qquad\qquad \underline{N}(\zeta,\eta) \;=\; \begin{pmatrix} N_1(\zeta,\eta) \\ \vdots \\ N_6(\zeta,\eta) \end{pmatrix} \quad .$$

Damit lässt sich $\tilde{U}$ als Skalarprodukt darstellen – ebenso die partiellen Ableitungen:

$$\begin{aligned}
\tilde{U}(\zeta,\eta) &= \sum_{i=1}^{6} U_i \cdot N_i(\zeta,\eta) &&= \underline{U}^T \cdot \underline{N}(\zeta,\eta) &&= \underline{N}^T(\zeta,\eta) \cdot \underline{U} \\
\tilde{U}_\zeta(\zeta,\eta) &= \sum_{i=1}^{6} U_i \cdot \frac{\partial N_i(\zeta,\eta)}{\partial \zeta} &&= \underline{U}^T \cdot \underline{N}_\zeta(\zeta,\eta) &&= \underline{N}_\zeta^T(\zeta,\eta) \cdot \underline{U} \\
\tilde{U}_\eta(\zeta,\eta) &= \sum_{i=1}^{6} U_i \cdot \frac{\partial N_i(\zeta,\eta)}{\partial \eta} &&= \underline{U}^T \cdot \underline{N}_\eta(\zeta,\eta) &&= \underline{N}_\eta^T(\zeta,\eta) \cdot \underline{U} \quad .
\end{aligned}$$

Unser Variationsintegral

$$I(U) \;=\; \iint\limits_{G} \left[\frac{1}{2}\left(U_x^2(x,y) + U_y^2(x,y) \right) + f(x,y)U(x,y) \right] dx\,dy$$

ergibt für das Dreieck T_i den nachfolgenden Ausdruck – ein Integral über das „Normdreieck" Δ :

$$I(U) = \iint_{\Delta} \left\{ \frac{1}{2}\left[a\, \underbrace{\left(\underline{U}^T \cdot \underline{N}_\zeta\right)^2}_{\underline{U}^T \cdot \underline{N}_\zeta \cdot \underline{N}_\zeta^T \cdot \underline{U}} + 2b\underline{U}^T \underline{N}_\zeta \underline{U}^T \underline{N}_\eta + c\, \underbrace{\left(\underline{U}^T \cdot \underline{N}_\eta\right)^2}_{\underline{U}^T \cdot \underline{N}_\eta \cdot \underline{N}_\eta^T \cdot \underline{U}} \right] \right.$$

$$\left. + \tilde{f}(\zeta,\eta)\underline{N}^T \cdot \underline{U} \right\} d\zeta\, d\eta$$

Um eine symmetrische Matrix zu erhalten, stellen wir das gemischte Glied wie folgt dar:

$$2 \cdot \underline{U}^T \cdot \underline{N}_\zeta \cdot \underline{U}^T \cdot \underline{N}_\eta = \underline{U}^T \cdot \left(\underline{N}_\zeta \cdot \underline{N}_\eta^T + \underline{N}_\eta \cdot \underline{N}_\zeta^T\right) \cdot \underline{U} \quad .$$

Durch elementare Rechnung erhält man z.B. für den ersten Summanden

$$\underline{N}_\zeta^T = \left(-3 + 4\zeta + 4\eta \mid 4\zeta - 1 \mid 0 \mid 4 - 8\zeta - 4\eta \mid 4\eta \mid -4\eta\right) \quad .$$

Das Matrizenprodukt ergibt eine 6×6-Matrix:

$$\underline{S}_{\zeta\zeta} = \underline{N}_\zeta \cdot \underline{N}_\zeta^T =$$

$$\left(\begin{array}{ccc}
9 - 24\zeta - 24\eta + 16\zeta^2 + 32\zeta\eta + 16\eta^2 & 3 - 16\zeta - 4\eta + 16\zeta^2 + 16\zeta\eta & 0 \ldots \\
3 - 16\zeta - 4\eta + 16\zeta^2 + 16\zeta\eta & 1 - 8\zeta + 16\zeta^2 & 0 \ldots \\
0 & 0 & 0 \ldots \\
-12 + 40\zeta + 28\eta - 32\zeta^2 - 48\zeta\eta & -4 + 24\zeta + 4\eta - 32\zeta^2 - 16\zeta\eta & 0 \ldots \\
-12\eta + 16\zeta\eta + 16\eta^2 & -4\eta + 16\zeta\eta & 0 \ldots \\
12\eta - 16\zeta\eta - 16\eta^2 & 4\eta - 16\zeta\eta & 0 \ldots
\end{array}\right.$$

$$\left.\begin{array}{ccc}
-12 + 40\zeta + 28\eta - 32\zeta^2 - 48\zeta\eta - 16\eta^2 & -12\eta + 16\zeta\eta + 16\eta^2 & 12\eta - 16\zeta\eta - 16\eta^2 \\
-4 + 24\zeta + 4\eta - 32\zeta^2 - 16\zeta\eta & -4\eta + 16\zeta\eta & 4\eta - 16\zeta\eta \\
0 & 0 & 0 \\
16 - 64\zeta - 32\eta + 64\zeta^2 + 64\zeta\eta + 16\eta^2 & 16\eta - 32\zeta\eta - 16\eta^2 & -16\eta + 32\zeta\eta + 16\eta^2 \\
16\eta - 32\zeta\eta - 16\eta^2 & 16\eta^2 & -16\eta^2 \\
-16\eta + 32\zeta\eta + 16\eta^2 & -16\eta^2 & 16\eta^2
\end{array}\right)$$

Bei der Integration der Komponenten der Matrix $\underline{S}_{\zeta\zeta}$ über das Normdreieck treten Summanden der Bauart auf:

$$\iint_{\Delta} 1\, d\zeta\, d\eta = \frac{1}{2} \qquad \iint_{\Delta} \zeta\, d\zeta\, d\eta = \iint_{\Delta} \eta\, d\zeta\, d\eta = \frac{1}{6}$$

$$\iint_{\Delta} \zeta^2\, d\zeta\, d\eta = \iint_{\Delta} \eta^2\, d\zeta\, d\eta = \frac{1}{12} \qquad \iint_{\Delta} \zeta\eta\, d\zeta\, d\eta = \frac{1}{24}$$

Insgesamt erhält man:

$$\underline{S}_1 = \iint_{\Delta} \underline{N}_\zeta \cdot \underline{N}_\zeta^T\, d\zeta\, d\eta = \frac{1}{6} \cdot \begin{pmatrix} 3 & 1 & 0 & -4 & 0 & 0 \\ 1 & 3 & 0 & -4 & 0 & 0 \\ 0 & 0 & 0 & 0 & 0 & 0 \\ -4 & -4 & 0 & 8 & 0 & 0 \\ 0 & 0 & 0 & 0 & 8 & -8 \\ 0 & 0 & 0 & 0 & -8 & 8 \end{pmatrix}$$

Analog ergibt sich:

$$\underline{S}_2 = \iint\limits_{\Delta} \underline{N}_\eta \cdot \underline{N}_\eta^T \, d\zeta d\eta = \tfrac{1}{6} \cdot \begin{pmatrix} 3 & 0 & 1 & 0 & 0 & -4 \\ 0 & 0 & 0 & 0 & 0 & 0 \\ 1 & 0 & 3 & 0 & 0 & -4 \\ 0 & 0 & 0 & 8 & -8 & 0 \\ 0 & 0 & 0 & -8 & 8 & 0 \\ -4 & 0 & -4 & 0 & 0 & 8 \end{pmatrix}$$

$$\underline{S}_3 = \iint\limits_{\Delta} \left[\underline{N}_\zeta \cdot \underline{N}_\eta^T + \underline{N}_\eta \cdot \underline{N}_\zeta^T \right] d\zeta d\eta = \tfrac{1}{6} \cdot \begin{pmatrix} 6 & 1 & 1 & -4 & 0 & -4 \\ 1 & 0 & -1 & -4 & 4 & 0 \\ 1 & -1 & 0 & 0 & 4 & -4 \\ -4 & -4 & 0 & 8 & -8 & 8 \\ 0 & 4 & 4 & -8 & 8 & -8 \\ -4 & 0 & -4 & 8 & -8 & 8 \end{pmatrix}$$

Für den Summanden $\quad \iint\limits_{\Delta} \tilde{f}(\zeta,\eta) \cdot \underline{N}^T \cdot \underline{U} \, d\zeta d\eta$

ist zu berechnen $\quad \underline{f} = \iint\limits_{\Delta} \tilde{f}(\zeta,\eta) \cdot \underline{N}^T \, d\zeta d\eta \quad$ mit $\quad f_i = \iint\limits_{\Delta} \tilde{f}(\zeta,\eta) \cdot N_i \, d\zeta d\eta$.

Insgesamt ergibt sich für das Variationsintegral im Dreieck T_i der Ausdruck

$$I(\tilde{U}) = \tfrac{1}{2} \cdot \underline{U}^T \cdot \underbrace{\left[a\underline{S}_1 + b\underline{S}_3 + c\underline{S}_2 \right]}_{= \underline{A}} \cdot \underline{U} + \underline{f}^T \cdot \underline{U} \ .$$

Für jedes Dreieck erhalten wir einen solchen quadratischen Ausdruck in den Funktionswerten U_i an den Knotenstellen. Die zugehörige Matrix $\underline{\tilde{A}}$ heißt Steifigkeitsmatrix. Wir addieren alle Beiträge und erhalten für das gesamte Variationsintegral eine Gleichung der Gestalt:

$$I(U) = \tfrac{1}{2} \cdot \underline{U}^T \cdot \underline{A} \cdot \underline{U} + \underline{f}^T \cdot \underline{U} \ .$$

Dabei sind auch gegebenenfalls die Knotenpunkte mit Dirichlet-Bedingung involviert. Im Prinzip könnten diese Variablen U_j gestrichen werden. Um die Symmetrie der Matrix zu erhalten, füllen wir die j.te Zeile und Spalte mit Nullen und setzen das Diagonalelement $a_{jj} = 1$. Im Vektor $\underline{f}$ ist dann die j.te Komponente mit dem vorgegebenen Wert 0 zu besetzen.

Eine stationäre Lösung ergibt sich dann als Lösung des linearen Gleichungssystems:

$$\underline{A} \cdot \underline{U} + \underline{f} = 0$$

Da die Matrix $\underline{A}$ symmetrisch ist und Bandstruktur besitzt, können sehr effektive Lösungsalgorithmen benutzt werden.

Die Methode der finiten Elemente ist anpassungsfähiger als die Differenzenmethode[18] und wird deshalb in der Praxis bevorzugt benutzt. Für die „FE-Methode" existieren inzwischen sehr effektive Software-Pakete, bei denen der Benutzer „nur noch" eine geeignete Triangulierung vorzunehmen hat.

---

[18] Wendet man die „FE-Methode" auf eine quadratische Gitterstruktur an, so kann dies als Differenzenverfahren gedeutet werden.

8 Aufgaben

8.1 Aufgaben zu Gleitpunktarithmetik

Aufgabe 1: Untersuchen Sie an Ihrem Rechner die Gültigkeit des Assoziativgesetzes

$$x + (y + z) = (x + y) + z$$

für die Zahlenwerte $x = -0.00123$, $y = 0.001231$, $z = 0.0000000987$.

Aufgabe 2: Bestimmen Sie die Größenordnung für die relative Genauigkeit Ihres Computers bzw. der zugehörigen Software durch Erstellen eines kleinen Programms. Dazu kann man zum Beispiel die Werte 2^{-k} zu 1 hinzuaddieren und dann mit 1 vergleichen.

Aufgabe 3: Der Ausdruck $\quad \sqrt{x + \frac{1}{x}} - \sqrt{x - \frac{1}{x}}\,, \quad x \gg 1$

soll so umgeformt werden, dass keine Auslöschung bei der Auswertung eintritt. Testen Sie mittels eines Rechners die Auswertung der beiden Darstellungen für $x = 10^6, 10^7$.

8.2 Aufgaben zu Iterationsverfahren

Aufgabe 1: Die Berechnung der Zahl π nach dem Exhaustionsverfahren des Archimedes beruht auf dem folgenden Prinzip: Man beschreibt einem Kreis mit Radius r=0.5 ein regelmäßiges n-Eck ein bzw. um und berechnet den Gesamtumfang des n-Ecks.

a) Es sei s_k der Umfang des einbeschriebenen k-Ecks. ($k > 2$) Verdoppelt man die Eckenzahl, so gilt die Rekursionsformel:

$$s_{2n} = n \cdot \sqrt{2\left(1 - \sqrt{1 - \left(\frac{s_n}{n}\right)^2}\right)}$$

Begründen Sie diese Beziehung und berechnen Sie ausgehend vom Startwert s_3 die Werte $s_6, s_{12} \cdots s_{1536}$.

b) Es sei S_k der Umfang eines umbeschriebenen k-Ecks. ($k > 2$) Dann gilt analog zu a):

$$S_{2n} = \frac{2S_n}{\left(1 + \sqrt{1 + \left(\frac{S_n}{n}\right)^2}\right)}$$

Berechnen Sie auch hier ausgehend vom Startwert S_3 die Werte $S_6 \dots S_{1536}$.

c) Eines der beiden Verfahren ist offensichtlich instabil in Bezug auf Rundungsfehler. Verbessern Sie dieses Verfahren mit algebraischen Mitteln zu einem rundungsfehlerstabilen Verfahren und berechnen Sie wie oben die entsprechenden Werte.

Aufgabe 2: Gegeben sei die Iteration

$$x_0 = 1,$$
$$x_{n+1} = \sqrt{2 + x_n} \qquad n = 0, 1, 2, \ldots$$

a) Zeigen Sie direkt die Konvergenz der Folge $\{x_n\}$ durch Nachweis der Eigenschaften:

a_1) $\{x_n\}$ ist nach oben beschränkt durch 2.

a_2) $\{x_n\}$ ist monoton wachsend.

Wie lautet dann der Grenzwert?

b) Zeigen Sie die Konvergenz durch Anwendung des Fixpunktsatzes.

Aufgabe 3:

a) Wieviele reelle Lösungen hat die Gleichung $\quad x - e^{-x^2} = 0$.

b) Zur Berechnung der Lösungen wurde das folgende Iterationsverfahren gewählt:

$$x_{k+1} = e^{-x_k^2}$$

Was lässt sich über das Konvergenzverhalten des Iterationsverfahrens sagen?

c) Lösen Sie die Gleichung mit einem schnell konvergierenden Standardverfahren.

Aufgabe 4: Gegeben sind die Funktionen:

$$f(x) = \exp(\tfrac{1}{3} - \tfrac{x}{2}) \ ,$$

$$g(x) = x^4 - \tfrac{8}{3} \cdot x^3 + \tfrac{67}{24} \cdot x^2 - \tfrac{50}{27} \cdot x + \tfrac{257}{162} \ .$$

Bestimmen Sie die Schnittpunkte von f und g mit dem Newtonverfahren. Zur Bestimmung der Startwerte ist eventuell ein mit einem Rechner erzeugtes Schaubild der Differenz der beiden Funktionen hilfreich.

Aufgabe 5: Geben Sie mit Hilfe des Newtonverfahrens eine Methode zur Berechnung von $\sqrt[n]{a}$ an und berechnen Sie damit $\sqrt[3]{2}$ und $\sqrt[4]{3}$.

Aufgabe 6:

Zwei Riemenscheiben haben die Radien $R = 4$ und $r = 2$. Die Länge des Riemens beträgt $L = 38$. Wie groß muss der Mittelpunktsabstand a der Scheiben sein, wenn sie sich gleichsinnig drehen? Bestimmen Sie auch den Abstand bei gegensinniger Drehrichtung der beiden Riemenscheiben.

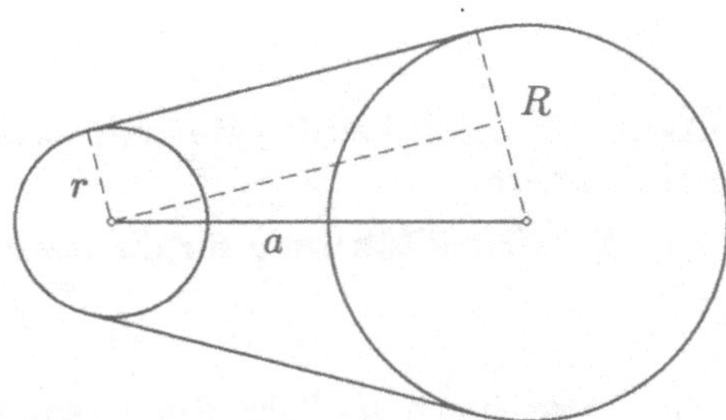

Aufgabe 7:

Zwei Stäbe der Länge 4 und 5 stehen über Kreuz zwischen zwei senkrechten Mauern. Wie groß muss der Mauerabstand gewählt werden, damit der Kreuzungspunkt der Stäbe eine Einheit über dem Boden, d.h. $a = 1$ ist?
(Hinweis: Bestimmen Sie mittels geometrischer Überlegungen eine Gleichung oder ein Gleichungssystem für die oben erwähnte Bedingung und lösen Sie diese nichtlineare Gleichung mit einem Standard-Verfahren.)

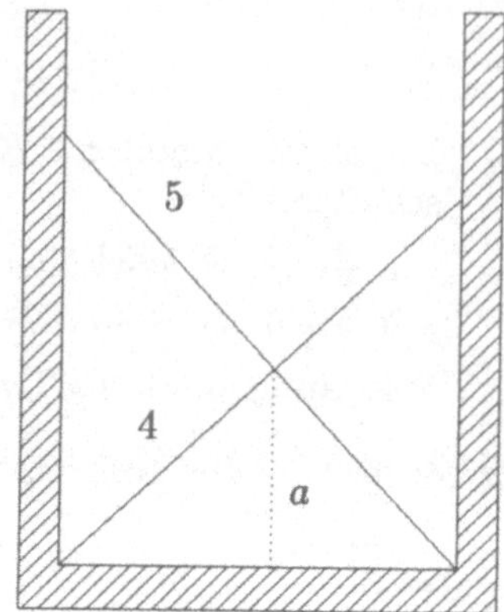

8.3   Aufgaben zu linearen Gleichungssystemen

Aufgabe 1: Das lineare Gleichungssystem $\underline{A} \cdot \underline{x} = \underline{b}$ mit

$$\underline{A} = \begin{pmatrix} 8.00 & 1.00 & -5.98 \\ 2.28 & 6.12 & -2.14 \\ 3.12 & -4.15 & 9.00 \end{pmatrix} \quad , \quad \underline{b} = \begin{pmatrix} 6.02 \\ 12.38 \\ 3.821 \end{pmatrix} \quad \text{soll gelöst werden}$$

a)   mit dem Gauß-Algorithmus;

b)   mit einem iterativen Gesamtschrittverfahren;

c)   mit einem iterativen Einzelschrittverfahren.

Für die Verfahren b) und c) ist die Konvergenz des Verfahrens zu begründen!

Aufgabe 2: Lineare Gleichungssysteme der Gestalt $\underline{A} \cdot \underline{x} = \underline{b}$ sollen iterativ gelöst werden. Für welche Matrizen $\underline{A}$ konvergiert - eventuell nach Umordnen - dieses Verfahren?

$$\underline{A}_1 = \begin{pmatrix} 11 & 1 & 9 \\ 12 & 10 & 4 \\ 15 & 6 & 2 \end{pmatrix} \quad \underline{A}_2 = \begin{pmatrix} 2 & 4 & 1 \\ 1 & 3 & 6 \\ 9 & 6 & 1 \end{pmatrix} \quad \underline{A}_3 = \begin{pmatrix} 2 & 1 & -4 \\ 1 & -2 & 4 \\ 9 & 0 & 6 \end{pmatrix} \quad \underline{A}_4 = \begin{pmatrix} 2 & -4 & 1 \\ 1 & -2 & 4 \\ 9 & 0 & -6 \end{pmatrix}$$

Aufgabe 3: Auch bei der Matrixinversion lässt sich durch Nachiteration die Genauigkeit steigern.

Ist $\underline{X}^{(1)}$ eine Näherung für die inverse Matrix $\underline{A}^{-1}$, so gibt

$$\underline{R}^{(1)} = \underline{A} \cdot \underline{X}^{(1)} - \underline{E}$$

die Abweichung von der Einheitsmatrix an. Man bestimmt eine Korrekturmatrix $d\underline{X}^{(1)}$ als Lösung des linearen Gleichungssystems:

$$\underline{A} \cdot d\underline{X}^{(1)} = -\underline{R}^{(1)} \quad .$$

Dann ist

$$\underline{X}^{(2)} = \underline{X}^{(1)} + d\underline{X}^{(1)}$$

eine bessere Näherung für $\underline{A}^{-1}$.

Testen Sie diese Vorgehensweise bei $\quad \underline{A} = \begin{pmatrix} 1.5 & 1.0 & 1.2 \\ 1.28 & 1.2 & 0.8 \\ 1.2 & 0.9 & 0.9 \end{pmatrix} \quad .$

Aufgabe 4: Man führe bei den folgenden linearen Gleichungssystemen einen Fehlerausgleich durch:

a)
$$\begin{aligned}
2x &- y &+ 1 &= 0 \\
-x &+ 2y &+ 2 &= 0 \\
3x &+ 2y &+ 3 &= 0 \\
x &+ 3y &- 2 &= 0 \\
2x &+ 3y &+ 1 &= 0
\end{aligned}$$

b)
$$\begin{aligned}
x &- y &+ z &= -2 \\
-x &+ y &+ z &= 0 \\
2x &- y &- z &= 1 \\
x &+ y &+ z &= 1 \\
2x &+ y &+ 3z &= 0
\end{aligned}$$

Aufgabe 5:

In einem Knotenpunkt eines Netzwerks fließen drei Ströme i_1, i_2, i_3 zusammen. Es gilt deshalb die exakte Beziehung:

$$(*) \quad i_1 + i_2 + i_3 = 0? \quad \text{(vgl. Skizze)} \ .$$

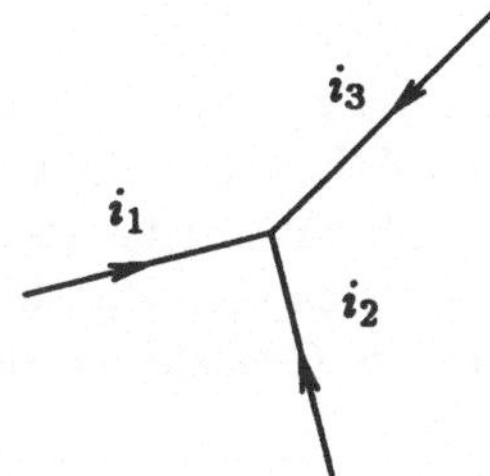

Messungen der Ströme ergaben:
$i_1 = 2.1A, i_2 = 1.0A, i_3 = -2.9A, i_1 + i_2 = 3.1A$
$i_1 + i_3 = -0.9A, i_2 + i_3 = -2.0A$.

a) Bestimmen Sie ein Gleichungssystem für den Fehlerausgleich unter Beachtung der exakten Beziehung (*) .

b) Führen Sie den Fehlerausgleich durch!

Aufgabe 6:

Die Standortbestimmung eines Schiffes soll durch Radiopeilung erfolgen. Dazu werden die Richtungen zu drei bekannten Sendestationen ermittelt. Zur Vereinfachung der Aufgabenstellung soll die Erdkrümmung nicht berücksichtigt werden. Weiter wollen wir annehmen, dass eine feste Richtung (z.B. mittels Kreiselkompass) bekannt sei.

In einem rechtwinkligen Koordinatensystem sind somit die unbekannten Koordinaten (x,y) des Schiffes zu bestimmen, falls drei Winkel α_i gemessen werden, unter denen die Sender S_i mit bekannten Koordinaten (x_i, y_i) angepeilt wurden.

(Vgl. auch die entsprechende Aufgabenstellung im Abschnitt MATLAB-Aufgaben.)

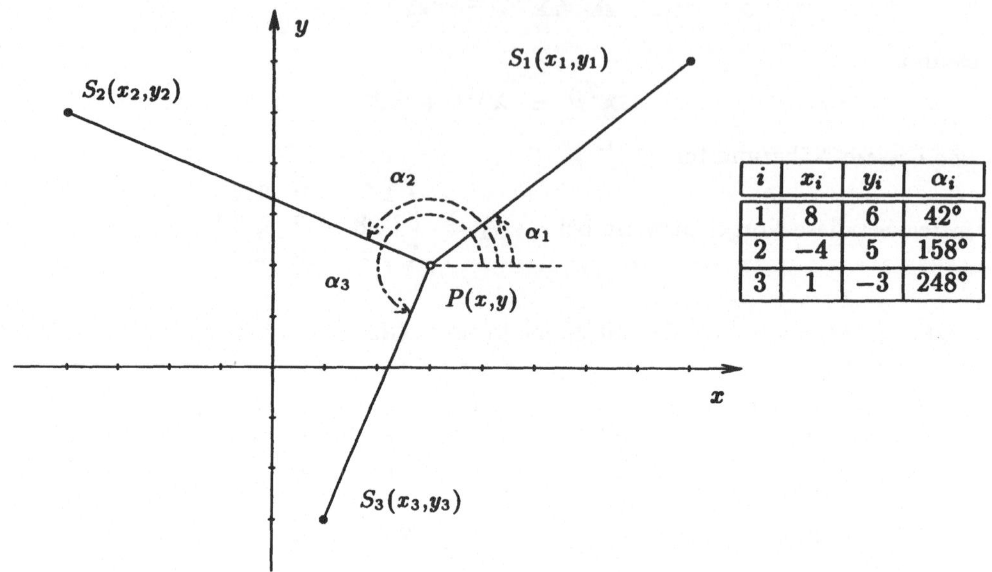

i	x_i	y_i	α_i
1	8	6	42°
2	−4	5	158°
3	1	−3	248°

8.4   Aufgaben zur linearen Optimierung

Aufgabe 1: Eine Fabrik stellt zwei Produkte X und Y her. Zur Herstellung einer Einheit sind Arbeitstage, Maschinenstunden und die Grundstoffe A und B erforderlich, wovon pro Monat nur beschränkte Kapazitäten vorhanden sind. Auf Grund einer Marktanalyse sollen vom Produkt X höchstens 30 Einheiten mehr als vom Produkt Y hergestellt werden. Gesucht ist die optimale Aufteilung der Resourcen gemäß folgender Angaben:

	Produkt X	Produkt Y	verfügbar
Arbeitstage	5	1	300
Maschinenbearbeitung [h]	2	2	200
Grundstoff A [m^2]	1	2	170
Grundstoff B [l]	2	5	420
Gewinn [DM]	30	20	

Bestimmen Sie die Lösung graphisch und rechnerisch mit dem Simplex-Algorithmus.

Aufgabe 2: Man löse das lineare Progamm

$$
\begin{array}{rcl}
x_1 & \leq & 2 \\
x_2 & \leq & 2 \\
x_3 & \leq & 2 \\
x_1 + x_2 + x_3 & \leq & 5
\end{array}
\qquad
\begin{array}{rcl}
-x_1 + 2x_2 + 2x_3 & \leq & 6 \\
2x_1 - x_2 + 2x_3 & \leq & 6 \\
x_1 \geq 0,\ x_2 \geq 0,\ x_3 & \geq & 0 \\
z = x_1 + x_2 + x_3 & = & \text{Max!}
\end{array}
$$

mit dem Simplex-Algorithmus und bestimme die vollständige Menge der Lösungsecken.

Aufgabe 3: Das lineare Progamm mit nicht zulässigem Nullpunkt

$$
\begin{array}{rcl}
x_1 + x_2 &\leq& 18 \\
x_1 &\leq& 10 \\
x_2 &\leq& 11 \\
x_1 + x_2 &\geq& 9
\end{array}
\qquad
\begin{array}{c}
-x_1 + 2x_2 \geq 2 \\
x_1 \geq 0,\; x_2 \geq 0 \\[4pt]
z = x_1 + x_2 + 5 = \text{Max!}
\end{array}
$$

ist mit dem Simplex-Algorithmus zu lösen. (Anleitung: mittels einer geeigneten Koodinatenverschiebung lässt sich der „Normalfall" erreichen.)

8.5 Aufgaben zu Interpolation und Approximation

Aufgabe 1: Bestimmen Sie ein Interpolationspolynom durch die folgenden Stützstellen:
  a) $(-1/1), (0/2), (1/0), (2/1)$ b) $(-2/8), (-1/4), (0/2), (1/2), (2/4)$

Aufgabe 2: Die Funktion $f(x) = \cos(x)$ ist für die Werte $0^o, 30^o, 60^o, 90^o$ auf vier Dezimalen genau tabelliert:

x	0°	30°	60°	90°
$\cos(x)$	1.0000	0.8660	0.5000	0.0000

  a) Bestimmen Sie durch lineare Interpolation eine Näherung für $\cos(45^o)$.

  b) Berechnen Sie durch Interpolation aller bekannter Werte für $\cos(x)$ einen „besseren" Wert für $\cos(45^o)$.

  c) Welcher Wert ergibt sich unter Benutzung von Splines für $\cos(45^o)$?

Vergleichen Sie die Ergebnisse mit dem exakten Wert!

Aufgabe 3: Gegeben sind sechs Punkte durch die folgende Tabelle:

x	-2	-1	0	1	2	3
y	-4	0	1	2	2	0

Berechnen Sie die zugehörigen Ausgleichspolynome vom Grad 1, 2, 3 .

Aufgabe 4: Für die Temperaturabhängigkeit des elektrischen Widerstands gilt näherungsweise die Beziehung:

$$R = R_0 \cdot (1 + at + bt^2) \quad .$$

Aus der folgenden Messreihe für den Widerstand R in Abhängigkeit von der Temperatur t bestimme man die Konstanten R_0, a, b .

$t(^{\circ}C)$	300	400	500	600	700	800	900	1000
$R(\Omega)$	114	138	163	187	215	244	271	300

Aufgabe 5: Bestimmen Sie kubische Splines durch die Punkte $(1/1), (2/2), (3/4)$ und $(4/2)$.
Wie lauten die Interpolationswerte für $x = 1.5$ und $x = 3.2$?

Aufgabe 6:

Eine Rechteckseite der Länge 10 soll durch einen Bezierspline abgerundet werden. Wie müssen die Bezierpunkte gewählt werden, damit die maximale Auswölbung 3 beträgt?

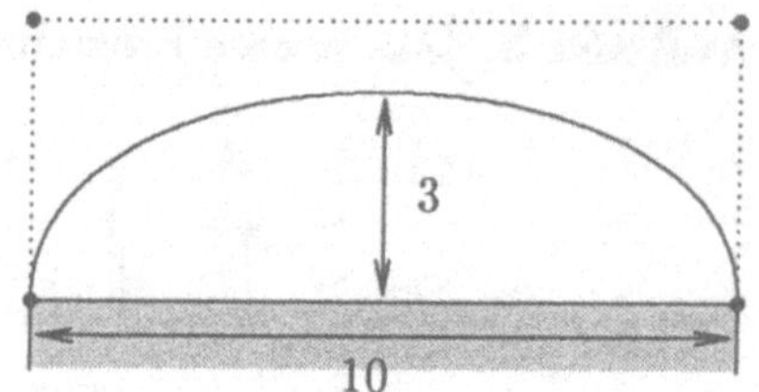

Aufgabe 7: Gegeben ist die Funktion $\quad x(t) = |\sin t| \quad$.

a) Bestimmen Sie die Fourierreihe von $x(t)$.

b) Berechnen Sie das trigonometrische Interpolationspolynom $T(t)$ für acht Abtastpunkte mittels FFT.

c) Erstellen Sie eine Graphik für $x(t)$, den Gliedern der Fourierreihe bis zur Kreisfrequenz 4 und dem trigonometrischen Interpolationspolynom $T(t)$.

8.6 Aufgaben zu Integration und Differentialgleichungen

Aufgabe 1: Berechnen Sie mit dem Simpson- und Rombergverfahren die folgenden Integrale auf fünf Dezimalen genau:

a) $\displaystyle\int_0^1 \sqrt{1+x^4}\,dx$ **b)** $\displaystyle\int_0^1 \frac{\sin(x)}{x}\,dx$ **c)** $\displaystyle\int_0^2 e^{\sqrt{x}}\,dx$

Bei Teilaufgabe c) ergab sich ein schlechtes Konvergenzverhalten. Begründen Sie dies und versuchen Sie mittels einer geeigneten Substitution das Konvergenzverhalten zu verbessern.

Aufgabe 2: Gegeben ist das Anfangswertproblem:

$$y' = \frac{y \cdot \sin(x)}{x} \;; \quad y(1) = 1 \quad .$$

a) Berechnen Sie mit der Schrittweite $h = 0.2$ den Funktionswert $y(2)$ mit dem
     a_1) Eulerverfahren
     a_2) Runge-Kutta-Verfahren

b) Stellen Sie die Lösung $y(x)$ als Integral dar, d.h. in der Form $\quad y(x) = \int_1^x f(t)\,dt$
     und berechnen Sie $y(2)$ auf zwei Dezimalen genau mittels
     b_1) Simpson-Formel
     b_2) Potenzreihenentwicklung

Aufgabe 3: Gegeben ist das Anfangswertproblem

$$(4 - x^2)y'' - 2xy' + 2y = 0 \quad \text{mit}$$

a) $y(0) = 0$, $y'(0) = 1$

b) $y(0) = 1$, $y'(0) = 1$.

Berechnen Sie mit dem Runge-Kutta-Verfahren einen Näherungswert für $y(1)$ unter Verwendung der Schrittweiten $h = 0.5$ und $h = 0.25$.

Aufgabe 4: Für die Durchbiegung $w(x)$ eines an beiden Enden gelenkig gelagerten Stabes mit sinusförmig veränderlicher Biegesteifigkeit erhält man nach geeigneter Normierung das folgende Randwertproblem:

$$w'' = -\frac{x \cdot (1 - x)}{1 + \sin(\pi x)} \cdot \left[1 + (w')^2\right]^{\frac{3}{2}} \qquad w(0) = w(1) = 0 \ .$$

Lösen Sie das nichtlineare Problem iterativ mittels des einfachen Differenzenverfahrens. Das Gesamtintervall soll dazu in acht Teiluntervalle aufgeteilt werden. Ausgehend von der linearisierten Lösung als Startwert führe man die Iteration dreimal durch.

Aufgabe 5: Gegeben sind die beiden Integrationsverfahren zur numerischen Lösung von Differentialgleichungen:

a) Verbesserte Polygonzug-Methode

$$\begin{aligned}
k_1 &= h \cdot f(x_k, x_k) \\
k_2 &= h \cdot f(x_k + \tfrac{h}{2}, y_k + \tfrac{k_1}{2}) \\
y_{k+1} &= y_k + k_2 \\
x_{k+1} &= x_k + h
\end{aligned}$$

b) Implizites Runge-Kutta-Verfahren

$$\begin{aligned}
k_1 &= f(x_k + \tfrac{h}{2}, y_k + \tfrac{hk_1}{2}) \\
y_{k+1} &= y_k + hk_1 \\
x_{k+1} &= x_k + h
\end{aligned}$$

Untersuchen Sie in beiden Fällen das Stabilitätsverhalten.

Aufgabe 6: Für den Differentialoperator

$$\frac{\partial^2 U(x,y)}{\partial x \partial y}$$

bestimme man eine finite Differenz als Näherung. Dabei ist von einem quadratischen Netz von Gitterpunkten der Maschenweite h auszugehen.

Aufgabe 7: Wie lautet die Steifigkeitselementmatrix $\underline{A}$ für ein gleichseitiges Dreieck?

Aufgabe 8: Die Wärmeleitung in einem langen, homogenen Zylinder (Radius 1) soll untersucht werden. Auf der Berandung sei eine nur von der Zeit abhängige Temperaturverteilung vorgegeben.

a) Folgern Sie aus der räumlichen Wärmeleitungsgleichung

$$U_{xx} + U_{yy} + U_{zz} = U_t$$

eine entsprechende Differentialgleichung für die rotationssymmetrische Lösung $U(r,t)$.

b) Mit den Anfangs- und Randbedingungen

$$U(r,0) = 0$$

$$U(1,t) = f_i(t) \qquad \text{für}$$

b₁) $f_1(t) = e^{-t} - 1$

b₂) $f_2(t) = \sin(4t)$

soll eine numerische Lösung bestimmt werden.

Aufgabe 9:
Auf einer Parabelbahn $y = x^2$ gleite eine Masse m. Es werde Coulomb-Reibung mit dem Reibungskoeffizienten k angenommen.
a) Stellen Sie die Bewegungsgleichung für die Koordinate $x(t)$ auf. ($m = 1$)

b) Berechnen Sie für die Parameterwerte $k_1 = 0.1$,
$k_2 = 0.5$ und den Anfangsbedingungen $x(0) = \dot{x}(0) = 1$ die Lösungen mittels MATLAB. ($g = 1$)

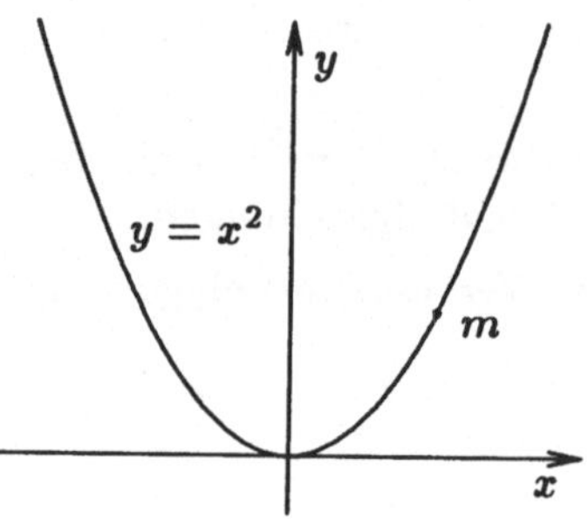

8.7 Aufgaben zu MATLAB

Aufgabe 1: Zur Lösung nichtlinearer Gleichungen der Form $\qquad F(x) = 0$

soll die Regula-Falsi als MATLAB-Programm geschrieben werden. Die zweigliedrige Iterationsvorschrift lautet dabei:

$$x_{n+2} = \frac{x_n \cdot F(x_{n+1}) - x_{n+1} \cdot F(x_n)}{F(x_{n+1}) - F(x_n)} \quad .$$

Folgende Gesichtspunkte sollen bei der Programmerstellung berücksichtigt werden:

- Zur Wahl der beiden Startpunkte soll die Funktion graphisch dargestellt werden. Eine Korrektur des ursprünglich ausgewählten Intervalls sollte möglich sein.

- Die Anzahl der Iterationen soll durch eine geeignete Abbruchbedingung gesteuert werden.

- Das MATLAB-Programm soll die Nullstelle und die Anzahl der dazu notwendigen Iterationen ausgeben.

Aufgabe 2: Berechnen Sie mit dem in Aufgabe 1 progammierten Verfahren die Nullstellen der folgenden Polynome:

a) $p_4 = 12x^4 - 7x^3 - 11x^2 + 7x - 1$

b) $p_3 = x^3 + 3x^2 - 4$

und vergleichen Sie die Resultate mit den MATLAB-Verfahren „roots" und „fzero".

Aufgabe 3: Gegeben ist die Differentialgleichung 2. Ordnung mit dem Parameter α :

$$y'' + \alpha^2 y = 0 \ , \ \alpha > 0 \ .$$

a) Berechnen Sie in Abhängigkeit von α die allgemeine Lösung der Differentialgleichung.

b) Die Lösung der Differentialgleichung soll nun zusätzlich die Randbedingungen

$$(R_1) \quad y(0) + y'(0) \ = \ 0$$

$$(R_2) \qquad\quad y'(1) \ = \ 0$$

erfüllen. Welche Bedingung (Gleichung) erhält man damit für den Parameter α?

c) Berechnen Sie sämtliche Lösungen dieser Gleichung mit dem in Aufgabe 1 programmierten Verfahren im Bereich $0 < \alpha < 4\pi$.

Aufgabe 4: Ein Iterationsverfahren (Ganzschrittverfahren) zur Lösung von linearen Gleichungssystemen der Gestalt:

$$\underline{A} \cdot \underline{x} = \underline{b} \qquad \underline{A} : \text{n}\times\text{xn Matrix} \ , \ \underline{x}: \text{n-dim. Vektor}; \qquad\qquad (8.7.1)$$

soll als MATLAB-Programm geschrieben werden. Ziel ist die Erzeugung eines Algorithmus der Gestalt

$$\underline{x}_{n+1} = \underline{b}^* - \underline{A}^* \cdot \underline{x}_n \ , \qquad\qquad (8.7.2)$$

der iterativ Näherungslösungen der Ausgangsgleichung (8.7.1) ergibt.
Dabei sind folgende Teilschritte bei der Umformung der Matrix $\underline{A}$ notwendig, die sinnvollerweise als MATLAB-Funktionen beschrieben werden. Im Folgenden ist eine mögliche Unterteilung in Unterprozeduren angegeben.

a) Bestimmung des betragsmäßig größten Koeffizienten einer Zeile.

b) Umformung der Matrix durch Vertauschen von Spalten und Zeilen, so dass der betragsmäßig größte Koeffizient in der Hauptdiagonale steht.

c) Nachprüfung der Konvergenzbedingung für das Iterationsverfahren (Zeilensummenkriterium).

d) Umstellung des Gleichungssystems (8.7.1) in ein dazu äquivalentes lineares Gleichungsystem der Form (8.7.2) .

e) Durchführung der Iteration bei gesicherter Konvergenz. Die Anzahl der Iterationen kann durch einen Parameter gesteuert werden oder durch eine geeignete Abbruchbedingung.

f) Rücktransformation der „Iterationslösung" $\underline{x}^*$ in die ursprüngliche Basis. (Spaltenvertauschungen müssen rückgängig gemacht werden!)

g) Testen Sie Ihr Programm mit dem folgenden linearen Gleichungssystem:

$$\underline{A} \cdot \underline{x} = \underline{b} \quad \text{mit} \quad \underline{A} = \begin{pmatrix} 1 & 9 & 1 & 2 & 1 & 1 & 0 \\ 1 & 3 & 10 & 1 & 2 & 1 & 1 \\ 1 & 2 & 3 & 1 & 4 & 20 & 1 \\ 30 & 1 & 3 & 4 & 7 & 1 & 2 \\ 1 & 1 & 2 & 15 & 1 & 1 & 3 \\ 1 & 2 & 3 & 4 & 1 & 2 & 20 \\ 2 & 1 & 2 & 3 & 25 & 3 & 4 \end{pmatrix}, \quad \underline{b} = \begin{pmatrix} 47 \\ 64 \\ 165 \\ 112 \\ 101 \\ 187 \\ 193 \end{pmatrix}$$

Wie viele Iterationen sind notwendig, um eine Lösung mit Maschinengenauigkeit zu erreichen?

Aufgabe 5: Ein MATLAB-Programm zu Aufgabe 6 im Abschnitt 8.3 soll entworfen werden. Als „input" sollen die Koordinaten der drei Sendestationen sowie die drei Peilwinkel eingehen. Als „output" sollen sich die Koordinaten des Schiffes und eine Graphik ergeben.

Aufgabe 6: Das in Abschnitt 7.3.3 behandelte Drei-Körper-Problem besitzt noch eine zweite periodische Lösung. Berechnen Sie mittels MATLAB-Routinen die Bahnkurve und stellen Sie diese im bewegten und ortsfesten Koordinatensystem dar.

Aufgabe 7: Elliptische Differentialgleichungen

$$U_{xx}(x,y) + U_{yy}(x,y) = f(x,y) \quad \text{mit } U = \varphi \text{ auf } \partial G_1 \qquad \frac{\partial U(x,y)}{\partial n} = 0 \text{ auf } \partial G_2$$

können mittels der Differenzenmethode näherungsweise gelöst werden.

Für die Funktionswerte $U_{i,j}$ ist dazu ein lineares Gleichungssystem zu lösen. (vgl. S. 141) Man entwickle ein MATLAB-Programm, das aus den vorgegebenen Gitterpunkten das zugehörige lineare Gleichungssystem erzeugt. Dabei ist zwischen inneren Punkten, Punkten mit Dirichlet-Bedingung und Punkten mit Neumann-Bedingung zu unterscheiden. Nach Lösung des Gleichungssystems soll eine Visualisierung des Ergebnisses erfolgen.

Aufgabe 8:

Gegeben ist die elliptische Differentialgleichungen in unten skizzierten Gebiet G

$$U_{xx}(x,y) + U_{yy}(x,y) = f(x,y)$$

$$U(x,y) = 0 \text{ auf } \partial G_1$$

$$\frac{\partial U(x,y)}{\partial n} = 0 \text{ auf } \partial G_2 \,.$$

Bestimmen Sie mit der Differenzenmethode für

a) $f(x,y) = \sin(1 + 2x + 2y)$

b) $f(x,y) = \dfrac{\sin(4x + 4y) + 1}{1 + 2x + 2y}$

mit der Maschenweite $h = 0.05$ eine Näherungslösung und visualisieren Sie das Ergebnis.

(Siehe vorangegangene Aufgabe!!)

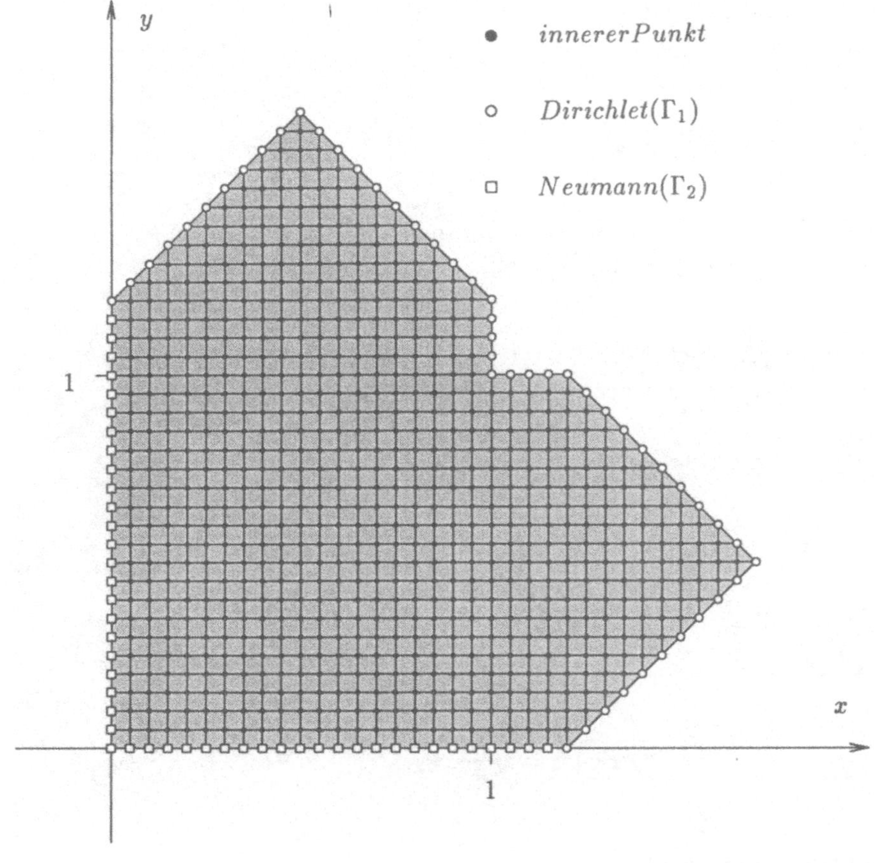

9 Lösungen

9.1 Aufgaben zu Gleitpunktarithmetik

Aufgabe 1: Der exakte Wert ist $\quad x + y + z = 1.0987 \cdot 10^{-6}$

Bei MATLAB ergab sich:

```
x+(y+z)
ans =
    1.098700000000180e-006

(x+y)+z
ans =
    1.098700000000133e-006
```

Aufgabe 2: In MATLAB lautet die Programmzeile:

```
e=1;while (1+e)>1, e=e/2; end;v=2*e

v =
    2.220446049250313e-016
```

Dieser Wert ist identisch mit der vordefinierten Maschinengenauigkeit:

```
eps =
    2.220446049250313e-016
```

Aufgabe 3:

$$\sqrt{x + \tfrac{1}{x}} - \sqrt{x - \tfrac{1}{x}} = \frac{\left(\sqrt{x + \tfrac{1}{x}} - \sqrt{x - \tfrac{1}{x}}\right) \cdot \left(\sqrt{x + \tfrac{1}{x}} + \sqrt{x - \tfrac{1}{x}}\right)}{\left(\sqrt{x + \tfrac{1}{x}} + \sqrt{x - \tfrac{1}{x}}\right)}$$

$$= \frac{2}{\sqrt{x^3 + x} + \sqrt{x^3 - x}}$$

```
z=1e6

z1=sqrt(z+1/z)-sqrt(z-1/z)
z1 =
    9.999894245993344e-010

z2=2/(sqrt(z.^3+z)+sqrt(z.^3-z))
z2 =
    1.000000000000000e-009
z=1e7

z1=sqrt(z+1/z)-sqrt(z-1/z)
z1 =
```

```
    3.183231456205249e-011

z2=2/(sqrt(z.^3+z)+sqrt(z.^3-z))
z2 =
    3.162277660168380e-011
```

9.2 Aufgaben zu Iterationsverfahren

Aufgabe 1:

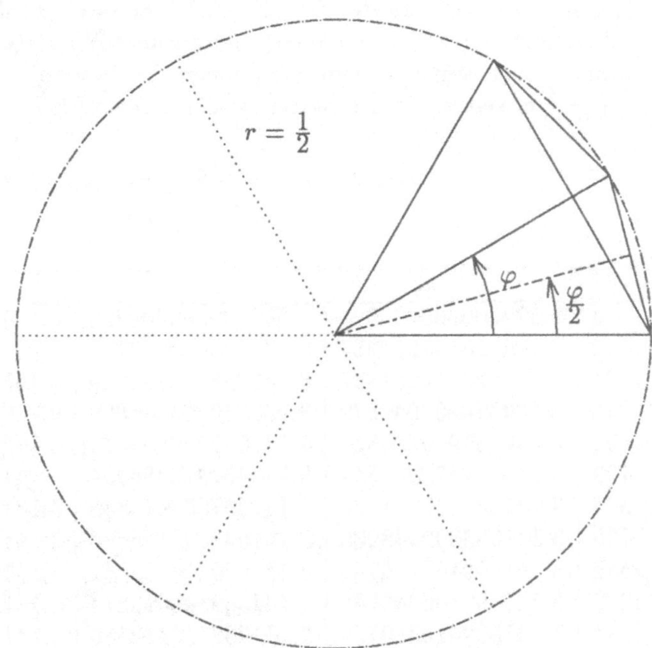

a) $\sin(\varphi) = \dfrac{\frac{s_n}{2n}}{r} = \dfrac{s_n}{n}$ bzw. $\sin(\varphi/2) = \dfrac{\frac{s_{2n}}{4n}}{r} = \dfrac{s_{2n}}{2n}$

Zusammenhang zwischen Sinuswerten des halben Winkels lt. Formelsammlung:

$$\sin(\alpha/2) = \sqrt{\tfrac{1}{2}(1 - \cos(\alpha))} = \sqrt{\tfrac{1}{2}(1 - \sqrt{1 - \sin^2(\alpha)})} \quad \rightsquigarrow$$

$$\frac{s_{2n}}{2n} = \sin(\alpha/2) = \sqrt{\tfrac{1}{2}(1 - \sqrt{1 - (\tfrac{s_n}{n})^2})} \quad \rightsquigarrow$$

$$s_{2n} = n \cdot \sqrt{2(1 - \sqrt{1 - (\tfrac{s_n}{n})^2})}$$

b) Wird der Kreis von einem regelmäßigen n-Eck umschrieben und die Eckenzahl wieder verdoppelt, so muss in obiger Argumentation sin durch tan ersetzt werden:

$$\tan(\varphi) = \dfrac{\frac{S_n}{2n}}{r} = \dfrac{S_n}{n} \text{ bzw. } \tan(\varphi/2) = \dfrac{\frac{S_{2n}}{4n}}{r} = \dfrac{S_{2n}}{2n}$$

Zusammenhang zwischen Tangenswerten des halben Winkels lt. Formelsammlung:

$$\tan(\alpha/2) = \frac{\tan(\alpha)}{1 + \sqrt{1 + \tan^2(\alpha)}}$$

$$\frac{S_{2n}}{2n} = \tan(\alpha/2) = \frac{\frac{S_n}{n}}{1 + \sqrt{1 + (\frac{S_n}{n})^2}} \quad \leadsto \quad s_{2n} = \frac{2S_n}{1 + \sqrt{1 + (\frac{S_n}{n})^2}}$$

c) Der Algorithmus von Aufgabenteil a) ist instabil, da zwei annähernd gleich große Zahlen voneinander abgezogen werden. Auslöscheffekte!! Die Iterationsformel lässt sich algebraisch verbessern, indem man unter der Wurzel mit dem Ausdruck $(1 + \sqrt{1 - (\frac{s_n}{n})^2}$ erweitert. Wir erhalten so den Algorithmus:

$$s_{2n} = \frac{\sqrt{2}s_n}{\sqrt{1 + \sqrt{1 - (\frac{s_n}{n})^2}}}$$

Eckenzahl	s_n	$s_n(mod.)$	S_n
6	3.000000000000000	3.000000000000000	3.464101615137754
12	3.105828541230250	3.105828541230250	3.215390309173472
24	3.132628613281237	3.132628613281239	3.159659942097500
48	3.139350203046872	3.139350203046868	3.146086215131436
96	3.141031950890530	3.141031950890510	3.142714599645368
192	3.141452472285344	3.141452472285464	3.141873049979824
384	3.141557607911622	3.141557607911859	3.141662747056850
768	3.141583892148936	3.141583892148320	3.141610176604690
1536	3.141590463236762	3.141590463228052	3.141597034321527
3072	3.141592106043048	3.141592105999274	3.141593748771353
6144	3.141592516588154	3.141592516692160	3.141592927385098
12288	3.141592618640790	3.141592619365386	3.141592722038614
24576	3.141592645321216	3.141592645033694	3.141592670701999
49152	3.141592645321216	3.141592651450770	3.141592657867846
98304	3.141592645321216	3.141592653055040	3.141592654659308
196608	3.141592645321216	3.141592653456108	3.141592653857173
393216	3.141592303811738	3.141592653556375	3.141592653656639
786432	3.141592303811738	3.141592653581442	3.141592653606506
1572864	3.141586839655042	3.141592653587708	3.141592653593973
3145728	3.141586839655042	3.141592653589276	3.141592653590840
6291456	3.141674265021758	3.141592653589668	3.141592653590056
12582912	3.141674265021758	3.141592653589767	3.141592653589860
25165824	3.143072740170040	3.141592653589792	3.141592653589812
50331648	3.137475099502783	3.141592653589798	3.141592653589799
100663296	3.181980515339464	3.141592653589800	3.141592653589796
201326592	3.000000000000000	3.141592653589800	3.141592653589796
402653184	3.000000000000000	3.141592653589800	3.141592653589796
805306368	0.000000000000000	3.141592653589800	3.141592653589796
1610612736	0.000000000000000	3.141592653589800	3.141592653589796
π	3.141592653589793	3.141592653589793	3.141592653589793

Aufgabe 2: a) Nachweis durch vollständige Induktion! Benutzt wird die Monotonie der Wurzelfunktion.

Beschränktheit

- $x_0 = 1 < 2$ ist erfüllt.

- $x_n \leq 2 \quad \leadsto \quad x_{n+1} = \sqrt{2 + x_n} \leq \sqrt{2 + 2} = 2$

Monotonie

- $x_0 = 1 < x_1 = \sqrt{3}$ ist erfüllt.

- $x_n \leq x_{n+1} \quad \leadsto \quad x_{n+2} = \sqrt{2 + x_{n+1}} \geq \sqrt{2 + x_n} = x_{n+1}$

Es sei $x^* = \lim\limits_{n \to \infty} x_n$. Dann gilt $x^* = \sqrt{2 + x^*} \quad \leadsto$

$$(x^*)^2 - x^* - 2 = 0 \quad \leadsto \quad x_1^* = 2 \quad [x_2^* = -1] \quad \text{da } x_n > 0!!$$

Ebenso ist die Wurzelgleichung nur für x_1^* erfüllt.

b) $x_{n+1} = F(x_n)$ mit $F(x) = \sqrt{2 + x}$

Es gilt $F'(x) = \dfrac{1}{2\sqrt{2 + x}} \leq \dfrac{1}{2\sqrt{2}} \quad$ für $x > 0$

Aufgabe 3: a) Schnitt der beiden Kurven $y = e^{-x^2}$ und $y = x$ ergibt genau einen Schnittpunkt mit $x_s \approx 0.65$.

b) Konvergenzbedingung für $x_{k+1} = F(x_k) = e^{-x_k^2} : |F'(x)| = |-2xe^{-x^2}| < 1$: Wir bestimmen den Hochpunkt von F' :

$$F'' = (4x^2 - 2) \cdot e^{-x^2} = 0 \quad \leadsto \quad x_m = \pm\frac{1}{\sqrt{2}} \quad \leadsto$$

$$|F'(\tfrac{1}{\sqrt{2}})| = \frac{2}{\sqrt{2}} \cdot e^{-\frac{1}{2}} \approx 0.86$$

Das Verfahren konvergiert, wenn auch schlecht. Erst bei x_{35} stabilisiert sich die Lösung auf drei Dezimalen.

c) Klassisches Newtonverfahren mit $f(x) = x - e^{-x^2}$ ergibt:

$$x_{n+1} = x_n - \frac{x_n - e^{-x_n^2}}{1 + 2x_n \cdot e^{-x_n^2}}$$

n	x_n	$f(x_n)$
0	0.600000000000000	-0.097676326071031
1	0.653165528964849	0.000457392934863
2	0.652918643575562	0.000000005847486
3	0.652918640419205	0.000000000000000
4	0.652918640419205	0.000000000000000

Aufgabe 4: Newtonverfahren für $f(x) = x^4 - \frac{8}{3}x^3 + \frac{67}{24}x^2 - \frac{50}{27}x + \frac{257}{162} - e^{\frac{1}{3} - \frac{x}{2}}$

$$f'(x) = 4x^3 - 8x^2 + \frac{67}{12}x - \frac{50}{27} + \frac{1}{2} \cdot e^{\frac{1}{3} - \frac{x}{2}} \quad \leadsto$$

$$x_{n+1} = x_n - \frac{x_n^4 - \frac{8}{3}x_n^3 + \frac{67}{24}x_n^2 - \frac{50}{27}x_n + \frac{257}{162} - e^{\frac{1}{3} - \frac{x_n}{2}}}{4x_n^3 - 8x_n^2 + \frac{67}{12}x_n - \frac{50}{27} + \frac{1}{2} \cdot e^{\frac{1}{3} - \frac{x_n}{2}}}$$

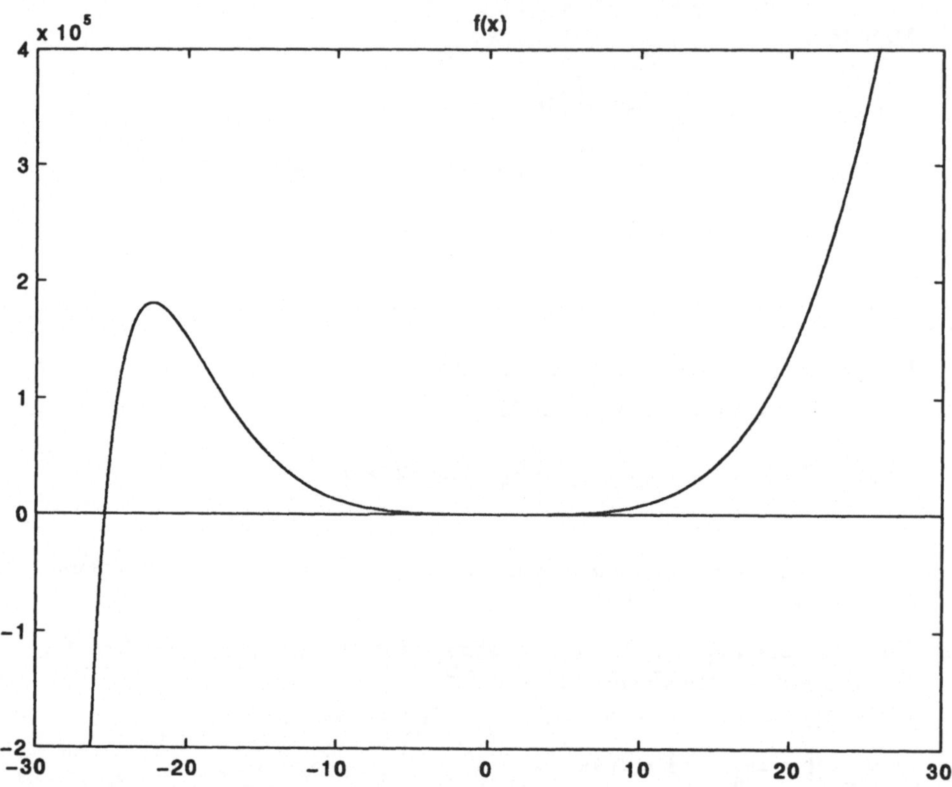

In der Nähe von -25 scheint eine klare Schnittstelle vorzuliegen. Der Bereich um 0 bedarf noch einer genaueren Untersuchung!! Man wählt mehrere Startwerte in der Umgebung der vermuteten Lösung.

Startwert x_0	Endwert x_n	n
-28.49884526558892	-25.42743562852351	9
-26.51270207852194	-25.42743562852351	7
-23.62586605080832	-25.42743562852351	9
-25.61200923787529	-25.42743562852351	6

klare Konvergenz!!

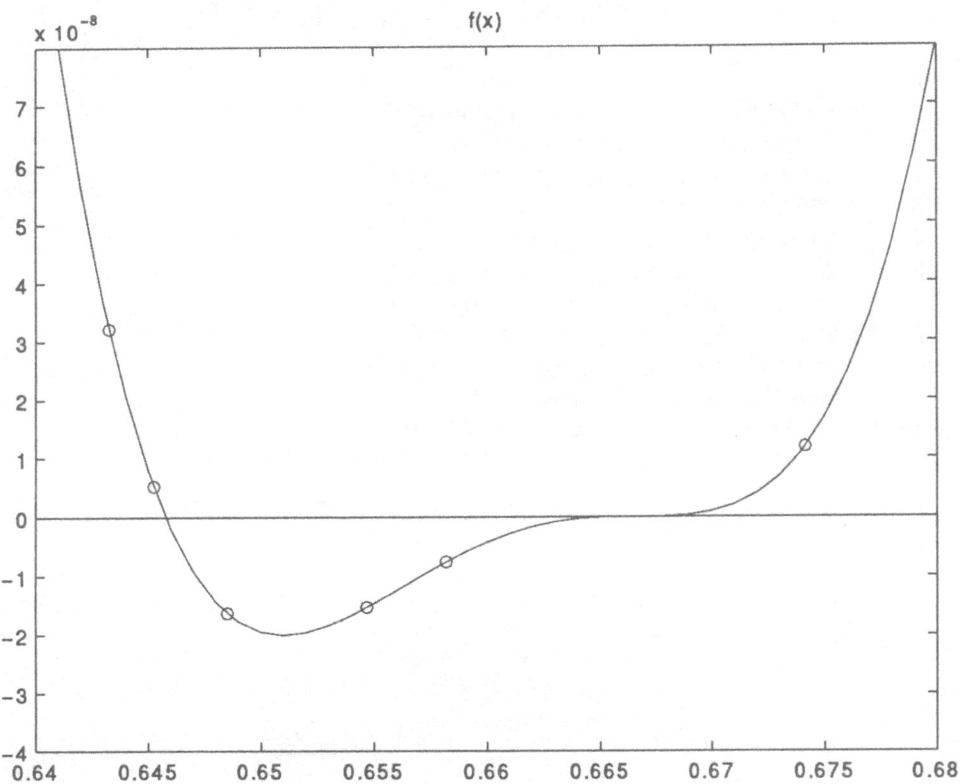

Startwert x_0	Endwert x_n	n
0.643264248704663	0.645778824098843	8
0.645246113989637	0.645778824063812	6
0.648510362694300	0.645778824069304	10
0.654689119170984	0.666652173235105	17
0.658186528497409	0.666658492666539	17
0.674158031088083	0.666687152894168	17

Die drei ersten Startwerte konvergieren „schön" gegen die Nullstelle $x_1 = 0.64577...$
während die drei letzten Startwerte „unkontrolliert" in der Nähe von $x_2 = \frac{2}{3}$ schwan-
ken. Die in MATLAB eingebaute Routine „fzero" erkennt die Nullstelle x_2 überhaupt
nicht!!

Aufgabe 5: Newtonverfahren für $f(x) = x^n - a \quad \leadsto \quad f'(x) = n \cdot x^{n-1}$

$$x_{k+1} = \frac{n-1}{n} \cdot x_k + \frac{a}{n \cdot x_k^{n-1}}$$

$\sqrt[3]{2} \quad \leadsto \quad n = 3, \ a = 2 \quad$ bzw. $\quad \sqrt[4]{3} \quad \leadsto \quad n = 4, \ a = 3$

$$\sqrt[3]{2}: \quad x_{k+1} = \frac{2}{3} \cdot \left(x_k + \frac{1}{x_k^2} \right)$$

$$\sqrt[4]{3}: \quad x_{k+1} = \frac{3}{4} \cdot \left(x_k + \frac{1}{x_k^3}\right)$$

n	$\sqrt[3]{2}$	$\sqrt[4]{3}$
0	2.000000000000000	3.000000000000000
1	1.500000000000000	2.277777777777778
2	1.296296296296296	1.771797299323380
3	1.260932224741748	1.463688102853308
4	1.259921860565926	1.336940995805593
5	1.259921049895395	1.316557487370409
6	1.259921049894873	1.316074279204018
7	1.259921049894873	1.316074012952573
8	1.259921049894873	1.316074012952492
9	1.259921049894873	1.316074012952492
exakt	1.259921049894873	1.316074012952492

Aufgabe 6:

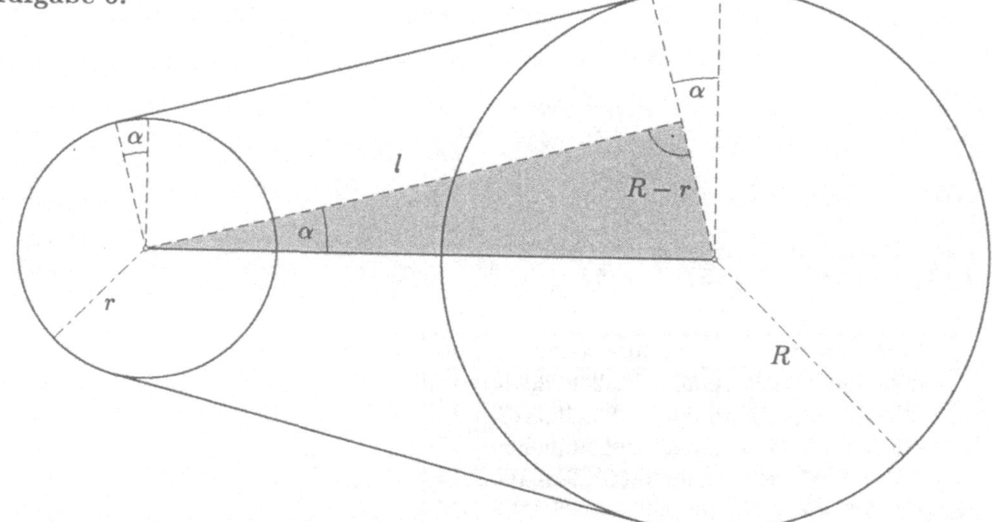

Wir erhalten folgende Zusammenhänge:

$$l = \sqrt{a^2 - (R-r)^2} \qquad \sin\alpha = \frac{R-r}{a}$$

Daraus ergibt sich die Riemenlänge L

$$L = r \cdot (\pi - 2\alpha) + R \cdot (\pi + 2\alpha) + 2l$$

$$= (r + R) \cdot \pi + 2(R - r) \cdot \arcsin\frac{R-r}{a} + 2\sqrt{a^2 - (R-r)^2}$$

Setzen wir für den Abstand die Variable x, so ergibt sich mit den obigen Zahlenwerten die folgende Gleichung:

$$f(x) = 6\pi + 4\arcsin\frac{2}{x} + 2\sqrt{x^2 - 4} - 38 \overset{!}{=} 0 \quad \text{bzw.}$$

$$g(x) = 2\arcsin\frac{2}{x} + \sqrt{x^2 - 4} + 3\pi - 19$$

$$g'(x) = \frac{2}{\sqrt{1 - \left(\frac{2}{x}\right)^2}} \cdot \left(-\frac{2}{x^2}\right) + \frac{x}{\sqrt{x^2 - 4}} = \frac{\sqrt{x^2 - 4}}{x}$$

Damit ergibt sich für $F(x) = x - \dfrac{g(x)}{g'(x)}$:

$$F(x) = x - \frac{(2\arcsin\frac{2}{x} + \sqrt{x^2-4} + 3\pi - 19)\cdot x}{\sqrt{x^2-4}} = \frac{(19 - 3\pi - 2\arcsin\frac{2}{x})\cdot x}{\sqrt{x^2-4}}$$

Wir erhalten den Algorithmus

$$x_{n+1} = \frac{(19 - 3\pi - 2\arcsin\frac{2}{x_n})\cdot x_n}{\sqrt{x_n^2-4}}$$

k	x_k
0	9.00000000000000
1	9.36110040625060
2	9.36073955389447
3	9.36073955356179
4	9.36073955356180
5	9.36073955356180

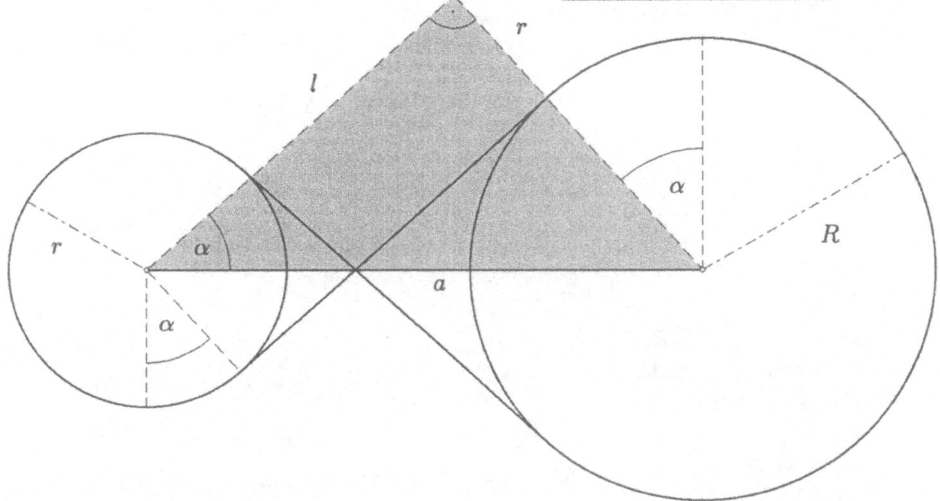

Wir erhalten folgende Zusammenhänge:

$$l = \sqrt{a^2 - (R+r)^2} \qquad \sin\alpha = \frac{R+r}{a}$$

Daraus ergibt sich die Riemenlänge L

$$L = r\cdot(\pi + 2\alpha) + R\cdot(\pi + 2\alpha) + 2l$$

$$= (r+R)\cdot\pi + 2(R+r)\cdot\arcsin\frac{R+r}{a} + 2\sqrt{a^2 - (R+r)^2}$$

Setzen wir für den Abstand die Variable x, so ergibt sich mit den obigen Zahlenwerten die folgende Gleichung:

$$f(x) = 6\pi + 12\arcsin\frac{6}{x} + 2\sqrt{x^2-36} - 38 \overset{!}{=} 0 \quad \text{bzw.}$$

$$g(x) = 6\arcsin\frac{6}{x} + \sqrt{x^2-36} + 3\pi - 19$$

$$g'(x) = \frac{6}{\sqrt{1-\left(\frac{6}{x}\right)^2}}\cdot\left(-\frac{6}{x^2}\right) + \frac{x}{\sqrt{x^2-36}} = \frac{\sqrt{x^2-36}}{x}$$

Damit erhält man für $F(x) = x - \dfrac{g(x)}{g'(x)}$:

$$F(x) = x - \frac{(6\arcsin\frac{6}{x} + \sqrt{x^2 - 36} + 3\pi - 19)\cdot x}{\sqrt{x^2 - 36}} = \frac{(19 - 3\pi - 6\arcsin\frac{6}{x})\cdot x}{\sqrt{x^2 - 36}}$$

Wir erhalten den Algorithmus

$$x_{n+1} = \frac{(19 - 3\pi - 6\arcsin\frac{6}{x_n})\cdot x_n}{\sqrt{x_n^2 - 36}}$$

k	x_k
0	9.00000000000000
1	6.97231410783796
2	6.59080841604826
3	6.54951777782538
4	6.54886089568549
5	6.54886072358733
6	6.54886072358732
7	6.54886072358732

Aufgabe 7:

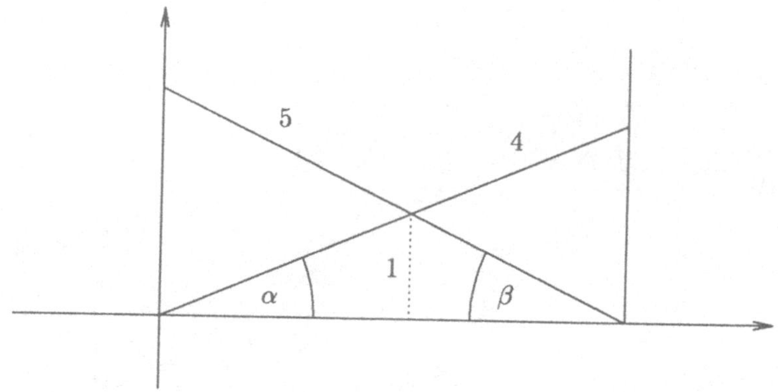

Einführung von Parametern: A: Abstand der beiden Mauern; α, β : Steigungswinkel der beiden Stäbe.

Zusammenhang zwischen α und β :

$$\cos(\alpha) = \frac{A}{4}, \quad \cos(\beta) = \frac{A}{5} \quad \longrightarrow \quad 5\cdot\cos(\beta) - 4\cdot\cos(\alpha) = 0 \qquad (9.2.1)$$

Wir stellen in Abhängigkeit von α und β die Geradengleichungen der Stäbe auf:

$$\begin{aligned} y_I &= x\cdot\tan(\alpha) \\ y_{II} &= 5\cdot\sin(\beta) - x\cdot\tan(\beta) \end{aligned}$$

Die Bedingung $\quad y_I = y_{II} = 1$
führt auf

$$5\cdot\sin(\beta) - \frac{\cos(\alpha)}{\sin(\alpha)}\cdot\frac{\sin(\beta)}{\cos(\beta)} = 1$$

bzw.

$$5\cdot\sin(\alpha)\cdot\sin(\beta)\cdot\cos(\beta) - \cos(\alpha)\cdot\sin(\beta) - \sin(\alpha)\cdot\cos(\beta) = 0$$

mit den Additionstheoremen für sin und cos ergibt sich:

$$5 \cdot \sin(\alpha) \cdot \sin(2\beta) - 2 \cdot \sin(\alpha + \beta) = 0 \qquad (9.2.2)$$

Wir lösen nun die beiden nichtlinearen Gleichungen (9.2.1) und (9.2.2).

Anwendung des Newtonverfahrens auf die Vektorfunktion

$$\underline{F}(\alpha,\beta) = \begin{pmatrix} f(\alpha,\beta) \\ g(\alpha,\beta) \end{pmatrix} = \begin{pmatrix} 5 \cdot \cos(\beta) - 4 \cdot \cos(\alpha) \\ 5 \cdot \sin(\alpha) \cdot \sin(2\beta) - 2 \cdot \sin(\alpha + \beta) \end{pmatrix}$$

ergibt die Lösung des Problems. Dazu müssen noch die partiellen Ableitungen berechnet werden:

$$\begin{aligned}
f_\alpha(\alpha,\beta) &= 4 \cdot \sin(\alpha) \\
f_\beta(\alpha,\beta) &= -5 \cdot \sin(\beta) \\
g_\alpha(\alpha,\beta) &= 5 \cdot \cos(\alpha) \cdot \sin(2\beta) - 2 \cdot \cos(\alpha + \beta) \\
g_\beta(\alpha,\beta) &= 10 \cdot \sin(\alpha) \cdot \cos(2\beta) - 2 \cdot \cos(\alpha + \beta)
\end{aligned}$$

Die Lösung erfolgt mittels der MATLAB-Prozedur „newton22". Zur Bestimmung der Startwerte wird eine Graphik von $G(\alpha, \beta) = \left(f(\alpha,\beta)\right)^2 + \left(g(\alpha,\beta)\right)^2$ erstellt:

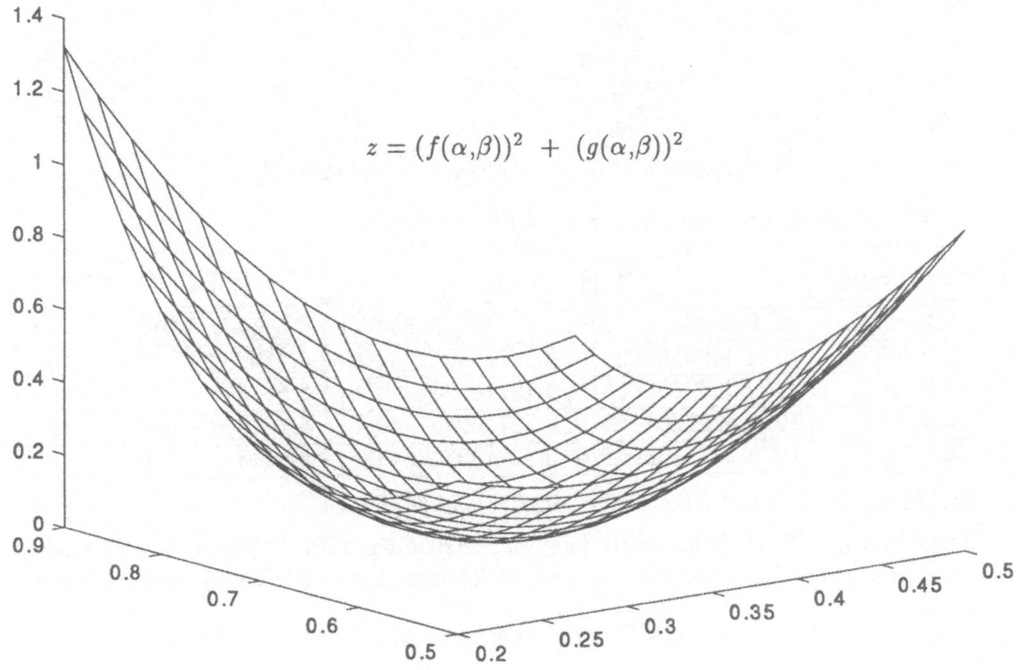

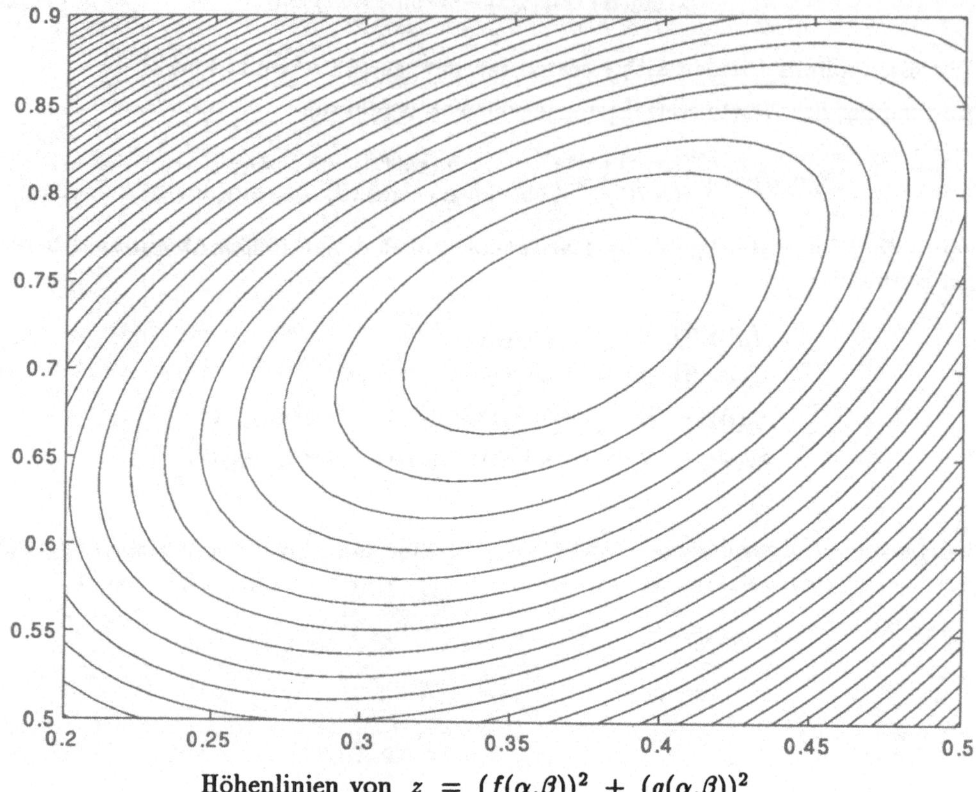

$$\text{Höhenlinien von } \quad z \;=\; (f(\alpha,\beta))^2 \;+\; (g(\alpha,\beta))^2$$

Für alle Startvektoren erhalten wir denselben Wert:

Start (x_0,y_0)	Lösung (x_n,y_n)	Fehler	Anzahl
$(0.25, 0.6)$	$(0.36569030886870,\ 0.72710523754488)$	$6.66134e - 016$	20
$(0.3, 0.65)$	$(0.36569030886870,\ 0.72710523754488)$	$4.44089e - 016$	20
$(0.35, 0.7)$	$(0.36569030886870,\ 0.72710523754488)$	$6.66134e - 016$	19
$(0.4, 0.75)$	$(0.36569030886870,\ 0.72710523754488)$	$6.66134e - 016$	18
$(0.45, 0.8)$	$(0.36569030886870,\ 0.72710523754488)$	$6.66134e - 016$	19

Daraus ergibt sich der Abstand $A = 3{,}7355085334125$.

Bemerkung : Man kann auch aus den Gleichungen (9.2.1) und (9.2.2) einen der
beiden Parameter eliminieren und das Problem auf eine Gleichung zurückführen:

$$(9.2.1) \quad \longrightarrow \quad \cos(\beta) = \frac{4}{5} \cdot \cos(\alpha) \,, \quad \sin(\beta) = \sqrt{1 - 0.64\cos^2(\alpha)}$$

eingesetzt in (9.2.2) erhält man:

$$\frac{4}{5} \cdot \sin(\alpha) \cdot \cos(\alpha) + \cos(\alpha) \cdot \sqrt{1 - 0.64\cos^2(\alpha)} - 4 \cdot \sqrt{1 - \cos^2(\alpha)} \cdot \sin(\alpha) \cdot \cos(\alpha) = 0$$

bzw.

$$4 \cdot \sin(\alpha) + 5 \cdot \sqrt{1 - 0.64\cos^2(\alpha)} - 20 \cdot \sqrt{1 - \cos^2(\alpha)} \cdot \sin(\alpha) = 0 \qquad (9.2.3)$$

Alternative Herleitung der Bestimmungsgleichung

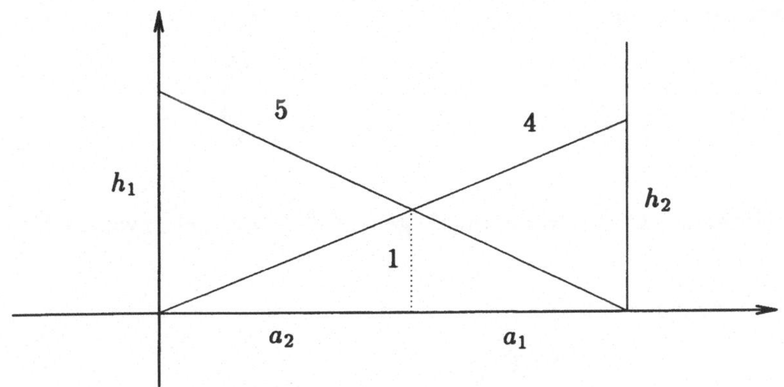

Strahlensatz: $\frac{a}{h_1} = \frac{a_1}{1}$, $\frac{a}{h_2} = \frac{a_2}{1}$ wobei $a = a_1 + a_2$

Pythagoras: $h_1 = \sqrt{25 - a^2}$, $h_2 = \sqrt{16 - a^2}$

$\leadsto$ $a_1 = \dfrac{a}{\sqrt{25 - a^2}}$, $a_2 = \dfrac{a}{\sqrt{16 - a^2}}$

$a = a_1 + a_2 = \dfrac{a}{\sqrt{25 - a^2}} + \dfrac{a}{\sqrt{16 - a^2}}$ $\leadsto$ $1 = \dfrac{1}{\sqrt{25 - a^2}} + \dfrac{1}{\sqrt{16 - a^2}}$

$$\sqrt{25 - a^2} \cdot \sqrt{16 - a^2} = \sqrt{25 - a^2} + \sqrt{16 - a^2}$$
$$(25 - a^2) \cdot (16 - a^2) = 16 - a^2 + 25 - a^2 + 2\sqrt{16 - a^2} \cdot \sqrt{25 - a^2}$$
$$a^4 - 39a^2 + 359 = 2\sqrt{16 - a^2} \cdot \sqrt{25 - a^2}$$
$$(a^4 - 39a^2 + 359)^2 = 4(16 - a^2) \cdot (25 - a^2)$$

$\leadsto$ $\boxed{a^8 - 78a^6 + 2235a^4 - 27838a^2 + 127281 = 0}$

9.3 Aufgaben zu linearen Gleichungssystemen

Aufgabe 1: Das lineare Gleichungssystem $\underline{A} \cdot \underline{x} = \underline{b}$ mit

$$\underline{A} = \begin{pmatrix} 8.00 & 1.00 & -5.98 \\ 2.28 & 6.12 & -2.14 \\ 3.12 & -4.15 & 9.00 \end{pmatrix} , \quad \underline{b} = \begin{pmatrix} 6.02 \\ 12.38 \\ 3.821 \end{pmatrix} \quad \text{soll gelöst werden.}$$

a) mit dem Gauß-Algorithmus erhalten wir die Lösung $\underline{x} = \begin{pmatrix} 426/361 \\ 1358/717 \\ 535/602 \end{pmatrix}$

b) mit einem iterativen Gesamtschrittverfahren ergibt sich ausgehend vom Nullvektor als Startvektor nach 52 Schritten $\quad \underline{x}_G = \begin{pmatrix} 1.18005603496274 \\ 1.89400316085468 \\ 0.88870425427368 \end{pmatrix}$

c) mit einem iterativen Einzelschrittverfahren ergibt sich mit demselben Startvektor nach 26 Schritten ebenfalls $\quad \underline{x}_E = \begin{pmatrix} 1.18005603496274 \\ 1.89400316085468 \\ 0.88870425427368 \end{pmatrix}$

Für beide Verfahren b) und c) ist das Zeilensummenkriterium erfüllt!

Aufgabe 2: Lineare Gleichungssysteme der Gestalt $\underline{A} \cdot \underline{x} = \underline{b}$ sollen iterativ gelöst werden. Für die Matrizen $\underline{A}_2$, $\underline{A}_4$ konvergiert dieses Verfahren nach Umordnung. Die umgeordneten Matrizen lauten:

$$\underline{A}_2 = \begin{pmatrix} 9 & 6 & 1 \\ 2 & 4 & 1 \\ 1 & 3 & 6 \end{pmatrix} \qquad \underline{A}_4 = \begin{pmatrix} 9 & 0 & -6 \\ 2 & -4 & 1 \\ 1 & -2 & 4 \end{pmatrix}$$

Aufgabe 3: Zu bestimmen ist eine Näherungsfolge $\left\{\underline{X}^{(k)}\right\}$ von der inversen Matrix $\underline{A}^{-1}$.

Es sei $\underline{X}^{(k)}$ eine Näherungslösung von

$$\underline{A} \cdot \underline{X} = \underline{E} \quad .$$

Ist $\underline{A} \cdot \underline{X}^{(k)} - \underline{E} = \underline{R}^{(k)} \neq \underline{O}$, so machen wir den Ansatz

$$\underline{X}^{(k+1)} = \underline{X}^{(k)} + d\underline{X}^{(k)} \quad .$$

Eingesetzt ergibt sich aus

$$\underline{A} \cdot \left(\underline{X}^{(k)} + d\underline{X}^{(k)}\right) = \underline{E}$$

die Bestimmungsgleichung für das Korrekturglied:

$$\underline{A} \cdot d\underline{X}^{(k)} = \underline{E} - \underline{A} \cdot \underline{X}^{(k)} = -\underline{R}^{(k)} \quad .$$

An Stelle der exakten Inversen $\underline{A}^{-1}$ multiplizieren wir mit $\underline{X}^{(k)}$ und erhalten für unsere Korrektur:

$$d\underline{X}^{(k)} = \underbrace{\underline{X}^{(k)}}_{\approx \underline{A}^{-1}} \cdot \left(\underline{E} - \underline{A} \cdot \underline{X}^{(k)}\right) \quad .$$

Insgesamt erhalten wir die Iterationsvorschrift:

$$\underline{X}^{(k+1)} = \underline{X}^{(k)} + d\underline{X}^{(k)} = \underline{X}^{(k)} \cdot \left(2\underline{E} - \underline{A} \cdot \underline{X}^{(k)}\right) \quad .$$

Das Zahlenbeispiel bearbeiten wir mit MATLAB.

```
A=[1.5 1 1.2;1.28 1.2 0.8;1.2 0.9 0.9];

B=inv(A)

B =
   1.0e+002 *
     1.49999999999995     0.74999999999998    -2.66666666666658
    -0.79999999999997    -0.37499999999999     1.39999999999995
    -1.19999999999996    -0.62499999999998     2.16666666666660
B1=B*(2*eye(3,3)-A*B)

B1 =
```

```
    1.0e+002 *
     1.49999999999996    0.74999999999998   -2.66666666666660
    -0.79999999999998   -0.37499999999999    1.39999999999996
    -1.19999999999997   -0.62499999999998    2.16666666666661
B2=B1*(2*eye(3,3)-A*B1)


B2 =
    1.0e+002 *
     1.49999999999996    0.74999999999998   -2.66666666666660
    -0.79999999999998   -0.37499999999999    1.39999999999996
    -1.19999999999997   -0.62499999999998    2.16666666666661
B3=B2*(2*eye(3,3)-A*B2);


A*B


ans =
     0.99999999999996   -0.00000000000002    0.00000000000005
    -0.00000000000002    0.99999999999999    0.00000000000001
    -0.00000000000002   -0.00000000000001    1.00000000000002
A*B1


ans =
     1.00000000000000    0.00000000000000    0.00000000000004
     0.00000000000000    1.00000000000000    0.00000000000003
     0.00000000000000    0.00000000000000    1.00000000000003
A*B2


ans =
     1.00000000000000   -0.00000000000001   -0.00000000000002
     0.00000000000000    0.99999999999999   -0.00000000000001
     0.00000000000000   -0.00000000000001    0.99999999999999
A*B3


ans =
     1.00000000000000    0.00000000000000   -0.00000000000002
     0.00000000000000    1.00000000000000   -0.00000000000001
     0.00000000000000    0.00000000000000    0.99999999999999
```

Aufgabe 4:

Man führe bei den folgenden linearen Gleichungssystemen einen Fehlerausgleich durch:

$$
\begin{array}{rrrrrcl}
2x & - & y & + & 1 & = & 0 \\
-x & + & 2y & + & 2 & = & 0 \\
3x & + & 2y & + & 3 & = & 0 \\
x & + & 3y & - & 2 & = & 0 \\
2x & + & 3y & + & 1 & = & 0
\end{array}
\qquad
\underline{a}_1 = \begin{pmatrix} 2 \\ -1 \\ 3 \\ 1 \\ 2 \end{pmatrix}
\qquad
\underline{a}_2 = \begin{pmatrix} -1 \\ 2 \\ 2 \\ 3 \\ 3 \end{pmatrix}
\qquad
\underline{b} = \begin{pmatrix} -1 \\ -2 \\ -3 \\ 2 \\ -1 \end{pmatrix}
$$

a)

Normalengleichung:

$$\begin{pmatrix} \underline{a}_1 \cdot \underline{a}_1 & \underline{a}_1 \cdot \underline{a}_2 & \big| & \underline{a}_1 \cdot \underline{b} \\ \underline{a}_2 \cdot \underline{a}_1 & \underline{a}_2 \cdot \underline{a}_2 & \big| & \underline{a}_2 \cdot \underline{b} \end{pmatrix} \longrightarrow \begin{pmatrix} 19 & -11 & \big| & -9 \\ -11 & 27 & \big| & -6 \end{pmatrix} \rightsquigarrow$$

$$\underline{x} = \begin{pmatrix} -\dfrac{177}{392} \\ -\dfrac{15}{392} \end{pmatrix}$$

b)
$$\begin{array}{rcrcrcr} x & - & y & + & z & = & -2 \\ -x & + & y & + & z & = & 0 \\ 2x & - & y & - & z & = & 1 \\ x & + & y & + & z & = & 1 \\ 2x & + & y & + & 3z & = & 0 \end{array} \qquad \underline{a}_1 = \begin{pmatrix} 1 \\ -1 \\ 2 \\ 1 \\ 2 \end{pmatrix} \quad \underline{a}_2 = \begin{pmatrix} -1 \\ 1 \\ -1 \\ 1 \\ 1 \end{pmatrix} \quad \underline{a}_3 = \begin{pmatrix} 1 \\ 1 \\ -1 \\ 1 \\ 3 \end{pmatrix}$$

$$\underline{b}^T = (-2 \quad 0 \quad 1 \quad 1 \quad 0)$$

Normalengleichung:

$$\begin{pmatrix} \underline{a}_1 \cdot \underline{a}_1 & \underline{a}_1 \cdot \underline{a}_2 & \underline{a}_1 \cdot \underline{a}_3 & \big| & \underline{a}_1 \cdot \underline{b} \\ \underline{a}_2 \cdot \underline{a}_1 & \underline{a}_2 \cdot \underline{a}_2 & \underline{a}_2 \cdot \underline{a}_3 & \big| & \underline{a}_2 \cdot \underline{b} \\ \underline{a}_3 \cdot \underline{a}_1 & \underline{a}_3 \cdot \underline{a}_2 & \underline{a}_3 \cdot \underline{a}_3 & \big| & \underline{a}_3 \cdot \underline{b} \end{pmatrix} \longrightarrow \begin{pmatrix} 11 & -1 & 5 & \big| & 1 \\ -1 & 5 & 5 & \big| & 2 \\ 5 & 5 & 13 & \big| & -2 \end{pmatrix}$$

Wir lösen das LGS:
$$\begin{pmatrix} -1 & 5 & 5 & \big| & 2 \\ 5 & 5 & 13 & \big| & -2 \\ 11 & -1 & 5 & \big| & 1 \end{pmatrix} \rightsquigarrow \begin{pmatrix} -1 & 5 & 5 & \big| & 2 \\ 0 & 30 & 38 & \big| & 8 \\ 0 & 54 & 60 & \big| & 23 \end{pmatrix} \rightsquigarrow$$

$$\begin{pmatrix} -1 & 5 & 5 & \big| & 2 \\ 0 & 15 & 19 & \big| & 4 \\ 0 & 0 & -42 & \big| & 43 \end{pmatrix} \rightsquigarrow \underline{x} = \begin{pmatrix} \dfrac{44}{63} \\ \dfrac{197}{126} \\ -\dfrac{43}{42} \end{pmatrix}$$

Aufgabe 5: In einem Knotenpunkt eines Netzwerks fließen drei Ströme i_1, i_2, i_3 zusammen. Es gilt deshalb die exakte Beziehung:

$$(*) \quad i_1 + i_2 + i_3 = 0? \quad \rightsquigarrow \quad i_3 = -i_1 - i_2$$

Messungen der Ströme ergeben unter Beachtung von (*) das LGS :

$$\begin{array}{rcrcr} i_1 & & & = & 2.1 \\ & & i_2 & = & 1.0 \\ i_1 & + & i_2 & = & 2.9 \\ i_1 & + & i_2 & = & 3.1 \\ & & -i_2 & = & -0.9 \\ -i_1 & & & = & -2.0 \end{array}$$

$$\begin{pmatrix} 1 & 0 & \big| & 2.1 \\ 0 & 1 & \big| & 1.0 \\ 1 & 1 & \big| & 2.9 \\ 1 & 1 & \big| & 3.1 \\ 0 & 1 & \big| & 0.9 \\ 1 & 0 & \big| & 2.0 \end{pmatrix} \quad \underline{a}_1 = \begin{pmatrix} 1 \\ 0 \\ 1 \\ 1 \\ 0 \\ 1 \end{pmatrix} \quad \underline{a}_2 = \begin{pmatrix} 0 \\ 1 \\ 1 \\ 1 \\ 1 \\ 0 \end{pmatrix} \quad \underline{b} = \begin{pmatrix} 2.1 \\ 1.0 \\ 2.9 \\ 3.1 \\ 0.9 \\ 2.0 \end{pmatrix}$$

Normalengleichung:

$$\begin{pmatrix} 4 & 2 & | & 19.1 \\ 2 & 4 & | & 7.9 \end{pmatrix} \quad \leadsto \quad \begin{pmatrix} 4 & 2 & | & 10.1 \\ 0 & -6 & | & -5.7 \end{pmatrix} \qquad \underline{i} = \begin{pmatrix} \frac{41}{20} \\ \frac{19}{20} \end{pmatrix}$$

Bemerkung: MATLAB liefert bei überbestimmten linearen Gleichungssystemen die ausgeglichene Lösung (bei exakt lösbaren LGS ist der Fehler Null!) . Hier:

```
A=[1 0;0 1;1 1;1 1;0 1;1 0];
b=[2.1 1.0 2.9 3.1 0.9 2.0]';
x=A\b
```

Aufgabe 6: Die Fehlergleichungen für die unbekannten Koordinaten (x,y) lauten:

$$\arctan\left(\frac{y - y_i}{x - x_i}\right) = \alpha_i$$

Dabei ist zu beachten, dass die Winkel im Bogenmaß zu verstehen sind und dass sie zudem auf das Intervall $[-\frac{\pi}{2}, \frac{\pi}{2}]$ des Hauptwerts der Arcustangens-Funktion reduziert werden müssen.

i	x_i	y_i	α_i	Hauptwert
1	8	6	42°	0.733038
2	−4	5	158°	−0.383972
3	1	−3	248°	1.18682

Wir linearisieren die Fehlergleichungen:

$$f_i(x,y) \quad = \quad \arctan\left(\frac{y - y_i}{x - x_i}\right)$$

$$\frac{\partial f_i(x,y)}{\partial x} \quad = \quad \frac{1}{1+\left(\frac{y-y_i}{x-x_i}\right)^2} \cdot \left(-\frac{y - y_i}{(x - x_i)^2}\right) \quad = \quad \frac{y_i - y}{(x - x_i)^2 + (y - y_i)^2}$$

$$\frac{\partial f_i(x,y)}{\partial y} \quad = \quad \frac{1}{1+\left(\frac{y-y_i}{x-x_i}\right)^2} \cdot \left(\frac{1}{x - x_i}\right) \quad = \quad \frac{x - x_i}{(x - x_i)^2 + (y - y_i)^2}$$

Damit ergibt sich:

$$\underline{C} = \begin{pmatrix} \dfrac{y_1 - y}{(x - x_1)^2 + (y - y_1)^2} & \dfrac{x - x_1}{(x - x_1)^2 + (y - y_1)^2} \\[2ex] \dfrac{y_2 - y}{(x - x_2)^2 + (y - y_2)^2} & \dfrac{x - x_2}{(x - x_2)^2 + (y - y_2)^2} \\[2ex] \dfrac{y_3 - y}{(x - x_3)^2 + (y - y_3)^2} & \dfrac{x - x_3}{(x - x_3)^2 + (y - y_3)^2} \end{pmatrix} \qquad \underline{f}(x,y) = \begin{pmatrix} \arctan\left(\dfrac{y - y_1}{x - x_1}\right) \\[2ex] \arctan\left(\dfrac{y - y_2}{x - x_2}\right) \\[2ex] \arctan\left(\dfrac{y - y_3}{x - x_3}\right) \end{pmatrix}$$

Wählen wir als Startvektor $\underline{x}^{(0)} = \begin{pmatrix} 3 \\ 2 \end{pmatrix}$, so ergibt sich:

$$\underline{C}^{(0)} = \begin{pmatrix} 0.0975609756 & -0.1219512195 \\ 0.0517241379 & 0.1206896551 \\ -0.1724137931 & 0.0689655172 \end{pmatrix} \qquad d\underline{x} = \begin{pmatrix} 0.1560372086 \\ -0.0566094166 \end{pmatrix}$$

Die weitere Iteration ergibt die Näherungsfolge:

k	$x^{(k)}$	$y^{(k)}$	Fehlerquadrat
0	3.00000000000000	2.00000000000000	$3.848213072610251 \cdot 10^{-3}$
1	3.14861732294990	1.93519032464778	$2.422721475251930 \cdot 10^{-3}$
2	3.15580555841828	1.94352911907712	$2.420447235255828 \cdot 10^{-3}$
3	3.15602408897593	1.94337615134328	$2.420443157887728 \cdot 10^{-3}$
4	3.15603681195193	1.94339082980435	$2.420443150821346 \cdot 10^{-3}$
5	3.15603718605490	1.94339055828853	$2.420443150809098 \cdot 10^{-3}$
6	3.15603720799346	1.94339058388038	$2.420443150809084 \cdot 10^{-3}$
7	3.15603720863412	1.94339058339874	$2.420443150809072 \cdot 10^{-3}$
8	3.15603720867194	1.94339058344337	$2.420443150809068 \cdot 10^{-3}$
9	3.15603720867304	1.94339058344251	$2.420443150809076 \cdot 10^{-3}$
10	3.15603720867311	1.94339058344259	$2.420443150809085 \cdot 10^{-3}$
11	3.15603720867311	1.94339058344259	$2.420443150809084 \cdot 10^{-3}$

Die MATLAB-Prozedur „fmins" ergibt als Lösung:

$$x = 3.15605536\ldots\ ;\quad y = 1.94339470\ldots\quad .$$

9.4 Aufgaben zur linearen Optimierung

Aufgabe 1: Zielfunktion: $z = g(x_1,x_2) = 30x_1 + 20x_2$

Ungleichungssystem:
$$\begin{cases}
-5x_1 & - & x_2 & + & 300 & \geq & 0 & (1) \\
-x_1 & - & x_2 & + & 100 & \geq & 0 & (2) \\
-x_1 & - & 2x_2 & + & 170 & \geq & 0 & (3) \\
-2x_1 & - & 5x_2 & + & 420 & \geq & 0 & (4) \\
-x_1 & + & x_2 & + & 30 & \geq & 0 & (5) \\
x_1 & & & & & \geq & 0 & (6) \\
& & x_2 & & & \geq & 0 & (7)
\end{cases}$$

	x_1	x_2	1	Q_i
y_1	-5	-1	300	-60
y_2	-1	-1	100	-100
y_3	-1	-2	170	-170
y_4	-2	-5	420	-210
y_5	-1	1	30	-30
z	30	20	0	

$\rightsquigarrow$ Dieser Zustand entspricht dem Punkt $A(0|0)$ als Schnitt der Gleichungen (6) und (7).

	y_5	x_2	1	Q_i
y_1	5	-6	150	-25
y_2	1	-2	70	-35
y_3	1	-3	140	$-\frac{140}{3}$
y_4	2	-7	360	$-\frac{360}{7}$
x_1	-1	1	30	30
z	-30	50	900	

$\rightsquigarrow$ Dieser Zustand entspricht dem Punkt $B(30|0)$ als Schnitt der Gleichungen (5) und (7).

	y_5	y_1	1	Q_i
x_2	$\frac{5}{6}$	$-\frac{1}{6}$	25	30
y_2	$-\frac{2}{3}$	$\frac{1}{3}$	20	-30
y_3	$-\frac{3}{2}$	$\frac{1}{2}$	65	$-\frac{130}{3}$
y_4	$-\frac{23}{6}$	$\frac{7}{6}$	185	$-\frac{1110}{23}$
x_1	$-\frac{1}{6}$	$-\frac{1}{6}$	55	-330
z	$\frac{35}{3}$	$-\frac{25}{3}$	2150	

Dieser Zustand entspricht dem Punkt $C(55|25)$ als Schnitt der Gleichungen (5) und (1).

	y_2	y_1	1	Q_i
x_2	$-\frac{5}{4}$	$\frac{1}{4}$	50	$--$
y_5	$-\frac{3}{2}$	$\frac{1}{2}$	30	$--$
y_3	$\frac{9}{4}$	$-\frac{1}{4}$	20	$--$
y_4	$\frac{23}{4}$	$-\frac{3}{4}$	70	$--$
x_1	$\frac{1}{4}$	$-\frac{1}{4}$	50	$--$
z	$-\frac{35}{2}$	$-\frac{5}{2}$	2500	

Dieser Zustand entspricht dem Punkt $D(50|50)$ als Schnitt der Gleichungen (5) und (1).

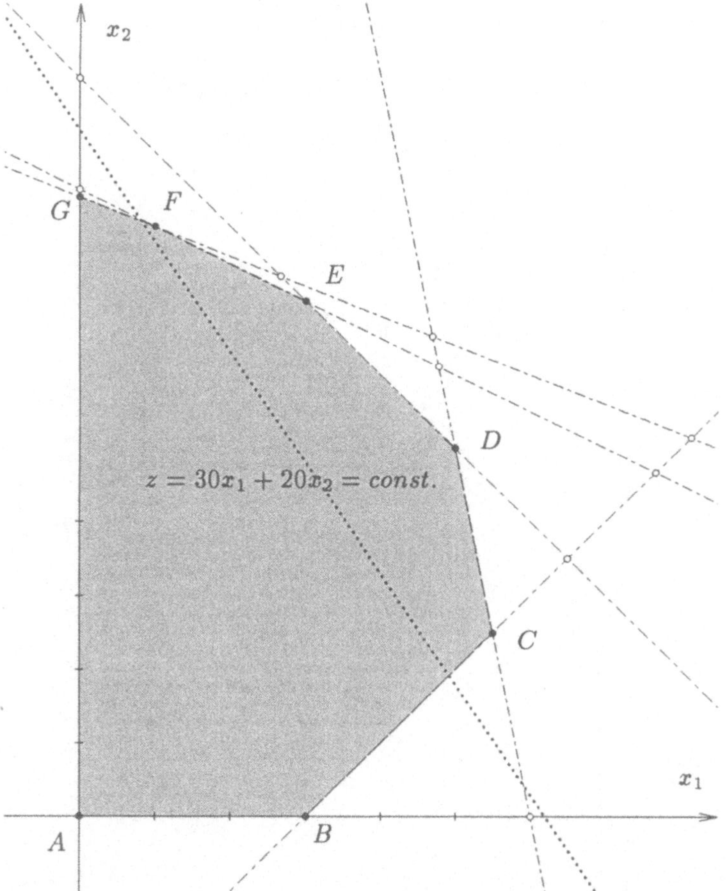

Beim optimalen Punkt D sind die Variablen y_3, y_4, y_5 positiv. Dies bedeutet, dass die Kapazitätsgrenzen bei den beiden Materialien A, B noch nicht erreicht sind. Ebenso greift noch nicht die Beschränkung, dass vom Produkt X höchstens 30 Einheiten mehr als vom Produkt Y produziert werden sollen.

Aufgabe 2:

Ungleichungssystem:

$$\begin{cases} -x_1 & - & x_2 & - & x_3 & + & 5 & \geq 0 & (1) \\ x_1 & - & 2x_2 & - & 2x_3 & + & 6 & \geq 0 & (2) \\ -2x_1 & + & x_2 & - & 2x_3 & + & 6 & \geq 0 & (3) \\ -x_1 & & & & & + & 2 & \geq 0 & (4) \\ & - & x_2 & & & + & 2 & \geq 0 & (5) \\ & & & - & x_3 & + & 2 & \geq 0 & (6) \\ x_1 & & & & & & & \geq 0 & (7) \\ & & x_2 & & & & & \geq 0 & (8) \\ & & & & x_3 & & & \geq 0 & (9) \end{cases}$$

Zielfunktion: $\quad z = g(x_1, x_2, x_3) = x_1 + x_2 + x_3$

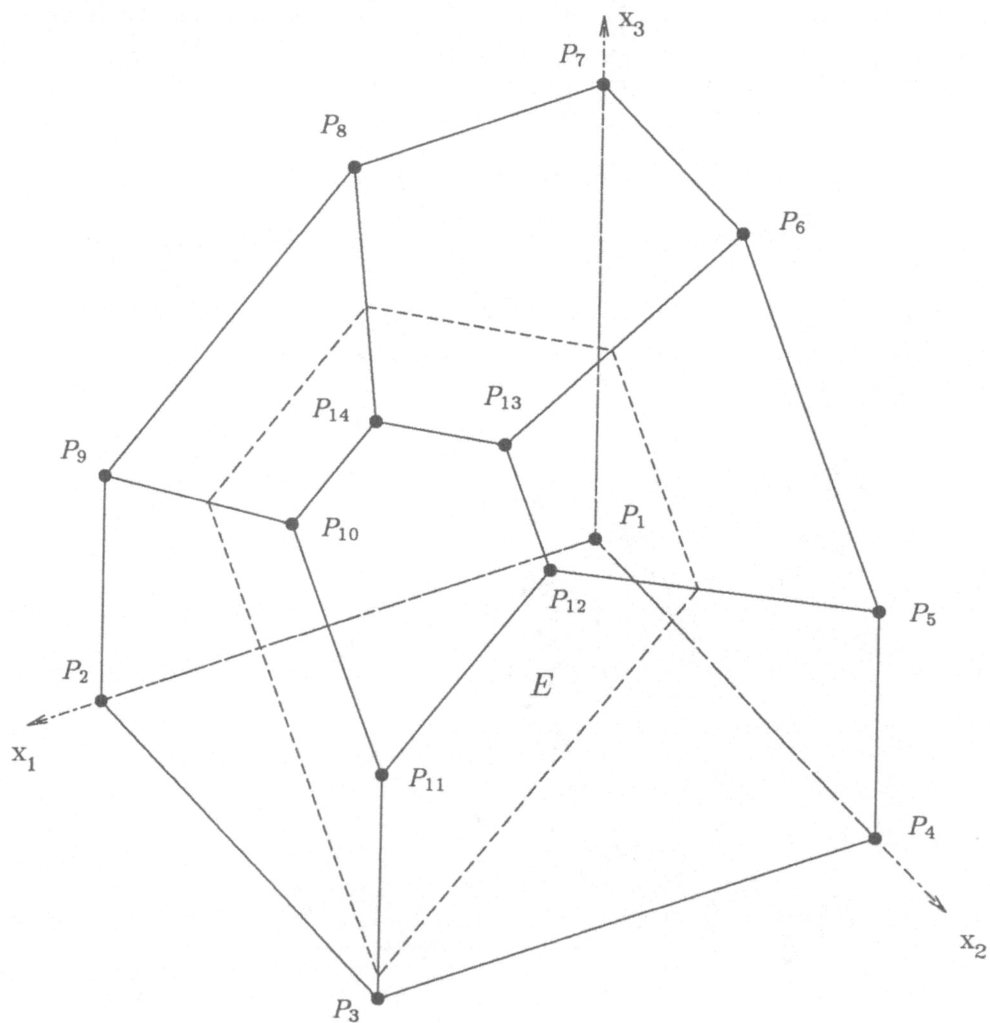

	x_1	x_2	x_3	1	Q_i
y_1	-1	-1	-1	5	-5
y_2	1	-2	-2	6	6
y_3	-2	1	-2	6	-3
y_4	$\boxed{-1}$	0	0	2	-2
y_5	0	-1	0	2	—
y_6	0	0	-1	2	—
z	1	1	1	0	

Dieser Zustand entspricht dem Punkt $P_1(0|0|0)$ als Schnitt der Gleichungen (7), (8) und (9).

	y_4	x_2	x_3	1	Q_i
y_1	1	-1	-1	3	-3
y_2	-1	-2	-2	8	-4
y_3	2	1	$\boxed{-2}$	2	-1
x_1	-1	0	0	2	—
y_5	0	-1	0	2	—
y_6	0	0	-1	2	-2
z	-1	1	1	2	

Dieser Zustand entspricht dem Punkt $P_2(2|0|0)$ als Schnitt der Gleichungen (4), (8) und (9).

	y_4	x_2	y_3	1	Q_i
y_1	0	$\boxed{-\frac{3}{2}}$	$\frac{1}{2}$	2	$-\frac{4}{3}$
y_2	-3	-3	1	6	-2
x_3	1	$\frac{1}{2}$	$-\frac{1}{2}$	1	2
x_1	-1	0	0	2	—
y_5	0	-1	0	2	-2
y_6	-1	$-\frac{1}{2}$	$\frac{1}{2}$	1	-2
z	0	$\frac{3}{2}$	$-\frac{1}{2}$	3	

Dieser Zustand entspricht dem Punkt $P_9(2|0|1)$ als Schnitt der Gleichungen (4), (3) und (8).

	y_4	y_1	y_3	1	Q_i
x_2	0	$-\frac{2}{3}$	$\frac{1}{3}$	$\frac{4}{3}$	4
y_2	-3	2	0	2	—
x_3	1	$-\frac{1}{3}$	$-\frac{1}{3}$	$\frac{5}{3}$	-5
x_1	-1	0	0	2	—
y_5	0	$\frac{2}{3}$	$\boxed{-\frac{1}{3}}$	$\frac{2}{3}$	-2
y_6	-1	$\frac{1}{3}$	$\frac{1}{3}$	$\frac{1}{3}$	1
z	0	-1	0	5	

Dieser Zustand entspricht dem Punkt $P_{10}(2|\frac{4}{3}|\frac{5}{3})$ als Schnitt der Gleichungen (4), (3) und (1). Wir tauschen weiter aus, um die übrigen Extremalpunkte zu erhalten.

	y_4	y_1	y_5	1	Q_i
x_2	0	0	-1	2	—
y_2	$\boxed{-3}$	2	0	2	$-\frac{2}{3}$
x_3	1	-1	1	1	1
x_1	-1	0	0	2	—
y_3	0	2	-3	2	—
y_6	-1	1	-1	1	-1
z	0	-1	0	5	

Dieser Zustand entspricht dem Punkt $P_{11}(2|2|1)$ als Schnitt der Gleichungen (4), (5) und (1). Wir tauschen weiter aus, um die übrigen Extremalpunkte zu erhalten.

	y_2	y_1	y_5	1	Q_i
x_2	0	0	-1	2	-2
y_4	$-\frac{1}{3}$	$\frac{2}{3}$	0	$\frac{2}{3}$	—
x_3	$-\frac{1}{3}$	$-\frac{1}{3}$	1	$\frac{5}{3}$	$\frac{5}{3}$
x_1	$\frac{1}{3}$	$-\frac{2}{3}$	0	$\frac{4}{3}$	—
y_3	0	2	-3	2	$-\frac{2}{3}$
y_6	$\frac{1}{3}$	$\frac{1}{3}$	$\boxed{-1}$	$\frac{1}{3}$	$-\frac{1}{3}$
z	0	-1	0	5	

Dieser Zustand entspricht dem Punkt $P_{12}(\frac{4}{3}|2|\frac{5}{3})$ als Schnitt der Gleichungen (2), (5) und (1). Wir tauschen weiter aus, um die übrigen Extremalpunkte zu erhalten.

	y_2	y_1	y_6	1	Q_i
x_2	$-\frac{1}{3}$	$-\frac{1}{3}$	1	$\frac{5}{3}$	-5
y_4	$-\frac{1}{3}$	$\frac{2}{3}$	0	$\frac{2}{3}$	-2
x_3	0	0	-1	2	—
x_1	$\frac{1}{3}$	$-\frac{2}{3}$	0	$\frac{4}{3}$	4
y_3	$\boxed{-1}$	1	3	$\frac{1}{3}$	-1
y_5	$\frac{1}{3}$	$\frac{1}{3}$	-1	$\frac{1}{3}$	1
z	0	-1	0	5	

Dieser Zustand entspricht dem Punkt $P_{13}(\frac{4}{3}|\frac{5}{3}|2)$ als Schnitt der Gleichungen (2), (6) und (1). Wir tauschen weiter aus, um die übrigen Extremalpunkte zu erhalten.

	y_3	y_1	y_6	1	Q_i
x_2	$\frac{1}{3}$	$-\frac{2}{3}$	0	$\frac{4}{3}$	—
y_4	$\frac{1}{3}$	$\frac{1}{3}$	$\boxed{-1}$	$\frac{1}{3}$	$-\frac{1}{3}$
x_3	0	0	-1	2	-2
x_1	$-\frac{1}{3}$	$-\frac{1}{3}$	1	$\frac{5}{3}$	$\frac{5}{3}$
y_2	-1	1	3	1	$\frac{1}{3}$
y_5	$-\frac{1}{3}$	$\frac{2}{3}$	0	$\frac{2}{3}$	—
z	0	-1	0	5	

Dieser Zustand entspricht dem Punkt $P_{14}(\frac{5}{3}|\frac{4}{3}|2)$ als Schnitt der Gleichungen (3), (6) und (1). Der weitere Austausch führt wieder zum Punkt P_{10} zurück.

Aufgabe 3:

Ungleichungssystem:
$$\begin{cases}
-x_1 & - & x_2 & + & 18 & \geq & 0 & (1) \\
-x_1 & & & + & 10 & \geq & 0 & (2) \\
& - & x_2 & + & 11 & \geq & 0 & (3) \\
x_1 & + & x_2 & - & 9 & \geq & 0 & (4) \\
-x_1 & + & 2x_2 & - & 2 & \geq & 0 & (5) \\
x_1 & & & & & \geq & 0 & (6) \\
& & x_2 & & & \geq & 0 & (7)
\end{cases}$$

Zielfunktion: $z = g(x_1, x_2) = x_1 + x_2$

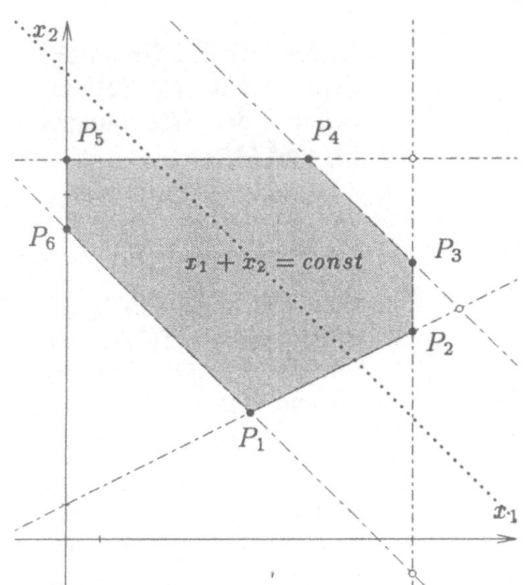

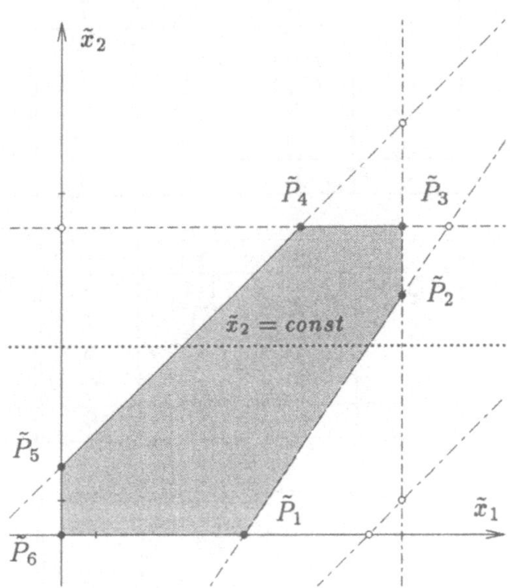

Wir unterwerfen die Ungleichungen einer Koordinatentransformation, so dass der Punkt P_6 zum Nullpunkt wird, die Richtung der x_2-Achse erhalten bleibt und die Richtung $\overline{P_6 P_1}$ in die neue $\tilde{x}_1$-Richtung übergeht.

$$\begin{pmatrix} x_1 \\ x_2 \end{pmatrix} = \begin{pmatrix} 1 & 0 \\ -1 & 1 \end{pmatrix} \cdot \begin{pmatrix} \tilde{x}_1 \\ \tilde{x}_2 \end{pmatrix} + \begin{pmatrix} 0 \\ 9 \end{pmatrix} \qquad \text{oder} \qquad \begin{aligned} x_1 &= \tilde{x}_1 \\ x_2 &= \tilde{x}_2 - \tilde{x}_1 + 9 \end{aligned}$$

Im transformierten System ergeben sich die folgenden Beziehungen:

$$\text{Ungleichungssystem:} \quad \left\{ \begin{array}{rcrcrcl} & - & \tilde{x}_2 & + & 9 & \geq & 0 \quad (1) \\ -\tilde{x}_1 & & & + & 10 & \geq & 0 \quad (2) \\ \tilde{x}_1 & - & \tilde{x}_2 & + & 2 & \geq & 0 \quad (3) \\ & & \tilde{x}_2 & & & \geq & 0 \quad (4) \\ -3\tilde{x}_1 & + & 2\tilde{x}_2 & + & 16 & \geq & 0 \quad (5) \\ \tilde{x}_1 & & & & & \geq & 0 \quad (6) \\ -\tilde{x}_1 & + & \tilde{x}_2 & + & 9 & \geq & 0 \quad (7) \end{array} \right.$$

Zielfunktion: $z = \tilde{g}(\tilde{x}_1, \tilde{x}_2) = \tilde{x}_2$

Wie schon im Ausgangssystem ist die 7. Ungleichung redundant und wir erhalten nach Übergang zur alten Bezeichnung den folgenden Algorithmus:

	x_1	x_2	1	Q_i
y_1	-1	$\underline{0}$	10	$-$
y_2	0	$\underline{-1}$	9	-9
y_3	$\underline{1}$	$\boxed{-1}$	2	-2
y_4	-3	$\underline{2}$	16	8
z	0	1	0	

$\rightsquigarrow$ Dieser Zustand entspricht dem Punkt $P_6(0|0)$ als Schnitt der Gleichungen (6) und (4).

	x_1	y_3	1	Q_i
y_1	-1	0	10	-10
y_2	$\boxed{-1}$	1	7	-7
x_2	1	-1	2	2
y_4	-1	-2	20	-20
z	1	-1	2	

$\leadsto$ Dieser Zustand entspricht dem Punkt $P_5(0|2)$ als Schnitt der Gleichungen (3) und (4).

	y_2	y_3	1	Q_i
y_1	1	$\boxed{-1}$	3	-3
x_1	-1	1	7	7
x_2	-1	0	9	—
y_4	1	-3	13	$-\frac{13}{3}$
z	-1	0	9	

$\leadsto$ Dieser Zustand entspricht dem Punkt $P_4(7|9)$ als Schnitt der Gleichungen (3) und (1).

	y_2	y_1	1	Q_i
y_3	1	-1	3	$--$
x_1	0	-1	10	$--$
x_2	-1	0	9	$--$
y_4	-2	3	4	$--$
z	-1	0	9	

$\leadsto$ Dieser Zustand entspricht dem Punkt $P_3(10|9)$ als Schnitt der Gleichungen (1) und (2). Der nächste Austauschschritt würde wieder den Punkt P_4 ergeben.

9.5 Aufgaben zu Interpolation und Approximation

Aufgabe 1: Bestimmung des Newtonschen Interpolationspolynoms:

a)

$$-1 \quad \boxed{1}$$
$$\frac{2-1}{0-(-1)} = \boxed{1}$$
$$0 \quad 2 \qquad \frac{-2-1}{1-(-1)} = \boxed{-\tfrac{3}{2}}$$
$$\frac{0-2}{1-0} = -2 \qquad \frac{\frac{3}{2}-(-\frac{3}{2})}{2-(-1)} = \boxed{1} \quad \leadsto$$
$$1 \quad 0 \qquad \frac{1-(-2)}{2-0} = \frac{3}{2}$$
$$\frac{1-0}{2-1} = 1$$
$$2 \quad 1$$

$$p_3(x) = 1 + 1 \cdot (x-(-1)) - \frac{3}{2} \cdot (x-(-1)) \cdot (x-0) + 1 \cdot (x-(-1)) \cdot (x-0) \cdot (x-1)$$
$$\leadsto p_3(x) = 2 - \frac{3}{2} \cdot x - \frac{3}{2} \cdot x^2 + x^3$$

b) -2 $\boxed{8}$

$$\frac{4-8}{-1-(-2)} = \boxed{-4}$$

-1 4

$$\frac{-2-(-4)}{0-(-2)} = \boxed{1}$$

$$\frac{2-4}{0-(-1)} = -2 \qquad\qquad \boxed{0}$$

0 2

$$\frac{0-(-2)}{1-(-1)} = 1$$

$$\frac{2-2}{1-0} = 0 \qquad\qquad 0$$

1 2

$$\frac{2-0}{2-0} = 1$$

$$\frac{4-2}{2-1} = 2$$

2 4

$$\leadsto \quad p_4(x) = p_2(x) = 8 - 4 \cdot (x-(-2)) + 1 \cdot (x-(-2)) \cdot (x-(-1))$$

$$\leadsto p_2(x) = 2 - x + x^2$$

Aufgabe 2: Die Funktion $f(x) = \cos(x)$ ist für die Werte $0^\circ, 30^\circ, 60^\circ, 90^\circ$ auf vier Dezimalen genau tabelliert:

x	0°	30°	60°	90°
$\cos(x)$	1.0000	0.8660	0.5000	0.0000

a) Lineare Interpolation ergibt für $\cos(45^\circ) = \dfrac{\cos(60^\circ) + \cos(30^\circ)}{2} \approx \dfrac{\frac{1}{2} + \frac{\sqrt{3}}{2}}{2} \approx$ 0.6830.. .

b) Newtonsches Interpolationpolynom durch alle bekannte Werte für $\cos(x)$

Umskalierung $t = \dfrac{\alpha}{30^\circ}$ ergibt die folgende Tabelle:

t	0	1	2	3
$\cos$	1	$\frac{\sqrt{3}}{2}$	$\frac{1}{2}$	0

0 $\boxed{1}$

$$\frac{\frac{\sqrt{3}}{2} - 1}{1} = \boxed{\frac{\sqrt{3}-2}{2}}$$

$$\frac{\frac{1-\sqrt{3}}{2} - \left(\frac{\sqrt{3}-2}{2}\right)}{2} = \boxed{\frac{3-2\sqrt{3}}{4}}$$

1 $\frac{\sqrt{3}}{2}$

$$\frac{\frac{1}{2} - \frac{\sqrt{3}}{2}}{1} = \frac{1-\sqrt{3}}{2}$$

$$\cdots$$

$$\frac{-\frac{1}{2} - \frac{1-\sqrt{3}}{2}}{2} = \frac{\sqrt{3}-2}{4}$$

2 $\frac{1}{2}$

$$\frac{0-\frac{1}{2}}{1} = -\frac{1}{2}$$

3 0

$$\cdots \quad \frac{\frac{\sqrt{3}-2}{4} - \frac{3-2\sqrt{3}}{4}}{3} = \boxed{\frac{3\sqrt{3}-5}{12}} \quad \leadsto$$

$$p_3(t) = 1 + \frac{\sqrt{3}-2}{2} \cdot t + \frac{3-2\sqrt{3}}{4} \cdot t \cdot (t-1) + \frac{3\sqrt{3}-5}{12} \cdot t \cdot (t-1) \cdot (t-2).$$

Der Winkel $\alpha = 45°$ entspricht $t = 1.5$ $\leadsto$

$$p_3(1.5) = \dots = \frac{9 \cdot \sqrt{3} + 7}{32} \approx 0.705889288962875$$

c) Bestimmung von Splines durch die Punkte der Wertetabelle: LGS zur Bestimmung der quadratischen Spline-Koeffizienten: $\underline{A} \cdot \underline{c} = \underline{e}$ mit

$$\underline{A} = \begin{pmatrix} 1 & 0 & 0 & 0 \\ 1 & 4 & 1 & 0 \\ 0 & 1 & 4 & 1 \\ 0 & 0 & 0 & 1 \end{pmatrix} \qquad \underline{c} = \begin{pmatrix} c_0 \\ c_1 \\ c_2 \\ c_3 \end{pmatrix} \qquad \underline{e} = 3 \cdot \begin{pmatrix} 0 \\ 1 - 2 \cdot \frac{\sqrt{3}}{2} + \frac{1}{2} \\ \frac{\sqrt{3}}{2} - 2 \cdot \frac{1}{2} + 0 \\ 0 \end{pmatrix}$$

Mit der Grad-Skalierung erhält man für die rechte Seite:
$$\underline{e} = \frac{1}{300} \cdot \begin{pmatrix} 0 \\ 1 - 2 \cdot \frac{\sqrt{3}}{2} + \frac{1}{2} \\ \frac{\sqrt{3}}{2} - 2 \cdot \frac{1}{2} + 0 \\ 0 \end{pmatrix}$$

Wir berechnen die Spline-Koeffizienten mit MATLAB:

```
x=[0 1 2 3];
y=[1 sqrt(3)/2 0.5 0];
pp=splinm(x,y);
[breaks,coef,l,k]=unmkpp(pp);
```

In der Matrix coef sind die Koeffizienten der Splines in fallender Reihenfolge gespeichert. Tabelle 1 zeigt die Koeffizienten bei der t-Skalierung, Tabelle 2 bei der Grad-Skalierung:

k	d_k	c_k	b_k	a_k
0	-0.0529485756040	0.0000000000000	-0.0810260206115	1.0000000000000
1	0.0326920704511	-0.1588457268119	-0.2398717474235	0.8660254037844
2	0.0202565051528	-0.0607695154586	-0.4594869896942	0.5000000000000

k	d_k	c_k	b_k	a_k
0	-0.0000019610583	0.0000000000000	-0.0027008673537	1.0000000000000
1	0.0000012108174	-0.0001764952520	-0.0079957249141	0.8660254037844
2	0.0000007502409	-0.0000675216838	-0.0153162329898	0.5000000000000

Für $t = 1.5$ bzw. $\alpha = 45°$ erhält man $x_s = 0.71046460717605$.

Der exakte Wert ist $\cos(45°) = 0.70710678118655$.

Aufgabe 3: Zu den folgenden sechs Punkten werden Ausgleichspolynome konstruiert:

x	-2	-1	0	1	2	3
y	-4	0	1	2	2	0

Die Punktprobe für das Polynom $p_3(x) = a_0 + a_1 x + a_2 x^2 + a_3 x^3$ führt auf das folgende LGS:

$$\begin{pmatrix} 1 & -2 & 4 & -8 & -4 \\ 1 & -1 & 1 & -1 & 0 \\ 1 & 0 & 0 & 0 & 1 \\ 1 & 1 & 1 & 1 & 2 \\ 1 & 2 & 4 & 8 & 2 \\ 1 & 3 & 9 & 27 & 0 \end{pmatrix} \quad \underline{a}_1 = \begin{pmatrix} 1 \\ 1 \\ 1 \\ 1 \\ 1 \\ 1 \end{pmatrix} \underline{a}_2 = \begin{pmatrix} -2 \\ -1 \\ 0 \\ 1 \\ 2 \\ 3 \end{pmatrix} \underline{a}_3 = \begin{pmatrix} 4 \\ 1 \\ 0 \\ 1 \\ 4 \\ 9 \end{pmatrix} \underline{a}_4 = \begin{pmatrix} -8 \\ -1 \\ 0 \\ 1 \\ 8 \\ 27 \end{pmatrix}$$

$$\underline{b}^T = \begin{pmatrix} -4 & 0 & 1 & 2 & 2 & 0 \end{pmatrix} \quad \rightsquigarrow \text{Normalengleichung:}$$

$$\begin{pmatrix} \underline{a}_1 \cdot \underline{a}_1 & \underline{a}_1 \cdot \underline{a}_2 & \underline{a}_1 \cdot \underline{a}_3 & \underline{a}_1 \cdot \underline{a}_4 & \underline{a}_1 \cdot \underline{b} \\ \underline{a}_2 \cdot \underline{a}_1 & \underline{a}_2 \cdot \underline{a}_2 & \underline{a}_2 \cdot \underline{a}_3 & \underline{a}_2 \cdot \underline{a}_4 & \underline{a}_2 \cdot \underline{b} \\ \underline{a}_3 \cdot \underline{a}_1 & \underline{a}_3 \cdot \underline{a}_2 & \underline{a}_3 \cdot \underline{a}_3 & \underline{a}_3 \cdot \underline{a}_4 & \underline{a}_3 \cdot \underline{b} \\ \underline{a}_4 \cdot \underline{a}_1 & \underline{a}_4 \cdot \underline{a}_2 & \underline{a}_4 \cdot \underline{a}_3 & \underline{a}_4 \cdot \underline{a}_4 & \underline{a}_4 \cdot \underline{b} \end{pmatrix} \rightsquigarrow \begin{pmatrix} 6 & 3 & 19 & 27 & 1 \\ 3 & 19 & 27 & 115 & 14 \\ 19 & 27 & 115 & 243 & -6 \\ 27 & 115 & 243 & 859 & 50 \end{pmatrix} \cdot$$

Als Lösung erhält man: $\hat{\underline{p}}_3^T = \begin{pmatrix} \dfrac{13}{9} & \dfrac{491}{378} & -\dfrac{40}{63} & \dfrac{1}{54} \end{pmatrix}$

bzw. $p_3(x) = \dfrac{13}{9} + \dfrac{491}{378} \cdot x - \dfrac{40}{63} \cdot x^2 + \dfrac{1}{54} \cdot x^3$

Bei Polynomen der Ordnung 1 bzw. 2 sind nur die ersten zwei bzw. drei Spalten des Ausgangssystems zu berücksichtigen. Dadurch ergeben sich die Normalengleichungen:

$$\begin{pmatrix} \underline{a}_1 \cdot \underline{a}_1 & \underline{a}_1 \cdot \underline{a}_2 & \underline{a}_1 \cdot \underline{a}_3 & \underline{a}_1 \cdot \underline{b} \\ \underline{a}_2 \cdot \underline{a}_1 & \underline{a}_2 \cdot \underline{a}_2 & \underline{a}_2 \cdot \underline{a}_3 & \underline{a}_2 \cdot \underline{b} \\ \underline{a}_3 \cdot \underline{a}_1 & \underline{a}_3 \cdot \underline{a}_2 & \underline{a}_3 \cdot \underline{a}_3 & \underline{a}_3 \cdot \underline{b} \end{pmatrix} \rightsquigarrow \begin{pmatrix} 6 & 3 & 19 & 1 \\ 3 & 19 & 27 & 14 \\ 19 & 27 & 115 & -6 \end{pmatrix}$$

bzw.

$$\begin{pmatrix} \underline{a}_1 \cdot \underline{a}_1 & \underline{a}_1 \cdot \underline{a}_2 & \underline{a}_1 \cdot \underline{b} \\ \underline{a}_2 \cdot \underline{a}_1 & \underline{a}_2 \cdot \underline{a}_2 & \underline{a}_2 \cdot \underline{b} \end{pmatrix} \rightsquigarrow \begin{pmatrix} 6 & 3 & 1 \\ 3 & 19 & 14 \end{pmatrix}$$

mit den Lösungen $\hat{\underline{p}}_2 = \begin{pmatrix} \dfrac{7}{5} \\ \dfrac{193}{140} \\ -\dfrac{17}{28} \end{pmatrix}$ und $\hat{\underline{p}}_1 = \begin{pmatrix} -\dfrac{23}{105} \\ \dfrac{27}{35} \end{pmatrix}$ und den Polynomen:

$$p_2(x) = \frac{7}{5} + \frac{193}{140} \cdot x - \frac{17}{28} \cdot x^2 \quad \text{und} \quad p_1(x) = -\frac{23}{105} + \frac{27}{35} \cdot x \quad .$$

Aufgabe 4: Ein Ausgleichspolynom vom Grad 2 wird für die folgenden Messpunkte bestimmt:

$$R = R_0 \cdot (1 + at + bt^2) \quad .$$

$t(^\circ C)$	300	400	500	600	700	800	900	1000
$R(\Omega)$	114	138	163	187	215	244	271	300

Das zugehörige LGS:

$$
\begin{pmatrix}
1 & 3\cdot 10^2 & 9\cdot 10^4 & 114\\
1 & 4\cdot 10^2 & 16\cdot 10^4 & 138\\
1 & 5\cdot 10^2 & 25\cdot 10^4 & 163\\
1 & 6\cdot 10^2 & 36\cdot 10^4 & 187\\
1 & 7\cdot 10^2 & 49\cdot 10^4 & 215\\
1 & 8\cdot 10^2 & 64\cdot 10^4 & 244\\
1 & 9\cdot 10^2 & 81\cdot 10^4 & 271\\
1 & 10^3 & 10^6 & 300
\end{pmatrix}
\quad
\underline{a}_1 =
\begin{pmatrix}1\\1\\1\\1\\1\\1\\1\\1\end{pmatrix}
\quad
\underline{a}_2 = 10^2\cdot
\begin{pmatrix}3\\4\\5\\6\\7\\8\\9\\10\end{pmatrix}
\quad
\underline{a}_3 = 10^4\cdot
\begin{pmatrix}9\\16\\25\\36\\49\\64\\81\\100\end{pmatrix}
$$

$$
\underline{b}^T = (114 \quad 138 \quad 163 \quad 187 \quad 215 \quad 244 \quad 271 \quad 300)
$$

Normalengleichung:

$$
\begin{pmatrix}
\underline{a}_1\cdot\underline{a}_1 & \underline{a}_1\cdot\underline{a}_2 & \underline{a}_1\cdot\underline{a}_3 & \underline{a}_1\cdot\underline{b}\\
\underline{a}_2\cdot\underline{a}_1 & \underline{a}_2\cdot\underline{a}_2 & \underline{a}_2\cdot\underline{a}_3 & \underline{a}_2\cdot\underline{b}\\
\underline{a}_3\cdot\underline{a}_1 & \underline{a}_3\cdot\underline{a}_2 & \underline{a}_3\cdot\underline{a}_3 & \underline{a}_3\cdot\underline{b}
\end{pmatrix}
\rightsquigarrow
$$

$$
\begin{pmatrix}
8 & 52\cdot 10^2 & 38\cdot 10^5 & 1632\\
52\cdot 10^2 & 38\cdot 10^5 & 3016\cdot 10^6 & 11727\cdot 10^2\\
38\cdot 10^5 & 3016\cdot 10^6 & 25316\cdot 10^8 & 92143\cdot 10^4
\end{pmatrix}
$$

Als Lösung ergibt sich:
$$
\underline{\hat{p}}_2 =
\begin{pmatrix}
\dfrac{3995}{84}\\[2mm]
\dfrac{109}{525}\\[2mm]
\dfrac{4}{88421}
\end{pmatrix}
=
\begin{pmatrix}
47.55952380952710\\
0.20761904761904\\
0.00004523809524
\end{pmatrix}
$$

Daraus ergeben sich die physikalischen Konstanten zu:

$$
\begin{aligned}
R_0 &= p_0 &&= 47.55952380952710\\
a &= \frac{p_1}{R_0} &&= 0.00436545682103\\
b &= \frac{p_2}{R_0} &&= 0.00000095118899
\end{aligned}
$$

Aufgabe 5: Bestimmung von kubischen Splines durch die Punkte $(1/1), (2/2), (3/4)$ und $(4/2)$ ergibt folgendes LGS zur Bestimmung der quadratischen Spline-Koeffizienten:

$$
\underline{A}\cdot\underline{c} = \underline{e} \text{ mit}
$$

$$
\underline{A} =
\begin{pmatrix}
1 & 0 & 0 & 0\\
1 & 4 & 1 & 0\\
0 & 1 & 4 & 1\\
0 & 0 & 0 & 1
\end{pmatrix}
\qquad
\underline{c} =
\begin{pmatrix}c_0\\c_1\\c_2\\c_3\end{pmatrix}
\qquad
\underline{e} = 3\cdot
\begin{pmatrix}
0\\
1 - 2\cdot 2 + 4\\
2 - 2\cdot 4 + 2\\
0
\end{pmatrix}
$$

in Matrixform geschrieben:

$$\begin{pmatrix} 1 & 0 & 0 & 0 & | & 0 \\ 1 & 4 & 1 & 0 & | & 3 \\ 0 & 1 & 4 & 1 & | & -12 \\ 0 & 0 & 0 & 1 & | & 0 \end{pmatrix} \quad \leadsto \quad \begin{pmatrix} 1 & 0 & 0 & 0 & | & 0 \\ 0 & 0 & -15 & 0 & | & 51 \\ 0 & 1 & 4 & 1 & | & -12 \\ 0 & 0 & 0 & 1 & | & 0 \end{pmatrix} \quad \leadsto$$

$$c_0 = c_3 = 0, \quad c_2 = -\tfrac{17}{5}, \quad c_1 = -12 - 4 \cdot c_2 = \tfrac{8}{5} \quad .$$

Absolutglieder sind die „linken" Stützstellen der Splines:

$$a_0 = 1, \quad a_1 = 2, \quad a_2 = 4 \ .$$

kubische Glieder: $\boxed{d_k = \tfrac{1}{3} \cdot (c_{k+1} - c_k)}$

$$\begin{aligned} d_0 &= \tfrac{1}{3} \cdot (c_1 - c_0) &= \tfrac{1}{3} \cdot \left(\tfrac{8}{5} - 0\right) &= \tfrac{8}{15} \\ d_1 &= \tfrac{1}{3} \cdot (c_2 - c_1) &= \tfrac{1}{3} \cdot \left(-\tfrac{17}{5} - \tfrac{8}{5}\right) &= -\tfrac{5}{3} \\ d_2 &= \tfrac{1}{3} \cdot (c_3 - c_2) &= \tfrac{1}{3} \cdot \left(0 + \tfrac{17}{5}\right) &= \tfrac{17}{15} \end{aligned}$$

lineare Glieder: $\boxed{b_k = (a_{k+1} - a_k) - \tfrac{1}{3} \cdot (c_{k+1} + 2c_k)}$

$$\begin{aligned} b_0 &= a_1 - a_0 - \tfrac{1}{3} \cdot (c_1 + 2c_0) &= 2 - 1 - \tfrac{1}{3} \cdot \left(\tfrac{8}{5} + 0\right) &= \tfrac{7}{15} \\ b_1 &= a_2 - a_1 - \tfrac{1}{3} \cdot (c_2 + 2c_1) &= 4 - 2 - \tfrac{1}{3} \cdot \left(-\tfrac{17}{5} + 2 \cdot \tfrac{8}{5}\right) &= \tfrac{31}{15} \\ b_2 &= a_3 - a_2 - \tfrac{1}{3} \cdot (c_3 + 2c_2) &= 2 - 4 - \tfrac{1}{3} \cdot \left(0 - 2 \cdot \tfrac{17}{5}\right) &= \tfrac{4}{15} \quad . \end{aligned}$$

Damit ergeben sich die drei Spline-Polynome:

$S_0(x)$ für $1 \leq x \leq 2$

$$S_0(x) = 1 + \tfrac{7}{15} \cdot (x - 1) + 0 \cdot (x - 1)^2 + \tfrac{8}{15} \cdot (x - 1)^3 \quad ;$$

$S_1(x)$ für $2 \leq x \leq 3$

$$S_1(x) = 2 + \tfrac{31}{15} \cdot (x - 2) + \tfrac{8}{5} \cdot (x - 2)^2 - \tfrac{5}{3} \cdot (x - 2)^3 \quad ;$$

$S_2(x)$ für $3 \leq x \leq 4$

$$S_2(x) = 4 + \tfrac{4}{15} \cdot (x - 3) - \tfrac{17}{5} \cdot (x - 3)^2 + \tfrac{17}{15} \cdot (x - 3)^3 \quad .$$

Interpolationswert für $x = 1.5$ ergibt sich aus $S_0(x): \quad S_0(1.5) = 1.3$

Interpolationswert für $x = 3.2$ ergibt sich aus $S_2(x): \quad S_2(3.2) = \tfrac{2454}{625} = 3.9264$

In nebenstehender Skizze ist neben den drei Spline-Segmenten auch das Newtonsche Interpolationspolynom (gestrichelt)

$$p_3(x) \;=\; 6 - \frac{29}{3}\cdot x + \frac{11}{2}\cdot x^2 - \frac{5}{6}\cdot x^3$$

eingezeichnet.

Die Stützstellen sind durch Punkte markiert, die beiden Interpolationsstellen mit kleinen Kreisen.

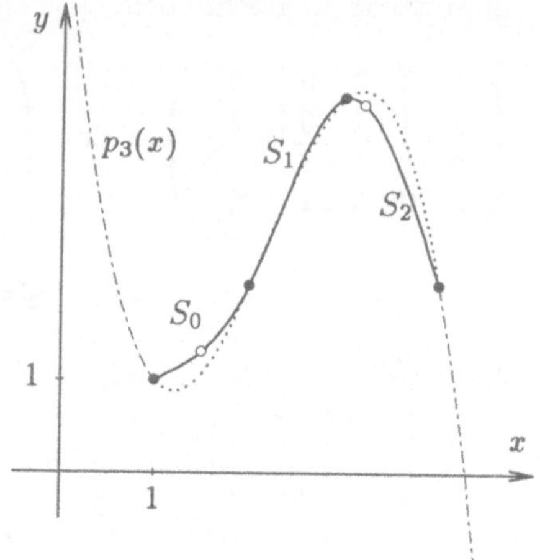

Aufgabe 6: Wir führen ein Koordinatensystem ein, dessen Zentrum in der Mitte der abzurundenden Strecke liegt.

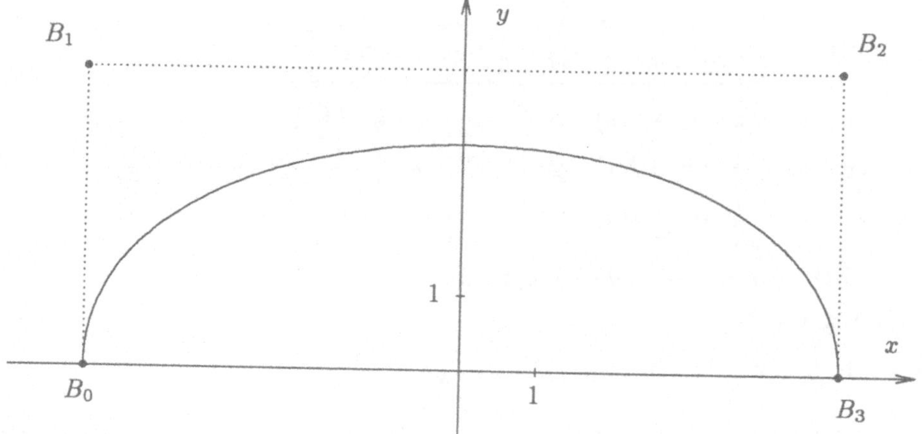

Dann gilt:
Dann gilt:

$$\vec{b}_0 = \begin{pmatrix} -5 \\ 0 \end{pmatrix}, \quad \vec{b}_1 = \begin{pmatrix} -5 \\ a \end{pmatrix}, \quad \vec{b}_2 = \begin{pmatrix} 5 \\ a \end{pmatrix}, \quad \vec{b}_3 = \begin{pmatrix} 5 \\ 0 \end{pmatrix}$$

$$\vec{x}(t) = \begin{pmatrix} -5 \\ 0 \end{pmatrix}\cdot(1-t)^3 + 3\begin{pmatrix} -5 \\ a \end{pmatrix}\cdot(1-t)^2\cdot t + 3\begin{pmatrix} 5 \\ a \end{pmatrix}\cdot(1-t)\cdot t^2 + \begin{pmatrix} 5 \\ 0 \end{pmatrix}\cdot t^3$$

$$\vec{x}(\tfrac{1}{2}) = \begin{pmatrix} 0 \\ \frac{3a}{4} \end{pmatrix} \quad \rightsquigarrow \quad a = 4 \quad .$$

Aufgabe 7:

a)

$$x(t) \;=\; \frac{\pi}{2} - \frac{4}{\pi}\cdot\left(\frac{\cos 2x}{1\cdot 3} + \frac{\cos 4x}{3\cdot 5} + \frac{\cos 6x}{5\cdot 7} + \dots \right)$$

b) Bei acht Punkten ist $\omega = e^{j\frac{\pi}{4}} = \cos\frac{\pi}{4} + j\sin\frac{\pi}{4}$.

	1. Stufe	2. Stufe	3. Stufe	
$y_0 = 0$	$y_0 := y_0 + y_4 = 0$	$y_0 := y_0 + y_2 = 2$	$y_0 := y_0 + y_1 = 2(1-\sqrt{2})$	c_0
$y_1 = -\frac{\sqrt{2}}{2}$	$y_1 := y_1 + y_5 = -\sqrt{2}$	$y_1 := y_1 + y_3 = -2\sqrt{2}$	$y_1 := y_0 - y_1 = 2(1+\sqrt{2})$	c_4
$y_2 = 1$	$y_2 := y_2 + y_6 = 2$	$y_2 := (y_0 - y_2) = -2$	$y_2 := y_2 + y_3 = -2$	c_2
$y_3 = -\frac{\sqrt{2}}{2}$	$y_3 := y_3 + y_7 = -\sqrt{2}$	$y_3 := (y_1 - y_3)\overline{\omega}^2 = 0$	$y_3 := y_2 - y_3 = -2$	c_6
$y_4 = 0$	$y_4 := (y_0 - y_4) = 0$	$y_4 := y_4 + y_6 = 0$	$y_4 := y_4 + y_5 = 0$	c_1
$y_5 = -\frac{\sqrt{2}}{2}$	$y_5 := (y_1 - y_5)\overline{\omega}^1 = 0$	$y_5 := y_5 + y_7 = 0$	$y_5 := y_4 - y_5 = 0$	c_5
$y_6 = 1$	$y_6 := (y_2 - y_6)\overline{\omega}^2 = 0$	$y_6 := (y_4 - y_6) = 0$	$y_6 := y_6 + y_7 = 0$	c_3
$y_7 = -\frac{\sqrt{2}}{2}$	$y_7 := (y_3 - y_7)\overline{\omega}^3 = 0$	$y_7 := (y_5 - y_7)\overline{\omega}^2 = 0$	$y_7 := y_6 - y_7 = 0$	c_7

Daraus ergeben sich die reellen Fourier-Koeffizienten zu:

$$\alpha_0 = \frac{2c_4}{8} = \frac{1+\sqrt{2}}{2}; \quad \alpha_2 = \frac{c_2+c_6}{8} = -\frac{1}{2}; \quad \alpha_4 = \frac{2c_0}{8} = \frac{1-\sqrt{2}}{2}$$

und das trigonometrische Polynom:

$$T(t) = \frac{1+\sqrt{2}}{4} - \frac{\cos 2t}{2} + \frac{1-\sqrt{2}}{4} \cdot \cos 4t$$

c) In der folgenden Graphik ist $x(t)$ durchgezogen, das trigonometrische Interpolationspolynom gestrichelt und die ersten Glieder der Fourierreihe mit Strich-Punkt eingezeichnet.

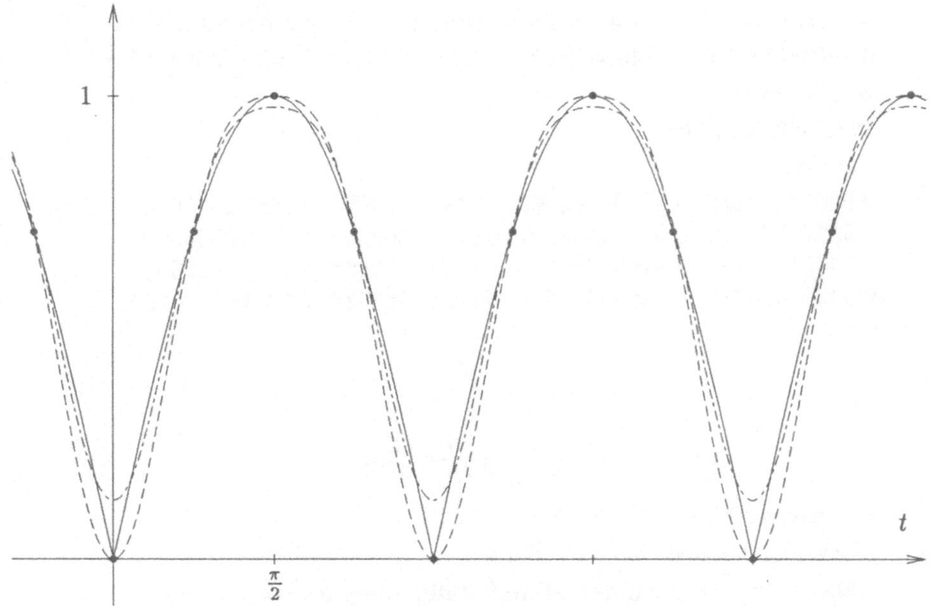

9.6 Aufgaben zu Integration und Differentialgleichungen

Aufgabe 1: Berechnen Sie mit dem Simpson- und Rombergverfahren die folgenden Integrale auf fünf Dezimalen genau:

a)

$$\int_0^1 \sqrt{1+x^4}\,dx$$

Simpsonverfahren
e0=1.000000e-006
Näherungen: Doppelintervall mit Halbierung der Intervallbreite
1.08955319799   1.08941343319   1.08942929898   1.08942941152
Rombergverfahren
e0=1.000000e-006 Tableau:

1.2071067811	0.0000000000	0.0000000000	0.0000000000	0.0000000000
1.1189415937	1.0895531979	0.0000000000	0.0000000000	0.0000000000
1.0967954733	1.0894134331	1.0894041155	0.0000000000	0.0000000000
1.0912708425	1.0894292989	1.0894303567	1.0894307732	0.0000000000
1.0898897692	1.0894294115	1.0894294190	1.0894294041	1.0894293987

b)

$$\int_0^1 \frac{\sin(x)}{x}\,dx$$

Simpsonverfahren
e0=1.000000e-006
Näherungen: Doppelintervall mit Halbierung der Intervallbreite
0.94614588227   0.94608693395   0.946083310887   0.94608308538
Rombergverfahren
e0=1.000000e-006
Tableau:

0.92073549240	0.00000000000	0.00000000000	0.00000000000
0.93979328480	0.94614588227	0.00000000000	0.00000000000
0.94451352166	0.94608693395	0.94608300406	0.00000000000
0.94569086358	0.94608331088	0.94608306935	0.94608307038

c)

$$\int_0^2 e^{\sqrt{x}}\,dx$$

Simpsonverfahren
e0=1.000000e-006
Näherungen: Doppelintervall mit Halbierung der Intervallbreite
5.3287925642   5.3792441226   5.3974533458   5.4039532183   5.4062619603
5.4070801031   5.4073696924   5.4074721365   5.4075083664   5.4075211774
Rombergverfahren
e0=1.000000e-006
Tableau:

5.113250378	0.000000000	0.000000000	0.000000000	0.000000000
5.274907017	5.328792564	0.000000000	0.000000000	0.000000000
5.353159846	5.379244122	5.382607559	0.000000000	0.000000000
5.386379970	5.397453345	5.398667294	5.398922210	0.000000000
5.399559906	5.403953218	5.404386543	5.404477324	5.404499109
...				
5.407527396	5.407527874	5.407527912	5.407527920	5.407527922
5.407527922	5.407527923	5.407527923	5.407527923	5.407527923
5.407527923	5.407527923	5.407527923	5.407527923	

Bemerkung zum letzten Beispiel: Die Funktion $e^{\sqrt{x}}$ ist bei $x = 0$ nicht differenzierbar. Deshalb sind die Voraussetzungen fürs Rombergverfahren nicht erfüllt! Daher die schlechte Konvergenz! Oft kann diese Problematik durch eine geschickte Substitution umgangen werden.

$$\int\limits_0^2 e^{\sqrt{x}}\,dx \;=\; 2\int\limits_0^{\sqrt{2}} u\cdot e^u\,dx \qquad \text{Substitution mittels} \qquad \begin{cases} u &=& \sqrt{x} \\ dx &=& 2u\,du \\ 0 &\to& 0 \\ 2 &\to& \sqrt{2} \end{cases}$$

$$= \; 2e^u\cdot(u-1)\big|_0^{\sqrt{2}} \;=\; 2e^{\sqrt{2}}\left(\sqrt{2}-1\right)+2 \;=\; 5.40752818465632$$

Für das transformierte Integral ergibt sich:

Simpsonverfahren

e0=1.000000e-006

Näherungen: Doppelintervall mit Halbierung der Intervallbreite

5.44632022805   5.41010524569   5.40769178654   5.40753845002   5.40752882687

Rombergverfahren

e0=1.000000e-006

Tableau:

8.22650075756	0.00000000000	0.00000000000	0.00000000000	0.00000000000
6.14136536043	5.44632022805	0.00000000000	0.00000000000	0.00000000000
5.59292027437	5.41010524569	5.40769091353	0.00000000000	0.00000000000
5.45399890850	5.40769178654	5.40753088927	5.40752834920	0.00000000000
5.41915356464	5.40753845002	5.40752822758	5.40752818533	5.40752818469

Aufgabe 2: Gegeben ist das Anfangswertproblem:

$$y' \;=\; \frac{y\cdot\sin(x)}{x} \;;\quad y(1) = 1 \quad.$$

a) Berechnung von $y(2)$ mit der Schrittweite $h = 0.2$:

$\mathbf{a_1}$)

Euler-Verfahren	
x	y
1	1.00000000000000
1.2	1.15533984766120
1.4	1.31798689636444
1.6	1.48266501020950
1.8	1.64309721105156
2	1.79250361765492

$\mathbf{a_2}$)

Runge-Kutta-Verfahren:	
x	y
1	1.00000000000000
1.2	1.17581704852061
1.4	1.36361904289902
1.6	1.55752126835127
1.8	1.75020289648597
2	1.93349223108804

b) Lösungsformel für lineare homogene Differentialgleichungen ergibt:

$$y' = \frac{y \cdot \sin(x)}{x}$$

$$\int \frac{dy}{y} = \int \frac{\sin(x)}{x}\, dx$$

$$\ln|y| = \int \frac{\sin(x)}{x}\, dx$$

$$y = k \cdot e^{\int \frac{\sin(x)}{x}\, dx}$$

$$y = e^{\int_1^x \frac{\sin(x)}{x}\, dx}$$

Mittels Fehlerrechnung wird die notwendige Genauigkeit des Integrals ermittelt:
Genauigkeit des Ergebnisses : $0.5 \cdot 10^{-2}$ $\rightsquigarrow$

Genauigkeit des Integrals : $0.5 \cdot 10^{-2} \cdot \dfrac{1}{\int_{e^1}^{2} \frac{\sin(x)}{x}\, dx} \approx \dfrac{0.5 \cdot 10^{-2}}{e} \approx 0.2 \cdot 10^{-2}$

$\mathbf{b_1}$) Simpson-Formel :

h	I
0.5	0.65935105486081
0.25	0.65933121094521

$y(2) \approx e^I = 1.93349\ldots$

$\mathbf{b_2}$) Potenzreihenentwicklung

$$\frac{\sin(x)}{x} = \frac{1}{x} \cdot \sum_{k=0}^{k=\infty} (-1)^k \frac{x^{2k+1}}{(2k+1)!} = \sum_{k=0}^{k=\infty} (-1)^k \frac{x^{2k}}{(2k+1)!} \quad \rightsquigarrow$$

$$\int_1^2 \ldots dx = \sum_{k=0}^{k=\infty} (-1)^k \frac{x^{2k+1}}{(2k+1)(2k+1)!} \Big|_1^2$$

$$\int_1^2 \ldots dx = \sum_{k=0}^{k=\infty} (-1)^k \left\{ \frac{2^{2k+1}}{(2k+1)(2k+1)!} - \frac{1}{(2k+1)(2k+1)!} \right\}$$

alternierende Reihe $\rightsquigarrow$ Fehler kleiner als erstes weggelassenes Glied:
hier bis zur Ordnung 7 !!

$$\int_1^2 \ldots dx = \underbrace{1 - \frac{7}{3 \cdot 6} + \frac{31}{5 \cdot 120} - \frac{127}{7 \cdot 5040}}_{=0.659178005\ldots} + R$$

$$\text{mit} \quad |R| < \frac{511}{9 \cdot 362880} \approx 1.5 \cdot 10^{-4} \qquad y(2) = e^I = 1.93320\ldots$$

Aufgabe 3:

Gegeben ist das Anfangswertproblem

$$(4 - x^2)y'' - 2xy' + 2y = 0 \quad \text{mit}$$

a) $y(0) = 0$, $y'(0) = 1$ \qquad exakt: $y = x$

	Schrittweite $h = 0.25$		Schrittweite $h = 0.5$	
x	y	y'	y	y'
0	0.0000000000	1.0000000000	0.0000000000	1.0000000000
0.25	0.2500000000	1.0000000000		
0.5	0.5000000000	1.0000000000	0.5000000000	1.0000000000
0.75	0.7500000000	1.0000000000		
1	1.0000000000	1.0000000000	1.0000000000	1.0000000000

b) $y(0) = 1$, $y'(0) = 1$ \quad exakt: $y = \frac{x}{4} \cdot \ln\left(\frac{2-x}{2+x}\right) + x + 1$ \quad $y(1) = 1.72534692\ldots$

	Schrittweite $h = 0.25$		Schrittweite $h = 0.5$	
x	y	y'	y	y'
0	1.0000000000	1.0000000000	1.0000000000	1.0000000000
0.25	1.2342928200	0.8736824206		
0.5	1.4361474332	0.7389666717	1.4361457545	0.7390631561
0.75	1.6021667474	0.5847140277		
1	1.7253545148	0.3920277774	1.7254334701	0.3922447579

Aufgabe 4: Aus der Differentialgleichung

$$w'' = -\frac{x \cdot (1 - x)}{1 + \sin(\pi x)} \cdot \left[1 + (w')^2\right]^{\frac{3}{2}} \qquad w(0) = w(1) = 0$$

erhält man für acht Teilintervalle die Diskretisierung $x_i = \frac{i}{8}$

$$\frac{y_{i-1} - 2y_i + y_{i+1}}{\left(\frac{1}{8}\right)^2} = -\frac{\frac{i}{8} \cdot (1 - \frac{i}{8})}{1 + \sin(\pi \frac{i}{8})} \cdot \left[1 + \left(\frac{y_{i+1} - y_{i-1}}{2\frac{1}{8}}\right)^2\right]^{\frac{3}{2}} \qquad i = 1, 2, \ldots 7$$

$$y_0 = y_8 = 0$$

x_i	linear	1. It.	2. It.	3. It.
0.125	-0.00583222720	-0.00583843688	-0.00583844507	-0.00583844508
0.250	-0.01042846334	-0.01043765527	-0.01043766596	-0.01043766597
0.375	-0.01330852828	-0.01331839973	-0.01331841066	-0.01331841067
0.500	-0.01428509078	-0.01429496223	-0.01429497316	-0.01429497317
0.625	-0.01330852828	-0.01331839973	-0.01331841066	-0.01331841067
0.750	-0.01042846334	-0.01043765527	-0.01043766596	-0.01043766597
0.875	-0.00583222720	-0.00583843688	-0.00583844507	-0.00583844508

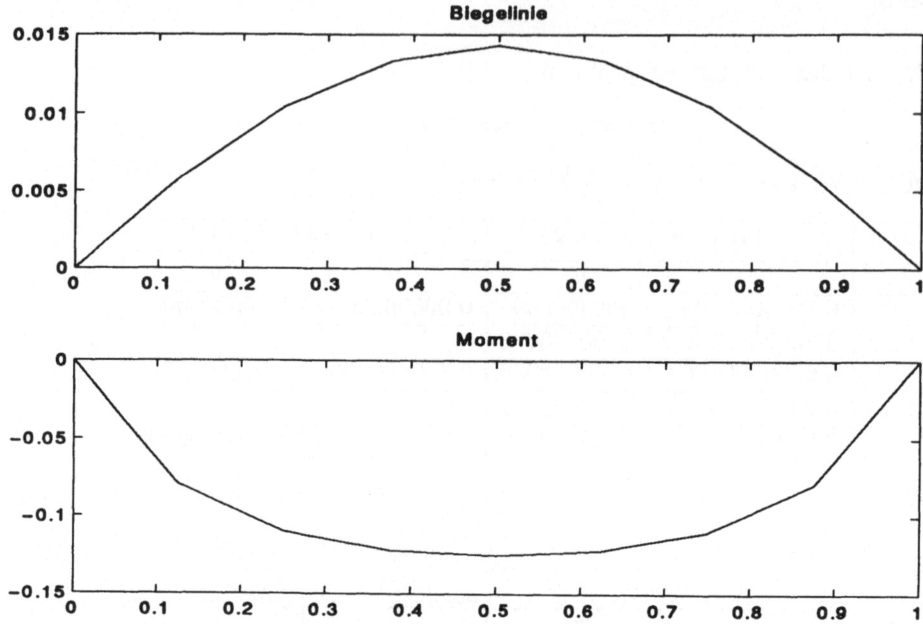

Für 50 Teilintervalle ergibt sich das Bild:

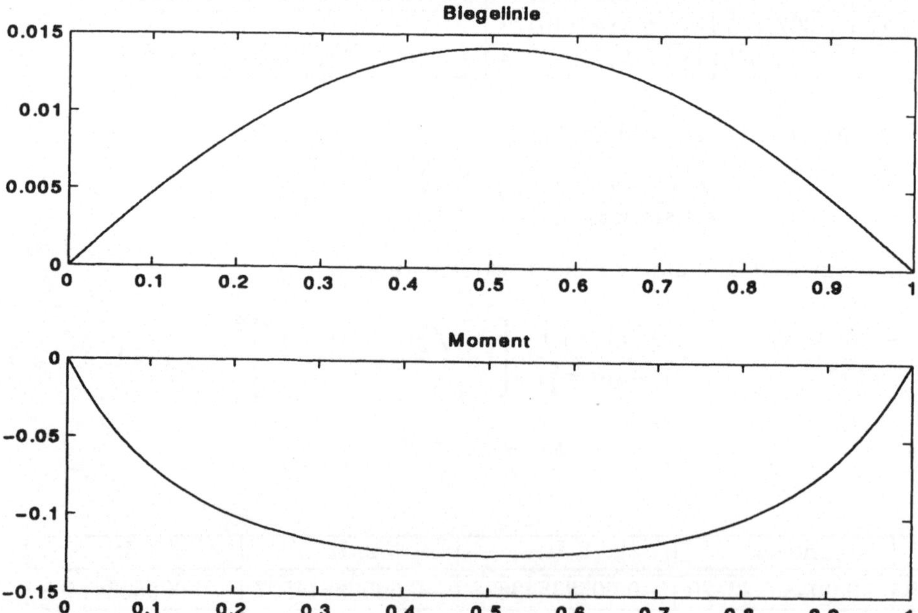

Aufgabe 5: a) Verbesserte Polygonzug-Methode

$$k_1 = h \cdot f(x_k, x_k) = \lambda \cdot h \cdot y_k$$
$$k_2 = h \cdot f(x_k + \tfrac{h}{2}, y_k + \tfrac{k_1}{2}) = \lambda h \cdot \left[y_k + \tfrac{\lambda h y_k}{2} \right]$$
$$y_{k+1} = y_k + k_2 = \left[1 + \lambda h + \tfrac{(\lambda h)^2}{2} \right] \cdot y_k$$

Dies ist derselbe Faktor wie beim Heun-Verfahren!

b) Implizites Runge-Kutta-Verfahren

$$k_1 = f(x_k + \tfrac{h}{2}, y_k + \tfrac{hk_1}{2}) = \lambda \cdot \left[y_k + \tfrac{hk_1}{2} \right] \rightsquigarrow$$
$$k_1 = \frac{\lambda}{1 - \tfrac{\lambda h}{2}} \cdot y_k$$
$$y_{k+1} = y_k + hk_1 = y_k + \frac{\lambda h}{1 - \tfrac{\lambda h}{2}} \cdot y_k = \frac{1 + \tfrac{\lambda h}{2}}{1 - \tfrac{\lambda h}{2}} \cdot y_k$$

Dies ist derselbe Faktor wie beim Trapez-Verfahren!

Aufgabe 6: Wir approximieren die gemischte Ableitung $U_{xy}(x,y)$ durch Anwendung des zentralen Differenzenquotienten auf die Näherung der ersten Ableitung.

$$U_x(x_k, y_{l+1}) = \frac{U_{k+1,l+1} - U_{k-1,l+1}}{2h}$$
$$U_x(x_k, y_{l-1}) = \frac{U_{k+1,l-1} - U_{k-1,l-1}}{2h}$$
$$U_{xy}(x_k, y_l) = \frac{\frac{U_{k+1,l+1} - U_{k-1,l+1}}{2h} - \frac{U_{k+1,l-1} - U_{k-1,l-1}}{2h}}{2h}$$
$$= \frac{U_{k+1,l+1} + U_{k-1,l-1} - U_{k+1,l-1} - U_{k-1,l+1}}{4h^2}$$

Aufgabe 7:

Die Funktionalmatrix ist gegenüber einer Translation invariant. Deshalb kann o.B.A. $P_1 = (0|0)$ angenommen werden. Das gleichseitige Dreieck ist damit durch die Koordinaten von $P_2(x_2|y_2)$ festgelegt. Für den Ortsvektor $\vec{p}_3$ von $(0|0)$ nach P_3 gilt:

$$\vec{p}_3 = \tfrac{1}{2} \cdot \begin{pmatrix} x_2 \\ y_2 \end{pmatrix} + \tfrac{\sqrt{3}}{2} \cdot \begin{pmatrix} -y_2 \\ x_2 \end{pmatrix}$$

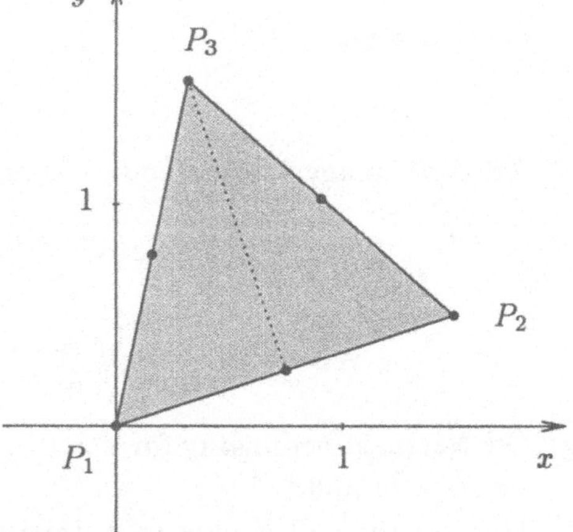

Die Jacobi-Determinante J ist die doppelte Fläche des gleichseitigen Dreiecks:

$$J = \left(x_2^2 + y_2^2 \right) \cdot \tfrac{\sqrt{3}}{2}$$

Damit ergibt sich:

$$a \;=\; \frac{\overbrace{x_3^2 + y_3^2}^{x_3^2+y_3^2}}{J} \;=\; \frac{2}{\sqrt{3}}$$

$$b \;=\; -\frac{\frac{1}{2}x_2^2 - \frac{\sqrt{3}}{2}x_2 y_2 + \frac{1}{2}y_2^2 + \frac{\sqrt{3}}{2}x_2 y_2}{J} \;=\; -\frac{1}{\sqrt{3}}$$

$$c \;=\; \frac{x_2^2 + y_2^2}{J} \;=\; \frac{2}{\sqrt{3}}$$

Steifigkeitselementmatrix:

$$\underline{A} \;=\; \frac{1}{\sqrt{3}} \cdot (2\underline{S}_1 + 2\underline{S}_2 - \underline{S}_3) \;=\; \frac{1}{6\sqrt{3}} \cdot \begin{pmatrix} 6 & 1 & 1 & -4 & 0 & -4 \\ 1 & 6 & 1 & -4 & -4 & 0 \\ 1 & 1 & 6 & 0 & -4 & -4 \\ -4 & -4 & 0 & 24 & -8 & -8 \\ 0 & -4 & -4 & -8 & 24 & -8 \\ -4 & 0 & -4 & -8 & -8 & 24 \end{pmatrix}$$

Aufgabe 8: a) In einem langen, homogenen Zylinder führen wir Zylinderkoordinaten ein:

$$\begin{aligned} x_1 &= r \cdot \cos\varphi \\ x_2 &= r \cdot \sin\varphi \\ x_3 &= z \end{aligned}$$

Auf der Berandung sei eine nur von t, d.h. nicht von den Raumkoordinaten abhängige Temperatur vorgegeben. Dann erhalten wir für einen Schnitt senkrecht zur Zylinderachse eine Gleichung, die nur von r und t abhängt.

Aus der allgemeinen Wärmeleitungsgleichung

$$U_{xx} + U_{yy} + U_{zz} = U_t$$

erhalten wir wegen

$$U_{xx} + U_{yy} = U_{rr} + \frac{U_{\varphi\varphi}}{r^2} + \frac{U_r}{r}$$

die Gleichung

$$U_{rr} + \frac{U_r}{r} = U_t$$

mit den Anfangs- und Randbedingungen

$$\begin{aligned} U(r,0) &= g(r) \\ U(1,t) &= f(t) \\ \frac{\partial U(0,t)}{\partial n} &= 0 \end{aligned}$$

Die Neumannbedingung für $r = 0$ ergibt sich aus der Forderung, dass $U(r,t)$ in r gerade sein muss.

Wenn wir in r-Richtung in n Teile unterteilen, in t-Richtung die Schrittweite k benutzen, so ergibt sich die Diskretisierung (vgl. Skizze auf Seite 144) :

$$r_i = i \cdot h , \qquad t_j = j \cdot k ; \qquad h = \frac{1}{n}$$

Für innere Punkte führt die Diskretisierung (Vorwärtsdifferenzen!!) auf folgende Differenzengleichung

$$\frac{U_{i+1,j} - 2U_{i,j} + U_{i-1,j}}{h^2} + \frac{1}{r_i} \cdot \frac{U_{i+1,j} - U_{i-1,j}}{2h} = \frac{U_{i,j+1} - U_{i,j}}{k} \quad .$$

Für $0 < i < n$ lässt sich die Differenzengleichung wie folgt explizit auflösen:

$$U_{i,j+1} = U_{i,j} \cdot \left(1 - \frac{2k}{h^2}\right) + U_{i+1,j} \cdot \left(\frac{k}{h^2} + \frac{kn}{2ih}\right) + U_{i-1,j} \cdot \left(\frac{k}{h^2} - \frac{kn}{2ih}\right) \quad .$$

Für $i = 0$ ergibt sich wegen $U_{1,j} = U_{-1,j}$ die Differenzengleichung

$$\frac{2U_{1,j} - 2U_{0,j}}{h^2} = \frac{U_{0,j+1} - U_{0,j}}{k}$$

die sich ebenfalls explizit auflösen lässt:

$$U_{0,j+1} = U_{0,j} \cdot \left(1 - \frac{2k}{h^2}\right) + U_{1,j} \cdot \frac{2k}{h^2} \quad .$$

Für $i = n$ gilt wegen der Dirichlet-Bedingung $U_{n,j} = f(t_j)$.

Das Verfahren ist nur für kleine k (Schrittweite in t-Richtung) numerisch stabil.

b)   Für $h = 0.05$ und $k = 0.001$ ergaben sich die folgenden Schaubilder, die das Eindringen der Temperaturänderung $f_1(t) = e^{-t} - 1$ bzw. $f_2(t) = \sin 4t$ in den Zylinder zeigt.

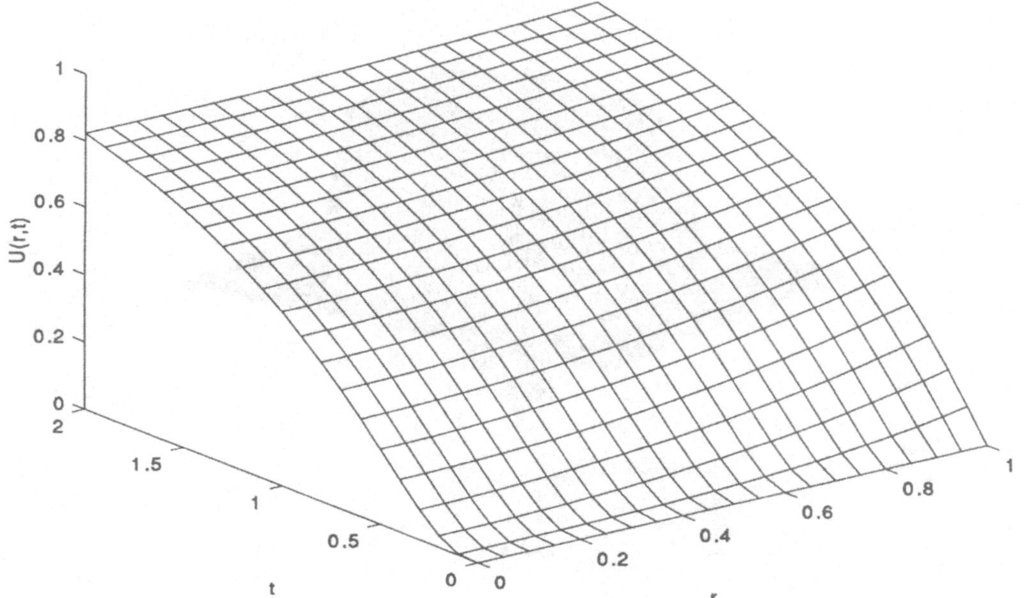

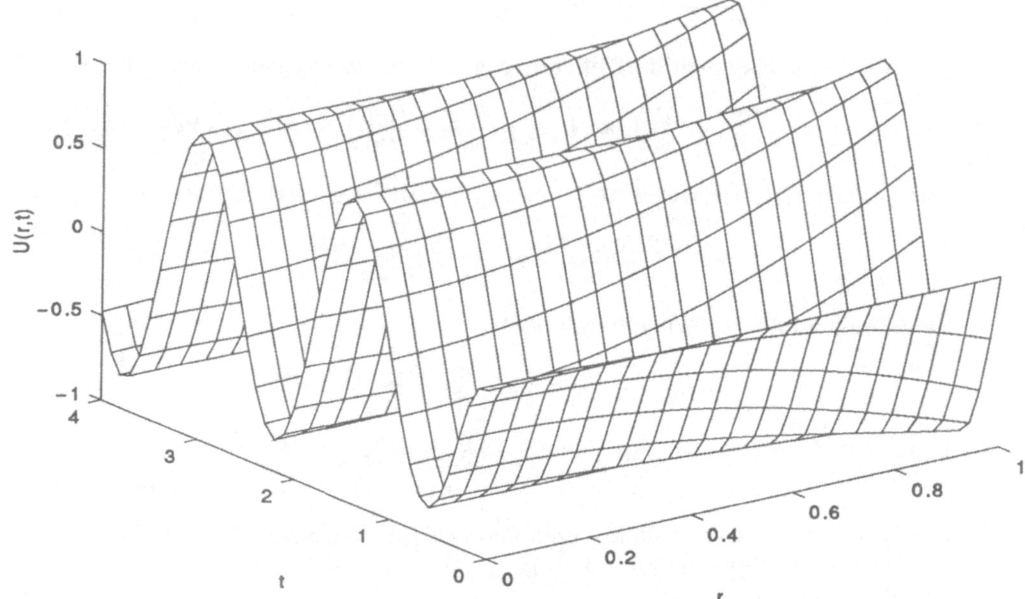

Das folgende Bild zeigt eine „Momentaufnahme" zum Zeitpunkt $t_0 = 0.59$.

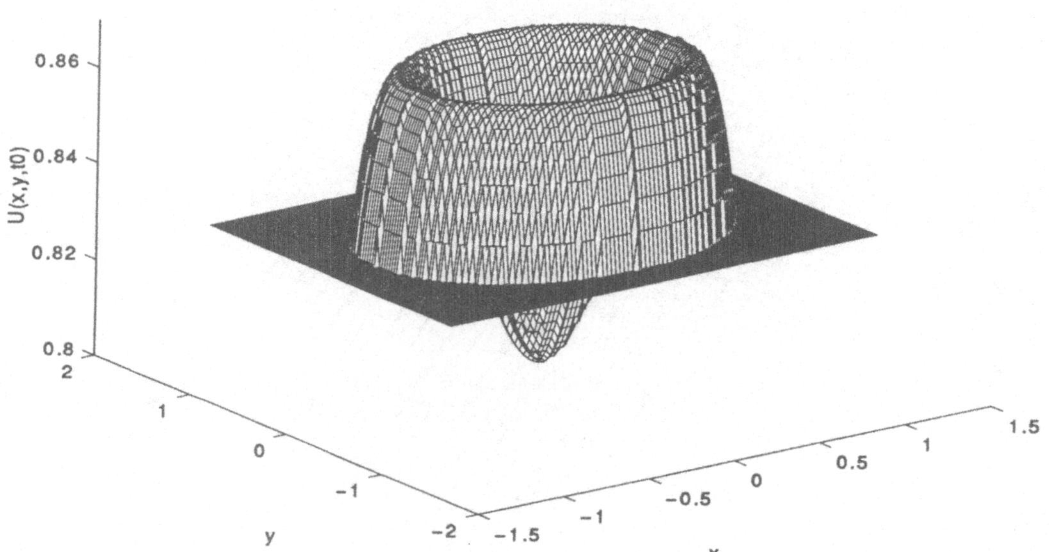

Aufgabe 9:
In Abhängigkeit von x ergeben sich für:

Steigung: $m = 2x$

Krümmungsradius:

$$R = \frac{\left(1 + y'^2\right)^{\frac{3}{2}}}{y'} = \frac{\left(1 + 4x^2\right)^{\frac{3}{2}}}{2}$$

Wir bestimmen den Betrag der Auflagekraft
auf Führung:

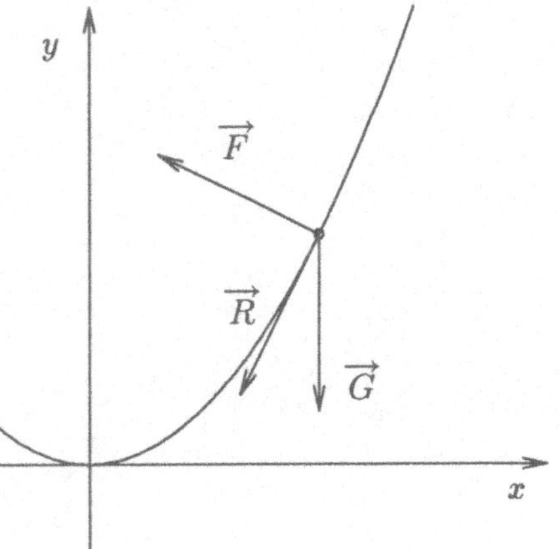

- Normalkomponente der Gewichtskraft:

$$\left|\vec{G}_N\right| = \begin{pmatrix} 0 \\ -g \end{pmatrix} \cdot \frac{1}{\sqrt{1+4x^2}} \begin{pmatrix} 2x \\ -1 \end{pmatrix} = \frac{g}{\sqrt{1+4x^2}}$$

- Zentrifugalkraft $\dfrac{v^2}{R}$:

$$v^2 = \dot{x}^2 + \dot{y}^2 = \dot{x}^2 + 4x^2\dot{x}^2$$

$$\left|\vec{Z}\right| = \frac{\dot{x}^2 \cdot \left(1+4x^2\right) \cdot 2}{\left(1+4x^2\right)^{\frac{3}{2}}} = \frac{2\dot{x}^2}{\sqrt{1+4x^2}}$$

Führungskraft:

$$\vec{F} = \frac{g + 2\dot{x}^2}{\sqrt{1+4x^2}} \cdot \frac{1}{\sqrt{1+4x^2}} \begin{pmatrix} -2x \\ 1 \end{pmatrix} = \frac{g + 2\dot{x}^2}{1+4x^2} \cdot \begin{pmatrix} -2x \\ 1 \end{pmatrix}$$

Reibungsskraft:

$$\vec{R} = -k\,sign(\dot{x}) \cdot \frac{g + 2\dot{x}^2}{\sqrt{1+4x^2}} \cdot \frac{1}{\sqrt{1+4x^2}} \begin{pmatrix} 1 \\ 2x \end{pmatrix} = -k\,sign(\dot{x}) \cdot \frac{g + 2\dot{x}^2}{1+4x^2} \cdot \begin{pmatrix} 1 \\ 2x \end{pmatrix}$$

<u>Bilanz:</u>

$$\begin{pmatrix} \ddot{x} \\ \ddot{y} \end{pmatrix} = \begin{pmatrix} 0 \\ -g \end{pmatrix} + \frac{g + 2\dot{x}^2}{1+4x^2} \cdot \begin{pmatrix} -2x \\ 1 \end{pmatrix} - k\,sign(\dot{x}) \cdot \frac{g + 2\dot{x}^2}{1+4x^2} \cdot \begin{pmatrix} 1 \\ 2x \end{pmatrix}$$

Betrachten wir die erste Komponente, so erhält man:

$$\ddot{x} = -\frac{g + 2\dot{x}^2}{1+4x^2} \cdot [2x + k\,sign(\dot{x}]$$

Für die MATLAB-Prozedur „ode23" lautet der m-File:

```
function xdot=reipa(t,x);
global k;
xdot=[x(2);-(1+2*x(2).^2).*(2*x(1)+k*sign(x(2)))./(1+4*x(1).^2)];
```

Für den Parameterwert $k_1 = 0.1$ ergibt sich:

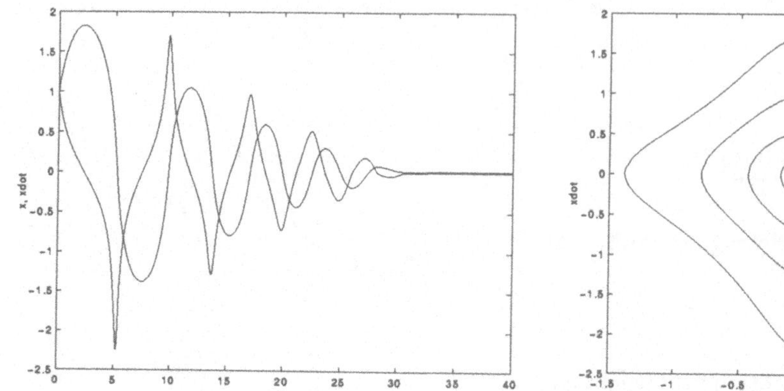

Für den Parameterwert $k_1 = 0.5$ erhält man:

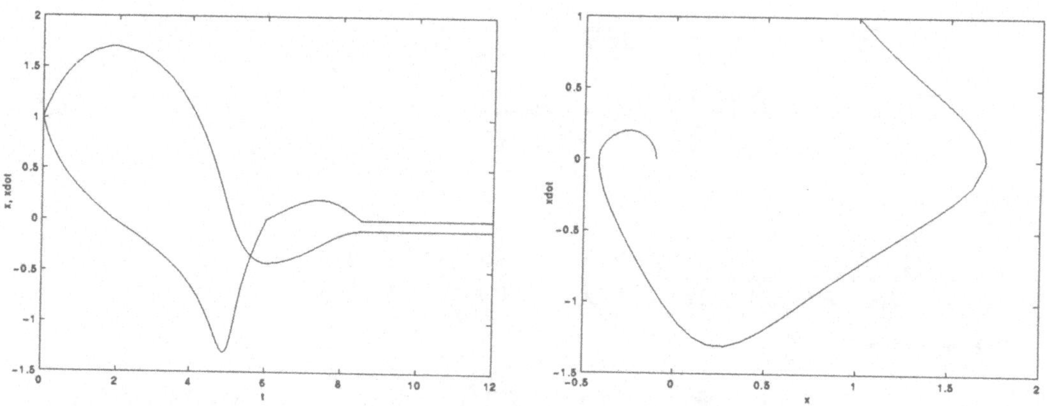

9.7   Aufgaben zu MATLAB

Aufgabe 1: % m-File "regula.m"

```
% Regula-Falsi fuer die Funktion f0(t)
% f0(t) muss als function-file bereits vorhanden sein
% Nullstelle und Anzahl der notwendigen Iterationen fuer Maschinen-
% genauigkeit werden ausgegeben
% im Vektor p sind die Zwischenwerte der Iterationen gespeichert
%
clear variables;
global p;
disp('Regula-Falsi zur Loesung der Gleichung f(x)=0 ');
f0=input('Funktion fuer Iteration f(x)= ','s');
```

```
disp('Graphische Darstellung der Funktion: ');
s=1;
while s==1,
  x1=input('linke Intervallgrenze x1= ');
  x2=input('rechte Intervallgrenze x2= ');
  d=(x2-x1)/500;
  t=x1:d:x2;
  y=feval(f0,t);clf;
  plot(t,y,t,zeros(size(t)));hold on;grid;
  str=['Nullstellen der Funktion  ' f0 '(x)'];title(str);
  clear t y;but=1;
  s=input('Neue Graphik? Ja=1, Nein=2  ');
end;l1=0;p=[];
x1=input('Startwert x0= ');
x2=input('Startwert x1= ');e0=3*eps;p=[x1 x2];
    while (e0)>(2*eps),
      if abs((feval(f0,x1)-feval(f0,x2)))>0,
        x3=(x1*feval(f0,x2)-x2*feval(f0,x1))./(feval(f0,x2)-feval(f0,x1));
        e0=abs(x3-x2);l1=l1+1;x1=x2;x2=x3;e0=e0/(abs(x3));
         p=[p x3];
      else
        s=0;e0=0;
      end;
      if l1>50, e0=0;end
    end;
disp('Nullstellen, Anzahl der Iterationen');
disp('sind in der Matrix Reg abgelegt');Reg=p';
Nullstelle=x3
Anzahl=l1
clear f0 ;
```

Aufgabe 2: a)   Schaubild der Funktion:

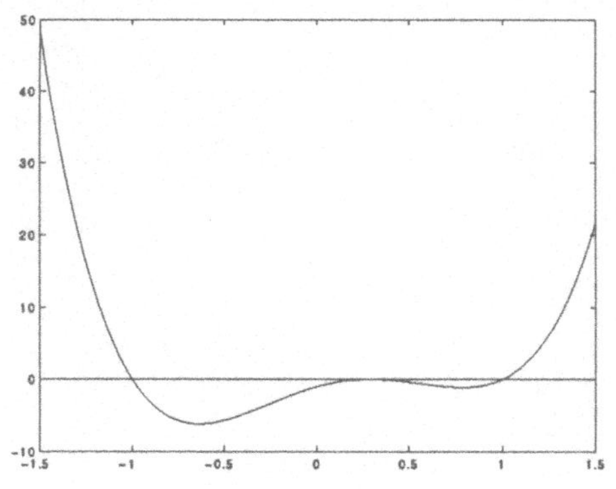
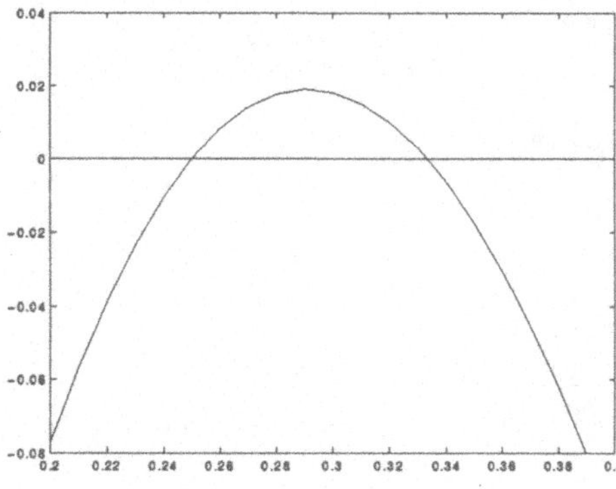

	1. Nullstelle	2. Nullstelle	3. Nullstelle	4. Nullstelle
x_1	-1.200000000000	0.800000000000	0.200000000000	0.300000000000
x_2	-0.800000000000	1.200000000000	0.300000000000	0.400000000000
x_3	-0.921819905213	0.881290322580	0.280842105263	0.315294117647
x_4	-1.051612091165	0.937309161237	0.843214038106	0.324791545897
x_5	-0.991459772487	1.042549051460	0.276350493957	0.335883682631
x_6	-0.999147948693	0.990759470345	0.272188846678	0.333068981720
x_7	-1.000015112767	0.998785261879	0.232172685685	0.333325953708
x_8	-0.999999973571	1.000038339558	0.255220052558	0.333333355352
x_9	-0.999999999999	0.999999844335	0.251011216808	0.333333333331
x_{10}	-1.000000000000	0.999999999980	0.249928443698	0.333333333333
x_{11}	-1.000000000000	1.000000000000	0.250000917333	
x_{12}			0.250000000822	
x_{13}			0.249999999999	
x_{14}			0.250000000000	

```
p=[12 -7 -11 7 -1];

roots(p)

ans =
   -1.00000000000000
    1.00000000000000
    0.33333333333333
    0.25000000000000
```

b) Schaubild der Funktion

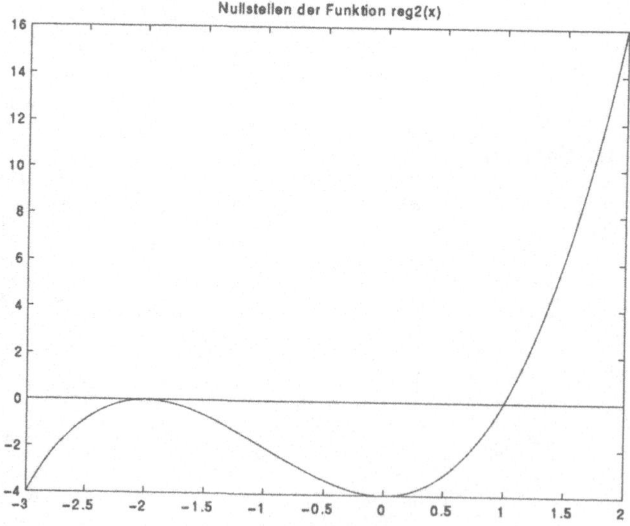

	1. Nullstelle	2. Nullstelle
x_1	0.00000000000000	-2.10000000000000
x_2	2.00000000000000	-1.80000000000000
x_3	0.40000000000000	-2.21481481481482
x_4	0.68421052631579	-0.52185347526628
x_5	1.23187710033605	-2.29387267003066
x_6	0.94949140812989	-2.45965017655395
x_7	0.99285540620988	-2.18825352809635
x_8	1.00024770294914	-2.13863044079427
x_9	0.99999881609453	-2.08180074994658
x_{10}	0.99999999980452	-2.05228011268319
x_{11}	1.00000000000000	-2.03222325686760
$\vdots$	$\vdots$	$\vdots$
x_{41}		-2.00000000696933

```
p=[1  3  0 -4];


roots(p)


ans =
 -2.00000000000000 + 0.00000001985182i
 -2.00000000000000 - 0.00000001985182i
  1.00000000000000


fzero('reg2',-1.9999)


ans =
     1
```

Die MATLAB-Prozedur „roots" liefert ein etwas schlechteres Resultat, während die Routine „fzero" die doppelte Nullstelle gar nicht erkennt!

Das Newtonverfahren mit dem Startwert -2.5 liefert nach 27 Iterationen den Wert -2.00000000371146.

Aufgabe 3: Aus der Differentialgleichung mit dem Parameter α :

$$y'' + \alpha^2 y = 0 \,,\ \alpha > 0 \,.$$

ergibt sich die charakteristische Gleichung:

$$\lambda^2 + \alpha^2 = 0 \quad \rightsquigarrow \quad \lambda_{1,2} = \pm j\alpha$$

a)

$$\begin{aligned} y(x) &= c_1 \cos(\alpha x) + c_2 \sin(\alpha x) \\ y'(x) &= -\alpha c_1 \sin(\alpha x) + \alpha c_2 \cos(\alpha x) \end{aligned}$$

b) Die Randbedingungen
$$\begin{aligned} (R_1) \quad y(0) + y'(0) &= 0 \\ (R_2) \quad \qquad y'(1) &= 0 \end{aligned}$$
ergibt das lineare Gleichungssystem:

$$(R_1) \quad y(0) + y'(0) \;=\; 0 \;=\; \qquad c_1 \qquad + \qquad \alpha \cdot c_2$$
$$(R_2) \qquad\quad y'(1) \;=\; 0 \;=\; -\alpha \sin\alpha \cdot c_1 \;+\; \alpha\cos\alpha \cdot c_2$$

Nichttriviale Lösungen existieren, wenn die Determinante Null wird.

$$\begin{vmatrix} 1 & \alpha \\ -\alpha\sin\alpha & \alpha\cos\alpha \end{vmatrix} = 0$$

Da $\alpha > 0$ ist die Gleichung zu erfüllen.

$$\cos\alpha \;+\; \alpha\sin\alpha \;=\; 0$$

c)

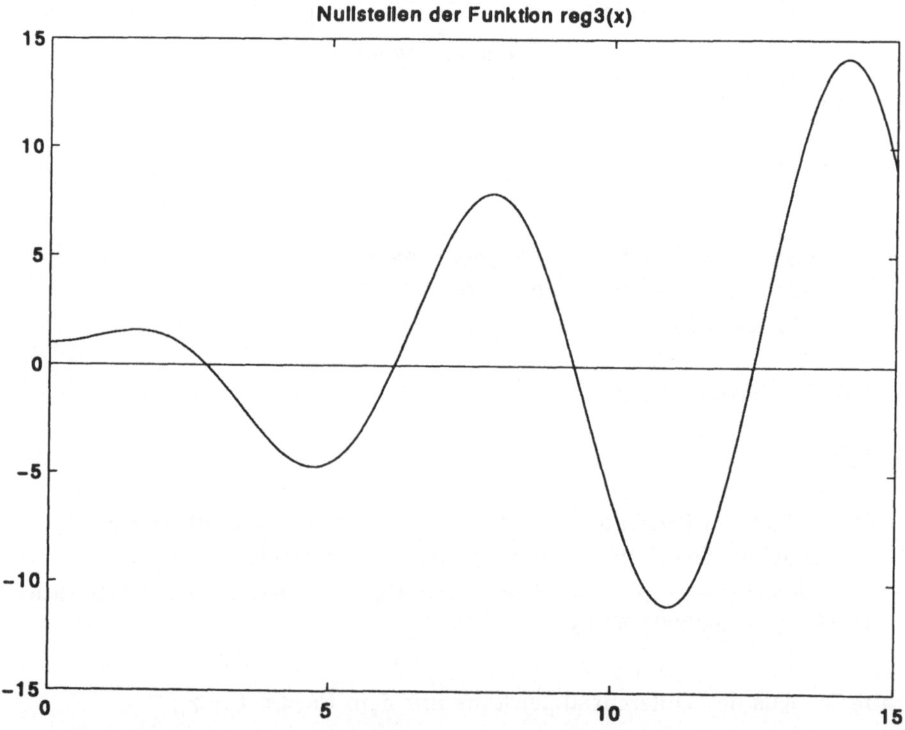

	1. Nullstelle	2. Nullstelle	3. Nullstelle	4. Nullstelle
x_1	3.0000000000000	6.0000000000000	9.0000000000000	13.0000000000000
x_2	4.0000000000000	7.0000000000000	10.0000000000000	14.0000000000000
x_3	2.8180500199483	6.1180272241750	9.3082371577051	12.1658022997819
x_4	2.8010537417072	6.1212223041772	9.3179176141845	12.5591278712965
x_5	2.7984044984161	6.1212504817820	9.3178664081056	12.4835724787492
x_6	2.7983860633414	6.1212504668980	9.3178664617907	12.4864401082802
x_7	2.7983860457840	6.1212504668980	9.3178664617910	12.4864543985416
x_8	2.7983860457838			12.4864543952237

Aufgabe 4: m-File des Ganzschrittverfahrens:

```
% Ganzschrittiteration zum Loesen des LGS A*x=d
% Startvektor ist der Nullvektor
% Die ersten 50 Zwischenresultate werden als Matrix P gespeichert
% Die Variable 11 gibt die Gesamtzahl der Iterationen
% Die Transformationsmatrix der Umnummerierung ist die Matrix T
% Der Loesungsvektor ist die Variable x
% Benoetigt die Unterprozeduren gre.m, verts.m, beding.m, it.m
%
disp('Ganzschrittverfahren zur Loesung eines');
disp('linearen Gleichungssystems  A*x=d  mit: ');
disp('bei Leereingabe wird auf bereits definierte Matrix zugegriffen');
clear a D x xs P C T;
a=input('Matrix A = ');
if ~isempty(a),A=a;end;
D=input('rechte Seite d= ');
if ~isempty(D),d=D;end;
[n,m]=size(A);[n1,m1]=size(d);
if n1<m1, d=d';n1=m1;end;
if (n~=n1)|(n~=m), disp('Eingangsdaten unvertraeglich!!');
else
A
d
z=gre(A);T=eye(size(A));
a=z(1);b=1;M=A;DO=d;
for 11=2:n, a=a*z(11);b=b*11; end
if a==b,
  for 11=1:n,
   C=verts(A,z(11),11);
   A=A*C;
   z=gre(A);T=C*T;
  end
end;
disp('umgeordnete Matrix A :');
A
pause;
b=beding(A);
if b<1,B=it(A);
for 11=1:n,d(11)=d(11)/(abs(A(11,11)));end
11=0;e0=1;xs=d;
x=zeros(size(d));xs=x;
while (e0)>(n*eps), x=d-B*x;11=11+1;
if 11<50, P(11,:)=x';end;
xs=xs-x;e0=max(abs(xs));xs=x;
end
P=inv(T)*P';P=P';
Anzahl=11
format long;x=inv(T)*x
```

```
format short;A=M;d=D0;
else disp('Iterationsverfahren nicht moeglich');
end;
end;
```

Dazu werden noch die folgenden Unterprozeduren benötigt:

```
function b=beding(A)
% liefert Bedingung fuer Anwendung des Iterationsverfahrens
% bei Loesung eines LGS A*x=b zurueck
% b ist Maximum des Quotienten (Summe der abs(A(i,k));i#k)/abs(A(i,i))
[n,m]=size(A);
for l1=1:n,
r1=0;
  for l2=1:m,
    r1=r1+abs(A(l1,l2));
  end
r1=r1-abs(A(l1,l1));
if abs(A(l1,l1))>0, r(l1)=r1/abs(A(l1,l1));
    else r(l1)=2;
end
end;
b=max(r);

function r=gre(A)
% liefert Position des betragsmaessig groessten Elements einer Zeile
% Ergebnis ist ein Vektor mit ebensoviel Komponenten wie Zeilen der Matrix
[n,m]=size(A);
for l1=1:n,
  r1=A(l1,1);r(l1)=1;
  for l2=2:m,
  if abs(A(l1,l2))>r1,
    r(l1)=l2;
    r1=abs(A(l1,l2));
  end
  end
end;

function B=it(A)
% Ergibt Matix fuer iterative Loesung eines LGS
% LGS Ax=b wird ueberfuehrt in x(n+1)=b-Bx(n)
[n,m]=size(A);
for l=1:n,
  for j=1:m,
    B(l,j)=A(l,j)/A(l,1);
  end
end;
k=min(n,m);
for l=1:k B(l,l)=0; end;

function C=verts(A,n1,n2)
```

```
% liefert Transformationsmatrix, die bei einer Matrix der Groesse A
% bei A*C die n1-te und n2-te Spalte vertauscht   ODER
% bei C*A die n1-te und n2-te Zeile vertauscht
C=eye(size(A));
a=C(:,n1);
C(:,n1)=C(:,n2);
C(:,n2)=a;
```

Im Command-Window sind folgende Eingaben zu machen:

```
A=[1 9 1 2 1 1 0;1 3 10 1 2 1 1;1 2 3 1 4 20 1;30 1 3 4 7 1 2];
A=[A;1 1 2 15 1 1 3;1 2 3 4 1 2 20;2 1 2 3 25 3 4];

b=[47 64 165 112 101 187 193]';

iteratg

Matrix A = A
rechte Seite d= b

umgeordnete Matrix A :

A =
      9     1     1     1     2     0     1
      3    10     1     1     1     1     2
      2     3    20     1     1     1     4
      1     3     1    30     4     2     7
      1     2     1     1    15     3     1
      2     3     2     1     4    20     1
      1     2     3     2     3     4    25

Anzahl =

    90

x =
   1.00194573126057
   2.69527634436537
   2.79952179868551
   3.98952190623064
   4.99918239250691
   5.96281916579737
   6.96630139174640
```

Beim Einzelschrittverfahren wären nur 19 Iterationen nötig gewesen.

Aufgabe 5: m-File Peilung

```
% Standortbestimmung aus drei Peilungen
%
% Ohne Erdkruemmung
```

```
%
% Berechnung des nichtlinearen Ausgleichsproblems
% erfolgt mit Gauss-Newton-Methode
%
% l=(l_1,l_2,l_3) Messwerte der Peilung als Spaltenvekor
% xi=(x_1,x_2) Koordinaten der Sender als Spaltenvektor
%
% benoetigt: f_peil.m, j_peil.m, schnitt.m
% Zwischenresultate in xi
%
disp('Standortbestimmung aus 3 Peilungen');
disp('ohne Erdkruemmung!!');disp(' ');
disp('Eingaben als Spaltenvektor!!');
global xi x1 x2 x3;
fo='f_peil';ja='j_peil';
x1=input('Koordinaten des 1. Senders x1= ');
x2=input('Koordinaten des 2. Senders x2= ');
x3=input('Koordinaten des 3. Senders x3= ');
l=input('Winkel der Peilungen(Grad) l=(l_1,l_2,l_3)= ');
izz=1;
for iz=1:3,
  if l(izz)>90, l(izz)=l(izz)-180; end;
  izz=izz+1;
end;
l=pi*l/180;
[xs1,ys1]=schnitt(x1,x2,l(1),l(2));
[xs2,ys2]=schnitt(x1,x3,l(1),l(3));
[xs3,ys3]=schnitt(x2,x3,l(2),l(3));
x0=([xs1 ys1]+[xs2 ys2]+[xs3 ys3])'/3;
x=x0;e=1;dx2=zeros(size(x0));
k=0;r=1-feval(fo,x);
xi=[0 x0' r'*r];
while e>10*eps,
  dx1=feval(ja,x)\r;
  e=abs(dx1-dx2);dx2=dx1;k=k+1;
  x=x+dx1;
  r=1-feval(fo,x);
  xi=[xi;k x' r'*r];
  if k>50, e=0;end;
end;
Anzahl=k
Standort=x
Fehlerquadrat=r'*r
x_min=min([x1(1) x2(1) x3(1) x(1)]);
x_max=max([x1(1) x2(1) x3(1) x(1)]);
d_x=(x_max-x_min)/10;
y_min=min([x1(2) x2(2) x3(2) x(2)]);
y_max=max([x1(2) x2(2) x3(2) x(2)]);
```

```
d_y=(y_max-y_min)/10;
x_aus=[x1(1) x2(1) x3(1);x(1) x(1) x(1)];
y_aus=[x1(2) x2(2) x3(2);x(2) x(2) x(2)];
x_p=[x1(1) x2(1) x3(1);xs1 xs3 xs2];
y_p=[x1(2) x2(2) x3(2);ys1 ys3 ys2];
x_s=[x1(1) x2(1) x3(1)];
y_s=[x1(2) x2(2) x3(2)];
plot(x_aus,y_aus,'g',x_p,y_p,'r',x_s,y_s,'oy');
line([xs1 xs2 xs3 xs1],[ys1 ys2 ys3 ys1],'Color','r');
axis([x_min-d_x x_max+d_x y_min-d_y y_max+d_y]);
title('Peilungen rot; ausgeglichene Loesung gruen');
```

m-file f_peil.m

```
function y=f_peil(x);
global x1 x2 x3;
y=[atan((x(2)-x1(2))./(x(1)-x1(1))) atan((x(2)-x2(2))./...
(x(1)-x2(1))) atan((x(2)-x3(2))./(x(1)-x3(1))) ]';
```

m-File j_peil.m

```
function J=j_peil(x);
global x1 x2 x3;
J=[(x1(2)-x(2))./((x(1)-x1(1)).^2+(x(2)-x1(2)).^2)...
(-x1(1)+x(1))./((x(1)-x1(1)).^2+(x(2)-x1(2)).^2);...
(x2(2)-x(2))./((x(1)-x2(1)).^2+(x(2)-x2(2)).^2)...
(-x2(1)+x(1))./((x(1)-x2(1)).^2+(x(2)-x2(2)).^2);...
(x3(2)-x(2))./((x(1)-x3(1)).^2+(x(2)-x3(2)).^2)...
(-x3(1)+x(1))./((x(1)-x3(1)).^2+(x(2)-x3(2)).^2)];
```

m-File schnitt.m

```
function [xs,ys]=schnitt(x1,x2,a1,a2);
xs=(x2(2)-x1(2)+x1(1)*tan(a1)-x2(1)*tan(a2))/(tan(a1)-tan(a2));
ys=xs*tan(a1)+x1(2)-x1(1)*tan(a1);
```

Aufgabe 6: periodische Lösung II

Die Berechnung der Bahnkurve und ihre Darstellung im bewegten Koordinatensystem erfolgt durch die MATLAB-Prozeduren:

```
x02= [0.994 0 0 -2.001585106379];
[t,x]=ode45('sat',0,20,x02');
plot(x(:,1),x(:,3));
```

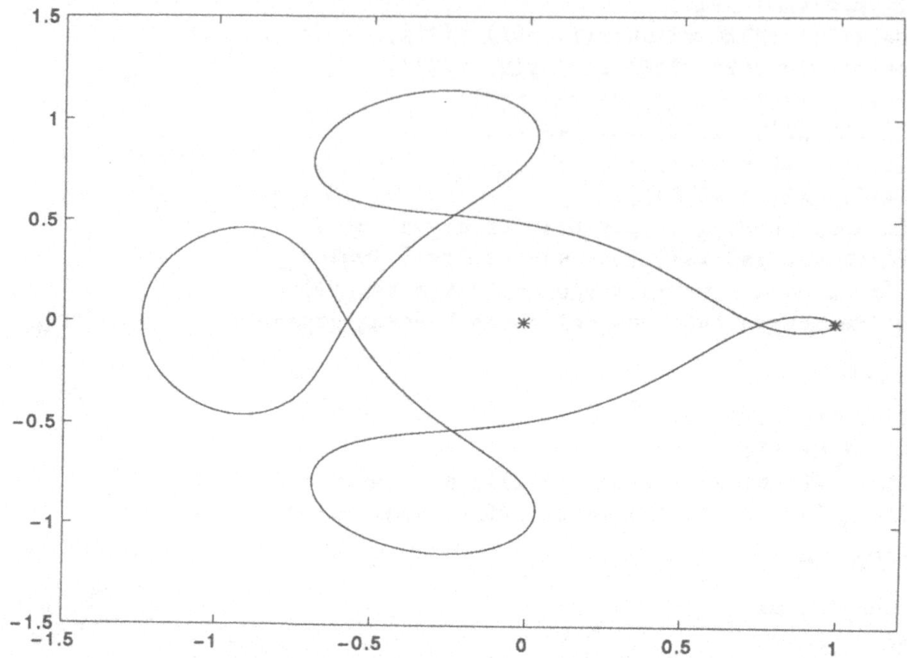

Die Bahn der zweiten periodischen Lösung ist relativ instabil. Wird die Beobachtungs-zeit auf 50 Einheiten erhöht, so „explodiert " die Lösung.

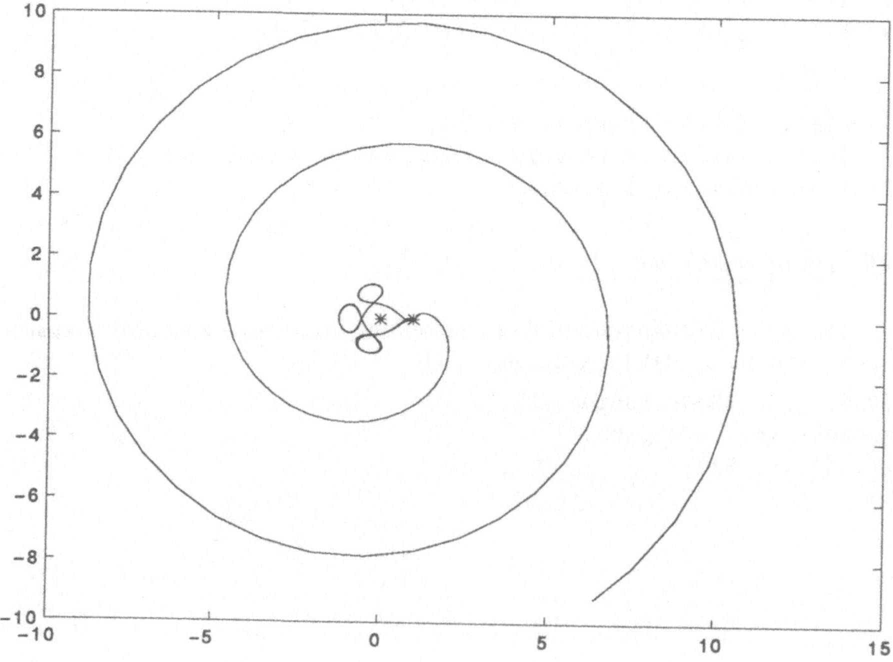

Erhöhen wir die Genauigkeit der Prozedur „ode45", so erhält man wieder das periodische Bild

```
[t,x]=ode45('sat',0,50,x02',1e-10);
plot(x(:,1),x(:,3));
```

Zur Beobachtung im festen Koordinatensystem müssen wir die errechneten Daten wieder der Koordinatentransformation unterwerfen:

```
v=[cos(t).*x(:,1)-sin(t).*x(:,3), sin(t).*x(:,1)+cos(t).*x(:,3)];
plot(v(:,1),v(:,2));
```

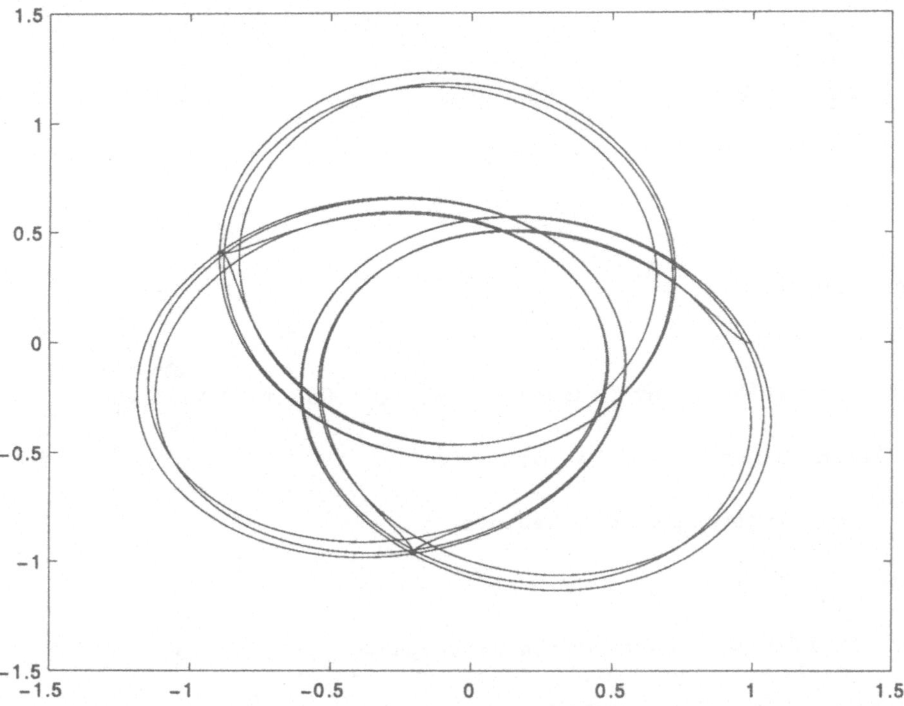

Aufgabe 7: Für die Neumann-Bedingung sind insgesamt acht geometrische Situationen denkbar. Die Gewichtung kann den folgenden Skizzen entnommen werden:

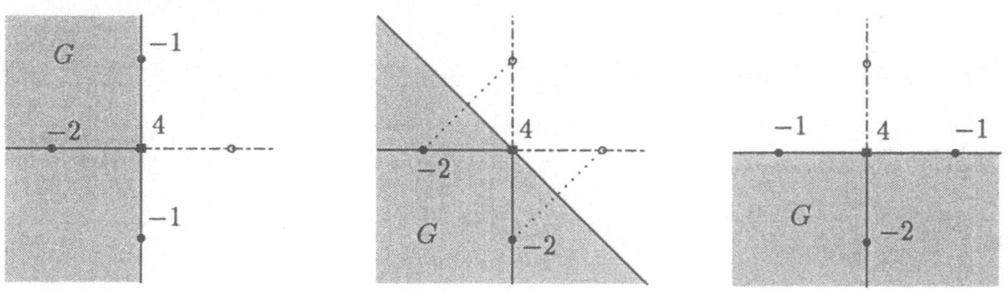

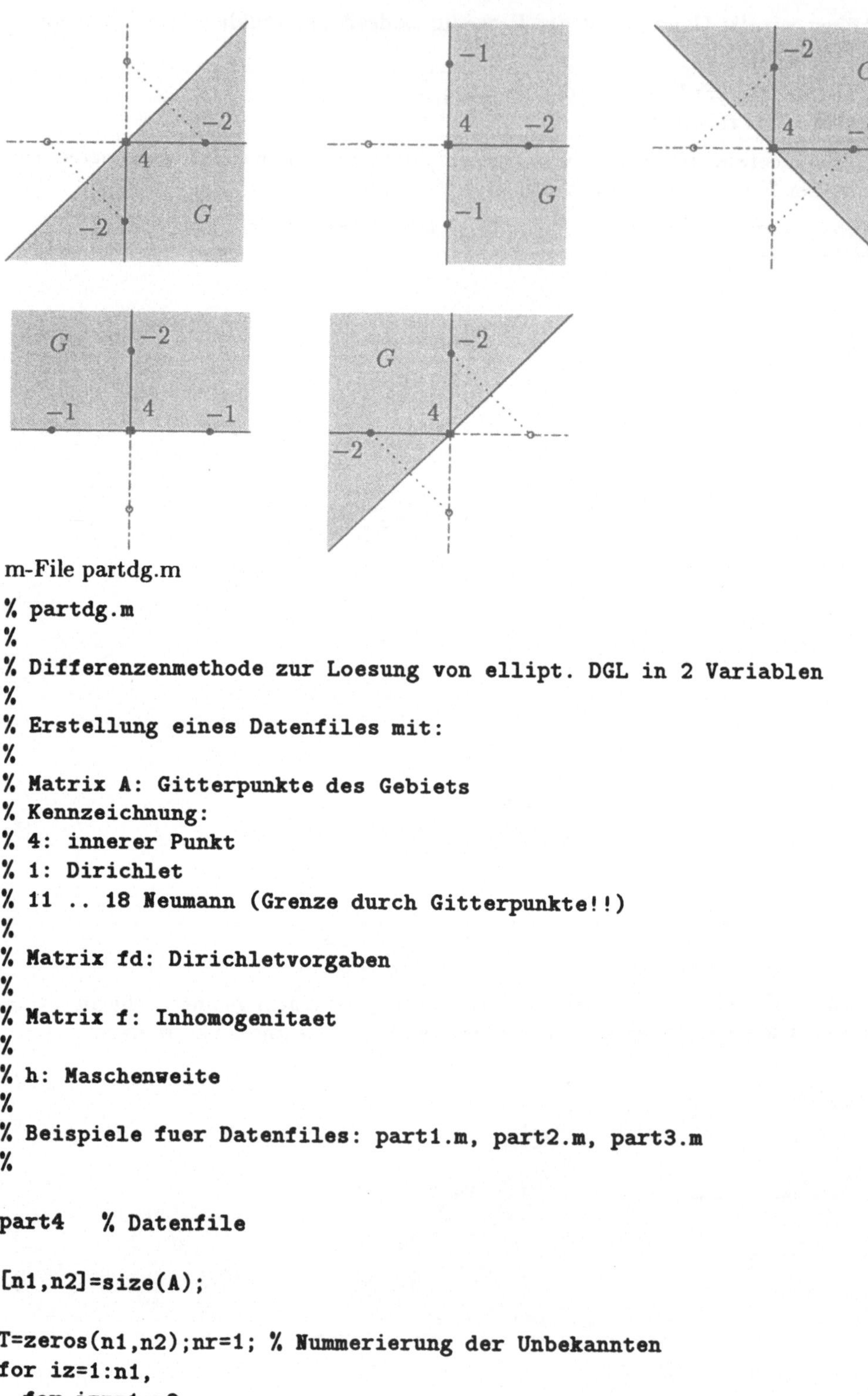

m-File partdg.m

```
% partdg.m
%
% Differenzenmethode zur Loesung von ellipt. DGL in 2 Variablen
%
% Erstellung eines Datenfiles mit:
%
% Matrix A: Gitterpunkte des Gebiets
% Kennzeichnung:
% 4: innerer Punkt
% 1: Dirichlet
% 11 .. 18 Neumann (Grenze durch Gitterpunkte!!)
%
% Matrix fd: Dirichletvorgaben
%
% Matrix f: Inhomogenitaet
%
% h: Maschenweite
%
% Beispiele fuer Datenfiles: part1.m, part2.m, part3.m
%

part4    % Datenfile

[n1,n2]=size(A);

T=zeros(n1,n2);nr=1; % Nummerierung der Unbekannten
for iz=1:n1,
  for izz=1:n2,
```

```matlab
      if A(iz,izz)>0,T(iz,izz)=nr;nr=nr+1;end;
    end;
  end;
k=zeros(nr-1,nr-1);c=zeros(nr-1,1);
 x=[];y=[];xd=[];yd=[];xn=[];yn=[];
for iz=1:n1,
  for izz=1:n2,
    if A(iz,izz)==1,
      xd=[xd izz];yd=[yd iz];
          end;
   if A(iz,izz)==4,
     x=[x izz];y=[y iz];
   end;
   if A(iz,izz)>4,xn=[xn izz];yn=[yn iz];end;
  end;
end;
plot(x,y,'o',xd,yd,'+',xn,yn,'*'); % Plotten des Gebiets
for iz=1:n1,    % Erstellen des Gleichungssystems
  for izz=1:n2,
    if A(iz,izz)==1,
      n=T(iz,izz);k(n,n)=1;c(n)=fd(iz,izz);
    end;
   if A(iz,izz)==4,
     n=T(iz,izz);ne=T(iz,izz+1);nn=T(iz+1,izz);
     nw=T(iz,izz-1);ns=T(iz-1,izz);
     k(n,n)=4;k(n,ne)=-1;k(n,nn)=-1;k(n,nw)=-1;k(n,ns)=-1;
     c(n)=h*h*f(iz,izz);
   end;
   if A(iz,izz)==11,
     n=T(iz,izz);nn=T(iz+1,izz);
     nw=T(iz,izz-1);ns=T(iz-1,izz);
     k(n,n)=4;k(n,nn)=-1;k(n,nw)=-2;k(n,ns)=-1;
     c(n)=h*h*f(iz,izz);
   end;
   if A(iz,izz)==12,
     n=T(iz,izz);
     nw=T(iz,izz-1);ns=T(iz-1,izz);
     k(n,n)=4;k(n,nw)=-2;k(n,ns)=-2;
     c(n)=h*h*f(iz,izz);
   end;
   if A(iz,izz)==13,
     n=T(iz,izz);ne=T(iz,izz+1);
     nw=T(iz,izz-1);ns=T(iz-1,izz);
     k(n,n)=4;k(n,ne)=-1;k(n,nw)=-1;k(n,ns)=-2;
     c(n)=h*h*f(iz,izz);
   end;
   if A(iz,izz)==14,
     n=T(iz,izz);ne=T(iz,izz+1);
```

```
          ns=T(iz-1,izz);
          k(n,n)=4;k(n,ne)=-2;k(n,ns)=-2;
          c(n)=h*h*f(iz,izz);
        end;
       if A(iz,izz)==15,
         n=T(iz,izz);ne=T(iz,izz+1);nn=T(iz+1,izz);
         ns=T(iz-1,izz);
         k(n,n)=4;k(n,ne)=-2;k(n,nn)=-1;k(n,ns)=-1;
          c(n)=h*h*f(iz,izz);
        end;
       if A(iz,izz)==16,
          n=T(iz,izz);ne=T(iz,izz+1);nn=T(iz+1,izz);
          k(n,n)=4;k(n,ne)=-2;k(n,nn)=-2;
          c(n)=h*h*f(iz,izz);
        end;
       if A(iz,izz)==17,
          n=T(iz,izz);ne=T(iz,izz+1);nn=T(iz+1,izz);
          nw=T(iz,izz-1);
          k(n,n)=4;k(n,ne)=-1;k(n,nn)=-2;k(n,nw)=-1;
          c(n)=h*h*f(iz,izz);
        end;
       if A(iz,izz)==18,
          n=T(iz,izz);
          nn=T(iz+1,izz);nw=T(iz,izz-1);
          k(n,n)=4;k(n,nn)=-2;k(n,nw)=-2;
          c(n)=h*h*f(iz,izz);
        end;
      end;
    end;

  xx=k\c;    % Loesung des Gleichungssystems
  E=zeros(n1,n2);
  for iz=1:n1,
    for izz=1:n2,
      n=T(iz,izz);
      if n>0,E(n1-iz+1,izz)=xx(n);end;
       if n>0,Ef(iz,izz)=xx(n);end;
    end;
  end;
  [xf,yf]=meshgrid([0:0.05:1.7]);  % part4.m
  figure;mesh(xf,yf,Ef);view([210,40]);
```

Aufgabe 8: Daten-File : part4.m

```
  % Poisson-Daten: part4.m
  A=zeros(35,35);
  [n1,n2]=size(A);
  for iz=2:25,
    for izz=2:21,
```

```matlab
      A(iz,izz)=4;
    end;
  end;
for iz=2:20,
  for izz=22:25,
    A(iz,izz)=4;
  end;
end;
d=1;
for izz=26:35,
  for iz=(1+d):(21-d),
    A(iz,izz)=4;
    A(izz,iz)=4;
  end;
  d=d+1;
end;
for iz=1:25,
  A(iz,1)=15;
end;
for iz=2:25,
  A(1,iz)=17;
end;
A(1,1)=16;

for iz=25:35,
  A(iz,iz-24)=1;
  A(iz-24,iz)=1;
  A(iz,46-iz)=1;
  A(46-iz,iz)=1;
end;
for iz=21:25,
  A(iz,21)=1;
  A(21,iz)=1;
end;
h=0.05;

fd=zeros(n1,n2);
for iz=1:n1,
  for izz=1:n2,
    f(iz,izz)=sin((10+iz+izz)/10);
    % f(iz,izz)=10*(sin((iz+izz)/5)+1)/(10+iz+izz);
  end;
end;
```

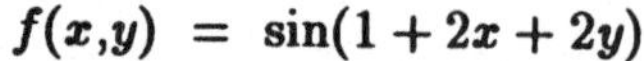

$$f(x,y) \;=\; \sin(1 + 2x + 2y)$$

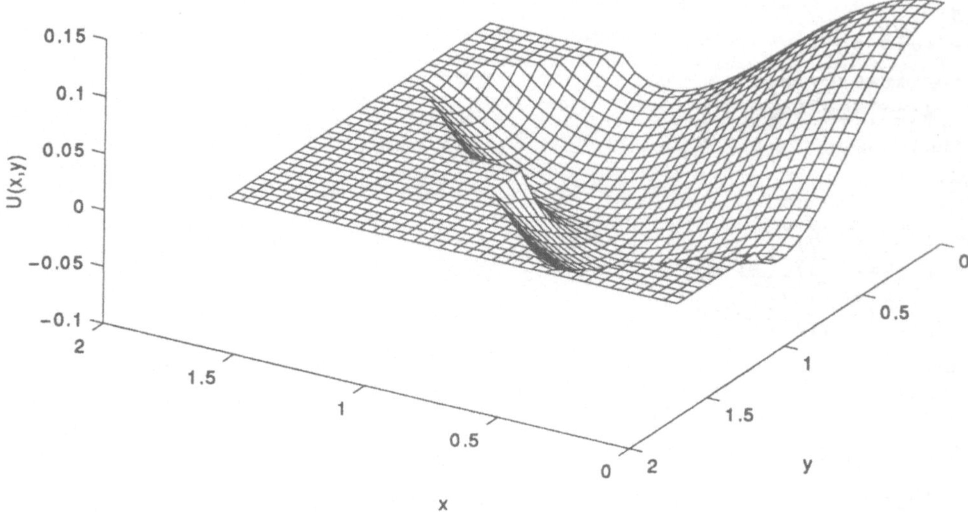

$$f(x,y) \;=\; \frac{\sin(4x + 4y) + 1}{1 + 2x + 2y}$$

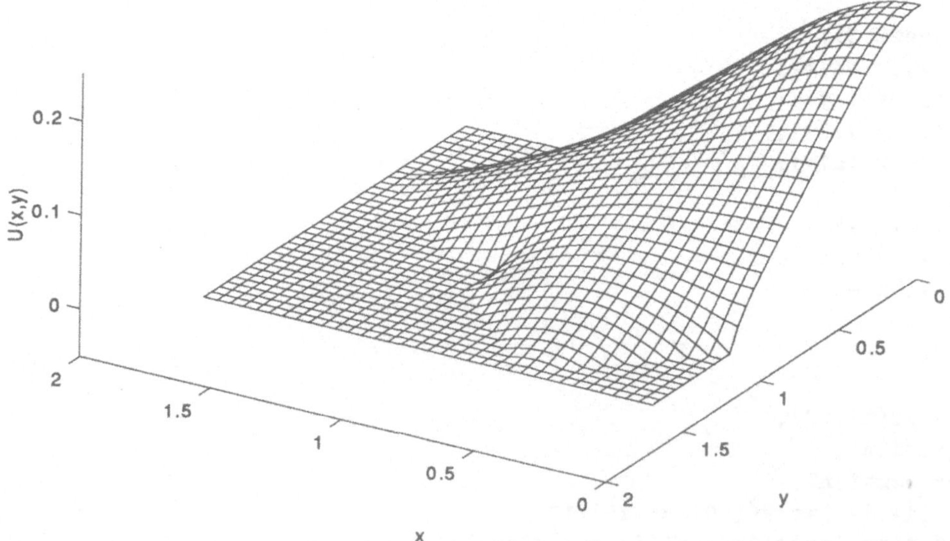

A Einführung in MATLAB

A.1 Allgemeines

MATLAB ist ein interaktives Softwarepaket für numerische Berechnungen bei mathematisch-naturwissenschaftlichen Problemen und im Ingenieurbereich.

MATLAB arbeitet bei allen Zahleneingaben auf der Basis von Matrizen (entstand aus einem Paket zur linearen Algebra). Dies hat zur Folge, dass jede Variable stets als Matrix interpretiert wird.

Beim Gebrauch von Variablen ist nicht wie in einer Programmiersprache eine vorherige Definition des Zahlenformats notwendig.

MATLAB unterscheidet zwischen Groß- und Kleinschreibung. Der Befehl „casesen" macht die Unterscheidung zwischen Groß- und Kleinschreibung rückgängig.

Mit dem Befehl „quit" beendet man eine MATLAB-Sitzung.

Mit „!" erreicht man während einer MATLAB-Sitzung die Ebene des Betriebssystems.

A.2 Fundamentals

A.2.1 Eingabe von Matrizen

Der Befehl

```
A=[1␣2␣3;4␣5␣6;7␣8␣9]
```

weist der Variablen A die 3×3-Matrix $\underline{A} = \begin{pmatrix} 1 & 2 & 3 \\ 4 & 5 & 6 \\ 7 & 8 & 9 \end{pmatrix}$ zu.

```
A=[1␣2␣3
␣␣␣4␣5␣6
␣␣␣7␣8␣9]
```

A.2.2 Matrixelemente

Matrizenelemente können auch mathematische Ausdrücke sein.

```
x=[-1.3␣sqrt(3)␣(1+2+3)*4/5]
```

Einzelne Matrizenelemente können mit Indices angesprochen werden.

```
x(5)=abs(x(1))
```

ergibt den Vektor $\quad$ x=-1.3000 1.7321 4.8000 0.0000 1.3000

Matrizen können durch Anfügen vergrößert werden.

```
r=[10␣11␣12]
A=[A;r]
```

ergibt die Matix $\underline{A} = \begin{pmatrix} 1 & 2 & 3 \\ 4 & 5 & 6 \\ 7 & 8 & 9 \\ 10 & 11 & 12 \end{pmatrix}$.

Mit der Anweisung

```
B=A(1:3,2:3)
```

erhalten wir die Zeilen 1 bis 3 und die Spalten 2 und 3 der ursprünglichen Matrix A.
Steht im Argument nur „: " , so werden alle zuvor definierten Elemente ausgewählt.

A.2.3   Variable

Durch das Gleichheitszeichen wird einer Variablen ein Ausdruck zugewiesen. Fehlt die
Variable in der Eingabezeile, so wird der Ausdruck der dafür reservierten Variable „ans"
zugewiesen. Reicht für die Eingabe eine Zeile nicht aus, so kann in der folgenden Zeile
weitergeschrieben werden, wenn vor der „return-Taste" drei Punkte stehen.

```
s=1-1/2+1/3-1/4+1/5-⊔1/6+1/7-⊔1/8⊔+1/9...
-1/10+1/11-1/12⊔+1/13
```

Leerzeichen vor und nach Rechenoperationszeichen sind optional.

Ein Semikolon am Ende der Anweisung unterdrückt die Bildschirmausgabe.

A.2.4   Information über Variable

Der Befehl „who" listet alle Variablen auf, über die in der laufenden Sitzung bereits
verfügt wurde.

Der Befehl „whos" ergibt eine detaillierte Information über diese bereits belegten Variablen: Größe der Matrix, komplex, noch verfügbarer Arbeitsspeicher.

Der Befehl „clear" löscht die Belegung aller Variablen. Sollen nur bestimmte Variable
gelöscht werden, so sind diese nach „clear" explizit anzugeben. Ebenso können bereits
compilierte Funktionen mit „clear functions" aus dem Arbeitsspeicher entfernt werden.

A.2.5   Zahlen und Arithmetik

Zulässige Zahlendarstellungen sind

```
3,⊔-99,⊔0.001,⊔9.634521,⊔1.4E-20,⊔6.45782e12
```

Bei der Potenzdarstellung darf vor E bzw. e kein Leerzeichen stehen! Die Genauigkeit
der internen Zahlendarstellung beträgt ungefähr 16 Dezimalen und umfasst den Bereich
von -10^{308} bis 10^{308}. Die kleinste von Null unterscheidbare Zahl ist $eps \approx 2.2 \cdot 10^{-16}$.
Diese interne Zahldarstellung lässt sich nicht beeinflussen, es kann nur die Ausgabe auf
Bildschirm und Drucker gesteuert werden.

Die Variable „NaN" (not a Number!) stellt das Symbol ∞ dar und wird z.B. bei der
Division durch Null erzeugt. Die Funktion „pi" erzeugt die Konstante π. Weiter sind die
üblichen Grundrechenoperationen und Funktionen verfügbar:

+	Addition		$abs(x)$	Absolutbetrag von x
−	Subtraktion		$sqrt(x)$	Quadratwurzel von x
*	Multiplikation		$log(x)$	natürlicher Logarithmus von x
\	Division rechts (siehe A.3.1)		$sin(x)$	Sinus von x
/	Division links (siehe A.3.1)		$tan(x)$	Tangens von x
^	Potenz		...	....

A.2.6 Komplexe Zahlen

Bei allen Rechenoperationen und eingebauten Funktionen sind komplexe Zahlen erlaubt.
Komplexe Zahlen werden wie folgt eingegeben und dargestellt:

```
z=3+4*j;
z=3+4*i;
z=3+sqrt(-1)*4;
```

Dabei darf vor und nach dem „+" kein Leerzeichen stehen! Eine Eingabe in der Exponentialdarstellung ist ebenfalls möglich:

```
w=2*exp(i*2.5);
```

A.2.7 Ausgabeformat

MATLAB rechnet intern stets mit Gleitkommadarstellung mittels 8 byte[1]. Die Ausgabe
auf dem Bildschirm kann durch den Befehl „format" beeinflusst werden. So wird die
Zuweisung:

```
x=[4/3␣sqrt(2)*1e-6]
```

wie folgt auf dem Bildschirm dargestellt:

format short	$\Longrightarrow$	1.3333 0.0000
format short e	$\Longrightarrow$	$1.3333E + 000$ $1.4142E - 006$
format long	$\Longrightarrow$	1.333333333333333 0.00000141421356
format long e	$\Longrightarrow$	$1.333333333333333E + 000$ $1.414213562373095e - 006$
format rat	$\Longrightarrow$	Darstellung als Bruch[2] 4/3 1/707107

Weiter gibt es noch die Formatbefehle „format hex" und format „+". Die Voreinstellung ist „format short".

A.2.8 Help-Funktion

Der Befehl „help" erzeugt eine Liste sämtlicher eingebauter Funktionen und Prozeduren.
Eine spezielle Hilfe zu einer bestimmten Funktion - z.B. für die Funktion „eig" erhält
man durch:

```
help␣eig
```

A.2.9 Sichern

Wenn MATLAB mittels „quit" verlassen wird, gehen sämtliche Zuweisungen an Variable
verloren. Diese Information kann mittels des Befehls „save" gesichert und mittels „load"
wieder in den Arbeitsspeicher geladen werden. Die Sicherungen können mit einem Filenamen spezifiziert werden.

---

[1] vgl. z.B. Datenformate in Turbopascal, C, Fortran, ...
[2] numerische Näherung - hat nichts mit der symbolischen Algebra zu tun!!

A.3   Matrizen, Vektoren

Matrizen und Vektoren müssen nicht extra gekennzeichnet werden - MATLAB interpretiert jede Variable als potentielle Matrix.

A.3.1   Rechenoperationen

Die üblichen Matrizenrechenoperationen stehen zur Verfügung:

Addition $\underline{A}+\underline{B}$	A + B	Matrixdimension muss übereinstimmen
Subtraktion $\underline{A}-\underline{B}$	A - B	Matrixdimension muss übereinstimmen
Multiplikation $\underline{A}\cdot\underline{B}$	A*B	Spaltenzahl von $\underline{A}$ gleich der Zeilenzahl von $\underline{B}$
„Division" $\underline{A}\cdot\underline{B}^{-1}$	A/B	Multiplikation von $\underline{A}$ mit $\underline{B}^{-1}$ von rechts X=A/B ist eine Lösung von $\underline{X}\cdot\underline{B}=\underline{A}$, $det(\underline{B})\neq 0$
„Division" $\underline{B}^{-1}\cdot\underline{A}$	B\A	Multiplikation von $\underline{A}$ mit $\underline{B}^{-1}$ von links X=B\A ist eine Lösung von $\underline{B}\cdot\underline{X}=\underline{A}$, $det(\underline{B})\neq 0$
Transponieren	A'	Vertauschen von Zeilen und Spalten
Potenzen $\underline{A}^n$	A^n	nur für quadratische Matrizen

A.3.2   Matrizenfunktionen

Determinante $det(\underline{A})$	det(A)	Determinante von $\underline{A}$
Inverse $\underline{A}^{-1}$	inv(A)	liefert für $det(\underline{A})\neq 0$ die Inverse von $\underline{A}$
Rang	rank(A)	ergibt den Rang von $\underline{A}$
Eigenwerte	eig(A)	ergibt die Eigenwerte von $\underline{A}$ [V,D]=eig(A) liefert in V die Eigenvektoren und in D die zugehörige Diagonalmatrix
charakteristisches Polynom	poly(A)	ergibt die Koeffizienten des charakt. Polynoms in fallender Reihenfolge

A.3.3   Elementeweise Rechenoperationen

Die in Abschnitt A.3.1 erwähnten Rechenoperationen werden stets im Sinne der Matrizenrechnung ausgeführt. Soll die entsprechende Rechenoperation elementweise erfolgen, so muss vor der entsprechenden Rechenoperation ein Punkt gesetzt werden. Dies sei an folgenden Beispielen erläutert:

Es sei	x=[1 2 3]; y=[4 5 6];
Dann ergibt die Operation	z=x.*y;
das Ergebnis	z=[4 10 18];
entsprechend erhält man mit	z=x.\y;
das Resultat	z=[4.0000 2.5000 2.0000];
Ebenso ergibt sich aus	z=x.^y
der Vektor	z=[1 32 729]

Ist bei einer elementaren Funktion das Argument eine Matrix, so wird die entsprechende Rechenoperation elementweise ausgeführt. Ausnahmen sind die als solche ausgewiesenen Matixfunktionen „expm", „logm", „sqrtm".[3]

---

[3] mittels der Funktion „funm" können auch die übrigen elementaren Funktionen im Matrizensinn ausgewertet werden

A.3.4 Vektor- und Matrixmanipulationen

Das Erzeugen eines Vektors mit äquidistanten Komponenten geschieht mittels des Doppelpunkts:

   x=1:5   erzeugt den Vektor   x=[1 2 3 4 5]

   x=-2:0.5:2   ergibt   x=[-2 -1.5 -1 -0.5 0 0.5 1 1.5 2]

So erhält man zum Beispiel durch:

```
x=[0:0.2:3]';
y=exp(-x).*sin(x);
[x,y]
```

eine Wertetabelle der Funktion $y = e^{-x} \cdot \sin(x)$ zwischen 0 und 3 mit Abständen 0.2.

Die Prozedur „linspace(a,b,n)" erzeugt einen Vektor zwischen a und b mit n Punkten.

Zur Erzeugung von Einheitsmatrizen und von Matrizen, die mit Nullen oder Einsen besetzt sind, existieren die folgenden Funktionen:

Einheitsmatrix	eye(n)	erzeugt eine Einheitsmatrix der Dimension n
	eye(size(A))	erzeugt Einheitsmatrix derselben Dimension wie A
Einsmatrix	ones(n)	erzeugt eine quadrat. Einsmatrix der Dimension n
	ones(n,m)	erzeugt Einsmatrix mit n Zeilen und m Spalten
	ones(size(A))	erzeugt Einsmatrix derselben Dimension wie A
Nullmatrix	zeros(n)	erzeugt eine quadr. Nullmatrix der Dimension n
	zeros(n,m)	erzeugt Nullmatrix mit n Zeilen und m Spalten
	zeros(size(A))	erzeugt Nullmatrix derselben Dimension wie A

Die Funktion „size(A)" gibt Zeilen- und Spaltenzahl der Matrix A zurück. Mit „length(x)" erhält man die Länge des Vektors x.

A.4 Analysis

A.4.1 Differentiation

A.4.1.1 Numerisches Differenzieren

Ausgangspunkt ist der Differenzenoperator „diff(v)", der die Differenz benachbarter Elemente von v zurückgibt.

Ist x=[1 3 4 7 9] ein Vektor mit fünf Elementen, so erhalten wir mit z=diff(v) für z einen Vektor mit vier Elementen z=[2 1 3 2]. Die Ableitung einer Funktion lässt sich damit näherungsweise mittels des Differenzenquotienten bestimmen. Als Beispiel soll die Ableitung der Funktion $\sin(x)$ im Bereich zwischen 0 und π numerisch berechnet werden.

```
x=linspace(0,pi,50);
y=sin(x),
z=diff(y)./diff(x);
```

A.4.1.2 Differenzieren mittels Computeralgebra

Der Funktionsaufruf ist mit dem Differenzenoperator identisch. Ist das Argument ein String mit einer symbolischen Variablen, so wird nach dieser differenziert.

diff(S)	differenziert den Ausdruck S nach der Variable, die mittels „symvar" [4] als symbolische Variable erklärt ist
diff(S,'v')	differenziert den Ausdruck S nach der Variablen v
diff(S,'v',n)	differenziert den Ausdruck S n mal nach v

A.4.2   Integration

A.4.2.1   Numerische Integration

Zur numerischen Integration stehen zwei Prozeduren zur Verfügung („quad": Simpson-formel, „quad8": Newton-Cotes - mit identischer Syntax). So erhält man das bestimmte Integral $\int_0^\pi \sin(t)dt$ durch den Aufruf: quad('sin',0,pi). Zusätzliche Parameter für Genauigkeit des numerischen Verfahrens und zur graphischen Darstellung des Prozesses können eingegeben werden. Die durch m-Files (vgl. A.7.2) definierten eigenen Funktionen können auf dieselbe Weise behandelt werden.

A.4.2.2   Integrieren mittels Computeralgebra

Die Funktion „int" wird mit der analogen Syntax wie in A.4.1.2 aufgerufen.

int(S)	unbestimmtes Integral des Ausdrucks S nach der Variablen, die mittels „symvar" [4] als symbolische Variable erklärt ist
int(S,'v')	unbestimmtes Integral des Ausdrucks S nach der Variablen v
int(S,a,b)	bestimmtes Integral von S zwischen den Grenzen a und b
int(S,'v',a,b)	bestimmtes Integral von S bezüglich v zwischen a und b

A.4.3   Polynome

Polynome werden in MATLAB als Vektoren dargestellt, wobei die Komponenten des Vektors die Koeffizienten des Polynoms in fallender Reihenfolge sind. (Ein Polynom der Ordnung n entspricht somit einem Vektor der Dimension n+1)

Um Funktionswerte eines Polynoms auszuwerten, muss die Funktion „polyval" benutzt werden.

$$P_3(x) = 2x^3 + 5x^2 - x + 7 \qquad \text{entspricht} \qquad \text{p=[2 5 -1 7]}$$
$$P_3(2) \qquad\qquad \text{errechnet sich durch} \quad \text{polyval(p,2)}$$

Zur Berechnung der Nullstellen (auch komplex) von Polynomen stehen die beiden Prozeduren „roots" und „roots1" mit identischer Syntax zur Verfügung.

„roots(p)"   ergibt die Nullstellen des Polynoms $P_3(x)$

A.4.4   Interpolation

Die Prozedur „polyfit" bestimmt ein Polynom vorgegebener Ordnung n, das im Sinne der kleinsten Fehlerquadrate minimalen Abstand zu vorgegebenen Punkten hat. Für n+1 Punkte erhält man das Newtonsche Interpolationspolynom.

Die Eingabe

---

[4] ohne Spezifikation benutzt MATLAB die Variable, die alphabetisch der Variablen x am nächsten steht.

```
x=[1 2 4 7];y=[1 3 5 3];
p=polyfit(x,y,2)
```

ergibt ein Polynom 2. Ordnung dargestellt als Vektor $\underline{p}$.

Die Funktion „spline" bestimmt zu vorgegebenen Punkten (dargestellt als Spalten-
oder Zeilenvektoren $\underline{x}$ bzw. $\underline{y}$) kubische Splines[5] und berechnet den Interpolationswert
an einer beliebigen Stelle[6] .

Die Eingabe

```
xs=spline(x,y,4.5)
```

liefert den Funktionswert xs des Splines durch $\underline{x}$, $\underline{y}$ an der Stelle 4.5.

Zur expliziten Bestimmung der Spline-Koeffizienten muss der „Output" der „spline"-
Routine uminterpretiert werden.

```
pp=spline(x,y);
[breaks,coefs,l,k]=unmkpp(pp);
```

A.4.5 Nichtlineare Gleichungen und Optimierung

A.4.5.1 Numerische Bestimmung

Für die Bestimmung von Nullstellen stehen die Prozeduren „fzero" und „fsolve" zur
Verfügung. Lokale Minima können mit „fmin" bzw. „fmins" bestimmt werden.

fzero('fun',x_0)	Nullstelle von fun; Start der Iteration bei x_0
fsolve('fkt',$\underline{x}_0$)	entsprechende Prozedur für Funktionen mehrerer Variabler
fmin('fun',x_0)	lokales Minimum von fun; Start der Iteration bei x_0
fmins('fkt',$\underline{x}_0$)	entsprechende Prozedur für Funktionen mehrerer Variabler

A.4.5.2 Symbolische Bestimmung

Zur symbolischen Lösung von Gleichungen und Gleichungssystemen stellt MATLAB die
Prozedur „solve" bereit.

solve(S)	löst die Gleichungung S nach der Variablen auf, die mittels „symvar"[7] als symbolische Variable erklärt ist
solve(S,'v')	löst die Gleichung des Ausdrucks S nach v auf
solve($S_1,S_2,...,S_n,'v_1,v_2,...,v_n'$)	entsprechende Prozedur für Systeme

```
solve('2*x^2+3*x-a=0')
```

```
ans =
[-3/4+1/4*(9+8*a)^(1/2)]
[-3/4-1/4*(9+8*a)^(1/2)]
```

---

[5] Die in MATLAB benutzte Routine stimmt nicht genau mit den einfachen „freien" Splines überein.
[6] Die Splinefunktion kann auch zur Extrapolation benutzt werden.
[7] ohne Spezifikation benutzt MATLAB die Variable, die alphabetisch der Variablen x am nächsten
steht.

A.4.6 Differentialgleichungen

A.4.6.1 Numerische Lösung

Die numerische Lösung einer Differentialgleichung (Runge-Kutta-Verfahren für Anfangswertprobleme von Differentialgleichungen 1.Ordnung) erfolgt mittels der Prozeduren
„ode23" und „ode45" mit identischer Syntax. Differentialgleichungen höherer Ordnung
müssen dazu in ein System von Differentialgleichungen erster Ordnung überführt werden.
  Beispiel:

$$\ddot{x} + \dot{x} - \tfrac{1}{2}x^3 = 0 \quad \text{ergibt mit der Substitution} \quad x_1 = x, \ x_2 = \dot{x} \quad \text{das System:}$$

$$
\begin{aligned}
\dot{x}_1 &= x_2 \\
\dot{x}_2 &= -x_2 + \tfrac{1}{2}x_1^3
\end{aligned}
\qquad \text{als „Function-File":}
$$

```
function xdot=dgl(t,x);
xdot=[x(2);-x(2)+0.5*x(1)^3];
```

Ist „dgl" die als m-File[8] abgespeicherte „rechte Seite" der Differentialgleichung, so erhalten wir im Intervall $[x_0, x_e]$ die numerische Lösung zu der Anfangsbedingung $y(x_0) = y_0$
durch den Aufruf:

```
x0=1;xe=2;y0=[1 1];
[t,x]=ode45('dgl',x0,xe,y0);
```

A.4.6.2 Symbolische Lösung

Mit der Funktion „dsolve" können auch symbolische Lösungen von Differentialgleichungen bestimmt werden. Es lassen sich sowohl allgemeine Lösungen (mit Integrationskon-
stanten) erzeugen als auch spezielle Lösungen, die an Anfangs- oder Randbedingungen[9]
angepasst sind. Der Differentialoperator wird durch „D" symbolisch dargestellt.

$\ddot{y} + y = 0$;	dsolve('D2y=-y') liefert die Lösung C1*sin(x)+C2*cos(x)
$\ddot{y} + y = 0$; $y(0) = 0, \dot{y}(0) = 1$	dsolve('D2y=-y','y(0)=0,Dy(0)=1') ergibt die Lösung sin(x)
$\ddot{y} + y = 0$; $y(0) = 1, \dot{y}(\pi) = 0$	dsolve('D2y=-y','y(0)=1,Dy(pi)=0') ergibt die Lösung cos(x)

A.5 Graphik

A.5.1 Zweidimensionale Graphik

Die Prozedur „plot" erzeugt zu einer Wertetafel ein Schaubild in der (x,y)-Ebene. Dazu
müssen die x- und y- Koordinaten der zu verbindenden Punkte als gleichlange Vektoren
eingegeben werden. Dies soll an folgendem einfachen Beispiel gezeigt werden.

```
x=[0:0.05:4*pi];    erzeugt einen Vektor mit äquidistanten Komponenten
y=sin(x);           erzeugt die zugehörigen Funktionswerte
plot(x,y);          erzeugt ein Schaubild von y = sin(x) zwischen 0 und π
```

---

[8] „dgl.m" muss eine Funktion $z = dgl(t,x)$ sein (t: unabhängige skalare Variable; x, z können auch
Vektoren derselben Dimension sein)
[9] echte Eigenwertprobleme können damit nicht behandelt werden

Sollen mehrere Kurven in einem Koordinatensystem gezeichnet werden, so können die Argumente x und y als Matrizen eingegeben werden. Oder beim Plot-Befehl werden mehrere Paare von Vektoren eingegeben: $\text{plot}(y_1,x_1,y_2,x_2,....,y_n,x_n)$.

Andere Skalierungen der Achsen können mittels „loglog", „semilogx", „semilogy" und „polar" erreicht werden. Diese Funktionen besitzen dieselbe Syntax wie „plot".

Eine Beschriftung kann durch folgende Befehle erreicht werden.

title('Überschrift');	erzeugt eine Überschrift
xlabel('x');ylabel('y');	erzeugt Achsenbeschriftung
grid	erzeugt ein Gitter .

A.5.2 Dreidimensionale Graphik

Die Prozeduren „mesh" und „surf" liefern ein perspektives Bild einer Fläche. Die Fläche wird definiert durch die z-Koordinate über einem Gitter in der (x,y)-Ebene. Das Bild wird durch Verbinden der Punkte mit Linien erzeugt. Zur Erzeugung eines Gitters in der (x,y)-Ebene ist die Prozedur „meshgrid" hilfreich. Die Prozedur „contour" erlaubt die Darstellung der Höhenlinien einer Fläche als Projektion in die (x,y)-Ebene.

Die dazu notwendigen Befehle sollen an folgendem Beispiel erläutert werden.

[x,y]=meshgrid(-2:0.2:2,-2:0.2:2);	erzeugt ein Gitter für das Rechteck $-2 \leq x \leq 2$, $-2 \leq y \leq 2$ mit Abstand 0.2
z=x.*exp(-x.^2-y.^2);	erzeugt für die Funktion $z = x \cdot e^{(-x^2-y^2)}$ die zugehörigen Funktionswerte
mesh(x,y,z);	erzeugt 3-D Graphik
contour(x,y,z);	erzeugt Höhenlinien in der (x,y)-Ebene

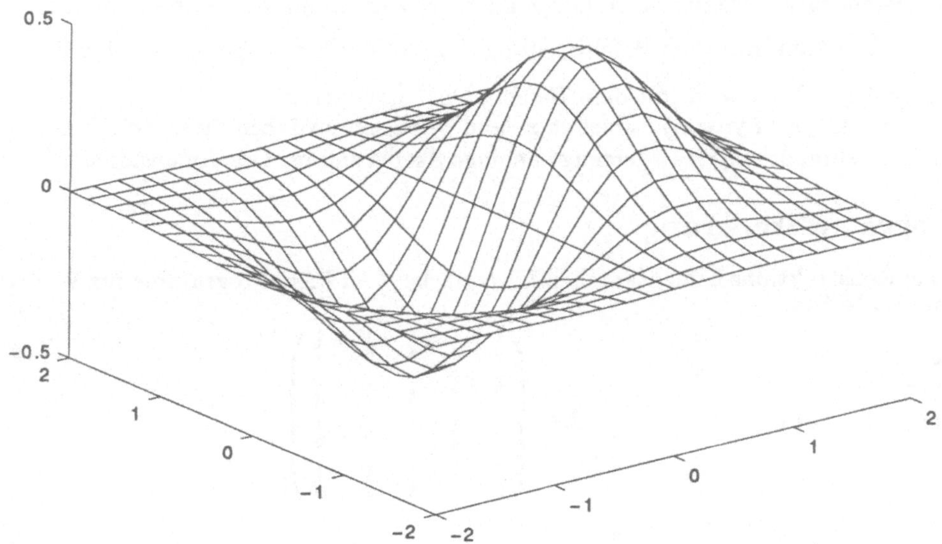

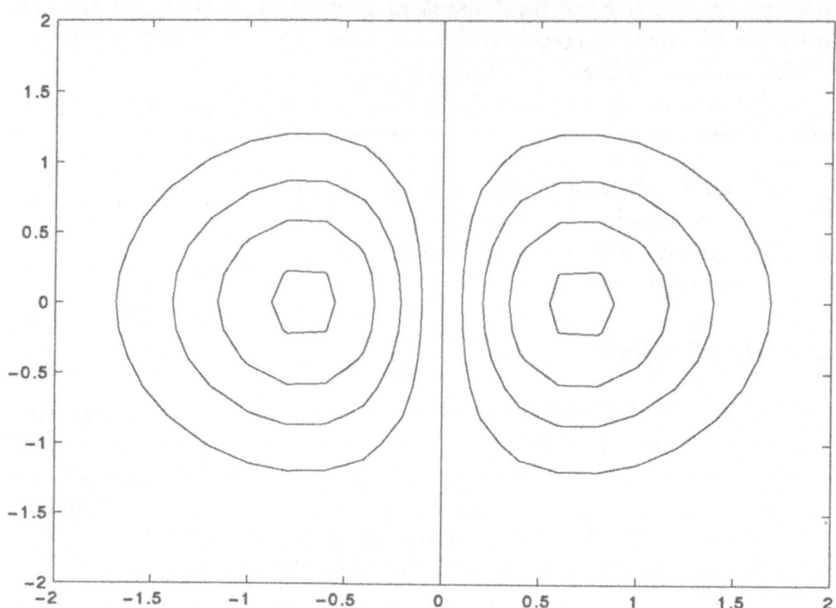

A.5.3   Graphikbildschirm

Zur Steuerung der Graphikausgabe sind folgende Befehle hilfreich:

figure;	erzeugt neues Graphikfenster,
figure(gcf);	schaltet auf das aktuelle Graphikfenster um,
beliebiger Tastendruck	schaltet vom Graphikfenster zum Command-Window zurück.

Ein Graphikfenster kann mit dem Befehl „subplot" in Teilfenster aufgeteilt werden.

Die Skalierung der Achsen wird mit dem Befehl „axis" gesteuert.

axis([xmin xmax ymin ymax])	erzeugt x- und y-Achsen zwischen *min und *max
axis([xmin ... zmin zmax])	erzeugt analoge Skalierung im Dreidimensionalen

A.6   Programmsteuerung

Die folgenden Konstruktionselemente stehen für einfache MATLAB-Programme zur Verfügung.

A.6.1   for-Schleifen

```
for␣i=1:4,
␣␣for␣j=1:5,
␣␣␣␣␣A(i,j)=1/(i+j+1);
␣␣end;
end;
```

$$\underline{A} = \begin{pmatrix} \frac{1}{3} & \frac{1}{4} & \frac{1}{5} & \frac{1}{6} & \frac{1}{7} \\ \frac{1}{4} & \frac{1}{5} & \frac{1}{6} & \frac{1}{7} & \frac{1}{8} \\ \frac{1}{5} & \frac{1}{6} & \frac{1}{7} & \frac{1}{8} & \frac{1}{9} \\ \frac{1}{6} & \frac{1}{7} & \frac{1}{8} & \frac{1}{9} & \frac{1}{10} \end{pmatrix}$$

Soll der Durchlauf der Schleife in anderer Schrittweite erfolgen, so kann dies wie bei der Konstruktion von Vektoren gesteuert werden.

A.6.2   while-Schleifen

Die while-Schleife wiederholt die folgende Anweisung, bis eine Bedingung nicht mehr erfüllt ist. Das folgende Beispiel demonstriert die Berechnung[10] von $\sqrt{2}$.

```
e=1;x=1;
while (e>eps),
  x1=0.5*(x+2/x);
  e=abs(x1-x);x=x1;
end;x1
```

A.6.3   if/else Ausdrücke

Zur Steuerung stehen die Schlüsselworte „if", „elseif", „else" und „end" zur Verfügung. So erzeugen die folgenden Anweisungen eine Bandmatrix.

```
for i=1:6,
  for j=1:6,
    if i==j, B(i,j)=2;
      elseif abs(i-j)==1, B(i,j)=-1;
      else B(i,j)=0;
    end,
  end,
end;
```

$$\underline{B} = \begin{pmatrix} 2 & -1 & 0 & 0 & 0 & 0 \\ -1 & 2 & -1 & 0 & 0 & 0 \\ 0 & -1 & 2 & -1 & 0 & 0 \\ 0 & 0 & -1 & 2 & -1 & 0 \\ 0 & 0 & 0 & -1 & 2 & -1 \\ 0 & 0 & 0 & 0 & -1 & 2 \end{pmatrix}$$

A.6.4   Vergleichsoperatoren, logische Operatoren

<	kleiner	>=	größer oder gleich	&	und
>	größer	==	gleich	|	oder
<=	kleiner oder gleich	~=	ungleich	~	Verneinung

Vergleichsausdrücke können durch logische Operatoren miteinander verbunden werden. Mit dem Befehl „break" kann der Ausstieg aus einer Schleife erreicht werden.

A.6.5   Eingabe

Die Funktion „input" schreibt einen Text in das Command-Window und wartet auf eine Eingabe.

N=input('Zahl');	wartet auf Zahleneingabe
w=input('Name','s');	wartet auf eine String-Eingabe; der optionale Parameter 's' bewirkt, daß die Eingabe als String interpretiert wird

Die Auswertung von Funktionen, die als m-File gegeben sind (vgl. A.7.2) erfolgt mittels „feval" bzw. „eval". Es sei fun='name' der Name einer als m-File gegebenen Funktion.

y=feval(fun,3)	berechnet die Funktion fun an der Stelle 3 und weist sie y zu
eval(['y=' fun '(3);'])	führt zum gleichen Resultat

---

[10] „eps" ist in MATLAB die kleinste von Null unterscheidbare Zahl

A.7   m-Files

A.7.1   Programm-Files

MATLAB wird für kleinere Problemstellungen interaktiv benutzt. Wenn eine Befehlszeile eingegeben wird, so werden die Befehle ausgeführt und das Ergebnis auf dem Schirm angezeigt. Soll diese Kontrollausgabe unterdrückt werden, so sind die Befehle mit einem Strichpunkt abzuschließen.

MATLAB kann aber auch eine Befehlsfolge, die in einem File gespeichert ist, abarbeiten. Dieser Weg ist für komplexere Fragestellungen unvermeidlich. Diese Files müssen im aktiven Directory[11] mit der Endung „.m" abgespeichert sein. m-Files können auch andere m-Files aufrufen oder rekursiv sich selber (Vorsicht!!)[12].

Die in einem m-File benutzten Variablen bleiben nach Abarbeiten des Files im Arbeitsspeicher. Sollen Variable aus einem m-File in einem zweiten, von diesem aufgerufenen m-File benutzt werden, so ist die entsprechende Variable in **beiden** m-Files als global zu erklären.

Der Befehl „keyboard" in einem m-File platziert, gibt die Kontrolle über die Variablen etc. ans Keyboard zurück[13].

Der Befehl „echo on" lässt beim Abarbeiten eines m-Files die Kommandos wie gewohnt auf dem Schirm erscheinen. Diese Kontrollausgabe wird mit „echo off" wieder ausgeschaltet („echo" schaltet zwischen den beiden Zuständen hin und her).

Kommentare werden mit einem % -Zeichen am Zeilenbeginn gekennzeichnet. MATLAB ignoriert dann den Rest der Zeile. Kommentarzeilen am Beginn des m-Files können mit der Help-Funktion sichtbar gemacht werden (Aufruf: help Filename).

A.7.2   function-Files

Um eigene Funktionen zu definieren, benutzt man m-Files, die mit dem Schlüsselwort „function" beginnen. In derselben Zeile muss die Definition, mit der von außen zugegriffen wird, stehen. Ansonsten gilt das in Abschnitt A.7.1 erwähnte Vorgehen. Mit der Help-Funktion können die Kommentarzeilen nach der Funktionsdeklaration sichtbar gemacht werden.

Beispiel: Polynom 3.Ordnung

```
function␣y=p3(x);
%␣Polynom␣3.Ordnung␣p=x^3+2*x^2-4*x+10
y=x.^3+2*x.^2-4*x+10;
```

Auf diese Funktion kann jetzt wie auf eine fest eingebaute Funktion zugegriffen werden:

```
y1=p3(4.2);
```

weist der Variablen y1 den Funktionswert von p3 an der Stelle 4.2 zu.

Eine Funktion kann auch mehrere Variable zurückgeben und ebenso mehrere Argumente aufnehmen.

Bei Prozeduren werden die selbst erstellten Funktionen wie die Standardfunktionen mit Hochkomma als String eingegeben.

---

[11] mit dem Path-Befehl wird ein entsprechendes Directory aktiviert
[12] analog zu Unterprozeduren bei Programmiersprachen
[13] nützlich beim Debuggen

B Verzeichnis der m-Files

Die nachfolgend aufgeführten m-Files stehen unter der Adresse zur Verfügung:

ftp.fht-esslingen.de/pub/local/fachbereiche/grundlagen/mohr

Allgemein

farb.m	Hilfsfunktionen für 3D-Graphik.
cr_f_f.m	Hilfsmittel zur Erzeugung von Function-Files.

Abschnitt 2

newton.m	Newtonverfahren zur Nullstellenbestimmung von Funktionen einer reellen Veränderlichen; Funktion und Ableitung als m-File.
newtona.m	wie newton.m, jedoch algebraische Eingabe der Funktion; die Ableitung wird symbolisch berechnet; benötigt punkt.m, punkt_1.m.
newtonv.m	Newtonverfahren für mehrfache Nullstellen.
newton22.m	zweidimensionales Newtonverfahren; Funktionen und Funktionalmatrix als m-File.
newton2a.m	wie newton22.m, jedoch algebraische Eingabe der Funktionen; die Ableitungen werden symbolisch bestimmt; benötigt punkt.m, punkt_1.m.
regula.m	Regula falsi für eine Variable; Funktion als m-File.

Abschnitt 3

aus_nl.m	nichtlineares Ausgleichsproblem; Funktionen als m-File.
iteratg.m	Iterative Lösung eines linearen Gleichungssystems mit Ganzschrittverfahren; benötigt beding.m, gre.m, it.m, verts.m.
iterate.m	wie iteratg.m, jedoch mit Einzelschrittverfahren.
peilung.m	Peilung vgl. Aufgabe aus Abschnitt 6; benötigt schnitt.m, j_peil.m, f_peil.m.

Abschnitt 4

at.m	Austauschverfahren.
linprog1.m	Lineare Optimierung für zwei Variable mit Graphik.

Abschnitt 5

ffft.m	FFT einer stochastisch gestörten harmonischen Schwingung.
splinm.m	Kubische Splines mit natürlichen Randbedingungen: $y''=0$.
frdiskr.m	Diskrete Fourierreihe mit algebraischer Eingabe der Funktion.

Abschnitt 6

romberg.m	Rombergverfahren; der Integrand ist als m-File einzugeben.
simpson.m	Simpsonverfahren; der Integrand ist als m-File einzugeben.

Abschnitt 7

eulerr.m	implizites Eulerverfahren; die „rechte Seite" als m-File; benötigt rueck.m.
eulersch.m	Eulerverfahren mit Schrittweitensteuerung; die „rechte Seite" als m-File; benötigt eulersch.m.
eulrk.m	Euler-, Heun-, Runge-Kutta-Verfahren; Phasenebene; die „rechte Seite" als m-File; benötigt eulersch.m, heunschr.m, rkschr.m.
lin2o.m	lineare DGL 2. Ordnung; Phasenebene; die Koeffizienten sind als m-File oder algebraisch einzugeben; benötigt dgl2o.m .
lin2or.m	lineares RWP 2. Ordnung; Schießverfahren; die Koeffizienten sind als m-File oder algebraisch einzugeben; benötigt dgl2o.m, dgl2oo.m .
randnl.m	nichtlineare Balkenbiegung; einfaches Differenzenverfahren; die Koeffizienten sind als m-File einzugeben.
randwer1.m	lineare Balkenbiegung; einfaches Differenzenverfahren; die Koeffizienten sind als m-File einzugeben.
randwer2.m	lineare Balkenbiegung; verfeinertes Differenzenverfahren; die Koeffizienten sind als m-File einzugeben.
randwer3.m	lineare Balkenbiegung; Mehrstellenverfahren; die Koeffizienten sind als m-File einzugeben.
partdg.m	Differenzenmethode zur Lösung elliptischer DGL in zwei Variablen; Datenfiles: part1.m, part2.m, part3.m, part4.m.
sat.m	Function-File für das Drei-Körper-Problem.
warm.m	Wärmeleitungsgleichung – explizite Methode.
warmi.m	Wärmeleitungsgleichung – implizite Methode.
warmzyl.m	Wärmeleitungsgleichung im Zylinder – explizite Methode.
wasser.m	Wasserrakete; senkrechter Abschuss; benötigt poll.m, rak.m, voll.m .
wasser1.m	Wasserrakete; Schrägschuss; benötigt poll.m, rak1.m, voll.m .

C Orthogonalitätsbeziehungen

$$\frac{1}{2N}\sum_{i=1}^{2N}\cos lx_i \cdot \cos kx_i \;=\; \begin{cases} 0 & \text{für } l \neq k \\ \frac{1}{2} & \text{für } l = k \neq N \\ 1 & \text{für } l = k = N \end{cases}$$

$$\frac{1}{2N}\sum_{i=1}^{2N}\sin lx_i \cdot \sin kx_i \;=\; \begin{cases} 0 & \text{für } l \neq k \\ \frac{1}{2} & \text{für } l = k \neq N \\ 0 & \text{für } l = k = N \end{cases} \qquad \text{mit } \quad x_i = \frac{\pi}{N}i$$

$$\frac{1}{2N}\sum_{i=1}^{2N}\cos lx_i \cdot \sin kx_i \;=\; 0 \quad \text{für alle } l, k$$

Komplexe Argumentation

Als Vorüberlegung beweisen wir:

$$\sum_{l=1}^{2N}\cos kl\frac{\pi}{N} \;=\; \begin{cases} 0 & \text{für } \frac{k}{2N} \notin \mathbb{Z} \\ 2N & \text{für } \frac{k}{2N} \in \mathbb{Z} \end{cases}$$

$$\sum_{l=1}^{2N}\sin kl\frac{\pi}{N} \;=\; 0$$

Dazu bilden wir die Summe

$$S(k) \;=\; \sum_{l=1}^{2N}\cos kl\frac{\pi}{N} + j\sin kl\frac{\pi}{N} \;=\; \sum_{l=1}^{2N} e^{jkl\frac{\pi}{N}} \;=\; e^{jk\frac{\pi}{N}}\frac{e^{jk\frac{\pi}{N}\cdot 2N}-1}{e^{jk\frac{\pi}{N}}-1} \;=\; 0 \quad \text{für } \frac{k}{2N} \notin \mathbb{Z}$$

Durch Real- und Imaginärteilbildung ergibt sich für diese k sofort die Behauptung. Ist k ein Vielfaches von $2N$, so gilt $\cos kl\frac{\pi}{N} = 1$ und $\sin kl\frac{\pi}{N} = 0$ und die Behauptung ist ebenfalls evident.

Nun gelten die Additionstheoreme:

$$\sum_{i=1}^{2N}\cos li\frac{\pi}{N} \cdot \cos ki\frac{\pi}{N} \;=\; \frac{1}{2}\sum_{i=1}^{2N}\cos(k+l)i\frac{\pi}{N} + \cos(k-l)i\frac{\pi}{N}$$

$$\sum_{i=1}^{2N}\sin li\frac{\pi}{N} \cdot \sin ki\frac{\pi}{N} \;=\; \frac{1}{2}\sum_{i=1}^{2N}\cos(k-l)i\frac{\pi}{N} - \cos(k+l)i\frac{\pi}{N}$$

$$\sum_{i=1}^{2N}\sin li\frac{\pi}{N} \cdot \cos ki\frac{\pi}{N} \;=\; \frac{1}{2}\sum_{i=1}^{2N}\sin(k+l)i\frac{\pi}{N} - \sin(k-l)i\frac{\pi}{N}$$

Vor Anwendung unserer Vorüberlegung untersuchen wir noch die Quotienten $\frac{k+l}{2N}$ und $\frac{k-l}{2N}$ für $k,l \leq N$:

Fall $k \neq l$: $\quad\leadsto\quad \frac{k+l}{2N}, \frac{k-l}{2N}$ nicht ganz

Fall $k = l < N$: $\quad\leadsto\quad \frac{k+l}{2N}$ nicht ganz , $\frac{k-l}{2N} = 0$ ganz

Fall $k = l = N$: $\quad\leadsto\quad \frac{k+l}{2N}$ und , $\frac{k-l}{2N} = 0$ ganz

Die Vorüberlegungen ergeben dann sofort die Orthogonalitätsbeziehungen.

Trigonometrische Argumentation

Für den wichtigen Spezialfall, dass die Zahl der Stützstellen eine zweier Potenz ist, wollen wir die folgenden Orthogonalitätsbeziehungen noch ohne komplexe Hilfsüberlegungen nachweisen:

$$\frac{1}{2N} \sum_{i=1}^{2N} \cos l x_i \cdot \cos k x_i = \begin{cases} 0 & \text{für } l \neq k \\ \frac{1}{2} & \text{für } l = k \neq N \\ 1 & \text{für } l = k = N \end{cases}$$

$$\frac{1}{2N} \sum_{i=1}^{2N} \sin l x_i \cdot \sin k x_i = \begin{cases} 0 & \text{für } l \neq k \\ \frac{1}{2} & \text{für } l = k \neq N \\ 0 & \text{für } l = k = N \end{cases} \qquad \text{mit} \quad x_i = \frac{\pi}{N} i$$

$$\frac{1}{2N} \sum_{i=1}^{2N} \cos l x_i \cdot \sin k x_i = 0 \quad \text{für alle } l, k$$

Es gilt das Additionstheorem:

$$2 \cdot \sum_{i=1}^{2N} \cos l x_i \cdot \sin k x_i = \sum_{i=1}^{2N} \sin(k+l) \cdot \frac{\pi}{N} \cdot i + \sum_{i=1}^{2N} \sin(k-l) \cdot \frac{\pi}{N} \cdot i$$

Wir zeigen nun für alle ganzen Zahlen g:

$$CS(g) = \sum_{i=1}^{2N} \sin g \cdot \frac{\pi}{N} \cdot i = 0$$

$$\begin{aligned}
CS(g) &= \sum_{i=1}^{N} \sin g \cdot \frac{\pi}{N} \cdot i + \sum_{i=N+1}^{2N} \sin g \cdot \frac{\pi}{N} \cdot i \\
&= \sum_{i=1}^{N} \sin g \cdot \frac{\pi}{N} \cdot i + \sum_{i=1}^{N} \sin g \cdot \frac{\pi}{N} \cdot (i+N) \\
&= \sum_{i=1}^{N} \sin g \cdot \frac{\pi}{N} \cdot i + (-1)^g \sum_{i=1}^{N} \sin g \cdot \frac{\pi}{N} \cdot i
\end{aligned}$$

Ist g ungerade, so gilt sofort:

$$CS(g) = \sum_{i=1}^{N} \sin g \cdot \frac{\pi}{N} \cdot i - \sum_{i=1}^{N} \sin g \cdot \frac{\pi}{N} \cdot i = 0$$

Ist g gerade, so kürzen wir $\frac{g}{N}$, so dass gilt:

$$\frac{g}{N} = \frac{g'}{N'} \quad \text{mit } g' \text{ ungerade und } N = N' \cdot 2^m$$

Wir zerlegen nun die Summe in Zweierpaare:

$$CS(g) = \sum_{i=1}^{N'} \sin g' \cdot \frac{\pi}{N'} \cdot i + \sum_{i=N'+1}^{2N'} \sin g' \cdot \frac{\pi}{N'} \cdot i + \sum_{i=2N'+1}^{3N'} \sin g' \cdot \frac{\pi}{N'} \cdot i + \dots +$$

$$\sum_{i=2N-2N'+1}^{2N-N'} \sin g' \cdot \frac{\pi}{N'} \cdot i + \sum_{i=2N-N'+1}^{2N} \sin g' \cdot \frac{\pi}{N'} \cdot i$$

Nun heben sich wieder nach obiger Argumentation jeweils benachbarte Summen weg und es gilt damit:

$$\sum_{i=1}^{2N} \cos l x_i \cdot \sin k x_i = 0$$

Für $\displaystyle\sum_{i=1}^{2N} \cos l x_i \cdot \cos k x_i$ ergibt wieder das Additionstheorem:

$$2 \cdot \sum_{i=1}^{2N} \cos l x_i \cdot \cos k x_i = \sum_{i=1}^{2N} \cos(k+l)x_i + \sum_{i=1}^{2N} \cos(k-l)x_i$$

d. h. es ist zu untersuchen:

$$CC(g) = \sum_{i=1}^{2N} \cos g \cdot \frac{\pi}{N} \cdot i$$

Für $g \neq 0$ und $g < 2N$ lässt sich die Argumentation bzgl. $CS(g)$ wörtlich übertragen, indem man sin durch cos ersetzt. Für $l = k$ erhalten wir mittels Additionstheorem:

$$2 \cdot \sum_{i=1}^{2N} \cos^2 l \cdot \frac{\pi}{N} \cdot i = \sum_{i=1}^{2N} 1 + \cos 2l \cdot \frac{\pi}{N} \cdot i$$

Für $l < N$ gilt sofort wieder:

$$\sum_{i=1}^{2N} \cos 2l \cdot \frac{\pi}{N} \cdot i = 0$$

Für $l = N$ ergibt sich:

$$\sum_{i=1}^{2N} \cos 2\pi \cdot i = 2N$$

und wir erhalten insgesamt:

$$\sum_{i=1}^{2N} \cos^2 l \cdot \frac{\pi}{N} \cdot i = \begin{cases} N & \text{für } l < N \\ 2N & \text{für } l = N \end{cases}$$

Für $\displaystyle\sum_{i=1}^{2N} \sin l x_i \cdot \sin k x_i$ ergibt sich wieder aus dem Additionstheorem:

$$2 \cdot \sum_{i=1}^{2N} \sin l x_i \cdot \sin k x_i = \sum_{i=1}^{2N} \cos(k-l)x_i - \sum_{i=1}^{2N} \cos(k+l)x_i$$

Diese Summe ist wieder für $l \neq k$ gleich Null. Für $l = k$ erhält man:

$$2 \cdot \sum_{i=1}^{2N} \sin^2 l \cdot \frac{\pi}{N} \cdot i = \sum_{i=1}^{2N} 1 - \cos 2l \cdot \frac{\pi}{N} \cdot i$$

und damit

$$\sum_{i=1}^{2N} \sin^2 l \cdot \frac{\pi}{N} \cdot i = \begin{cases} N & \text{für } l < N \\ 0 & \text{für } l = N \end{cases}$$

D FFT-Algorithmus für $N = 2^\gamma$ Punkte

FFT für $2N$ Abtastpunkte bedeutet eine effiziente Auswertung des Polynoms

$$Q(z) = \sum_{l=0}^{2N-1} y_l z^l \quad \text{für} \quad z_i = e^{j\frac{\pi}{N}} .$$

Analog zum Hornerschema klammern wir aus:

$$\begin{aligned}
Q(z) &= \sum_{l=0}^{2N-1} y_l z^l = \sum_{l=0}^{N-1} y_{2l} z^{2l} + z \cdot \sum_{l=0}^{N-1} y_{2l+1} z^{2l} \\
&= Q_1(z^2) + z \cdot Q_2(z^2)
\end{aligned}$$

wobei Q_1, Q_2 Polynome vom Grad $N - 1$ sind. Dieser Prozess lässt sich fortsetzen, da N eine Zweierpotenz ist:

$$\begin{aligned}
Q_1(z^2) &= \sum_{l=0}^{N-1} y_{2l} z^{2l} = \sum_{l=0}^{N/2-1} y_{4l} z^{4l} + z^2 \cdot \sum_{l=0}^{N/2-1} y_{4l+2} z^{4l} \\
Q_2(z^2) &= \sum_{l=0}^{N-1} y_{2l+1} z^{2l} = \sum_{l=0}^{N/2-1} y_{4l+1} z^{4l} + z^2 \cdot \sum_{l=0}^{N/2-1} y_{4l+3} z^{4l}
\end{aligned}$$

ergibt

$$Q(z) = \sum_{l=0}^{N/2-1} y_{4l} z^{4l} + z \cdot \sum_{l=0}^{N/2-1} y_{4l+1} z^{4l} + z^2 \cdot \sum_{l=0}^{N/2-1} y_{4l+2} z^{4l} + z^3 \cdot \sum_{l=0}^{N/2-1} y_{4l+3} z^{4l} .$$

Diese Zerlegung wird durchgeführt, bis nur noch über zwei Summanden zu summieren ist.

$$Q(z) = \sum_{l=0}^{1} y_{Nl} z^{Nl} + z \cdot \sum_{l=0}^{1} y_{Nl+1} z^{Nl} + z^2 \cdot \sum_{l=0}^{1} y_{Nl+2} z^{Nl} + \ldots + z^{N-1} \cdot \sum_{l=0}^{1} y_{Nl+N-1} z^{Nl}$$

Ist z_i eine n-te Einheitswurzel, so gilt: $(z_i)^{lN} = (-1)^{li}$

d.h. bei der Auswertung der Summen ist keine Multiplikation notwendig.

Die Potenzen $(z_i)^k$ mit $k = 0, 1, \ldots, N - 1$ $i = 0, 1, \ldots, 2N - 1$ besitzen bis aufs Vorzeichen nur N verschiedene Werte. Bei geschickter Datenorganisation lässt sich damit die Auswertung des Polynoms $Q(z)$ für die Werte $z_i = e^{j\frac{\pi}{N}i}$ auf $N \cdot \gamma$ Multiplikationen reduzieren.

Dazu machen wir bei der Auswertung der Summen

$$c_n = \sum_{k=0}^{2N-1} y_k \omega^{kn} \qquad \omega = e^{j\frac{\pi}{N}}$$

von der Binärdarstellung der Indices Gebrauch.

Dies sei am Beispiel für acht Punkte dargestellt.

$$
\begin{aligned}
n &= 4n_2 + 2n_1 + n_0 \\
k &= 4k_2 + 2k_1 + k_0
\end{aligned}
\qquad n_i,\, k_i \in 0,1
$$

$$
c(n_2,n_1,n_0) = \sum_{k_0=0}^{1} \sum_{k_1=0}^{1} \sum_{k_2=0}^{1} y(k_2,k_1,k_0)\omega^{(4n_2+2n_1+n_0)(4k_2+2k_1+k_0)}
$$

Für die Potenzen der Einheitswurzel erhalten wir:

$$
\omega^{(4n_2+2n_1+n_0)(4k_2+2k_1+k_0)} = \underbrace{\omega^{(4n_2+2n_1+n_0)4k_2}}_{\omega^{4n_0k_2}} \cdot \underbrace{\omega^{(4n_2+2n_1+n_0)2k_1}}_{\omega^{(2n_1+n_0)2k_1}} \cdot \omega^{(4n_2+2n_1+n_0)k_0}
$$

Damit ergibt sich die Darstellung:

$$
c(n_2,n_1,n_0) =
$$

$$
\overbrace{\left\{ \sum_{k_0=0}^{1} \left[\sum_{k_1=0}^{1} \underbrace{\left(\underbrace{\sum_{k_2=0}^{1} y(k_2,k_1,k_0)\omega^{4n_0k_2}}_{X_1(n_0,k_1,k_0)} \right) \omega^{(2n_1+n_0)2k_1}}_{} \right] \omega^{(4n_2+2n_1+n_0)k_0} \right\}}^{X_3(n_0,n_1,n_2)}
$$

$$
\underbrace{}_{X_2(n_0,n_1,k_0)}
$$

Wir erhalten so die gewünschte Faktorisierung. Allerdings muss die natürliche Reihenfolge der Koeffizienten noch durch eine Inversion des Binärcodes hergestellt werden.

Für die verschiedenen Stufen wollen wir noch die zugehörigen Matrizen explizit darstellen und den FFT-Algorithmus in der Form

$$
\vec{X}_n = \underline{A} \cdot \vec{X}_{n-1} \qquad n = 1,2,3
$$

schreiben. Mit der Schreibweise $X_0(k_2,k_1,k_0) = y(k_2,k_1,k_0)$ erhalten wir:

1. Stufe

$$
\begin{aligned}
X_1(0,0,0) &= X_0(0,0,0) + X_0(1,0,0) \\
X_1(0,0,1) &= X_0(0,0,1) + X_0(1,0,1) \\
X_1(0,1,0) &= X_0(0,1,0) + X_0(1,1,0) \\
X_1(0,1,1) &= X_0(0,1,1) + X_0(1,1,1) \\
X_1(1,0,0) &= X_0(0,0,0) - X_0(1,0,0) \\
X_1(1,0,1) &= X_0(0,0,1) - X_0(1,0,1) \\
X_1(1,1,0) &= X_0(0,1,0) - X_0(1,1,0) \\
X_1(1,1,1) &= X_0(0,1,1) - X_0(1,1,1)
\end{aligned}
\qquad
\underline{A}_1 =
\begin{pmatrix}
1 & 0 & 0 & 0 & 1 & 0 & 0 & 0 \\
0 & 1 & 0 & 0 & 0 & 1 & 0 & 0 \\
0 & 0 & 1 & 0 & 0 & 0 & 1 & 0 \\
0 & 0 & 0 & 1 & 0 & 0 & 0 & 1 \\
1 & 0 & 0 & 0 & -1 & 0 & 0 & 0 \\
0 & 1 & 0 & 0 & 0 & -1 & 0 & 0 \\
0 & 0 & 1 & 0 & 0 & 0 & -1 & 0 \\
0 & 0 & 0 & 1 & 0 & 0 & 0 & -1
\end{pmatrix}
$$

2. Stufe

$$
\begin{aligned}
X_2(0,0,0) &= X_1(0,0,0) &+& X_1(0,1,0) \\
X_2(0,0,1) &= X_1(0,0,1) &+& X_1(0,1,1) \\
X_2(0,1,0) &= X_1(0,0,0) &-& X_1(0,1,0) \\
X_2(0,1,1) &= X_1(0,0,1) &-& X_1(0,1,1) \\
X_2(1,0,0) &= X_1(1,0,0) &+& \omega^2 X_1(1,1,0) \\
X_2(1,0,1) &= X_1(1,0,1) &+& \omega^2 X_1(1,1,1) \\
X_2(1,1,0) &= X_1(1,0,0) &-& \omega^2 X_1(1,1,0) \\
X_2(1,1,1) &= X_1(1,0,1) &-& \omega^2 X_1(1,1,1)
\end{aligned}
\qquad
\underline{A}_2 =
\begin{pmatrix}
1 & 0 & 1 & 0 & 0 & 0 & 0 & 0 \\
0 & 1 & 0 & 1 & 0 & 0 & 0 & 0 \\
1 & 0 & -1 & 0 & 0 & 0 & 0 & 0 \\
0 & 1 & 0 & -1 & 0 & 0 & 0 & 0 \\
0 & 0 & 0 & 0 & 1 & 0 & \omega^2 & 0 \\
0 & 0 & 0 & 0 & 0 & 1 & 0 & \omega^2 \\
0 & 0 & 0 & 0 & 1 & 0 & -\omega^2 & 0 \\
0 & 0 & 0 & 0 & 0 & 1 & 0 & -\omega^2
\end{pmatrix}
$$

3. Stufe

$$
\begin{aligned}
X_3(0,0,0) &= X_2(0,0,0) &+& X_2(0,0,1) \\
X_3(0,0,1) &= X_2(0,0,0) &-& X_2(0,0,1) \\
X_3(0,1,0) &= X_2(0,1,0) &+& \omega^2 X_2(0,1,1) \\
X_3(0,1,1) &= X_2(0,1,0) &-& \omega^2 X_2(0,1,1) \\
X_3(1,0,0) &= X_2(1,0,0) &+& \omega X_2(1,0,1) \\
X_3(1,0,1) &= X_2(1,0,0) &-& \omega X_2(1,0,1) \\
X_3(1,1,0) &= X_2(1,1,0) &+& \omega^3 X_2(1,1,1) \\
X_3(1,1,1) &= X_2(1,1,0) &-& \omega^3 X_2(1,1,1)
\end{aligned}
\qquad
\underline{A}_3 =
\begin{pmatrix}
1 & 1 & 0 & 0 & 0 & 0 & 0 & 0 \\
1 & -1 & 0 & 0 & 0 & 0 & 0 & 0 \\
0 & 0 & 1 & \omega^2 & 0 & 0 & 0 & 0 \\
0 & 0 & 1 & -\omega^2 & 0 & 0 & 0 & 0 \\
0 & 0 & 0 & 0 & 1 & \omega & 0 & 0 \\
0 & 0 & 0 & 0 & 1 & -\omega & 0 & 0 \\
0 & 0 & 0 & 0 & 0 & 0 & 1 & \omega^3 \\
0 & 0 & 0 & 0 & 0 & 0 & 1 & -\omega^3
\end{pmatrix}
$$

Die richtige Reihenfolge erhalten wir durch Inversion des Binärcodes:

$$
\begin{aligned}
c(0,0,0) &= X_3(0,0,0) \\
c(0,0,1) &= X_3(1,0,0) \\
c(0,1,0) &= X_3(0,1,0) \\
c(0,1,1) &= X_3(1,1,0) \\
c(1,0,0) &= X_3(0,0,1) \\
c(1,0,1) &= X_3(1,0,1) \\
c(1,1,0) &= X_3(0,1,1) \\
c(1,1,1) &= X_3(1,1,1)
\end{aligned}
\qquad
\underline{c} =
\begin{pmatrix}
1 & 0 & 0 & 0 & 0 & 0 & 0 & 0 \\
0 & 0 & 0 & 0 & 1 & 0 & 0 & 0 \\
0 & 0 & 1 & 0 & 0 & 0 & 0 & 0 \\
0 & 0 & 0 & 0 & 0 & 0 & 1 & 0 \\
0 & 1 & 0 & 0 & 0 & 0 & 0 & 0 \\
0 & 0 & 0 & 0 & 0 & 1 & 0 & 0 \\
0 & 0 & 0 & 1 & 0 & 0 & 0 & 0 \\
0 & 0 & 0 & 0 & 0 & 0 & 0 & 1
\end{pmatrix}
\cdot \underline{X}_3
$$

Ist $N = 2^\gamma$, so erhalten wir für $l = 1,2, \ \ldots \ ,\gamma + 1$ Rekursionsbeziehungen der Form:

$$
\begin{aligned}
X_l(n_0,n_1,&\ldots,n_{l-1},k_{\gamma-l-1},\ldots,k_1,k_0) = \ldots \\
\ldots &= \sum_{k_{\gamma-l}=0}^{1} X_{l-1}(n_0,n_1,\ldots,n_{l-2},k_{\gamma-l},\ldots,k_1,k_0)\omega^{(n_0+2n_2+\ldots+2^l n_l)2^{\gamma-l}k_{\gamma-l}}
\end{aligned}
$$

Anschließend muss dann durch Inversion des Binärcodes der Indices die richtige Reihenfolge wieder hergestellt werden.

E Drei-Körper-Problem

In diesem Abschnitt soll das Differentialgleichungssystem für das eingeschränkte Drei-Körper-Problem hergeleitet werden. Ausgangspunkt sind die aus dem Gravitationsgesetz abgeleiteten Bewegungsgleichungen.

	Erde	Mond	Satellit
Masse	m_E	m_M	m_S
Koordinaten	$\vec{x}_E$	$\vec{x}_M$	$\vec{x}_S$

Newtonsche Bewegungsgleichungen:

$$m_E \cdot \ddot{\vec{x}}_E = -m_E \cdot m_M \cdot \frac{\vec{x}_E - \vec{x}_M}{|\vec{x}_E - \vec{x}_M|^3} - m_E \cdot m_S \cdot \frac{\vec{x}_E - \vec{x}_S}{|\vec{x}_E - \vec{x}_S|^3}$$

$$m_M \cdot \ddot{\vec{x}}_M = -m_M \cdot m_E \cdot \frac{\vec{x}_M - \vec{x}_E}{|\vec{x}_M - \vec{x}_E|^3} - m_M \cdot m_S \cdot \frac{\vec{x}_M - \vec{x}_S}{|\vec{x}_M - \vec{x}_S|^3}$$

$$m_S \cdot \ddot{\vec{x}}_S = -m_S \cdot m_E \cdot \frac{\vec{x}_S - \vec{x}_E}{|\vec{x}_S - \vec{x}_E|^3} - m_S \cdot m_M \cdot \frac{\vec{x}_S - \vec{x}_M}{|\vec{x}_S - \vec{x}_M|^3}$$

Wird der Einfluss des Satelliten auf Erde und Mond vernachlässigt, d.h. gilt für die Massen $m_S \ll m_M < m_E$, so ergeben sich die entkoppelten Gleichungen:

$$\ddot{\vec{x}}_E = -m_M \cdot \frac{\vec{x}_E - \vec{x}_M}{|\vec{x}_E - \vec{x}_M|^3} \tag{E.0.1}$$

$$\ddot{\vec{x}}_M = -m_E \cdot \frac{\vec{x}_M - \vec{x}_E}{|\vec{x}_M - \vec{x}_E|^3} \tag{E.0.2}$$

$$\ddot{\vec{x}}_S = -m_E \cdot \frac{\vec{x}_S - \vec{x}_E}{|\vec{x}_S - \vec{x}_E|^3} - m_M \cdot \frac{\vec{x}_S - \vec{x}_M}{|\vec{x}_S - \vec{x}_M|^3} \tag{E.0.3}$$

Die Gleichungen (E.0.1) und (E.0.2) können separat gelöst werden. Legen wir den Ursprung des Koordinatensystems in den gemeinsamen Schwerpunkt von Erde und Mond, so erhalten wir als Lösung der beiden Differentialgleichungen für Erde und Mond eine Rotationsbewegung um den gemeinsamen Schwerpunkt. Normieren wir die Massen so, dass $m_E + m_M = 1$ gilt, so ergibt sich als Lösung von (E.0.1) und (E.0.2) eine Rotationsbewegung mit der Winkelgeschwindigkeit 1:

$$\vec{x}_E = -m_M \cdot \begin{pmatrix} \cos t \\ \sin t \\ 0 \end{pmatrix} \quad ; \quad \vec{x}_M = m_E \cdot \begin{pmatrix} \cos t \\ \sin t \\ 0 \end{pmatrix} \tag{E.0.4}$$

Wir betrachten nun die Bewegung des Satelliten in dem mit der Achse Erde-Mond fest verbundenen, rotierenden Koordinatensystem. In rotierenden Systemen treten zusätzliche Trägheitskräfte auf, die der mitbewegte Beobachter benötigt, um die beobachtete Beschleunigung erklären zu können.

Formal ist beim Übergang zum rotierenden System zu setzen:

$$\frac{d}{dt} \quad \longrightarrow \quad \frac{d}{dt} + \vec{\omega} \times \qquad \text{mit } \vec{\omega} = \begin{pmatrix} 1 \\ 0 \\ 0 \end{pmatrix}$$

Damit wird aus der Bewegungsleichung im festen Koordinatensystem

$$m \cdot \frac{d^2}{dt^2}\vec{r} = \vec{K}$$

im rotierenden Koordinatensystem die Beziehung:

$$m \cdot \frac{d^2}{dt^2}\vec{r} + \underbrace{2m(\vec{\omega} \times \frac{d}{dt}\vec{r})}_{Corioliskraft} + \underbrace{m(\vec{\omega} \times (\vec{\omega} \times \vec{r}))}_{Zentrifugalkraft} = \vec{K}$$

Für die Bestimmung der Coriolis- bzw. Zentifugalkraft sind noch die folgenden Vektor-produkte für $\vec{x}_S = \begin{pmatrix} y_1 \\ y_2 \\ 0 \end{pmatrix}$ zu berechnen:

$$\vec{\omega} \times \dot{\vec{y}} = \begin{vmatrix} \vec{i} & \vec{j} & \vec{k} \\ 0 & 0 & 1 \\ \dot{y}_1 & \dot{y}_2 & 0 \end{vmatrix} = \begin{pmatrix} -\dot{y}_2 \\ \dot{y}_1 \\ 0 \end{pmatrix}$$

$$\vec{\omega} \times (\vec{\omega} \times \vec{y}) = \begin{vmatrix} \vec{i} & \vec{j} & \vec{k} \\ 0 & 0 & 1 \\ -y_2 & y_1 & 0 \end{vmatrix} = -\begin{pmatrix} y_1 \\ y_2 \\ 0 \end{pmatrix}$$

Im rotierenden System gilt $\vec{x}_E = \begin{pmatrix} -m_M \\ 0 \\ 0 \end{pmatrix}$ und $\vec{x}_M = \begin{pmatrix} m_E \\ 0 \\ 0 \end{pmatrix}$.

Damit erhalten wir die Bewegungsgleichung des Satelliten im bewegten Koordinatensystem:

$$\begin{pmatrix} \ddot{y}_1 \\ \ddot{y}_2 \\ 0 \end{pmatrix} = \begin{pmatrix} y_1 \\ y_2 \\ 0 \end{pmatrix} + 2\begin{pmatrix} \dot{y}_2 \\ -\dot{y}_1 \\ 0 \end{pmatrix} - \frac{m_E}{D_E} \cdot \begin{pmatrix} y_1 + m_M \\ y_2 \\ 0 \end{pmatrix} - \frac{m_M}{D_M} \cdot \begin{pmatrix} y_1 - m_E \\ y_2 \\ 0 \end{pmatrix}$$

mit $D_E = [(y_1 + m_M)^2 + y_2^2]^{\frac{3}{2}}; \quad D_M = [(y_1 - m_E)^2 + y_2^2]^{\frac{3}{2}}; \quad m_E + m_M = 1$.

Literaturverzeichnis

[1] Becker/Dreyer/Haacke/Nabert : Numerische Mathematik für Ingenieure
Teubner Verlag, Stuttgart 1977

[2] Brigham, O.: FFT
Oldenbourg Verlag, München, Wien 1989

[3] Burg/Haf/Wille : Höhere Mathematik für Ingenieure; Band I - V
Teubner Verlag, Stuttgart 1991

[4] E. Eich-Soellner/C. Führer : Numerical Methods in Multibody Dynamics
Teubner Verlag, Stuttgart 1998

[5] Glatz/Grieb/Hohloch/Kümmerer/Mohr : Differential- und Integralrechnung 3
Cornelsen Verlag, Berlin 1994

[6] Grieb, H. : Numerische Methoden
Vorlesungsskript, FH Esslingen 1996

[7] Hairer, E.: Solving Ordinary Differential Equations
Springer Verlag, Berlin 1984

[8] Hering/Martin/Stohrer : Physik für Ingenieure
VDI Verlag, Düsseldorf 1992

[9] Schwarz, H. R.: Numerische Mathematik
Teubner Verlag, Stuttgart 1993

[10] Schwetlick/Kretschmar : Numerische Verfahren für Naturwissenschaftler und Ingenieure
Fachbuchverlag, Leipzig 1991

[11] Späth, H.: Numerik
Vieweg Verlag, Braunschweig 1994

[12] Stoer : Einführung in die Numerische Mathematik I
Springer Verlag, Berlin 1972

[13] Bulirsch/Stoer : Einführung in die Numerische Mathematik II
Springer Verlag, Berlin 1972

[14] Törnig, W.: Numerische Methoden für Ingenieure und Physiker Bd. 2
     Springer Verlag, Berlin 1990

[15] Ulmet, D.: Grundlagen der CAD/CAM Entwicklung mit Splinekurven
     Forschungszentrum, Karlsruhe 1996

Sachwortverzeichnis